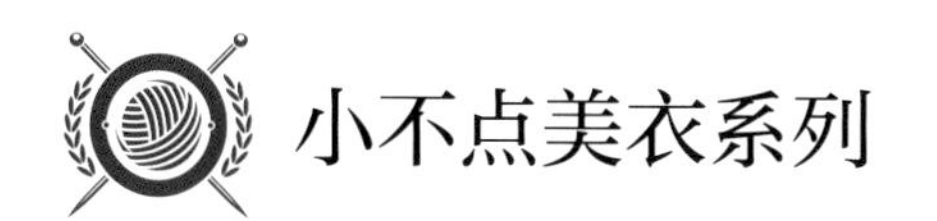

儿童毛衣精选集

ERTONG MAOYI JINGXUANJI

李意芳◎编著

中国纺织出版社

目录

001/33

002/34

003/35

004/36

005/37

006/39

007/40

008/42

009/43

010/44

011/45

012/47

013/48

014/50

015/51

016/52

017/54

018/55

019/57

020/58

021/60

022/61

023/62

024/63

025/65

026/66

027/68

028/69

029/70

030/71

031/73

032/74

033/75

034/76

035/77

036/78

037/79

038/81

039/82

040/83

041/84

042/85

043/86

044/87

045/88

046/89

047/91

048/92

049/93

050/94

051/95

052/96

053/97

054/98

055/100

056/101

057/102

058/103

059/104

060/105

061/107

062/108

063/109

064/110

065/111

066/113

067/114

068/115

069/116

070/117

071/119

072/121

073/122

074/124

075/125

076/127

077/128

078/130

079/132

080/134

081/135

082/136

083/137

084/139

085/140

086/141

087/142

088/143

089/144

090/146

091/147

092/148

093/149

094/151

095/152

096/154

097/155

098/156

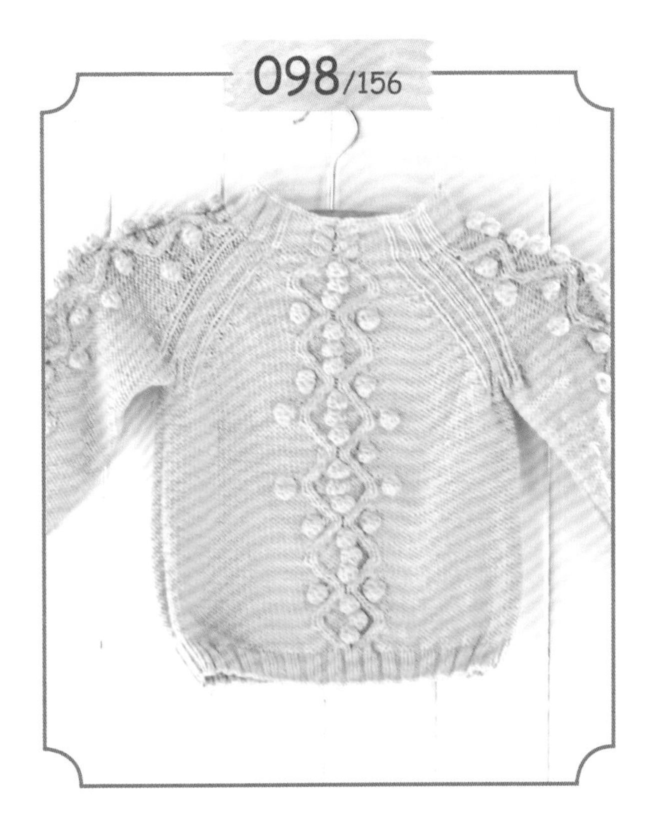

099/157

100/158

101/159

102/161

103/162

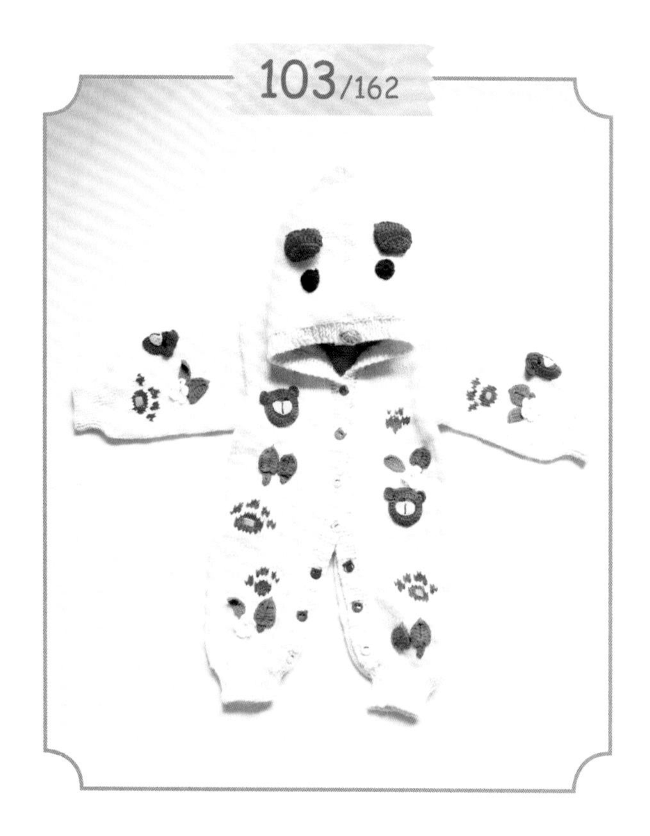

104/164

105/166

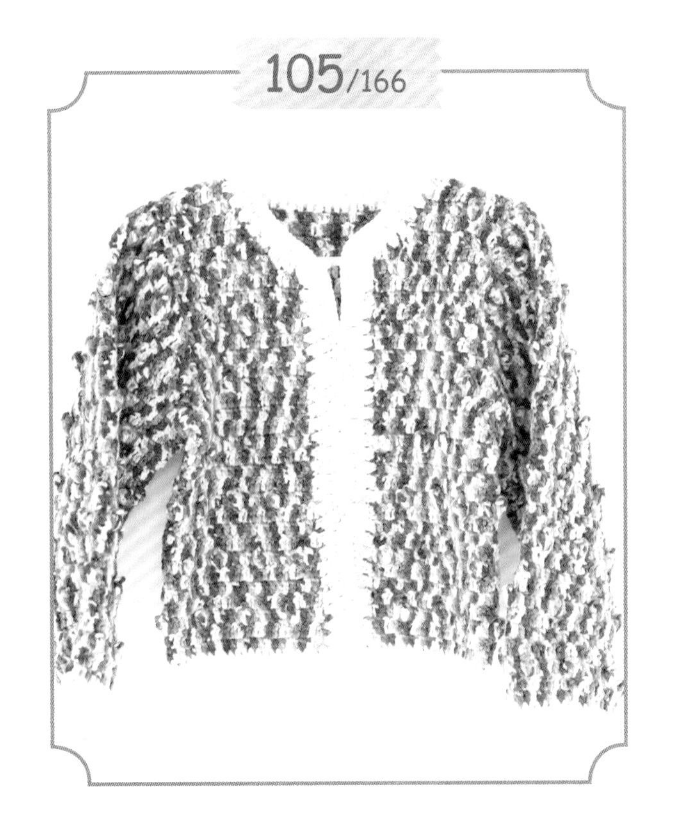

106/167

107/168

108/170

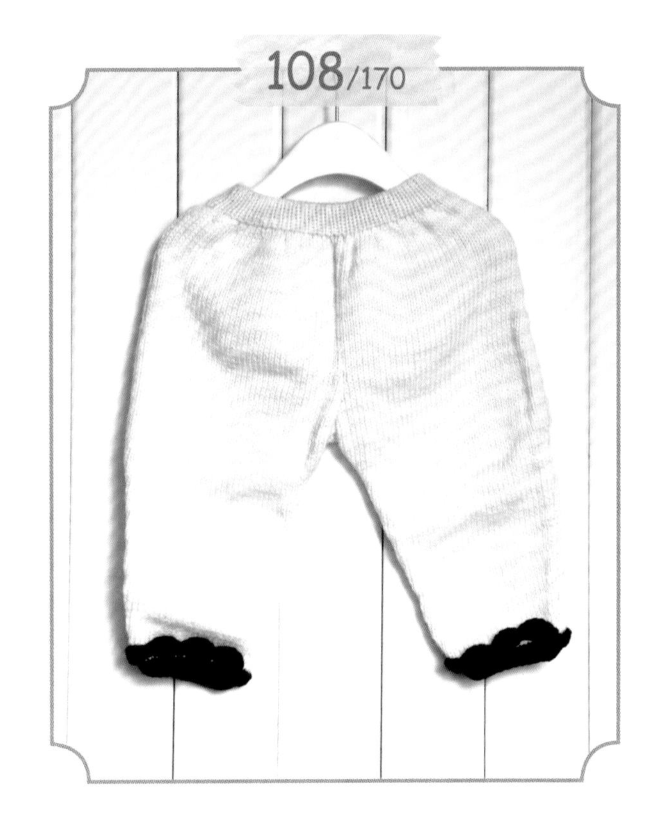

109/171

110/172

111/174

112/175

113/177

114/179

115/181

116/183

117/184

118/185

119/187

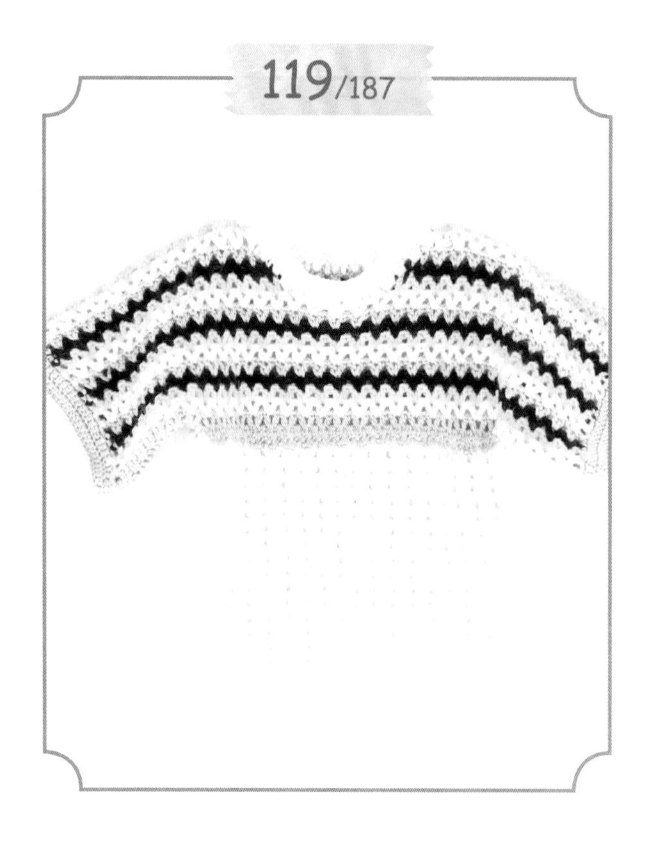

120/189

001

编织材料： 中粗羊毛线　花色240g、姜黄色60g、橙色少量

编织工具： 7号、9号棒针，9/0（3.5mm）钩针

编织密度： 17针×23行/10cm×10cm

成品尺寸： 衣长55cm、胸宽36cm、肩宽25cm、袖口15cm

编织方法： 此款裙子编织的难点是下摆收拢，要注意减针的规律。首先分别将前、后身片编织好并缝合，缝合时注意花样对齐、平整。接着编织领口及袖口缘边，再编织下摆缘边，最后将装饰物固定好。

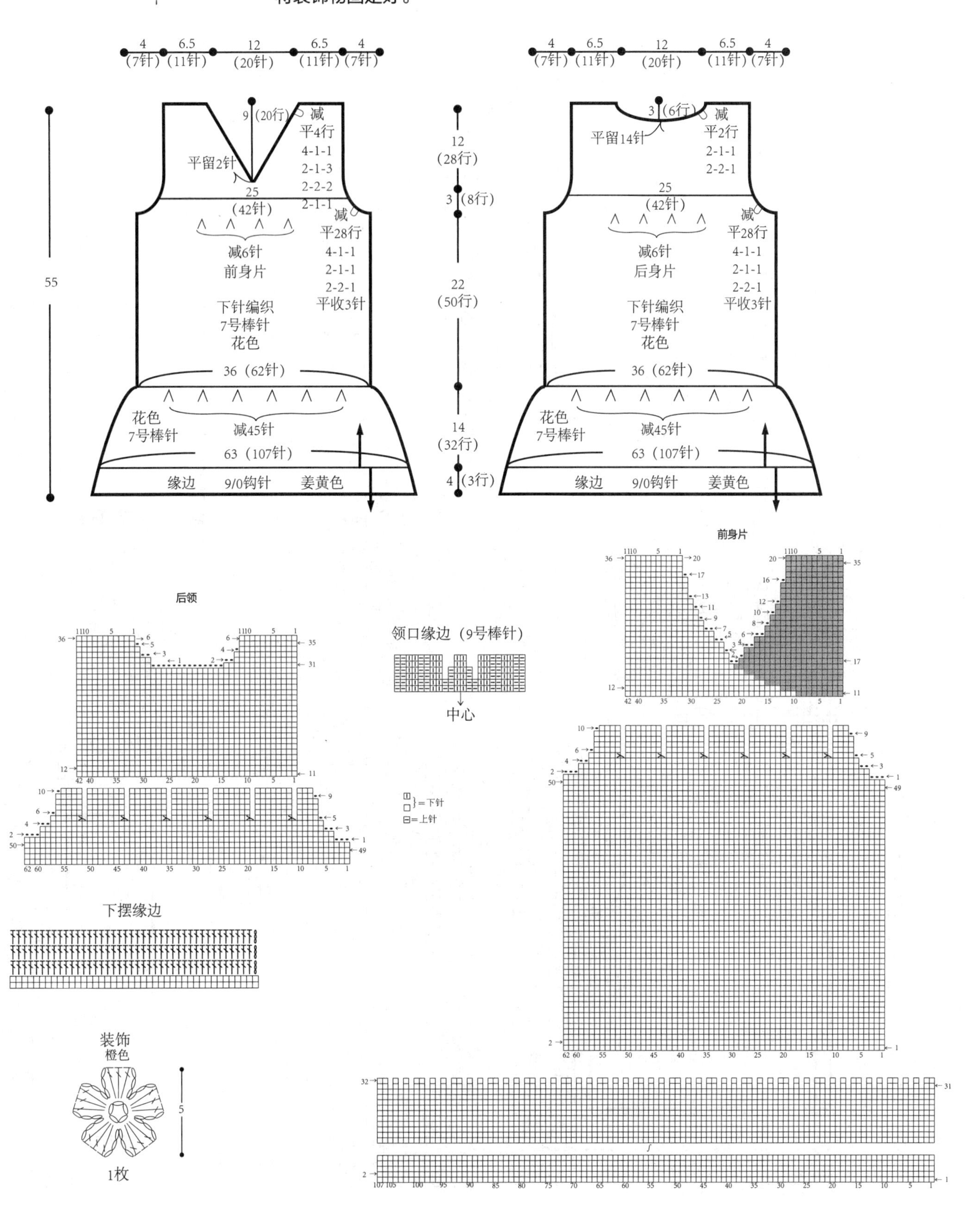

002

编织材料： 羊绒型棒针花色线　咖啡色 360g

编织工具： 7号、8号棒针，10/0钩针（4.0mm）

编织密度： 19针×24行/10cm×10cm

成品尺寸： 衣长39cm、胸宽35cm、肩宽23cm、袖长25cm

编织方法： 首先分别将左前、右前身片、后身片编织好并缝合，注意肋下花样平整、无皱。然后编织左、右袖片，并缝合。注意花样平整、无皱。最后用钩针编织袖口、领口、门襟、下摆边缘。

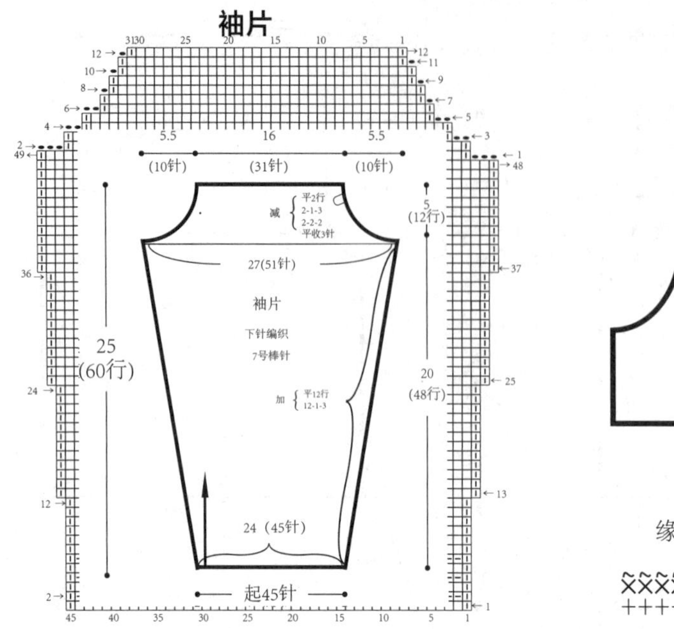

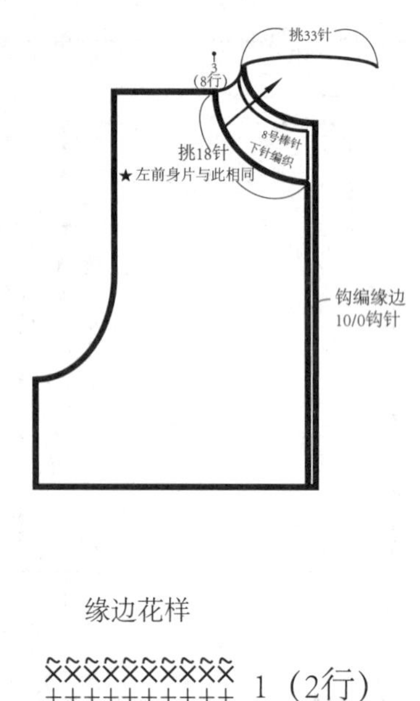

缘边花样

1（2行）

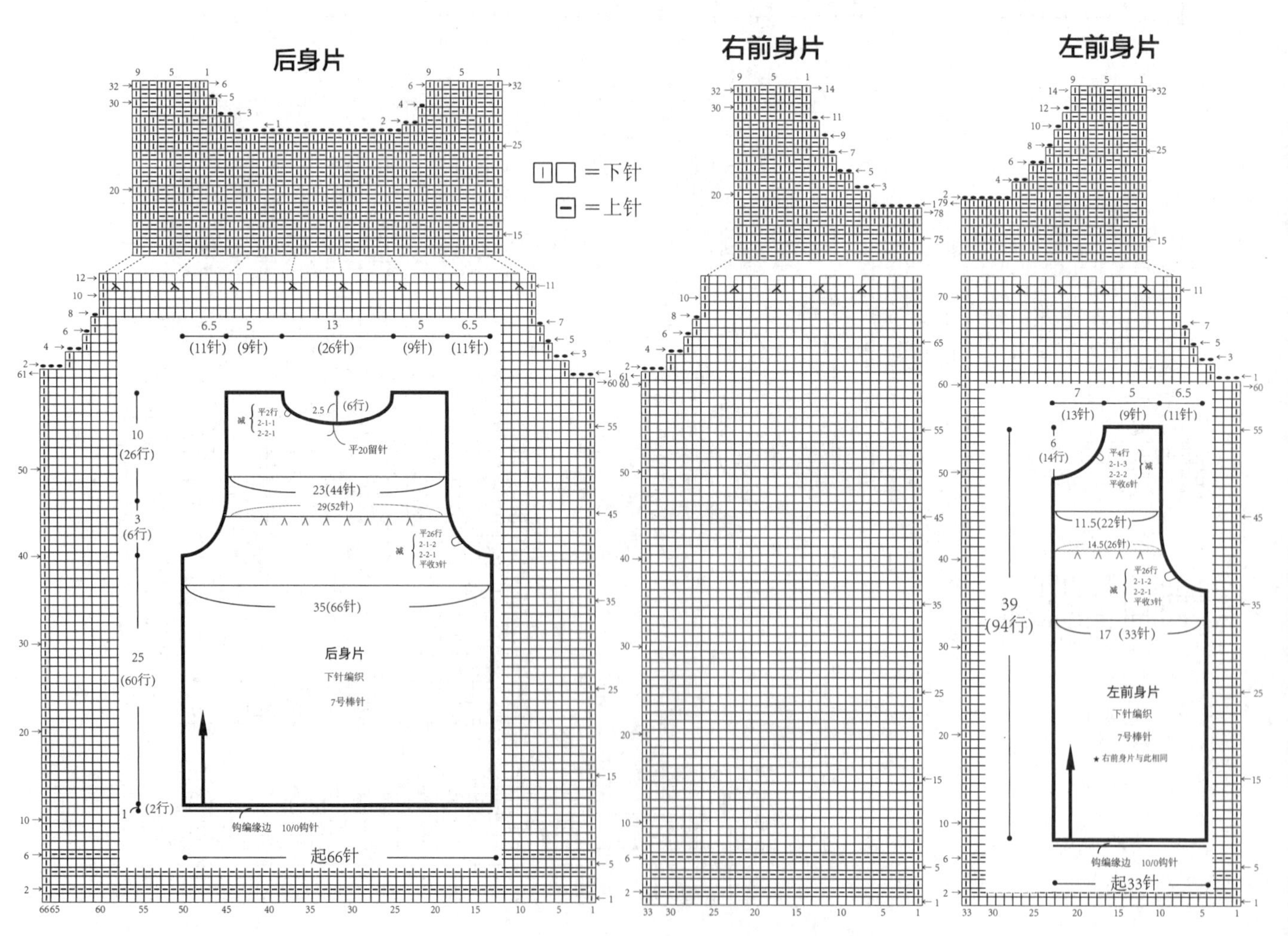

003

编织材料： 纯毛毛衣专用编织绒　鹅黄色4g，纯毛超柔暖防虫蛀高级粗绒线　白色24g，纯毛防虫蛀高级绒线　深橡皮红色230 g

编织工具： 9号棒针、9/0钩针(3.5mm)、6/0钩针(2.5mm)

编织密度： 24针×32行/10cm×10cm

成品尺寸： 衣长50cm、胸宽30cm、肩宽21cm

编织方法： 此款毛衣的编织难点是花样，要注意松紧适当。首先分别编织好前后身片并缝合。缝合时注意花样对齐、平整无皱。接着编织领口及袖口的缘边，注意松紧适当、平整无皱。

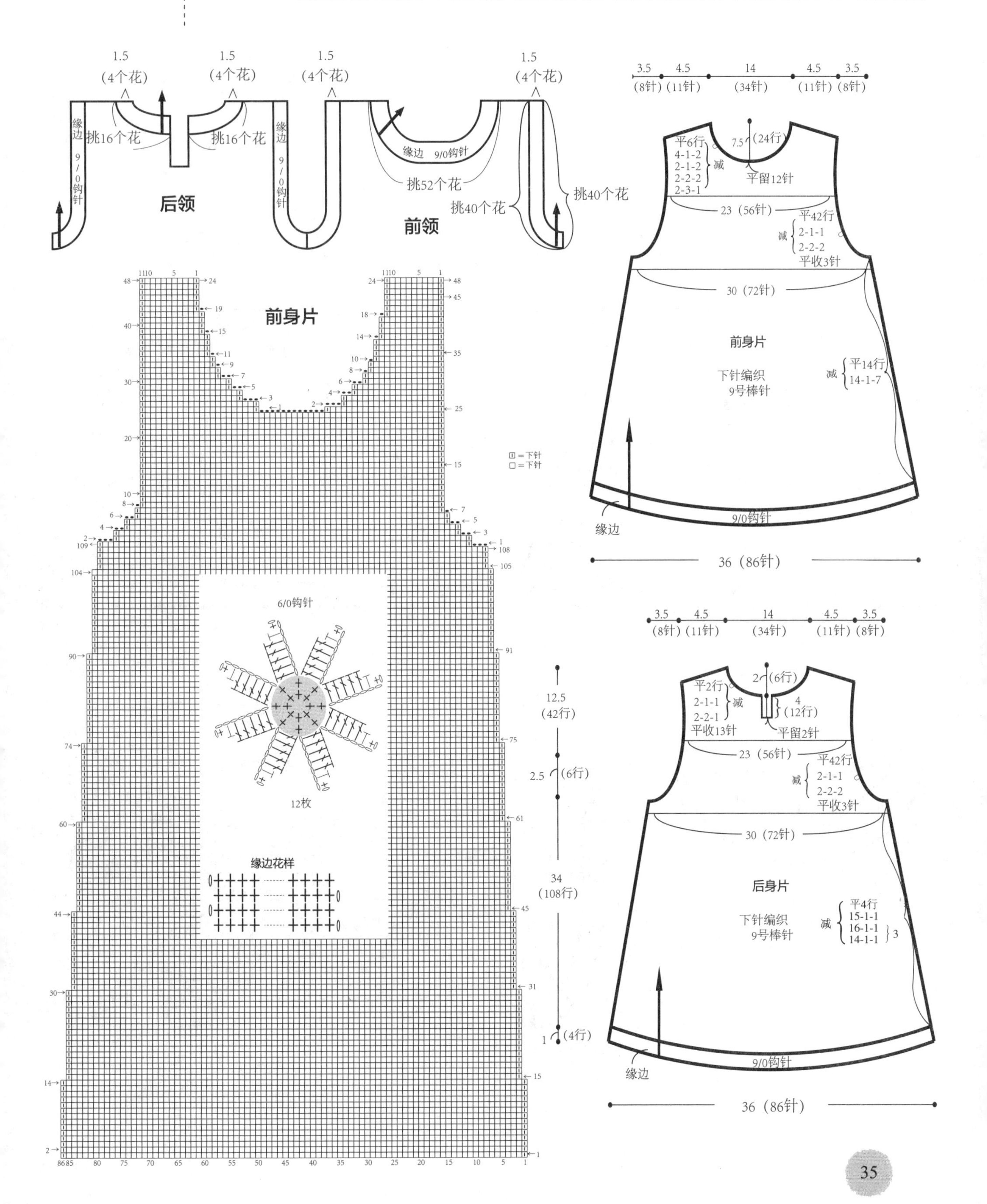

004

编织材料： 中粗羊驼毛线　红夹花332g

编织工具： 7号、9号棒针

编织密度： 20针×25行/10cm×10cm

成品尺寸： 衣长62cm、胸宽31cm、肩宽26cm

编织方法： 此款毛衣编织的难点是花样编织。首先分别将前、后身片编织好并缝合，缝合时注意花样对齐、平整。接着编织领口及袖口的缘边。

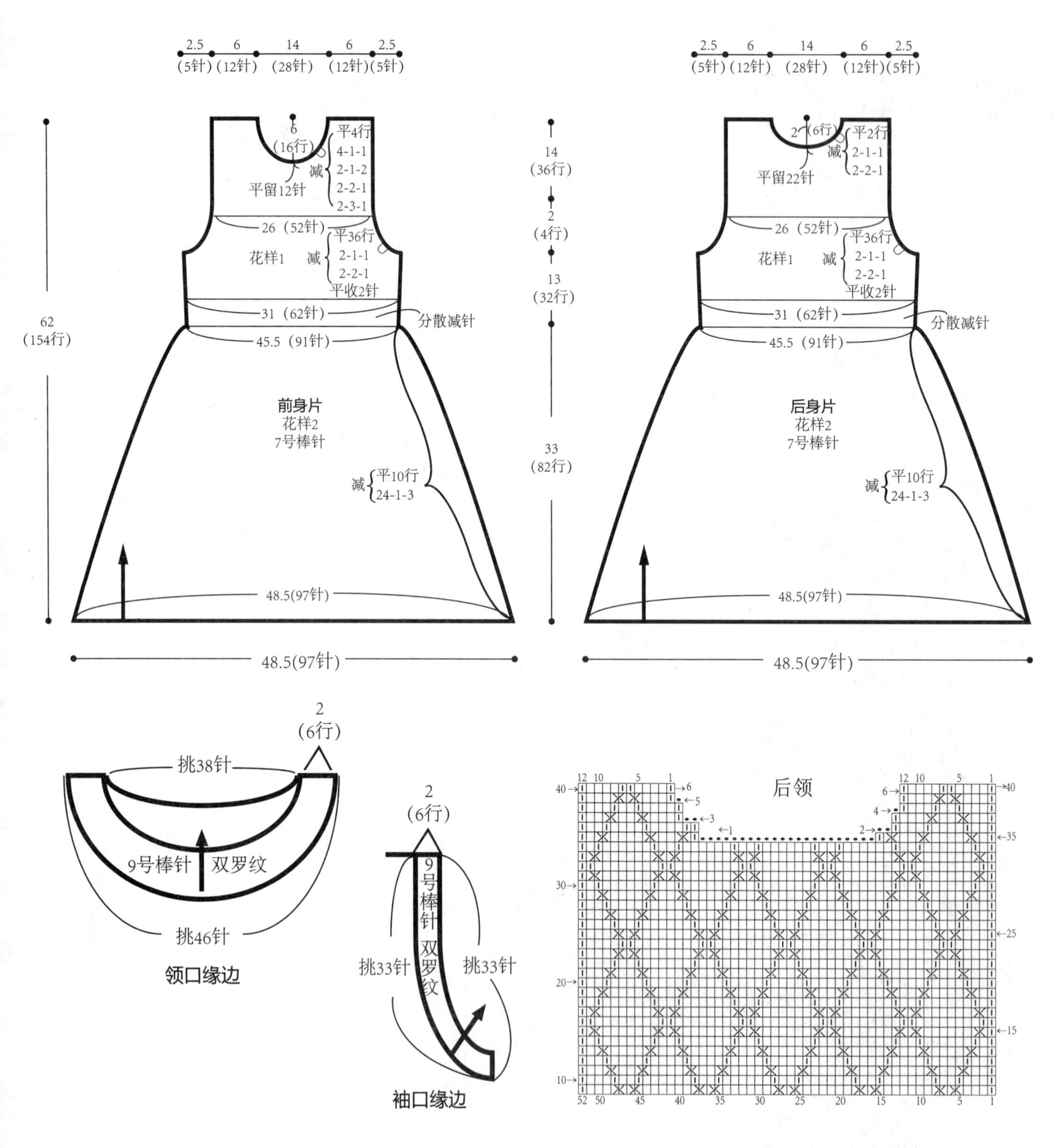

005

编织材料： 中粗羊毛线　蓝色160g、绿色50g、白色5g

编织工具： 8号、9号棒针

编织密度： 22针×32行/10cm×10cm

成品尺寸： 衣长33.5cm、胸围56cm、肩宽22cm、袖长28cm

编织方法： 此款毛衣编织的难点是图案的编织。首先分开编织前、后身片，注意色线转换的平整。建议用左右手分线法、分区法编织。然后编织左右袖片，再将衣身片、袖片缝合。接着编织领口,注意松紧适当。最后用缝针将装饰物缝上。

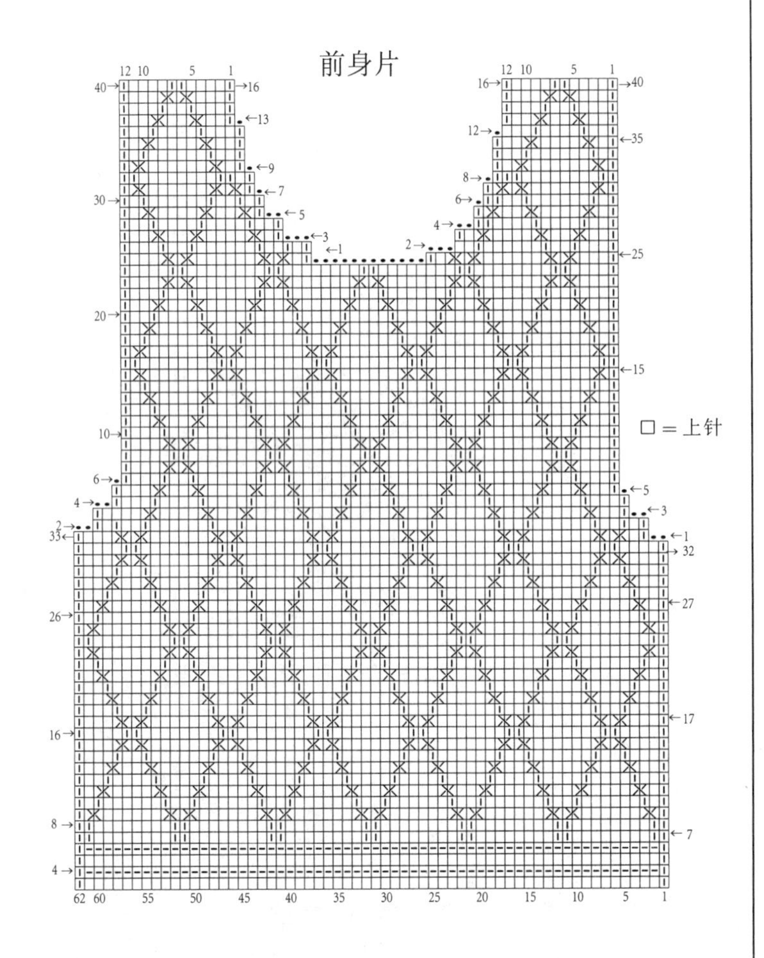

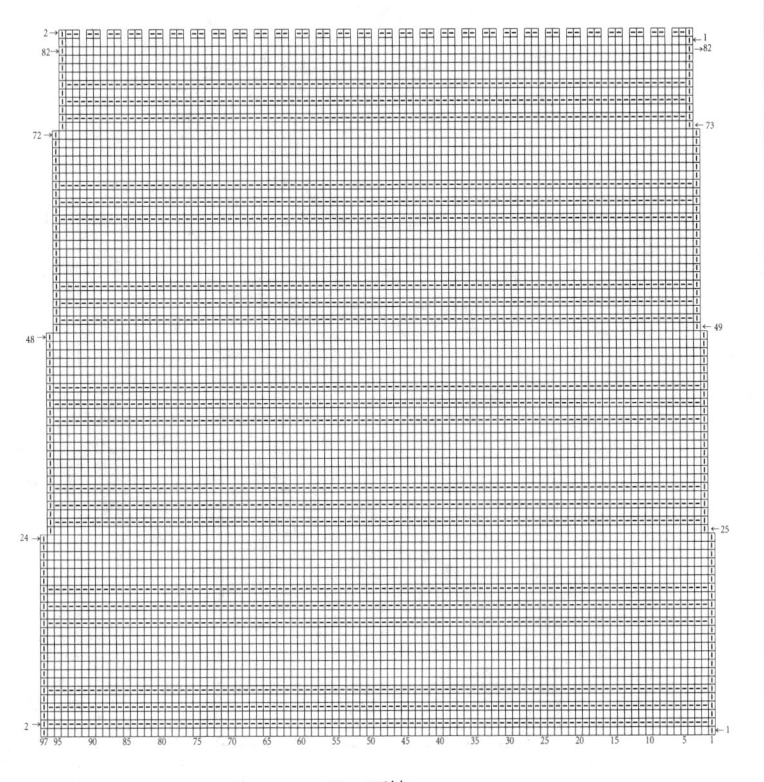

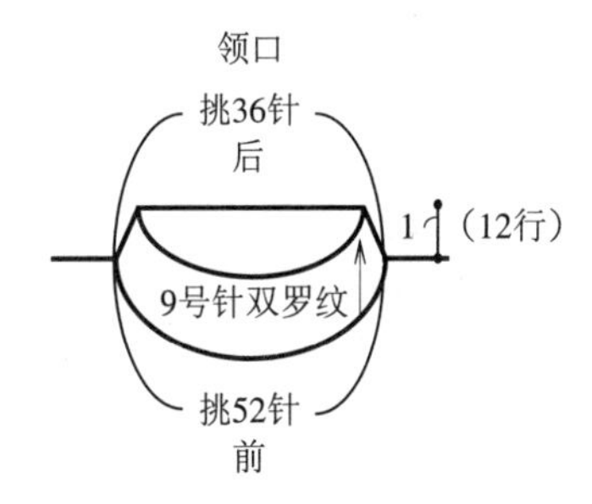

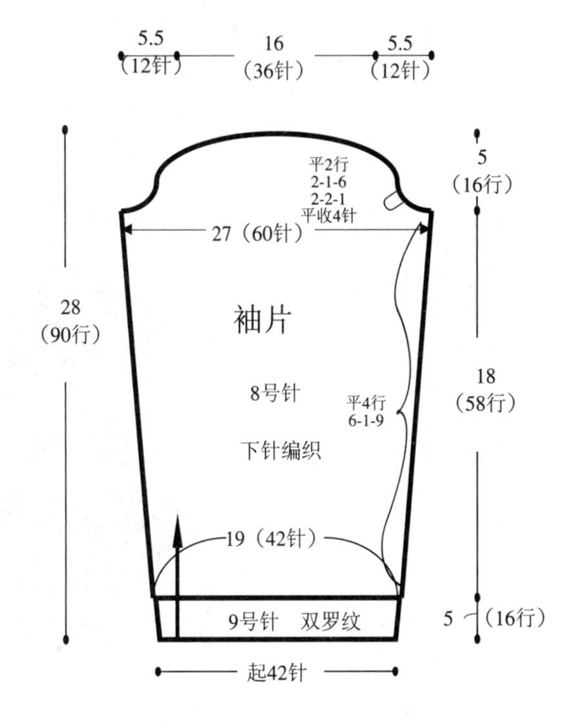

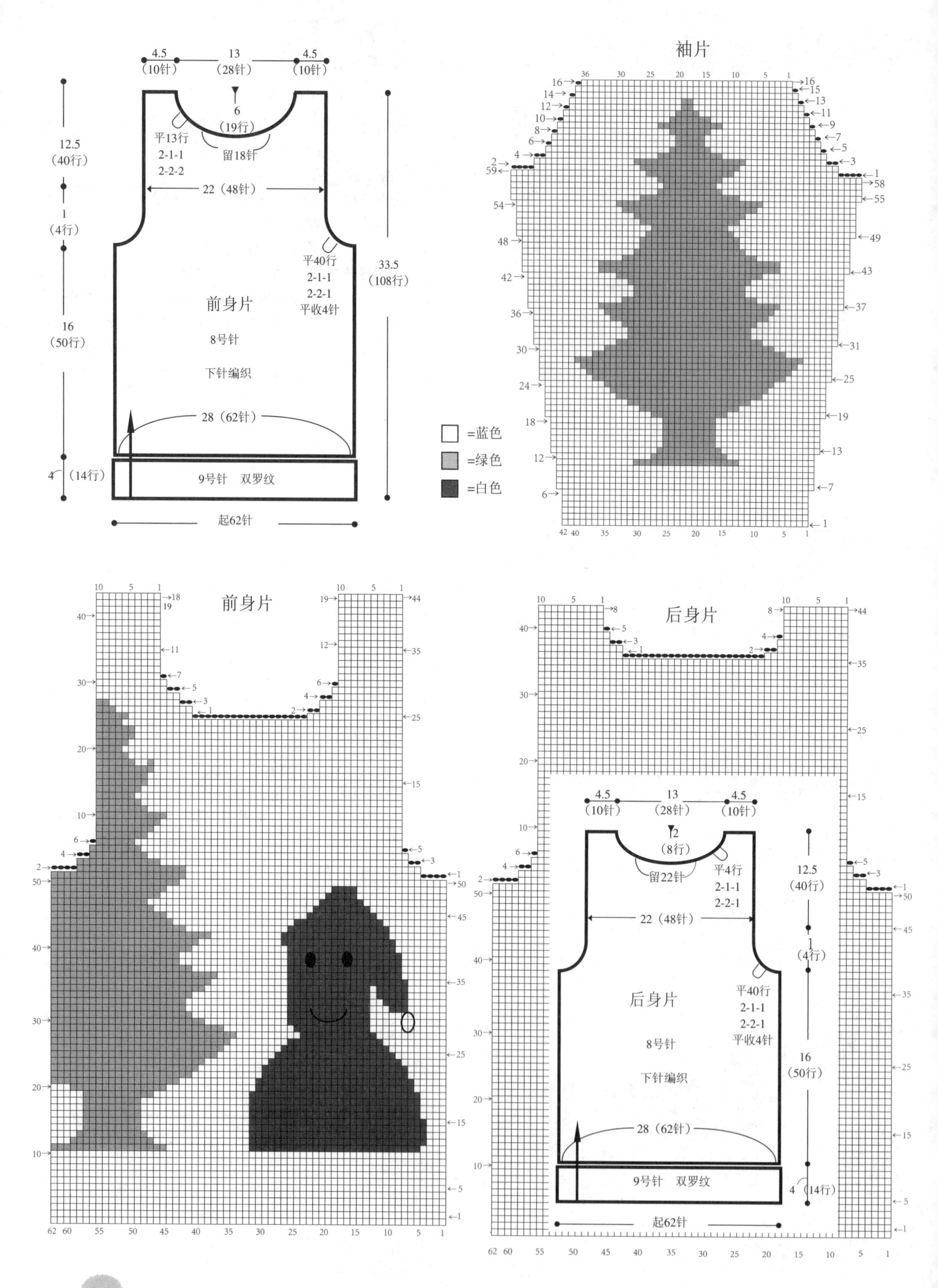
4.5
（10针）
13
（28针）
4.5
（10针）
6
（19行）
平13行
2-1-1
2-2-2
留18针
12.5
（40行）
22（48针）
1
（4行）
平40行
2-1-1
2-2-1
平收4针
33.5
（108行）
前身片
8号针
下针编织
16
（50行）
28（62针）
4
（14行）
9号针 双罗纹
起62针
袖片
=蓝色
=绿色
=白色
前身片
后身片
4.5
（10针）
13
（28针）
4.5
（10针）
2
（8行）
留22针
平4行
2-1-1
2-2-1
12.5
（40行）
22（48针）
1
（4行）
后身片
平40行
2-1-1
2-2-1
平收4针
8号针
下针编织
16
（50行）
28（62针）
9号针 双罗纹
4
（14行）
起62针

006

编织材料： 中粗羊毛线　玫红色290g

编织工具： 8号、9号棒针

编织密度： 22针×26行/10cm×10cm

成品尺寸： 衣长40cm、胸宽31cm、肩宽25cm、袖长31cm

编织方法： 此款毛衣编织的难点是花样。首先分别将前、后身片编织好并缝合，缝合时注意花样对齐、平整。接着编织左、右袖片并缝合，缝合时注意花样对齐、平整。最后编织领口缘边。

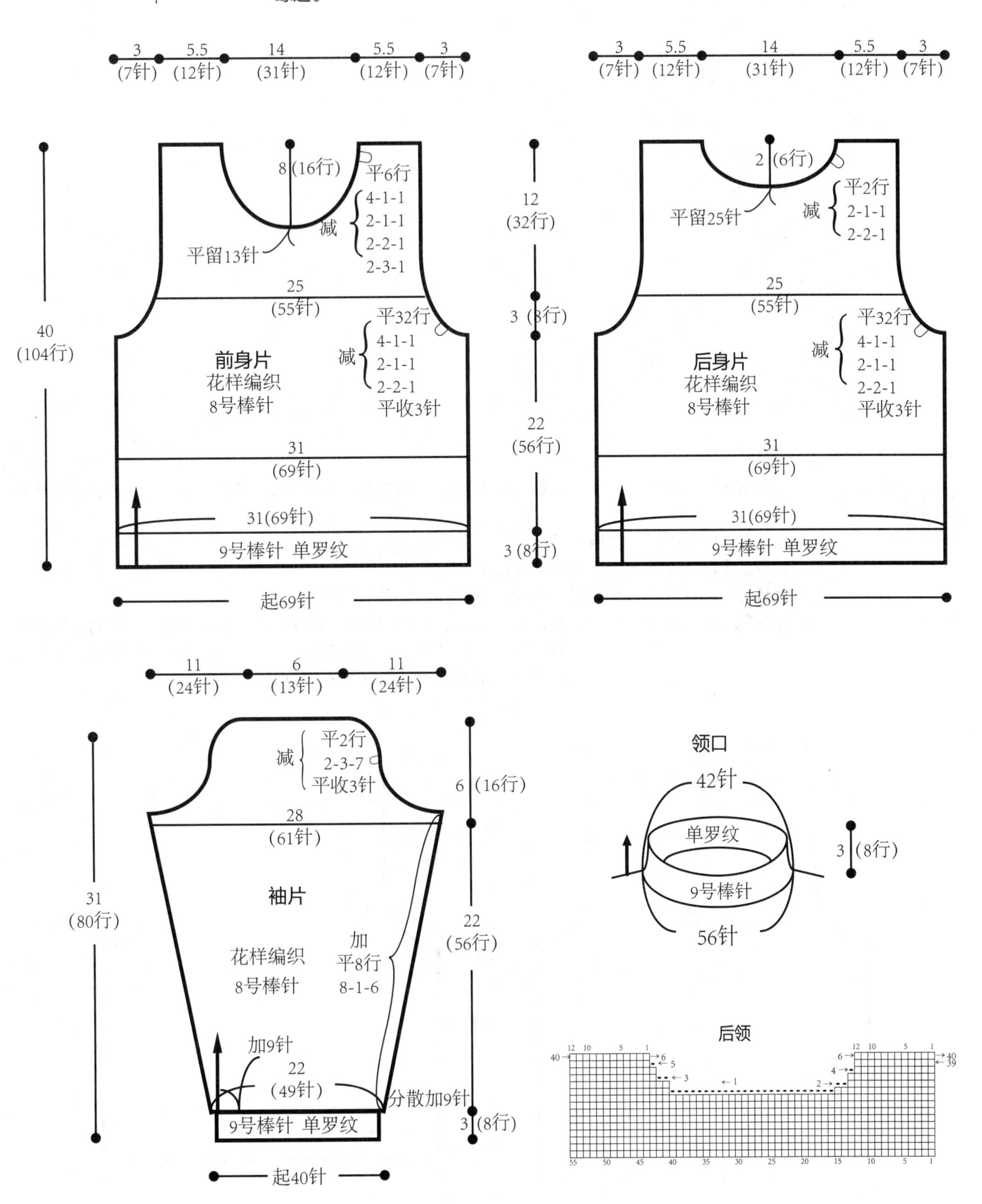

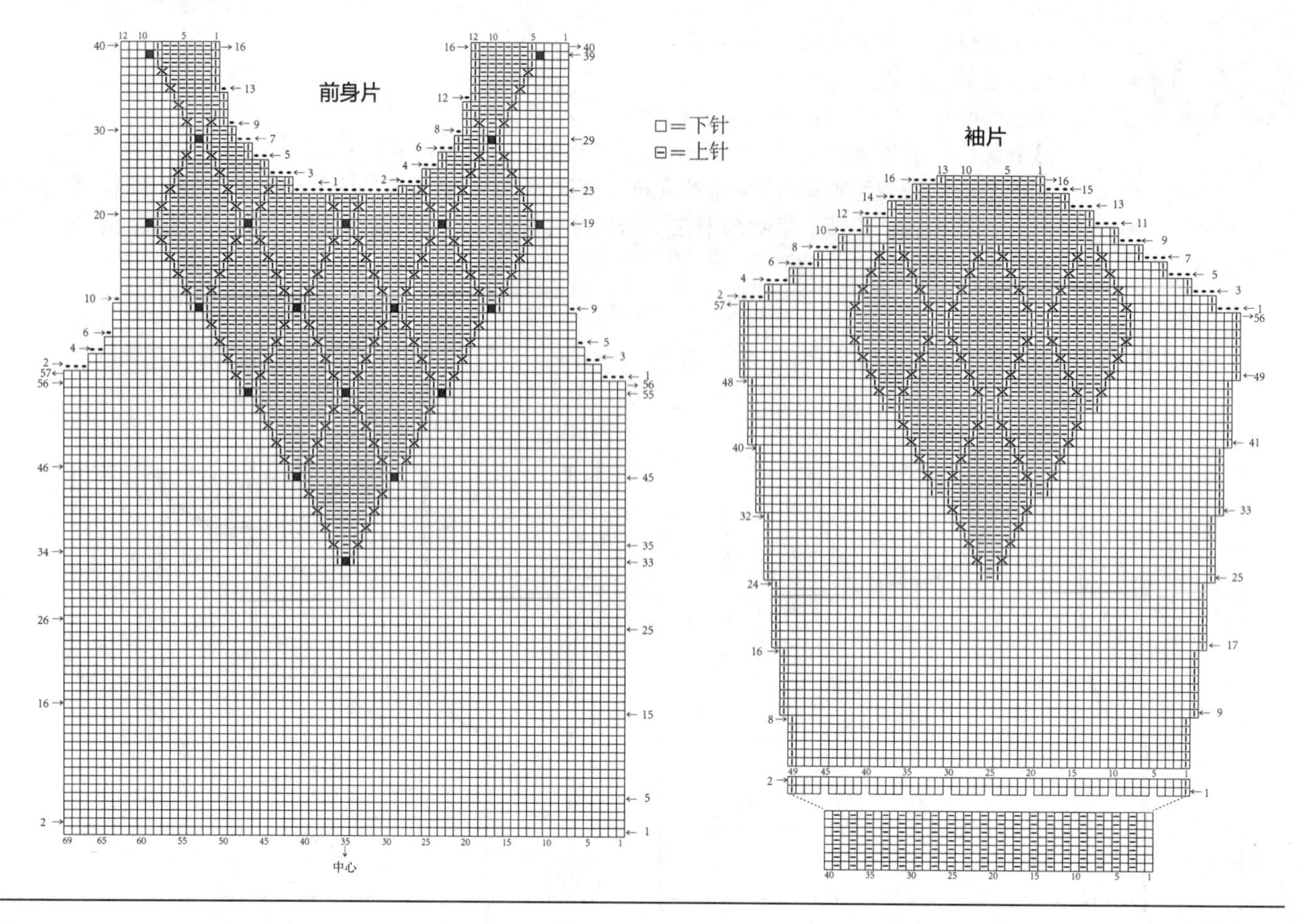

007

编织材料： 精品高级绒线　浪漫紫色 217g，绿色生态珍品毛绒线　蓝紫夹花 10g，绿色生态丝毛绒 粉色 2g

编织工具： 9号、10号棒针，6/0钩针

编织密度： 22针×28行/10cm×10cm

成品尺寸： 衣长34cm、胸宽28cm、肩宽21cm、袖长21cm

编织方法： 此款毛衣编织的难点是领口。首先分别将前、后身片编织好并缝合。注意肋下花样平整、无皱。然后编织左、右袖片并缝合。注意花样对齐、平整。接着编织领口，注意松紧适当、平整无皱。最后用钩针钩织缘边装饰并将装饰花固定好。

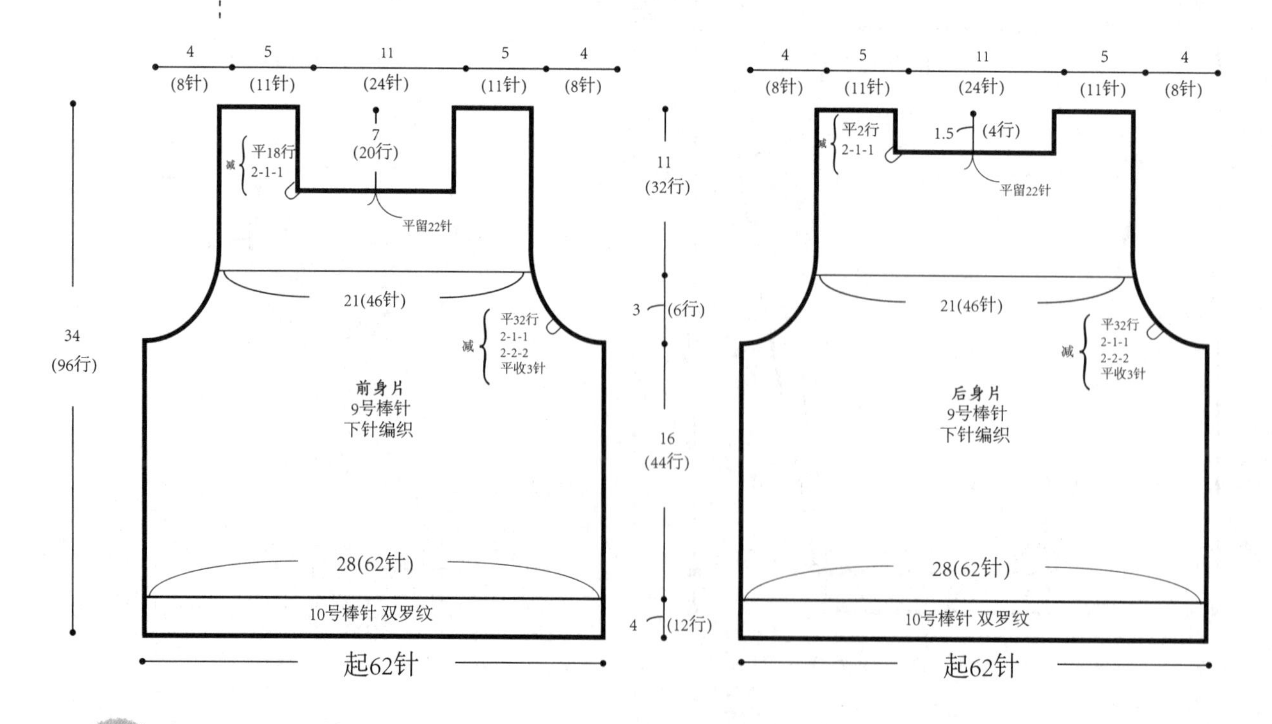

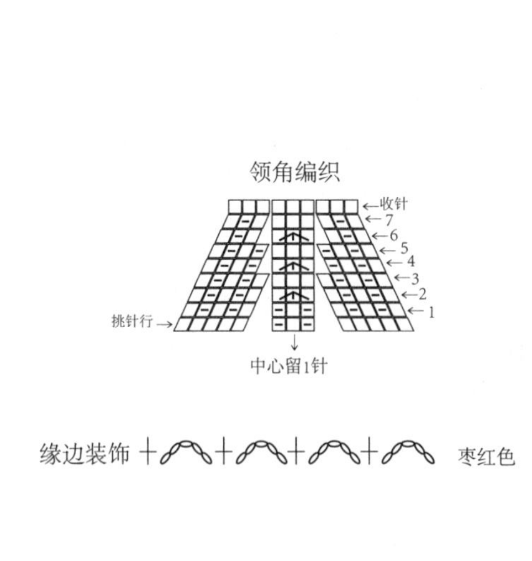

缘边装饰 枣红色

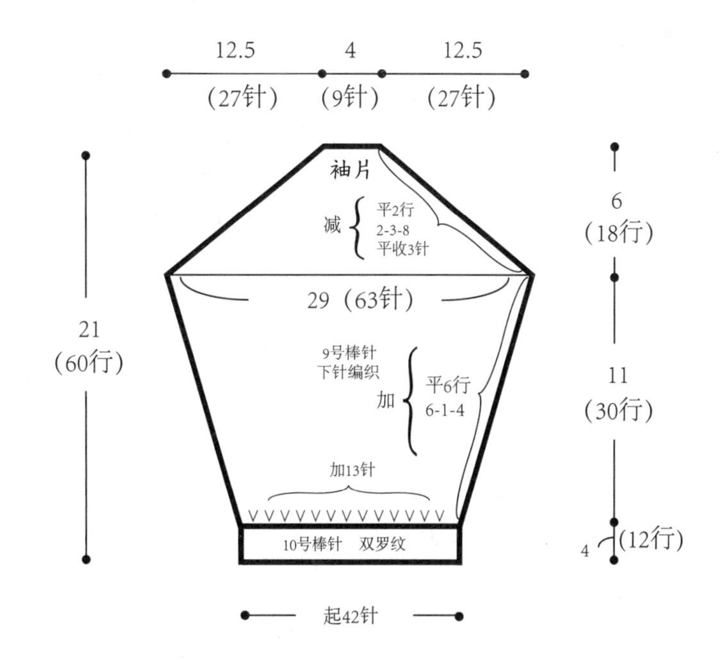

装饰花

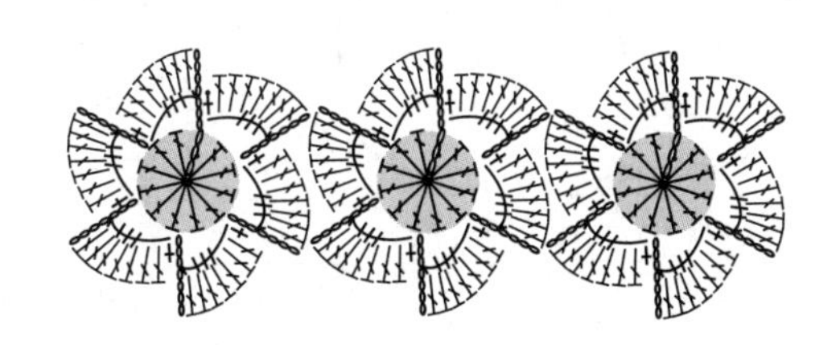

花瓣 蓝紫夹花
花芯 粉色

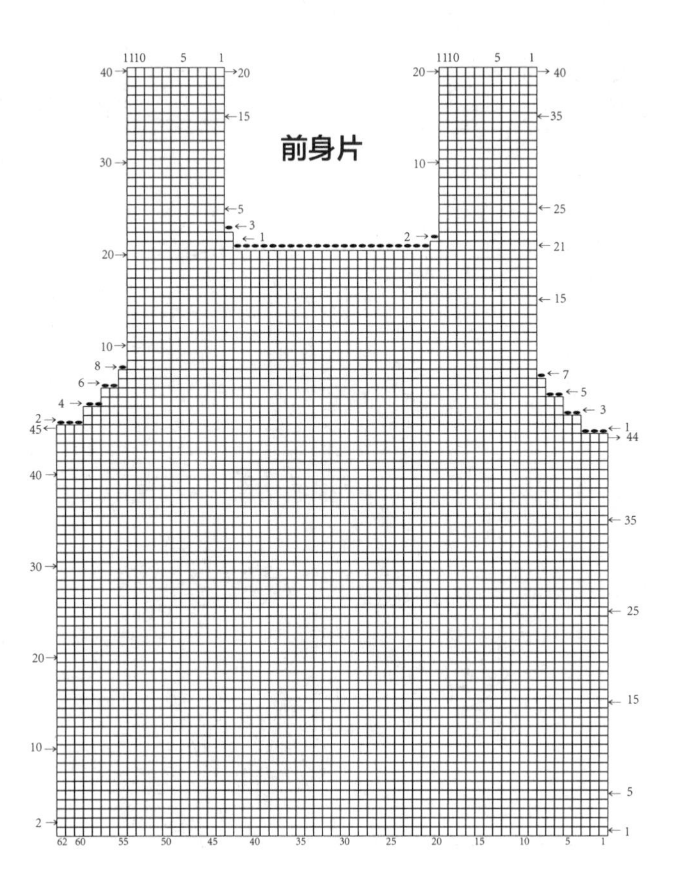

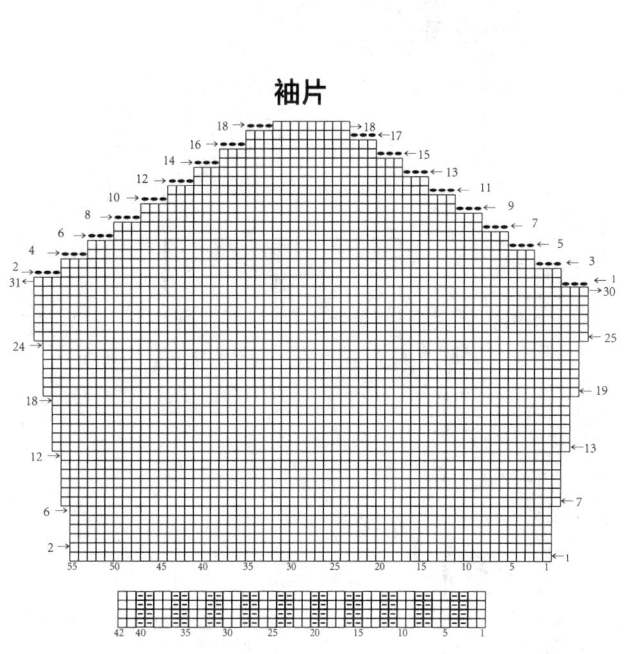

□ =下针

008

编织材料： 精品高级绒线　黑色 210 g，其他配色线　少量

编织工具： 8号、9号棒针，9/0钩针（3.5mm）

编织密度： 21针×27行/10cm×10cm

成品尺寸： 衣长35cm、胸宽30cm、肩宽23cm、袖长21cm

编织方法： 此款毛衣的编织难点是领口的编织，特别要注意松紧适当。首先分别编织好前后身片并缝合。缝合时注意花样对齐、平整无皱。然后编织领口及袖口的缘边，注意松紧适当、平整无皱。最后将饰物固定好。

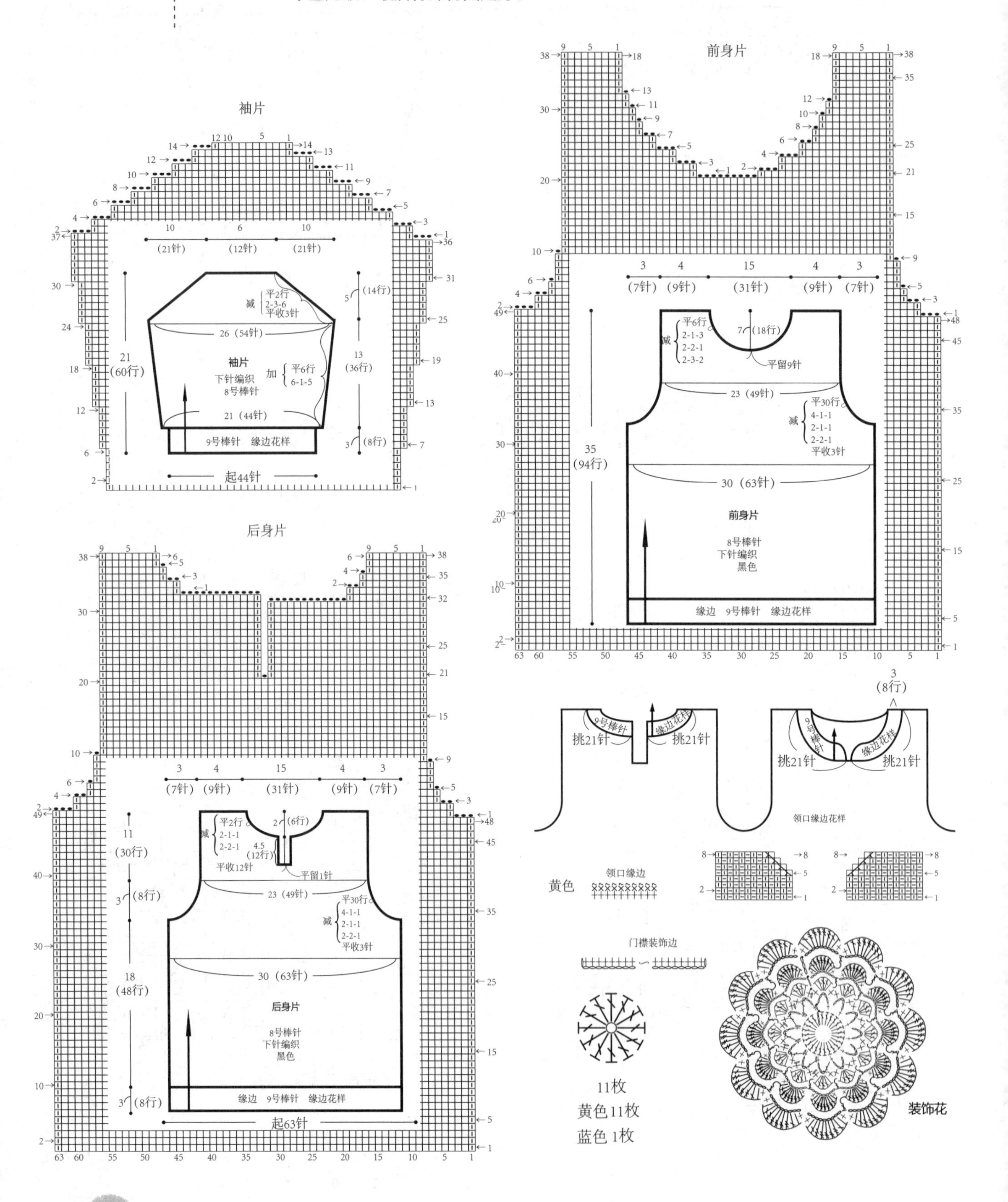

009

编织材料： 中粗羊毛线　红黄棕夹花线221g、红色27g、枣红色33g

编织工具： 8/0钩针（3.25mm）

编织密度： 20针×12行/10cm×10cm

成品尺寸： 衣长31.5cm、胸宽32.5cm、肩宽16.5cm、袖长35.5cm

编织方法： 此款毛衣编织的难点是花样。由于换线频繁所以一定要注意手劲的松紧。首先分别将前、后身片编织好并缝合，缝合时注意花样对齐平整。接着编织左、右袖片并缝合，缝合时注意花样对齐、平坦无皱。最后编织领口缘边。

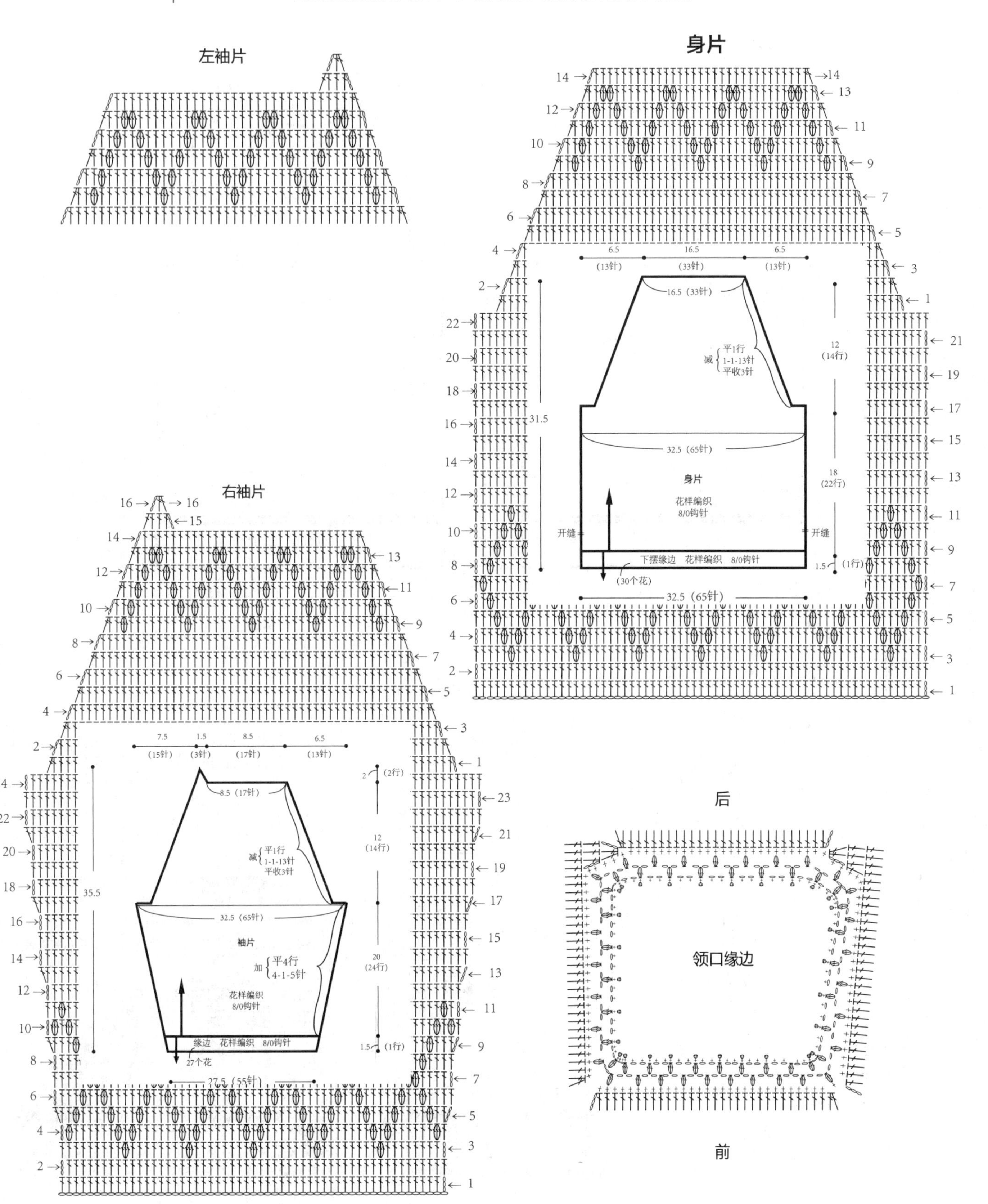

010

编织材料： 粗羊毛线　白色400g、红色50g

编织工具： 7号、8号棒针

编织密度： 17针×24行/10cm×10cm

成品尺寸： 衣长41cm、胸围72cm、肩宽26cm、袖长32cm

编织方法： 此款毛衣的编织难点是色线的转换。建议用左右手换线法编织。首先分开编织好前、后身片，注意平整、松紧适当。然后再编织左、右袖片，并将前后身片及袖片缝合。最后编织领口。

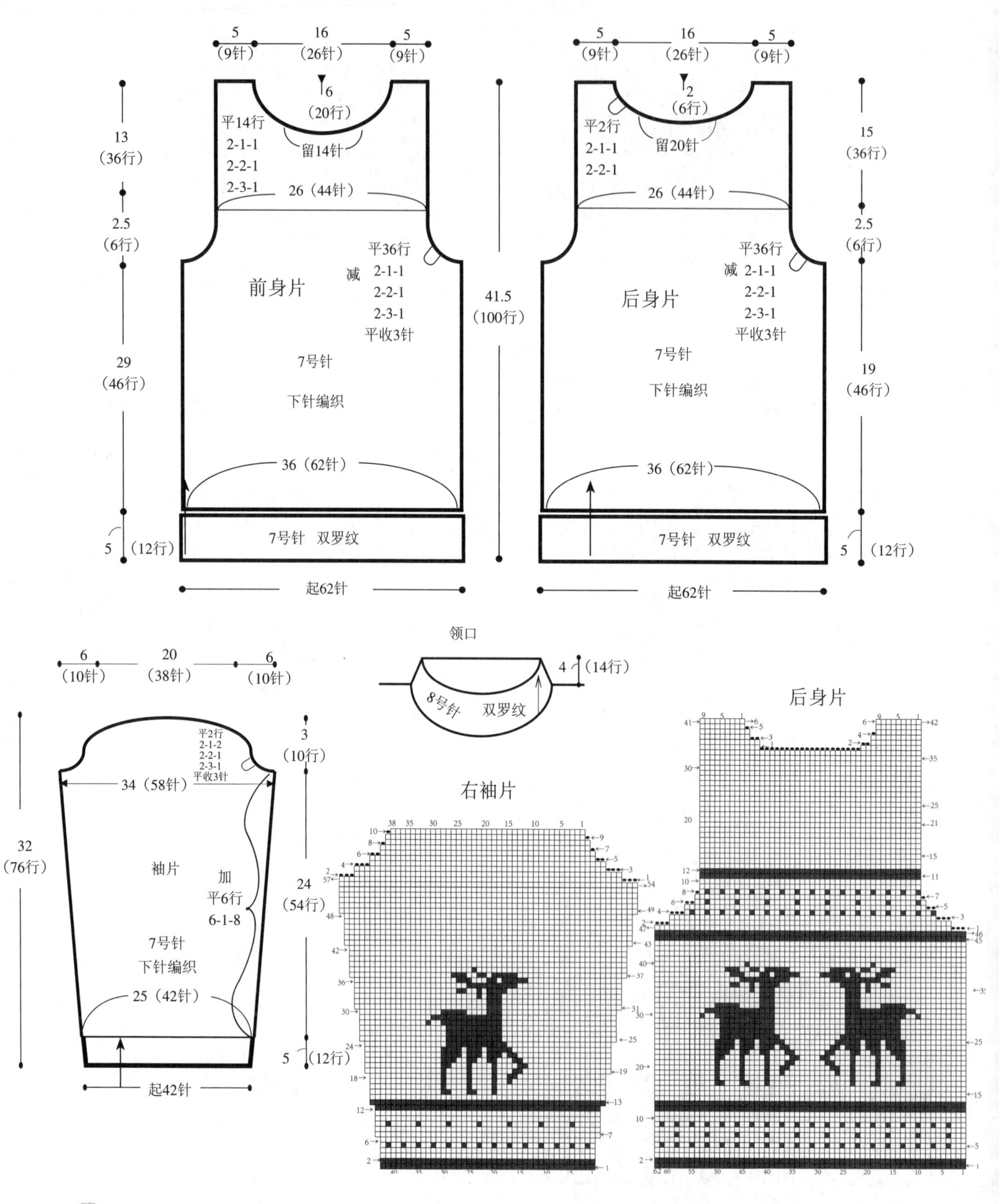

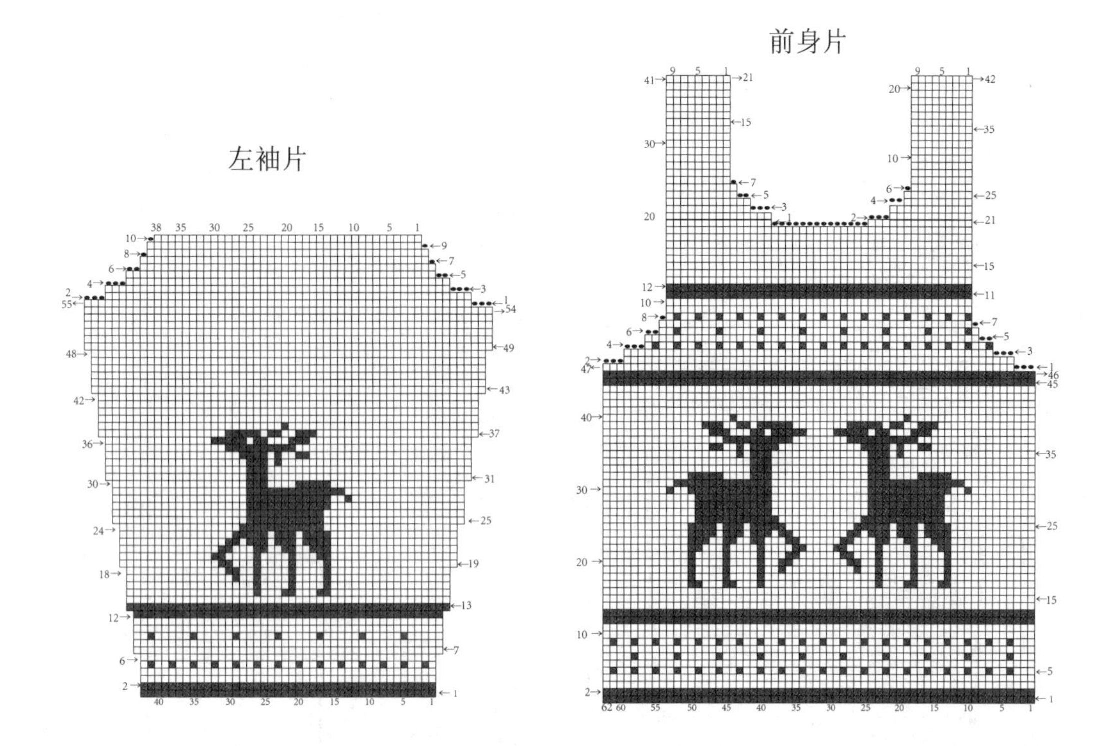

011

编织材料： 中粗羊毛线　橙红色270g、黑色30g，其他颜色适量

编织工具： 8号、9号棒针

编织密度： 22针×29行/10cm×10cm

成品尺寸： 衣长36cm、胸宽34cm、肩宽25cm、袖长31cm

编织方法： 此款毛衣的难点是花样，要注意手劲的松紧。首先分别将左前、右前身片及后身片编织好并缝合，缝合时注意花样对齐、平整。接着编织左、右袖片并缝合，缝合时注意花样对齐、平整。再接着编织领口缘边。最后编织前襟缘边。

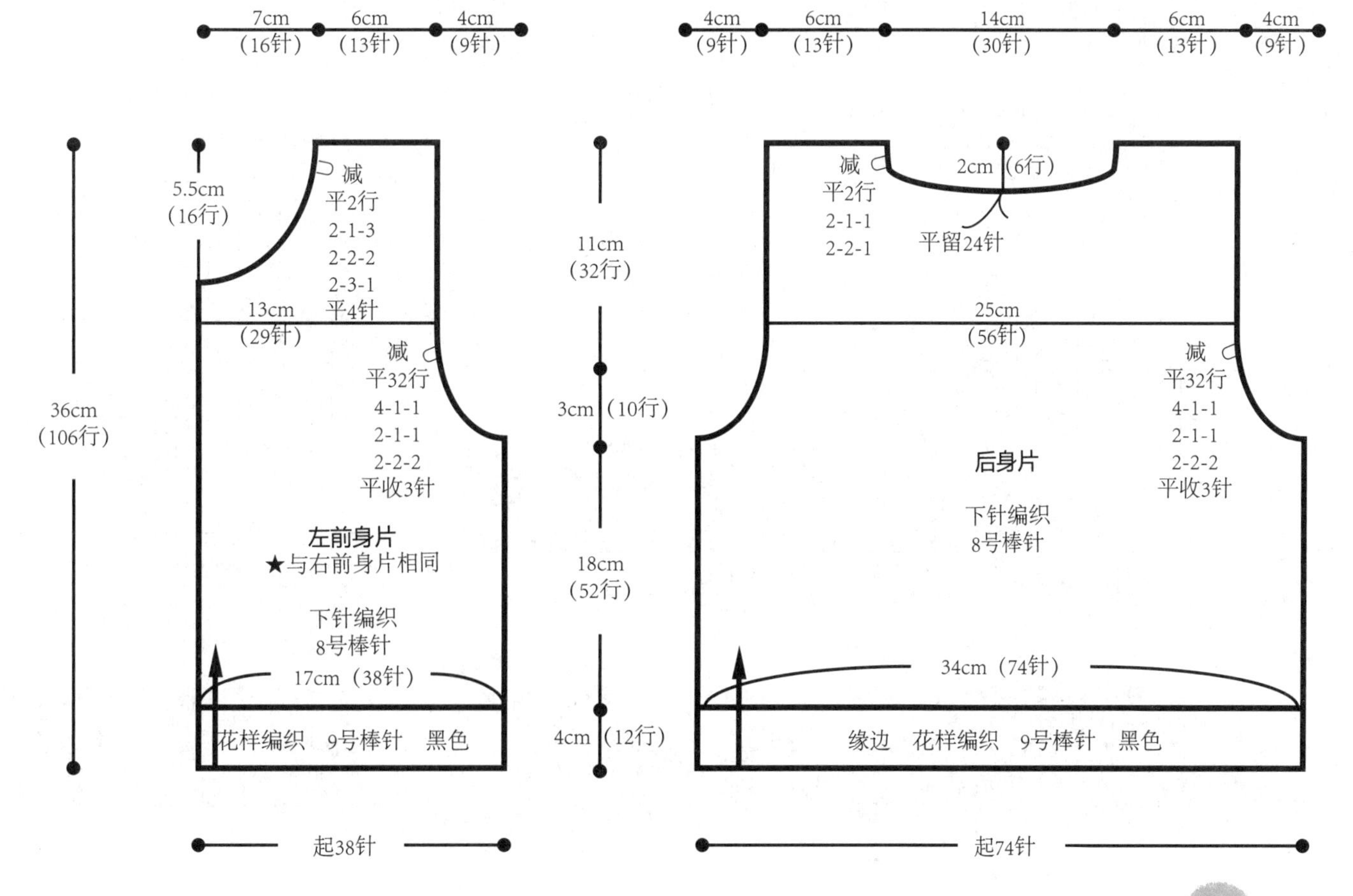

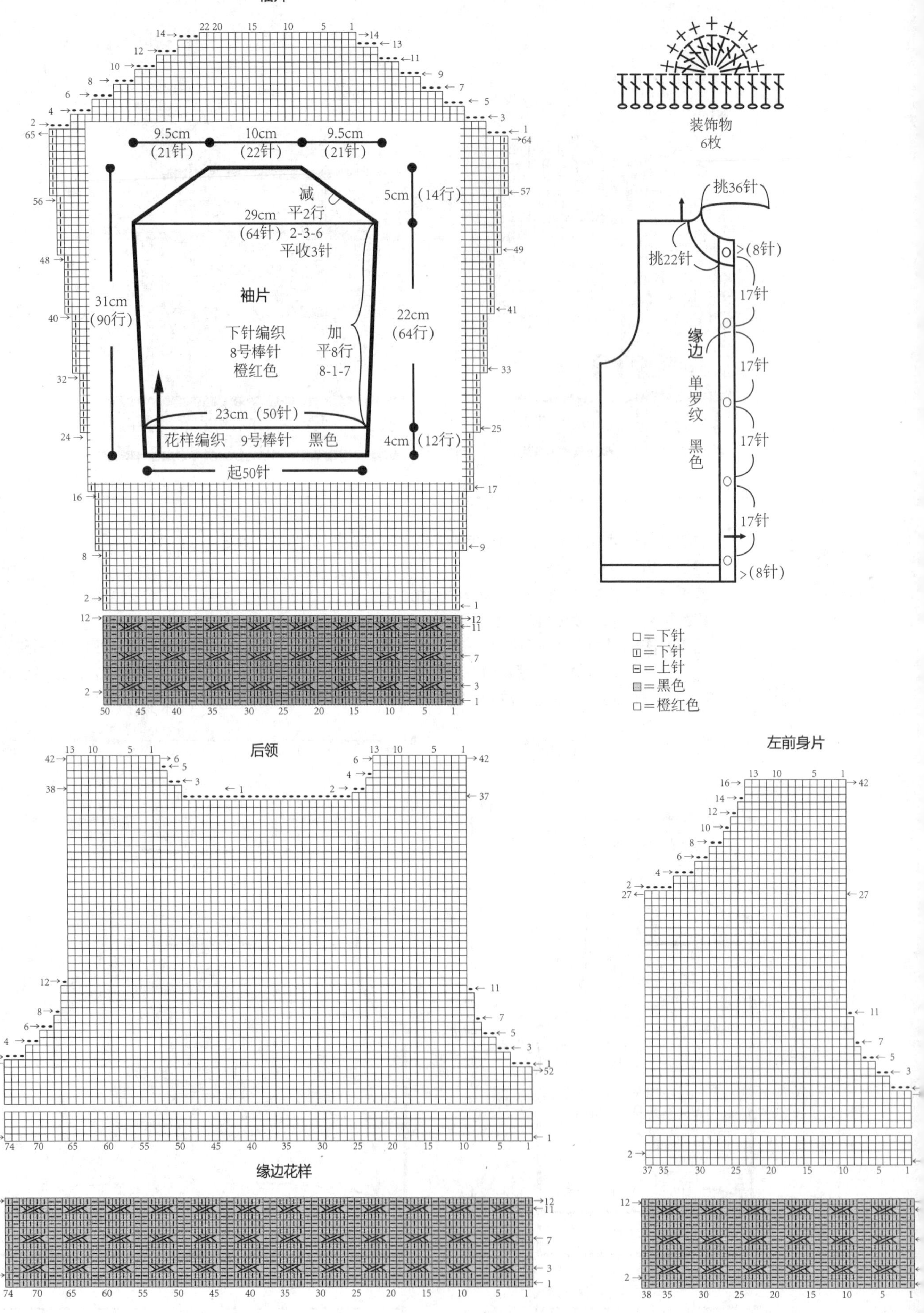
袖片
9.5cm（21针）
10cm（22针）
9.5cm（21针）
减
平2行
2-3-6
平收3针
29cm（64针）
5cm（14行）
31cm（90行）
22cm（64行）
4cm（12行）
袖片
下针编织
8号棒针
橙红色
加
平8行
8-1-7
23cm（50针）
花样编织 9号棒针 黑色
起50针
装饰物
6枚
挑36针
挑22针
>(8针)
17针
17针
17针
17针
>(8针)
缘边
单罗纹
黑色
□=下针
=下针
=上针
=黑色
□=橙红色
后领
缘边花样
左前身片

012

编织材料： 中粗羊毛线　牛仔蓝350g，粉红、粉紫、深紫、墨绿、嫩绿、小鸡黄少量

编织工具： 7号、9号棒针，8/0（3.25mm）钩针

编织密度： 21针×27行/10cm×10cm

成品尺寸： 衣长43cm、下摆宽38cm、胸宽30cm、袖长31cm

编织方法： 此款毛衣编织的难点是下摆，要特别注意加针的规律。首先分别将前、后身片编织好并缝合，缝合时注意花样平整、无皱。接着编织左右袖片并缝合，缝合时注意花样对齐、平整。再接着编织袖口缘边及领口缘边，最后将装饰物固定好。

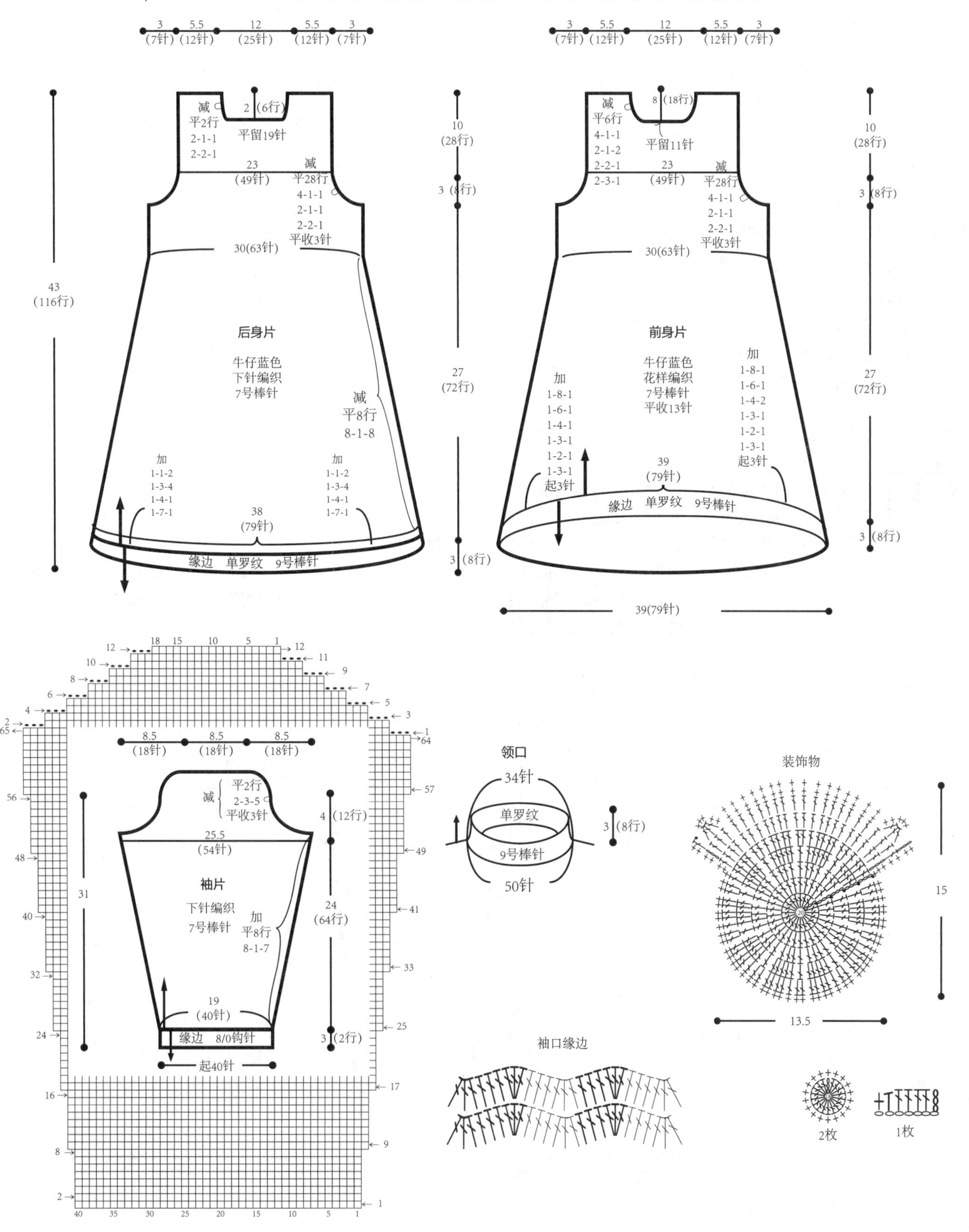

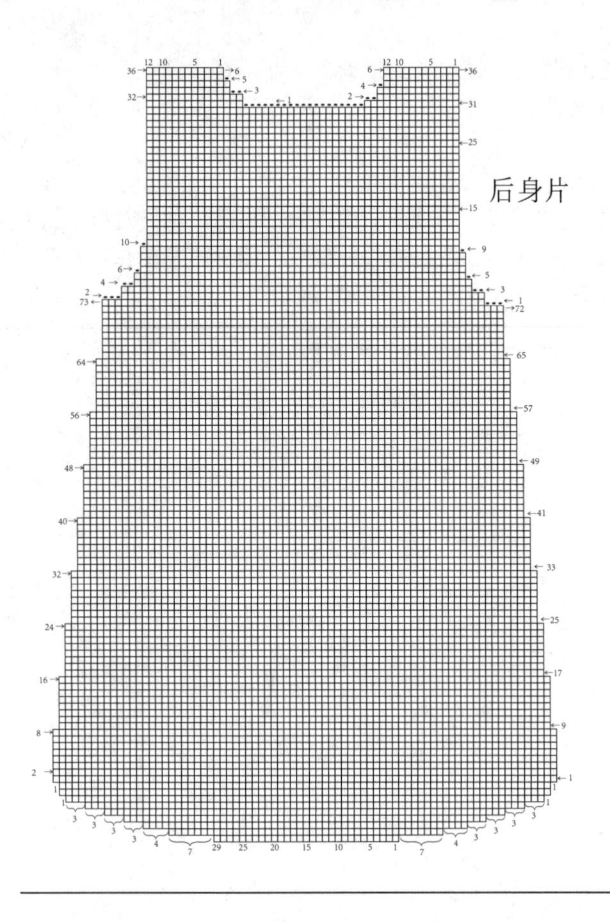

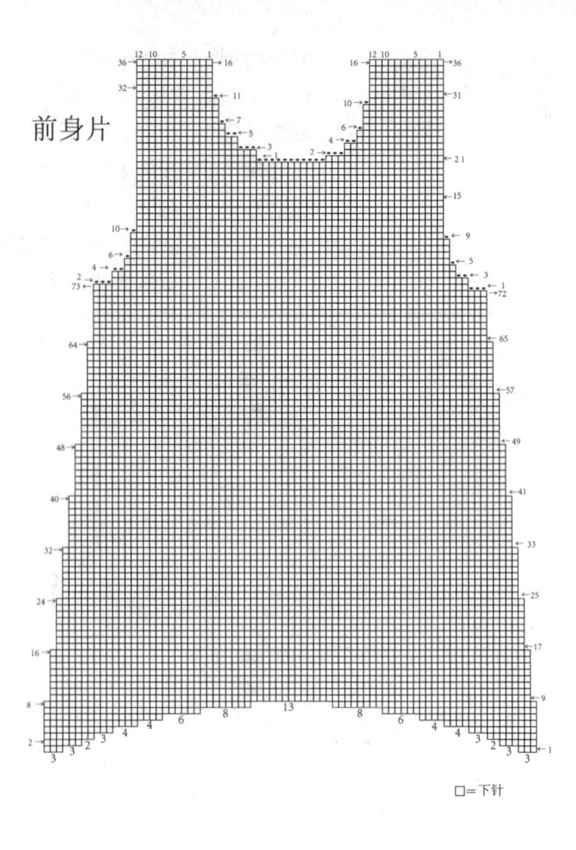

013

编织材料： 精品高级绒线　粉色 260 g

编织工具： 10/0钩针（4.0mm）

编织密度： 2cm×1.7cm/1个花

成品尺寸： 衣长46.5cm、胸宽26cm、肩宽18cm

编织方法： 此款毛衣的编织难点是裙身缝合，因为针密、花多，所以特别要注意手劲的松紧适当。首先分别编织好前、后身片并缝合。缝合时注意花样对齐、平整无皱。接着编织领口及袖口的缘边，注意松紧适当、平整无皱。

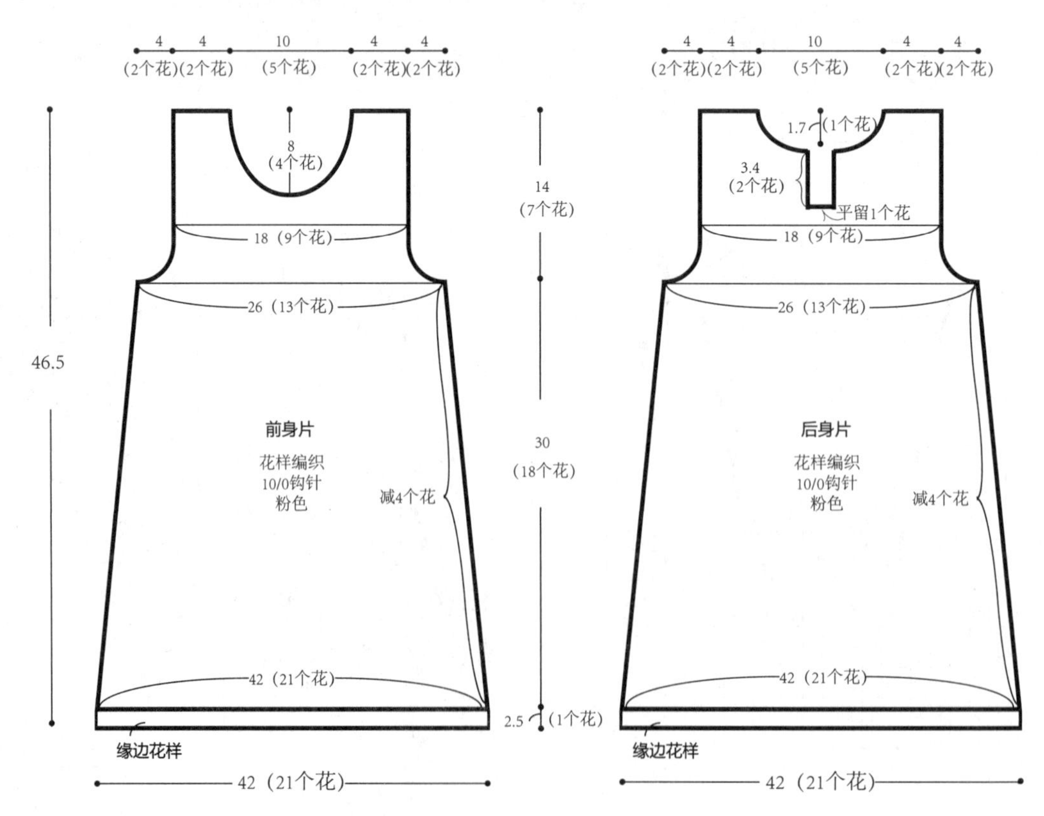

前身片

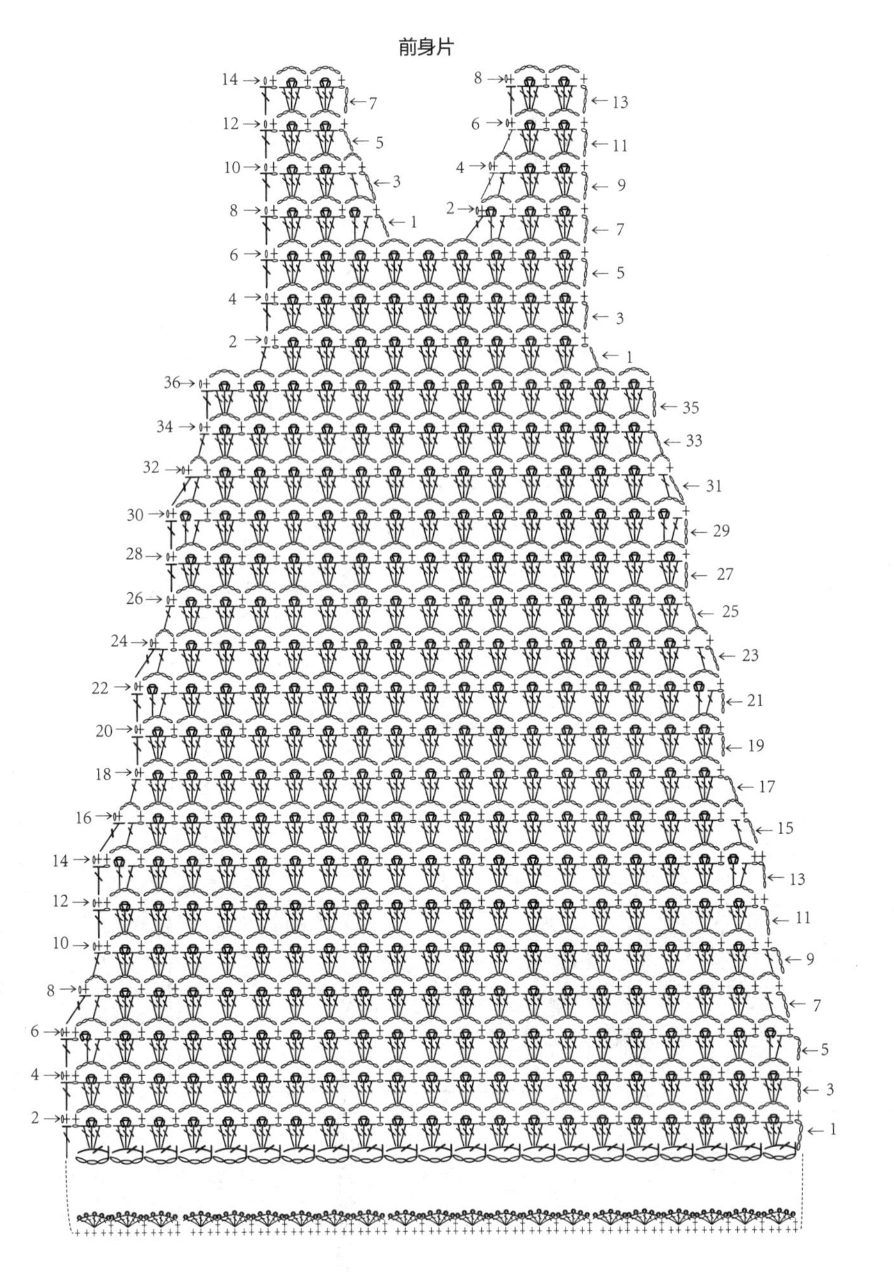

后领

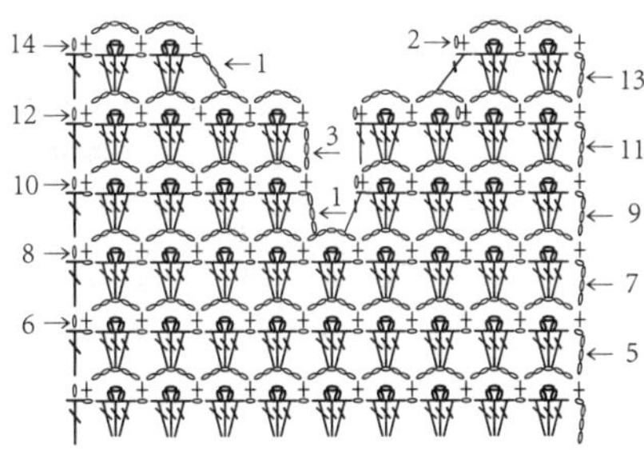

后领缘边

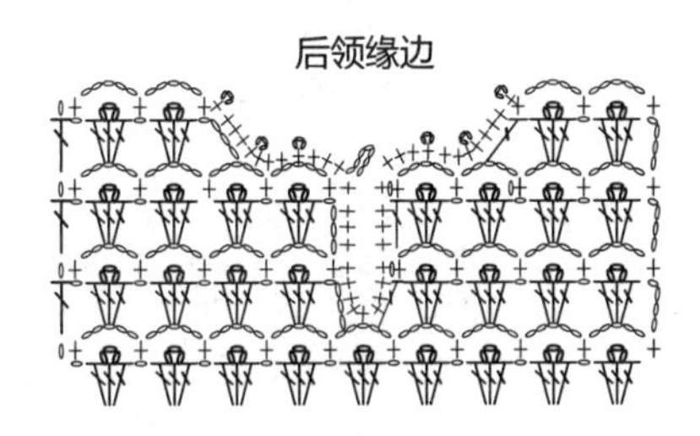

前领缘边

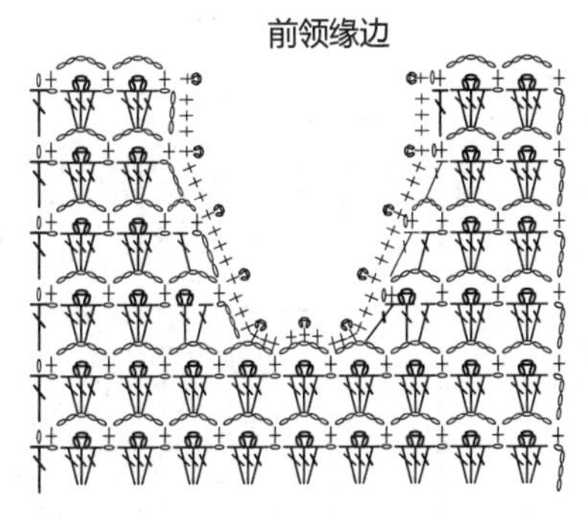

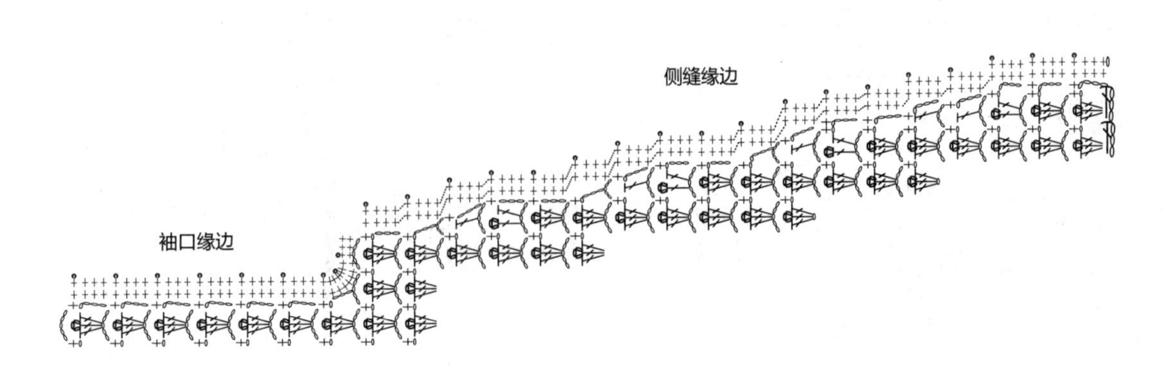

014

编织材料： 细棉线　紫色190g
编织工具： 5/0钩针（2.2mm）
编织密度： 8cm×8cm/1个单元花（花样1）
成品尺寸： 衣长35cm、胸宽32cm、肩宽24cm
编织方法： 此款毛衣编织的难点是花样编织。首先编织单元花（花样1）并依次连接好，注意连接时手劲松紧适当。接着编织前、后过肩，注意松紧适当、平坦无皱。再编织领口及袖口的缘边。最后编织下摆缘边。

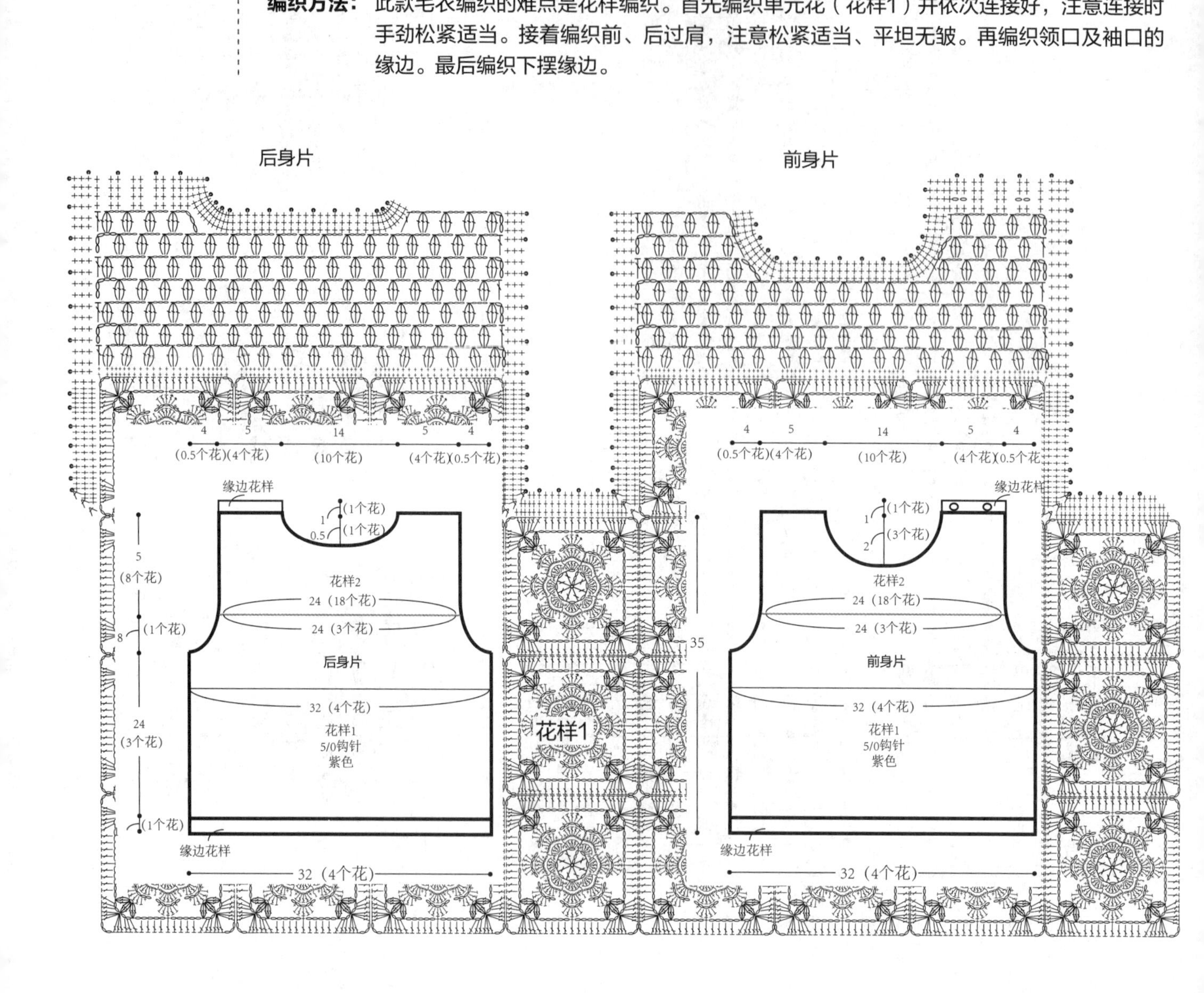

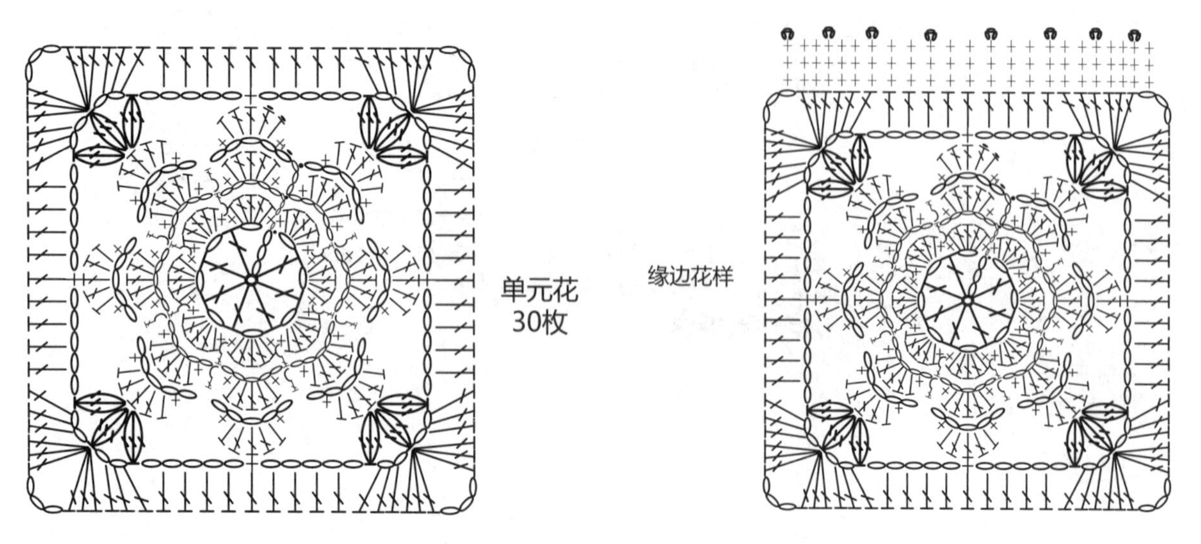

015

编织材料： 中粗羊毛线 枣红色 190g，中粗棉线 橙色5g、嫩绿色5g、黄色5g

编织工具： 8号、9号棒针

编织密度： 9号针：21针×30行/10cm×10cm

8号针：20针×30行/10cm×10cm

成品尺寸： 衣长38cm、背肩宽35cm、肩袖长13cm、胸围70cm

编织方法： 此款毛衣编织的难点是袖子的加减针。首先分别编织前、后身片，然后缝合身片，注意肋下花样缝合要平整无皱。接着编织裙摆并缝合，然后编织领口和袖口，注意松紧适当。最后钩编饰物并缝在适当位置。

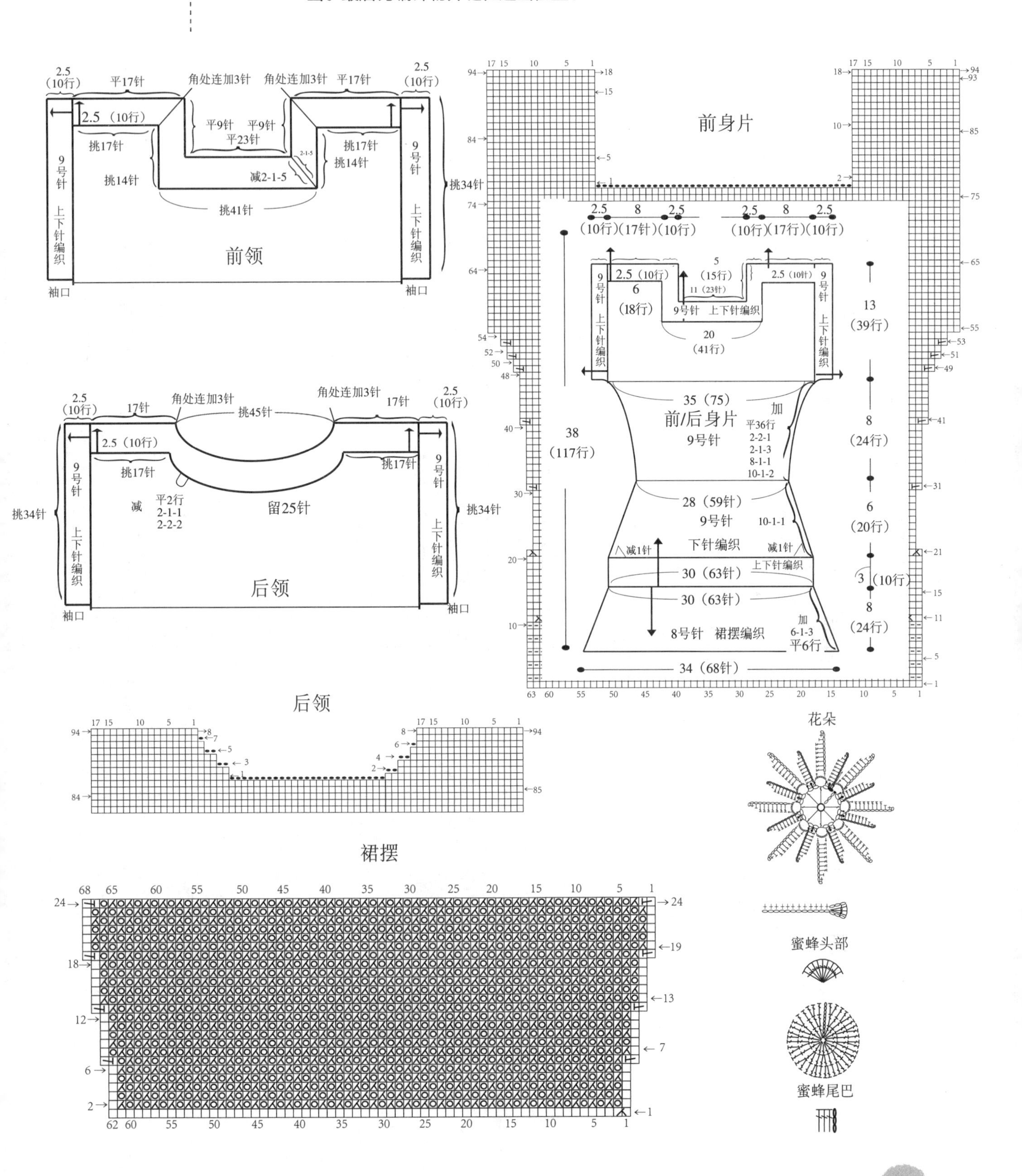

016

编织材料： 中粗羊毛线　姜黄色160g、鹅黄色55g、紫色57g、小鸡黄色50g、橙红色5g
编织工具： 8号、9号棒针，9/0(3.5mm)钩针
编织密度： 21针×28行/10cm×10cm
成品尺寸： 裙长44cm、裙摆宽39cm、胸宽31cm、肩宽21cm、袖口15cm
编织方法： 此款裙子编织的难点是花样，要注意色线变换的手劲松紧。首先分别将前、后裙片编织好并缝合，缝合时注意花样平整、无皱。接着编织领口及袖口缘边，最后固定好装饰物。

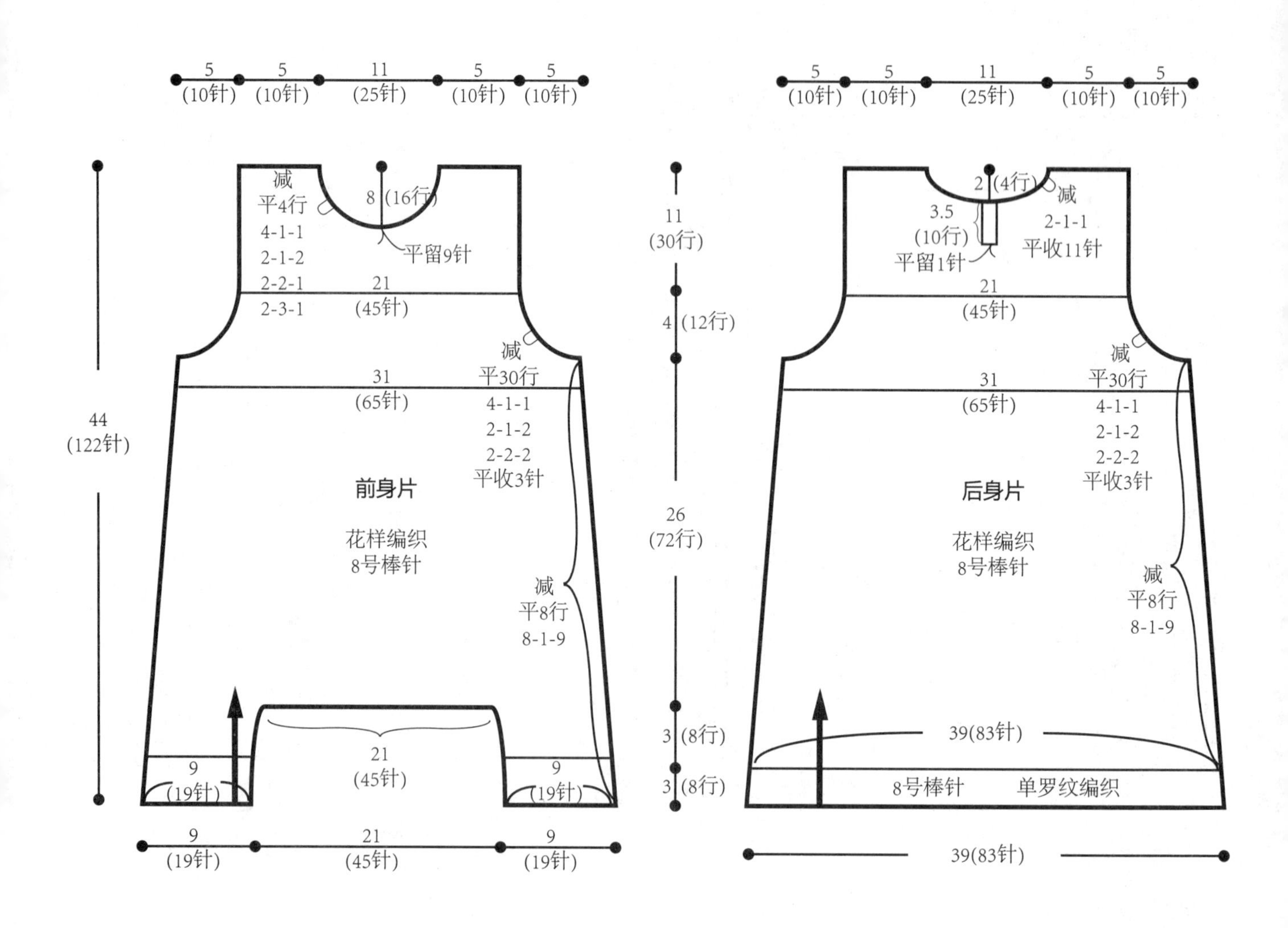

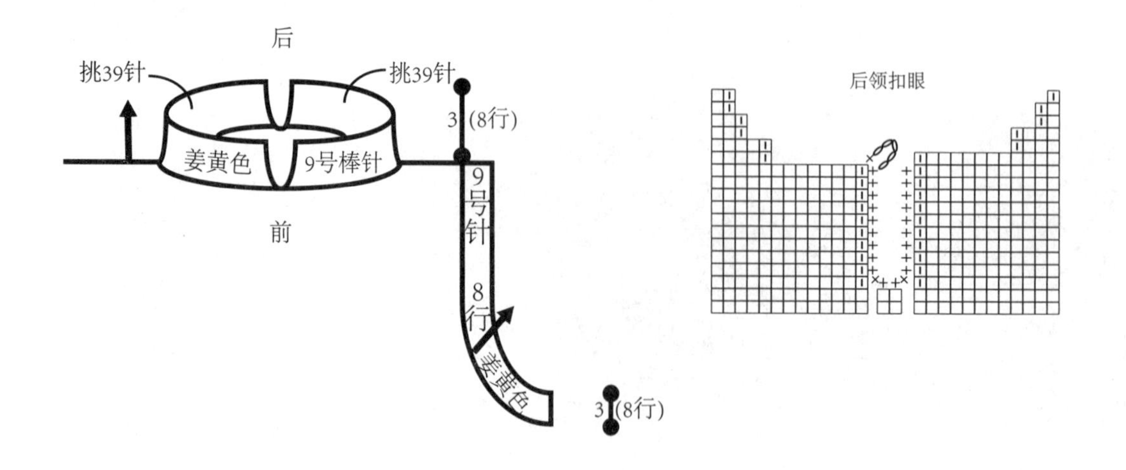

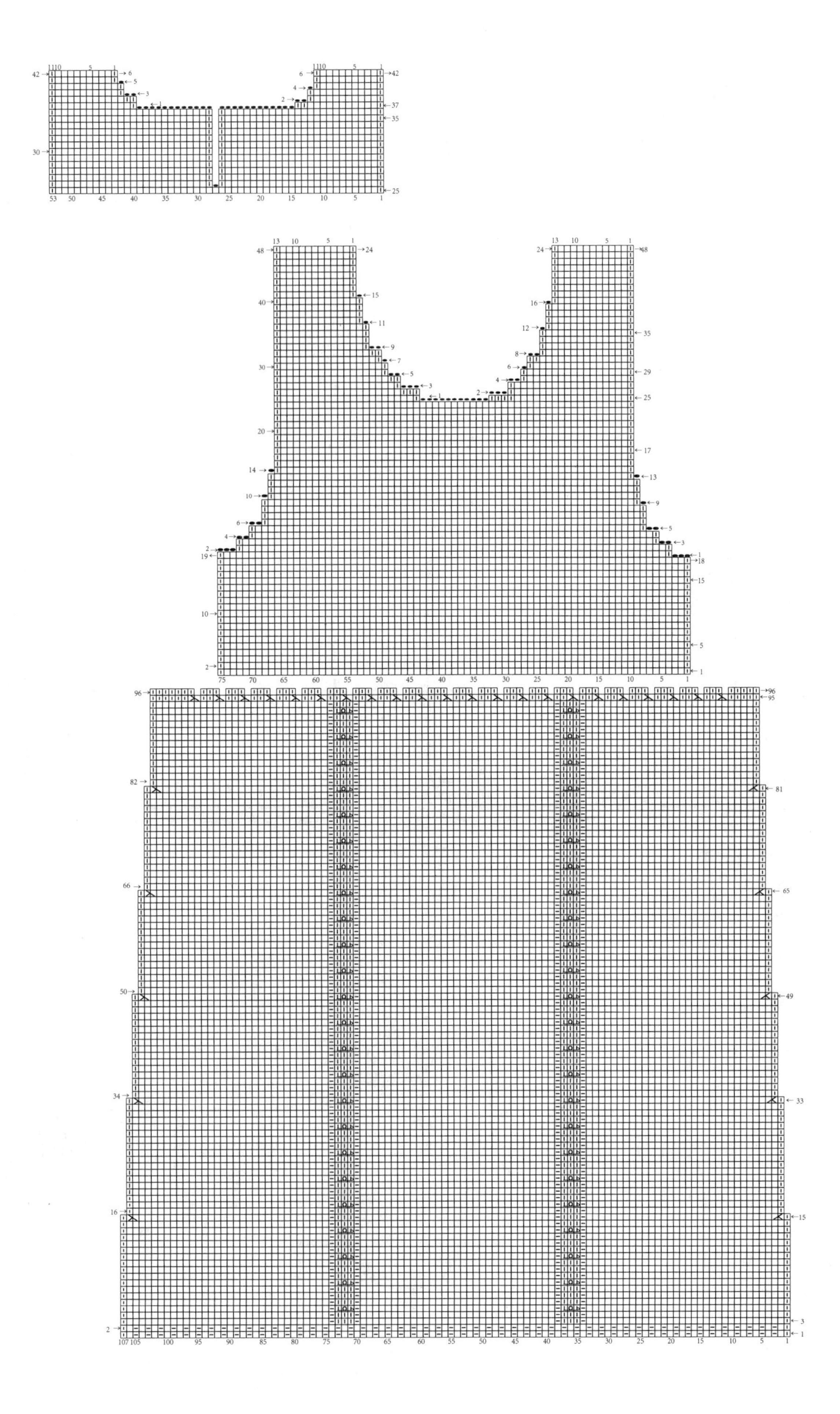

017

编织材料： 精纺羊绒型绿色防缩珍品粗绒线 白色130g，绿色生态丝毛绒 翠绿色25g，超保暖纯毛毛衣专用编织绒 黄色10g，羔羊绒特柔绒线 墨绿色少量

编织工具： 10号棒针、5/0钩针

编织密度： 25针×33行/10cm×10cm

成品尺寸： 衣长31cm、胸宽28cm、肩宽20cm

编织方法： 首先将前身片的两片下摆分别编织好，然后把其连在一起向上编织。接着把后身片也编织好，注意下摆处加针的位置。建议用挑针法加针，能织出圆而平整的弧度。同时花样的编织，建议用分线法让图案更平整、独立。把前后身片编织好后接着缝合，注意腋下花样的平整、无皱。最后编织缘边花样。

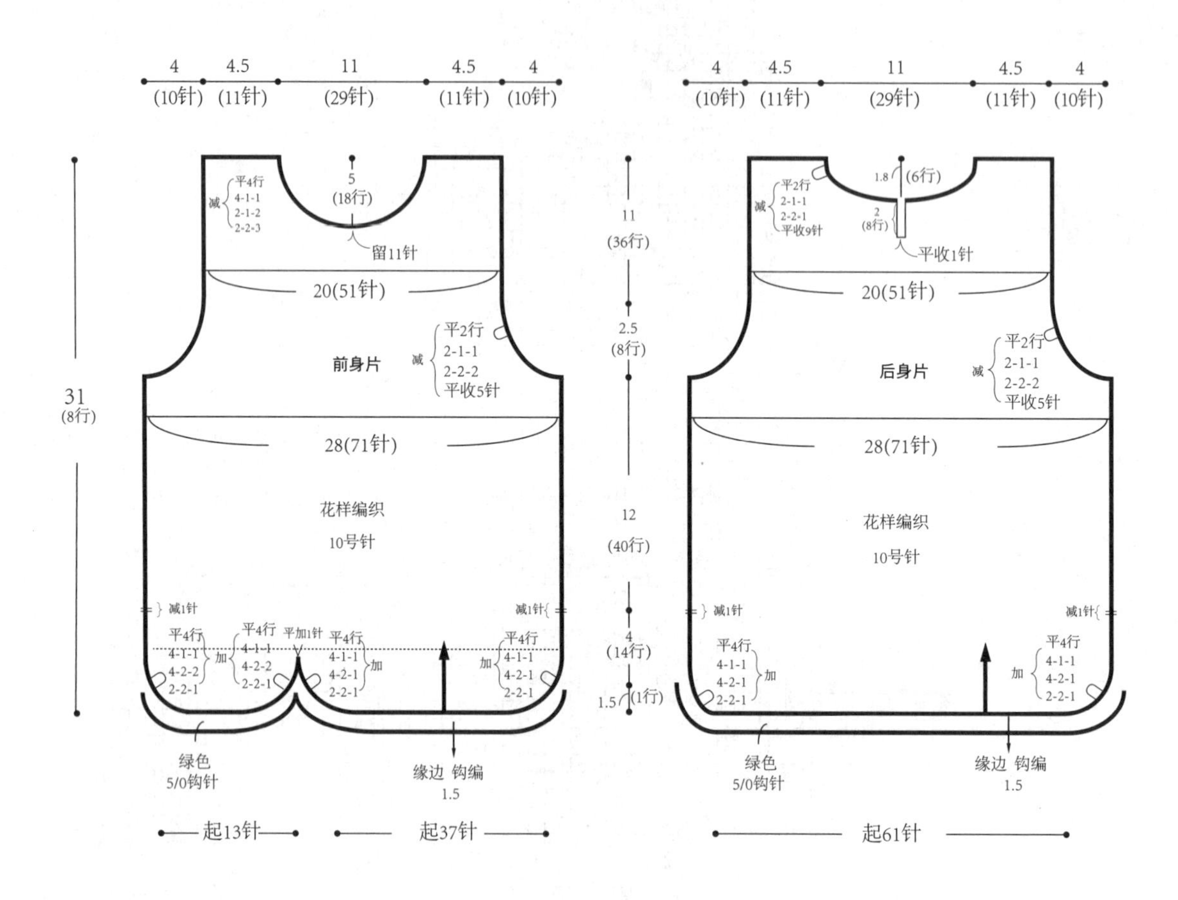

装饰花

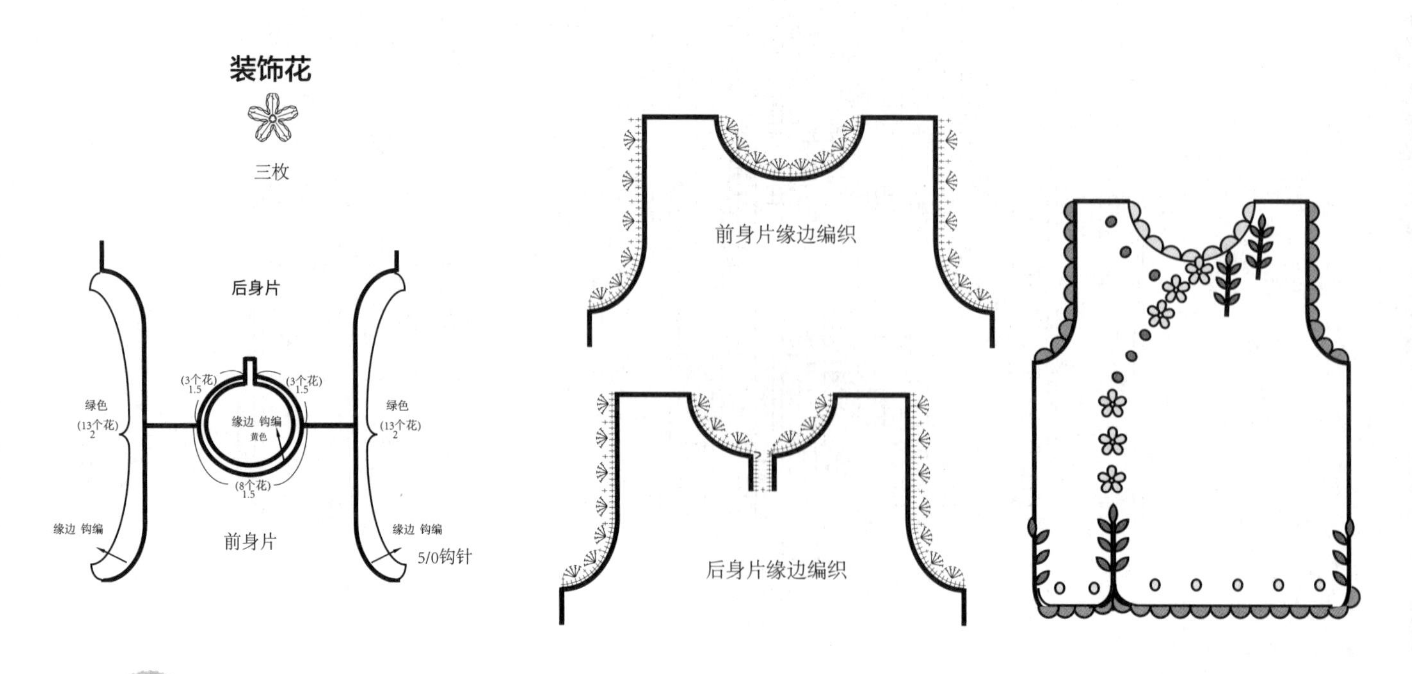

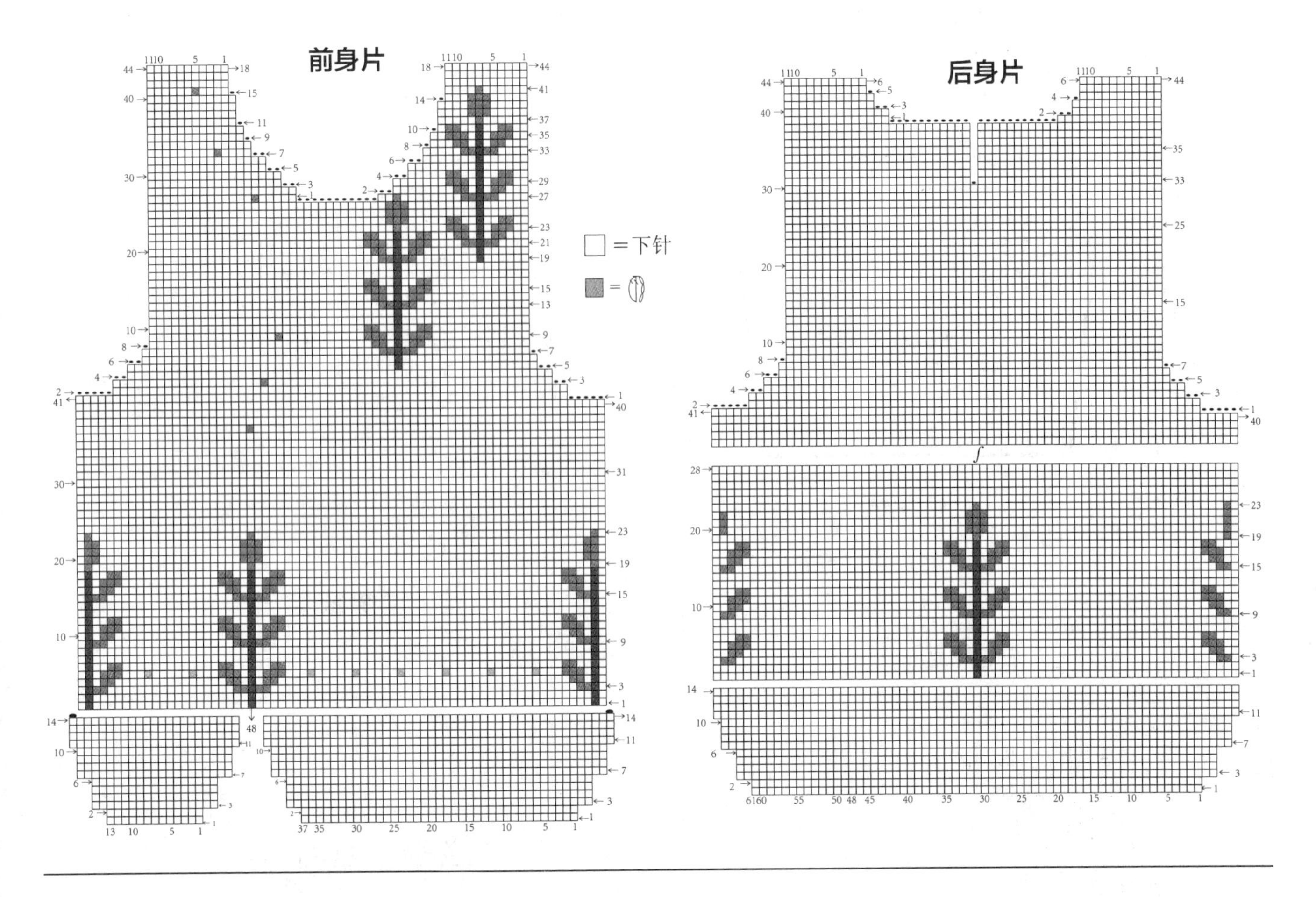

018

编织材料： 欧优卡雪羊绒　浅灰色 137 g

编织工具： 5/0钩针(2.2mm)

编织密度： 6cm×6cm/1个单元花

成品尺寸： 衣长39cm、胸宽30cm、肩宽20cm、袖长14.5cm

编织方法： 此款毛衣的难点是花样。注意单元花连接，要松紧适当、平整无皱。首先将单元花一一连接，并把前、后身片过肩部分编织好，编织花样2时注意松紧适当。接着编织左、右袖片并缝合，注意花样要对齐、松紧适当。最后编织领口及下摆的缘边。

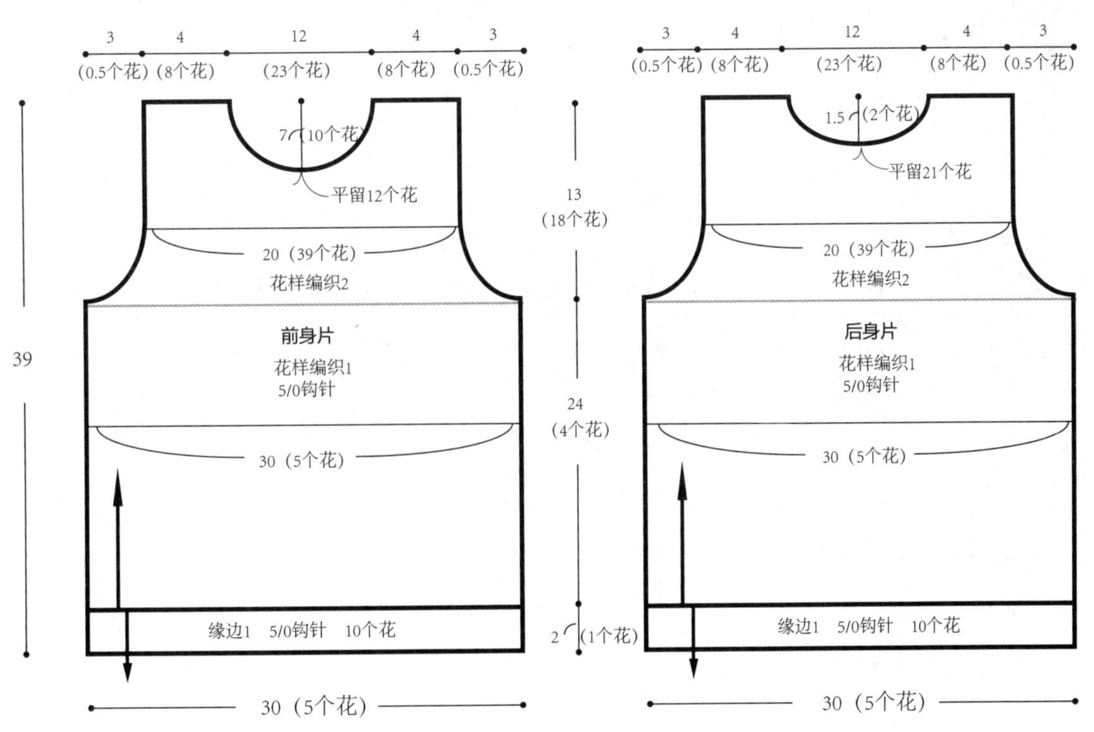

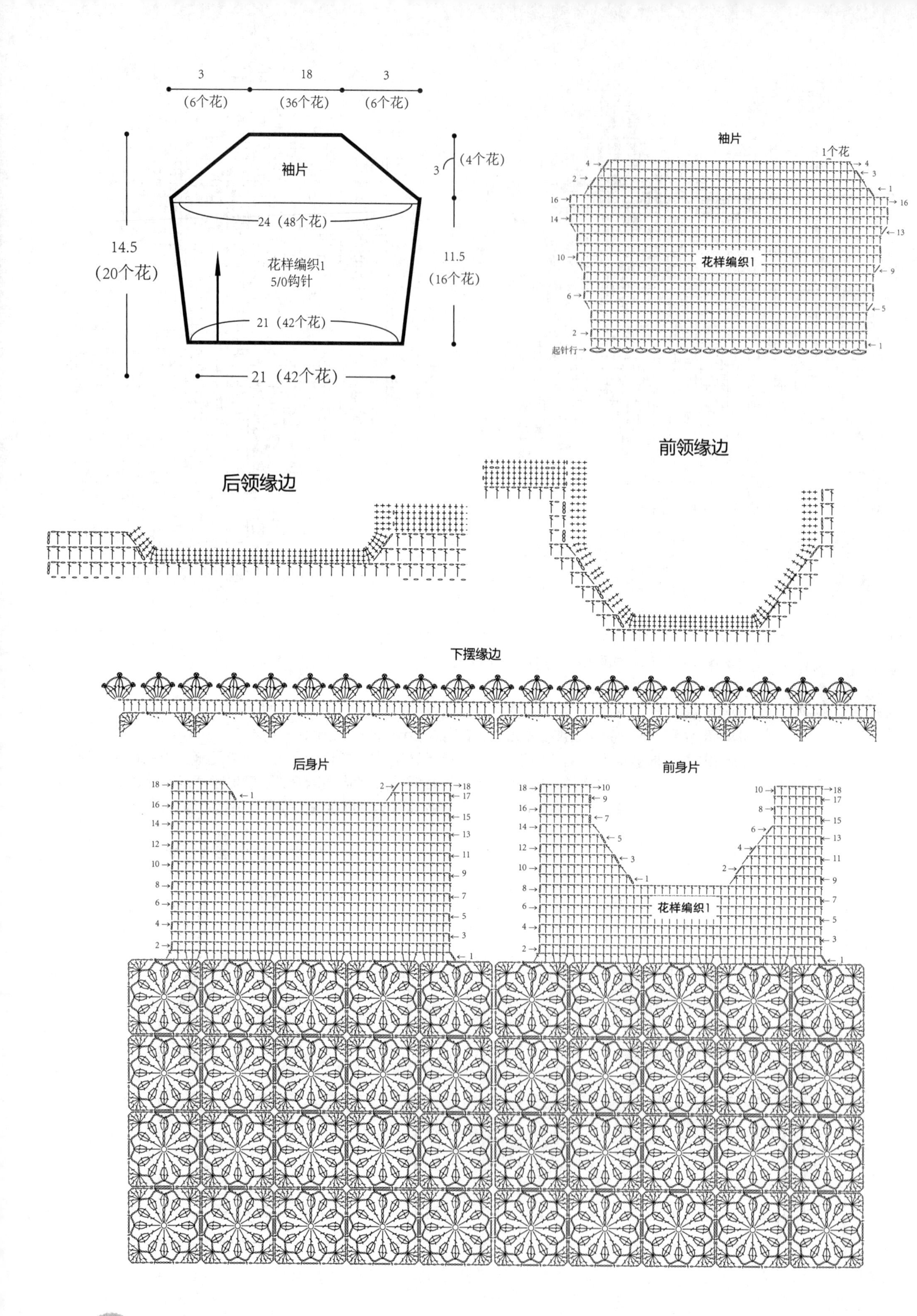
3
18
3
(6个花)
(36个花)
(6个花)
袖片
3
(4个花)
24（48个花）
14.5
(20个花)
花样编织1
5/0钩针
11.5
(16个花)
21（42个花）
21（42个花）
袖片
1个花
花样编织1
起针行
后领缘边
前领缘边
下摆缘边
后身片
前身片
花样编织1

019

编织材料： 中粗羊毛线　橙色300g、白色少量

编织工具： 8号、9号棒针

编织密度： 22针×31行/10cm×10cm

成品尺寸： 衣长32cm、胸宽31cm、肩宽24cm、袖长30cm

编织方法： 首先分别将左、右前身片及后身片编织好并缝合，缝合时注意花样对齐、平整无皱。接着编织左、右袖片并缝合，缝合时注意花样对齐、平整无皱。最后编织前门襟及领子。

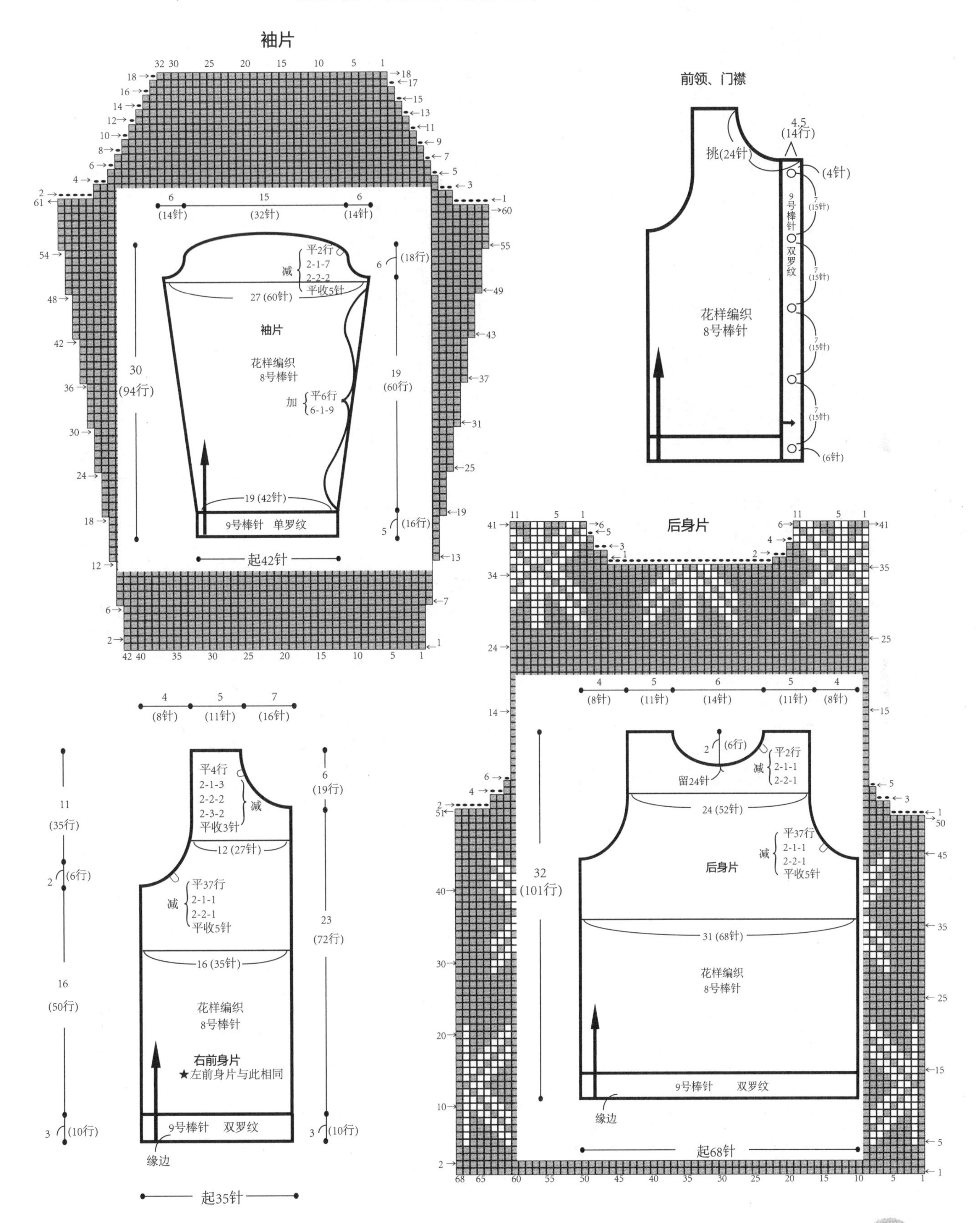

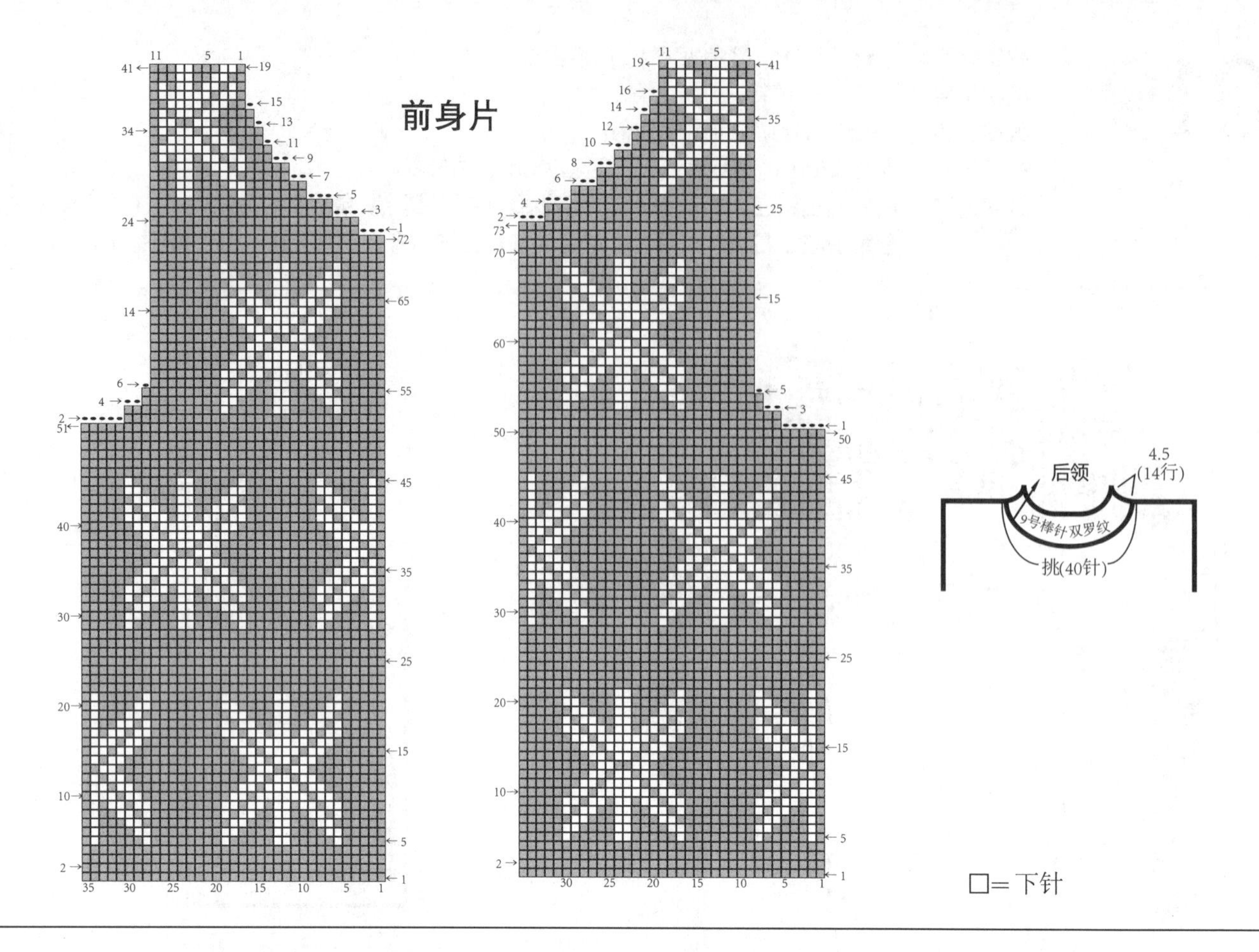

020

编织材料： 中粗羊毛线　白色270g、蓝色20g、黄色少量

编织工具： 8号、9号棒针

编织密度： 21针×31行/10cm×10cm

成品尺寸： 衣长38cm、胸围64cm、肩宽26cm、袖长28cm

编织方法： 此款毛衣编织的难点是衣领。首先分别编织好前、后身片及袖片，注意平整无皱。然后将身片缝合，编织领口。将领口在肩处重叠并固定好后再缝上袖片。最后绣图案。

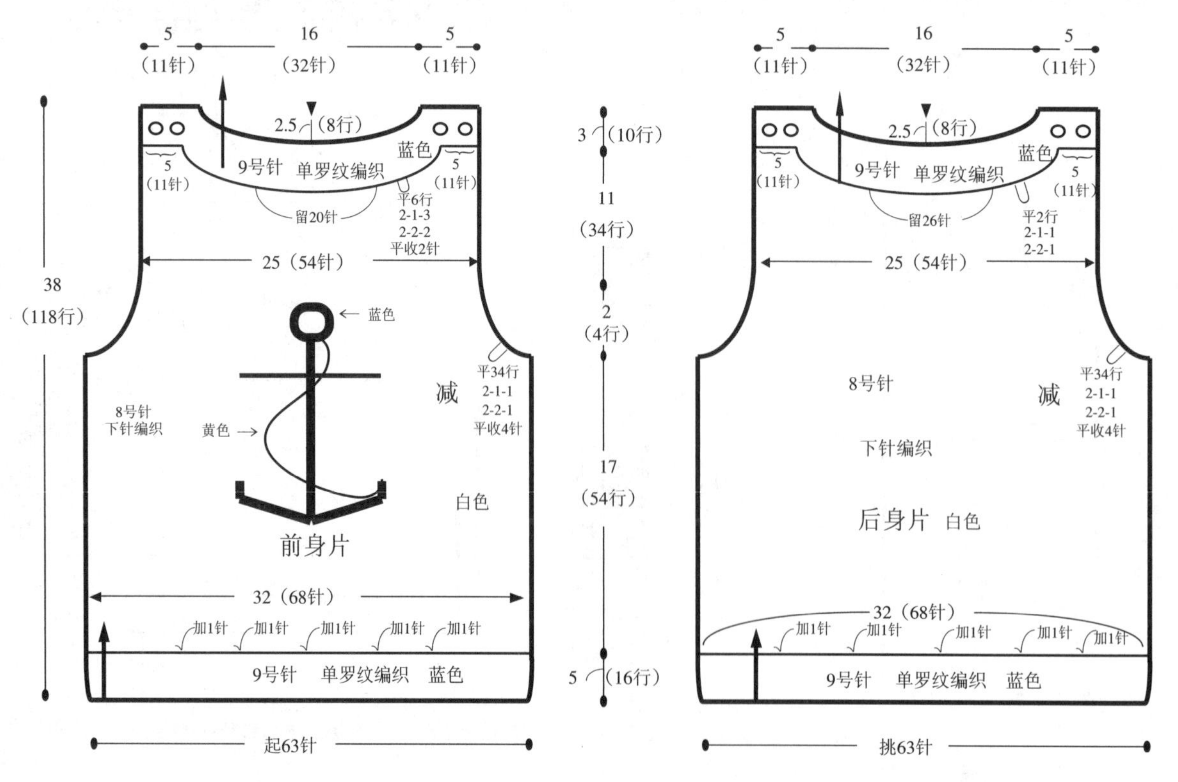

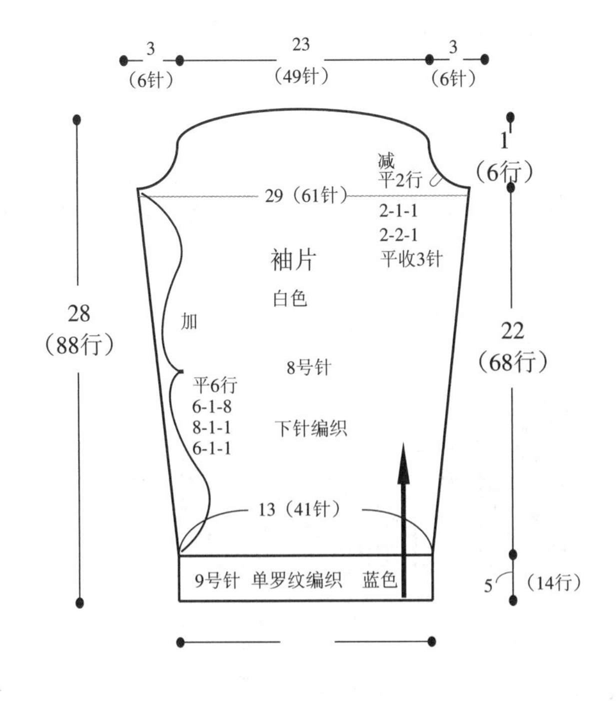

3
（6针）
23
（49针）
3
（6针）
28
（88行）
1
（6行）
减
平2行
2-1-1
2-2-1
平收3针
29（61针）
袖片
白色
加
8号针
22
（68行）
平6行
6-1-8
8-1-1
6-1-1
下针编织
13（41针）
9号针 单罗纹编织 蓝色
5
（14行）

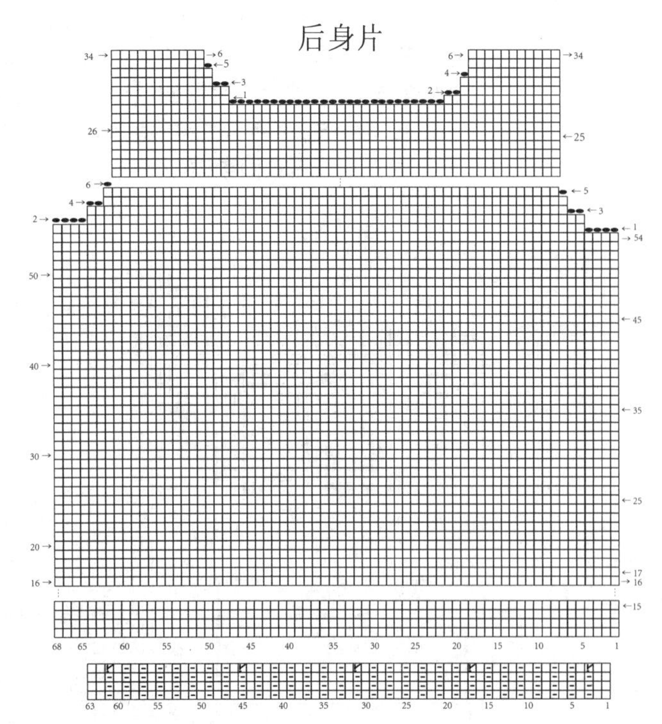

后身片

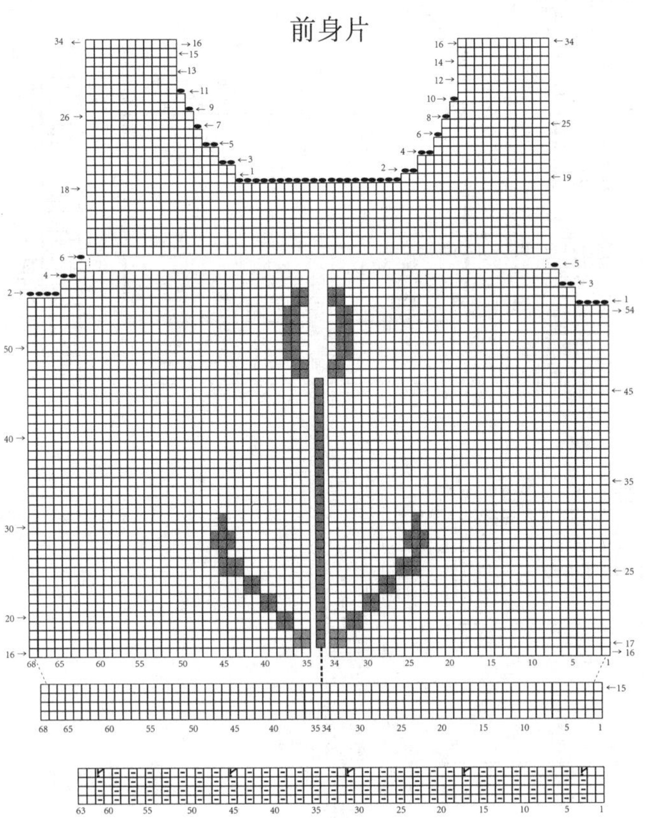

前身片

□ = 白色

■ = 蓝色

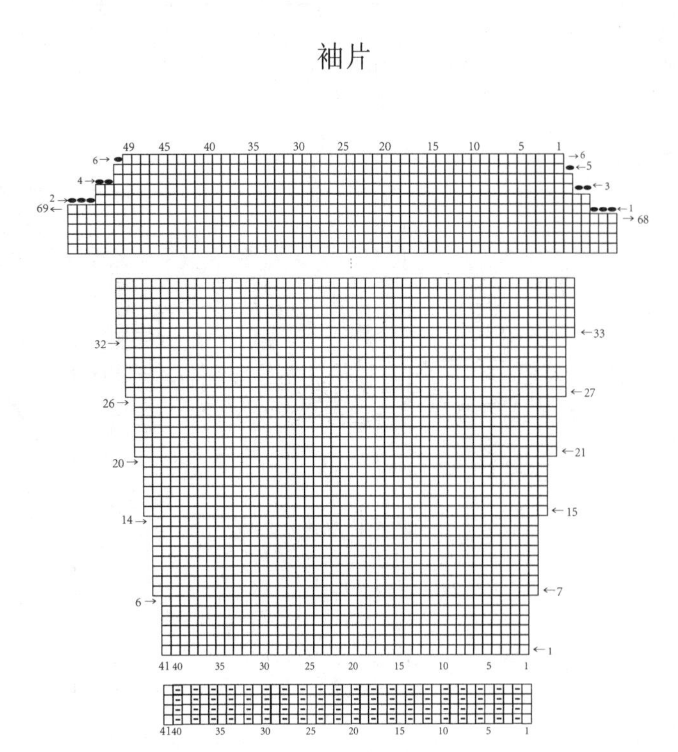

袖片

021

编织材料： 中粗羊毛线　橙红色38g、土黄色70g、牛仔蓝色242g

编织工具： 8号、10号棒针

编织密度： 21针×26行/10cm×10cm

成品尺寸： 衣长39.5cm、胸宽30cm、肩宽24cm、袖长35.5cm

编织方法： 此款毛衣编织的难点是花样。首先分别编织好前、后身片并缝合，缝合时注意花样对齐、平整。接着编织左、右袖片并与其相对应的袖窿缝合，注意花样平整、无皱。最后编织领口缘边。

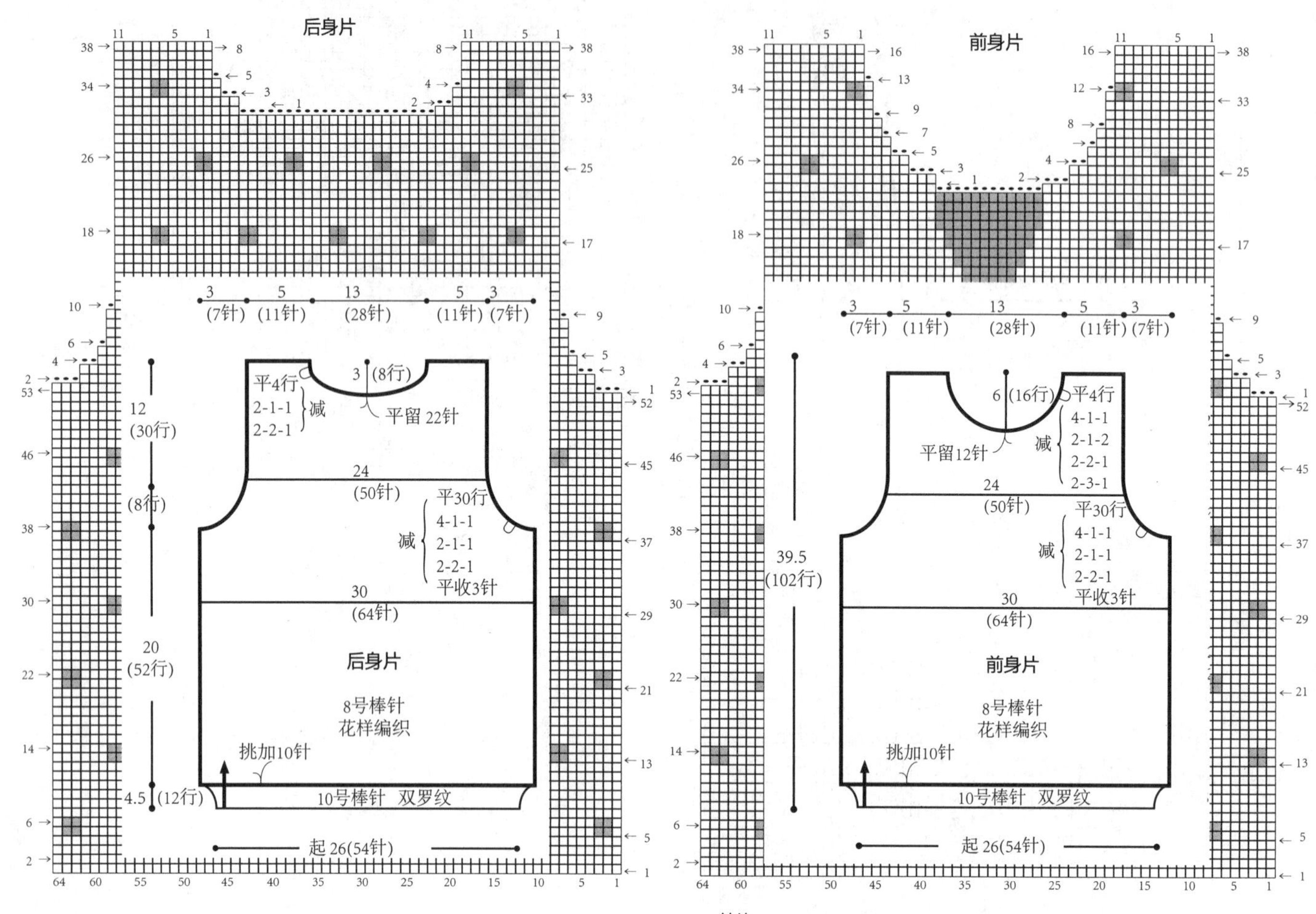

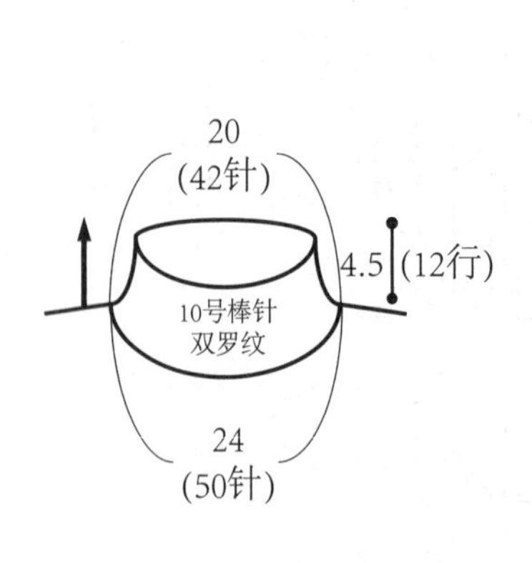

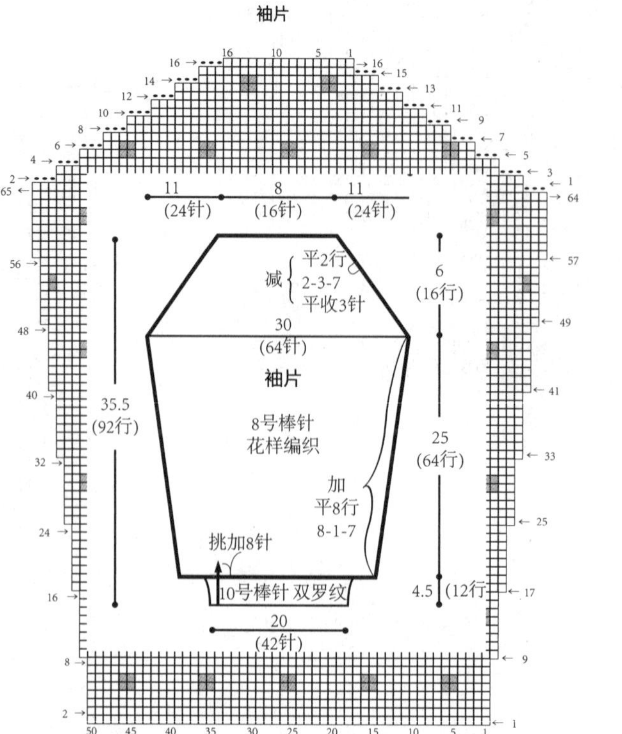

下针 { ■=橙红色 □=牛仔蓝色

022

编织材料： 纯毛防虫蛀高级绒线　宝蓝色 206g，纯毛超柔暖防虫蛀高级粗绒线　白色 45g

编织工具： 7/0钩针（3.0mm）、8/0钩针（3.25mm）

编织密度： 6cm×6cm/1个花

成品尺寸： 衣长30cm、胸宽30cm、肩袖长48cm

编织方法： 此款毛衣编织的难点是花样连接。首先将单元花样编织好并一一缝合。注意花样连接时松紧适当、平整无皱。接着编织下摆和领口、袖口的缘边。

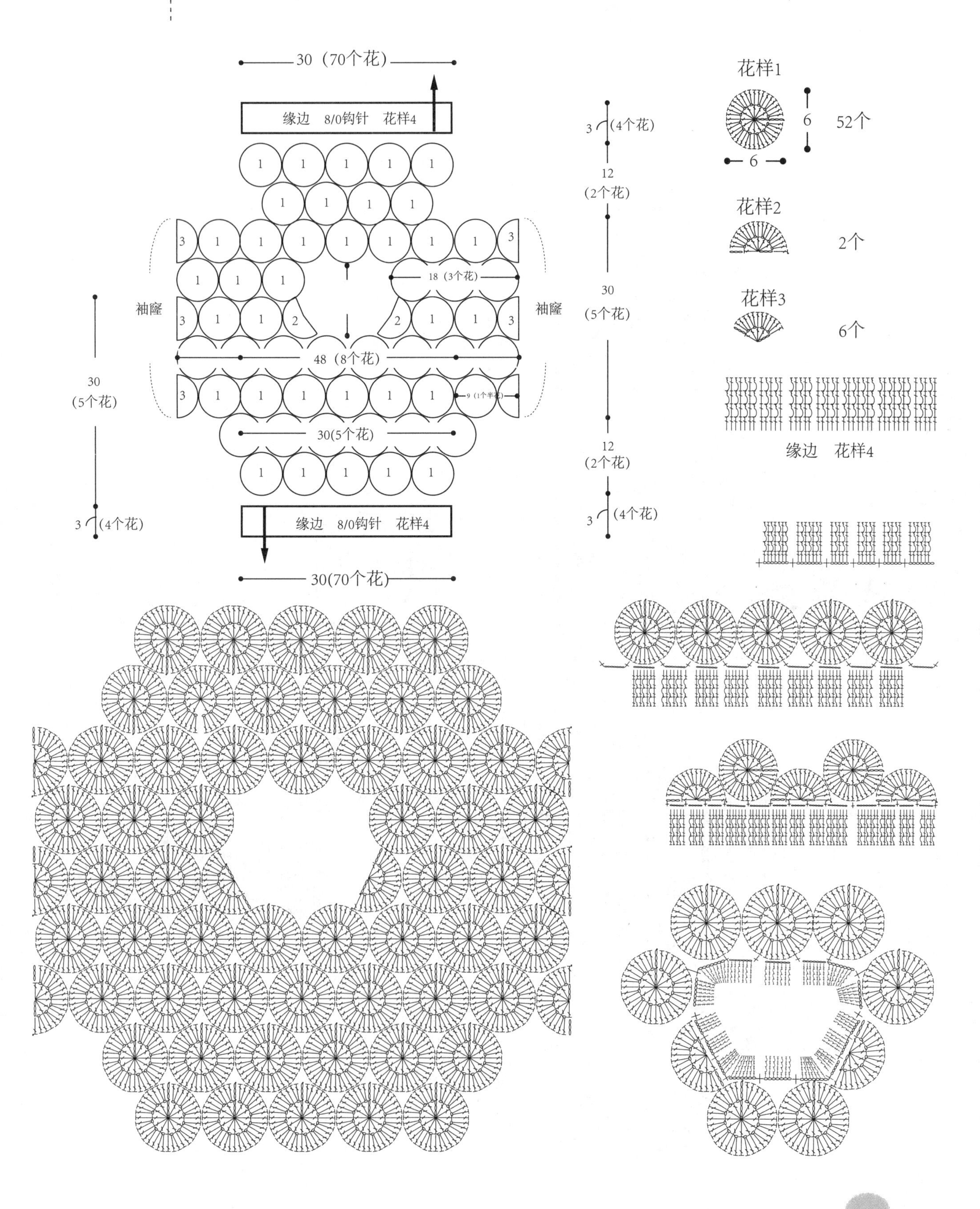

023

编织材料： 精品高级绒线　橘粉色150 g、白色50g、黄色少量

编织工具： 8号棒针、6/0钩针(2.5mm)、9/0钩针(3.5mm)

编织密度： 21针×27行/10cm×10cm

成品尺寸： 衣长38cm、胸宽32cm、肩宽20cm

编织方法： 此款毛衣的编织难点是下摆处加针处理，特别要注意松紧适当。首先分别编织好前后身片并缝合。缝合时注意花样对齐、平整无皱。接着编织领口及袖口的缘边，注意松紧适当、平整无皱。

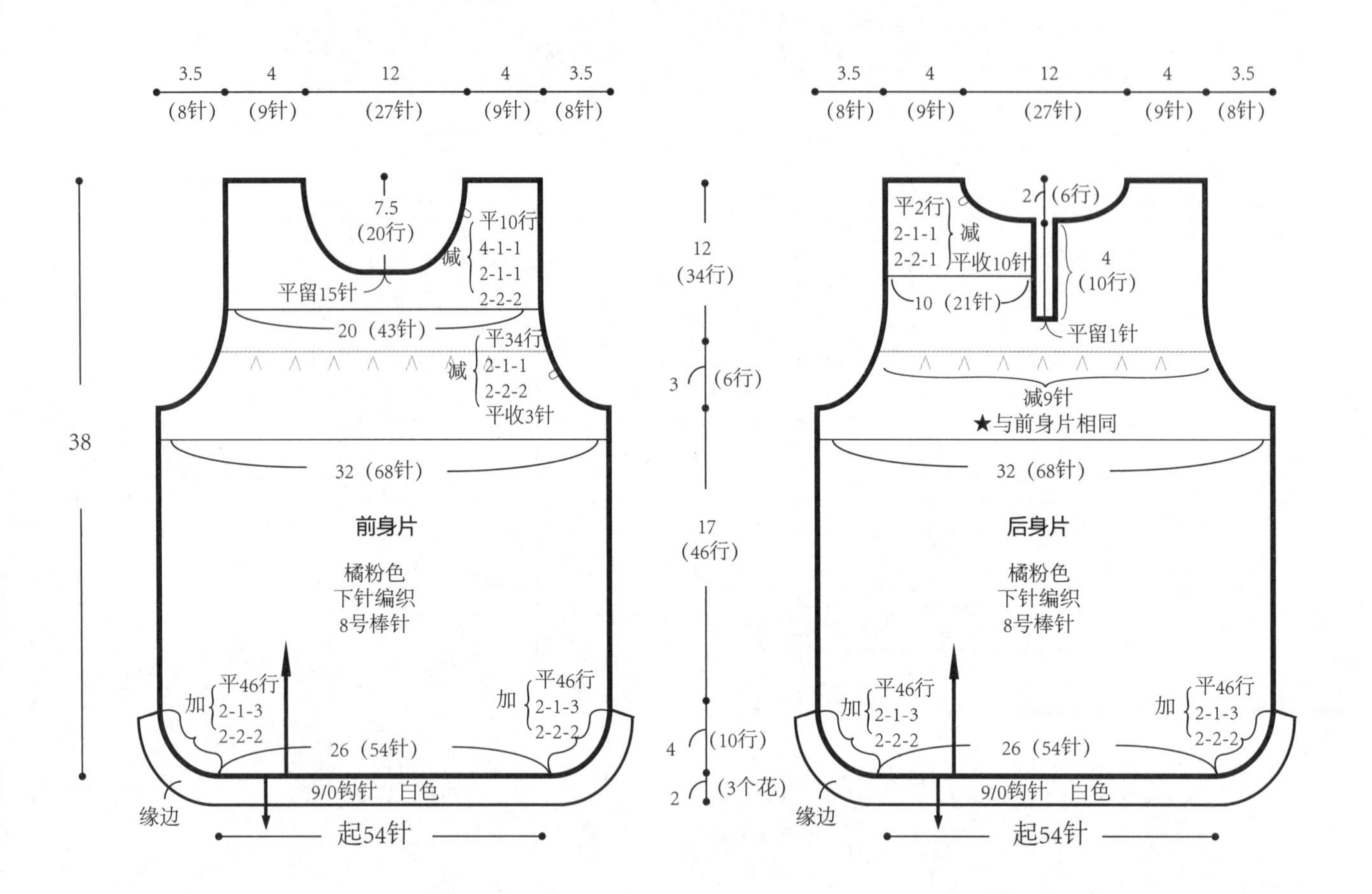

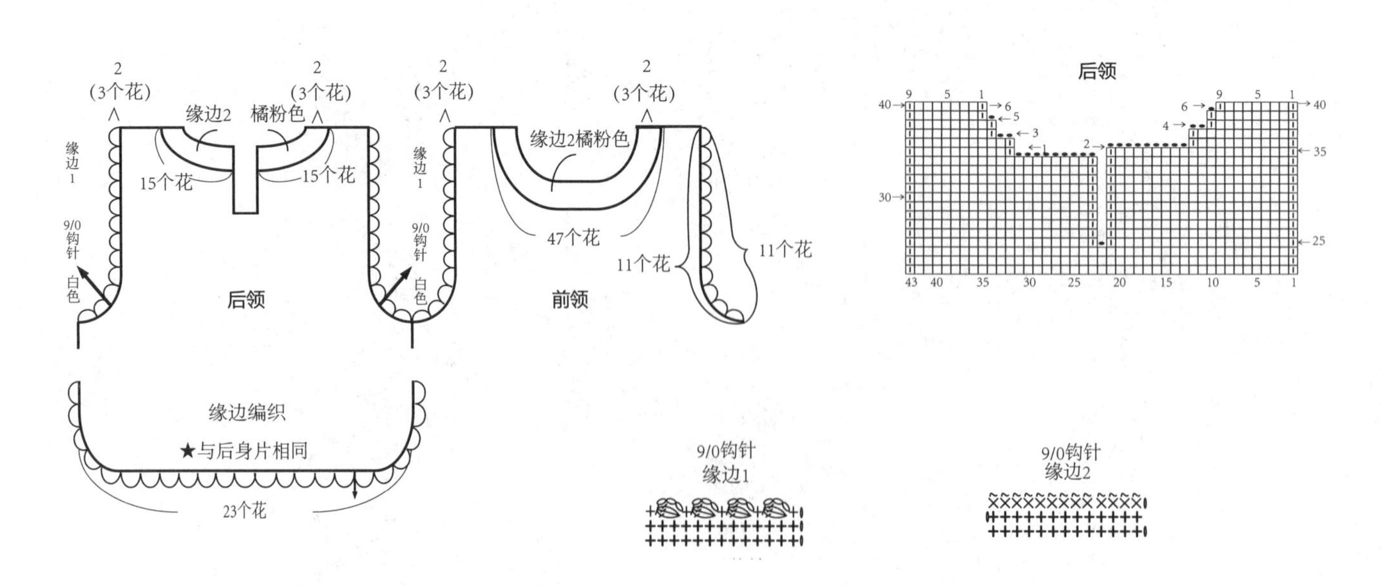

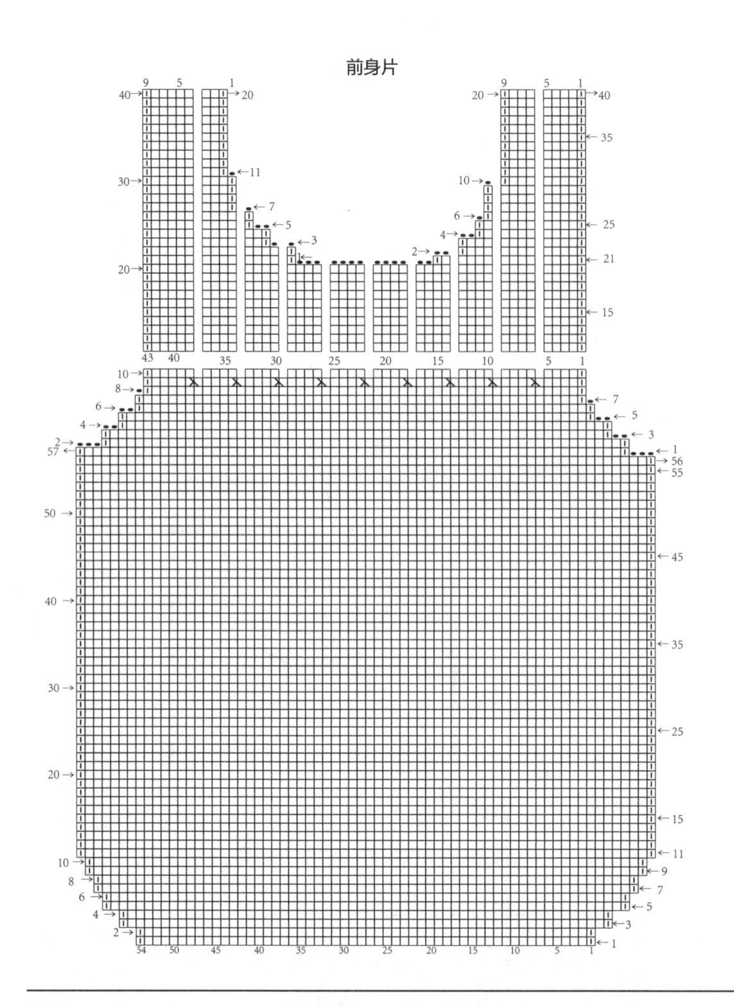

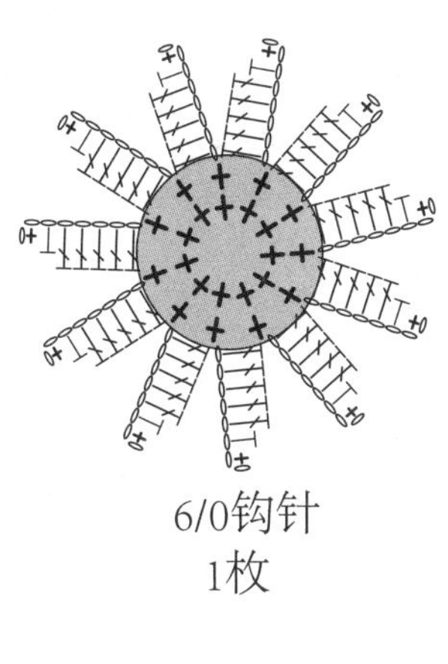

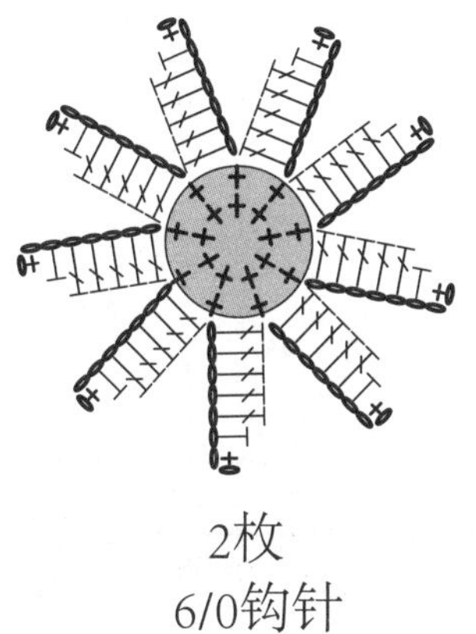

024

编织材料： 中粗羊毛线　黑色95g、白色225g

编织工具： 8号、9号棒针

编织密度： 22针×31行/10cm×10cm

成品尺寸： 衣长45cm、胸宽30cm、肩宽24cm、袖长30cm

编织方法： 此款毛衣的编织难点是花样。建议用左、右分线法编织图案。首先分别编织好前、后身片并缝合，缝合时要注意花样对齐、平整。接着编织左、右袖片并缝合，缝合时注意平整无皱。最后编织领子。

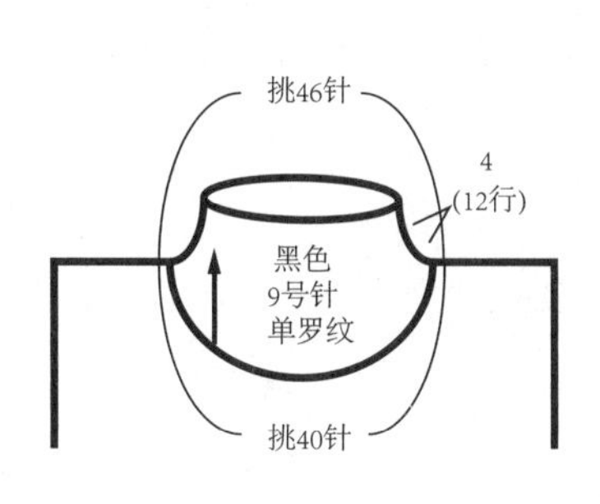

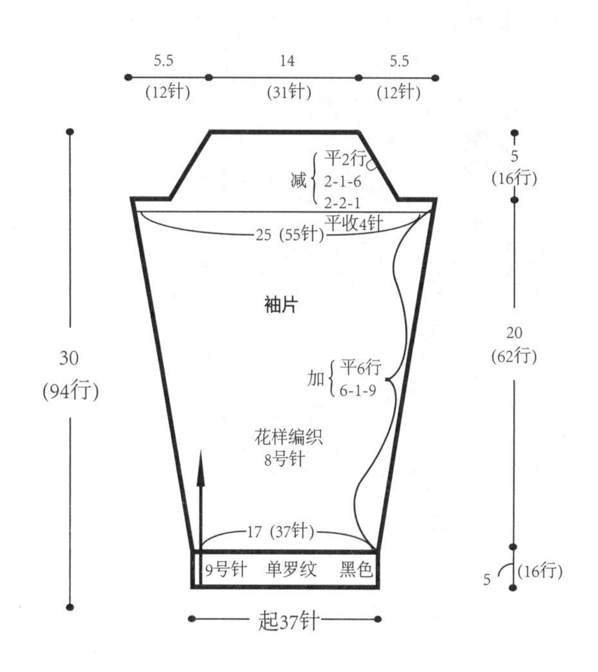

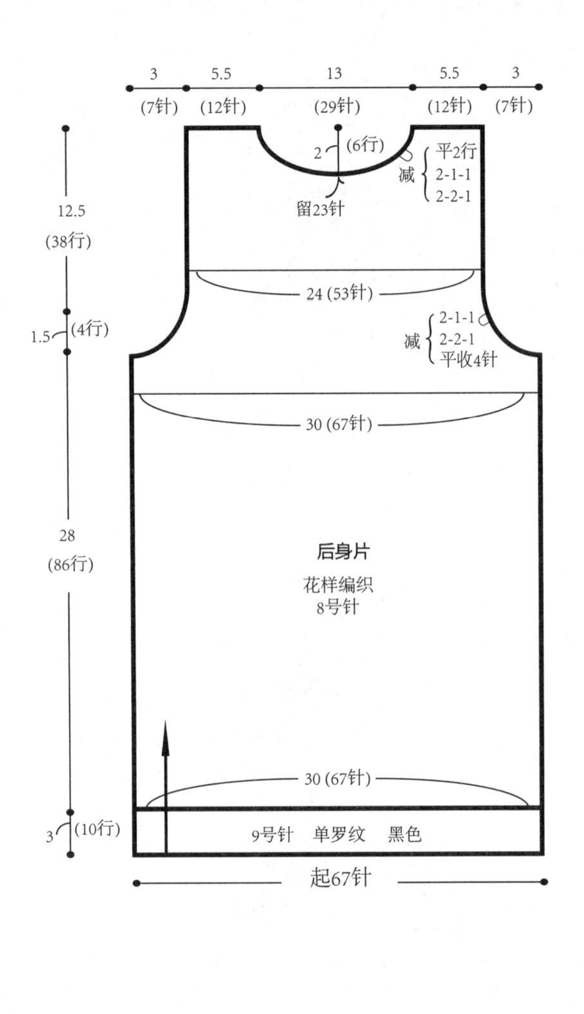

3
5.5
13
5.5
3
(7针)
(12针)
(29针)
(12针)
(7针)
2
(6行)
平2行
减
2-1-1
2-2-1
留23针
12.5
(38行)
24 (53针)
1.5
(4行)
2-1-1
减
2-2-1
平收4针
30 (67针)
28
(86行)
后身片
花样编织
8号针
30 (67针)
3
(10行)
9号针 单罗纹 黑色
起67针

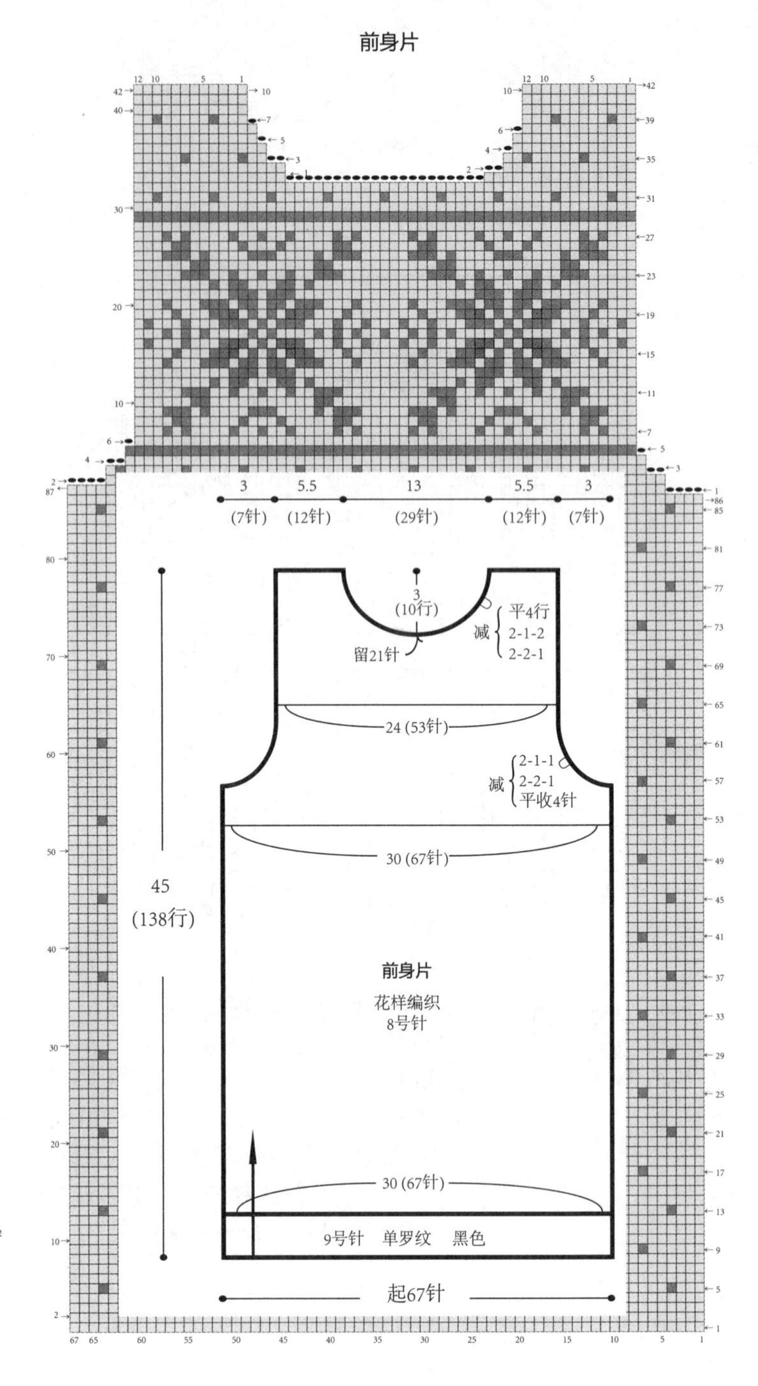

前身片
3
5.5
13
5.5
3
(7针)
(12针)
(29针)
(12针)
(7针)
3
(10行)
平4行
减
2-1-2
2-2-1
留21针
24 (53针)
2-1-1
减
2-2-1
平收4针
30 (67针)
45
(138行)
前身片
花样编织
8号针
30 (67针)
9号针 单罗纹 黑色
起67针

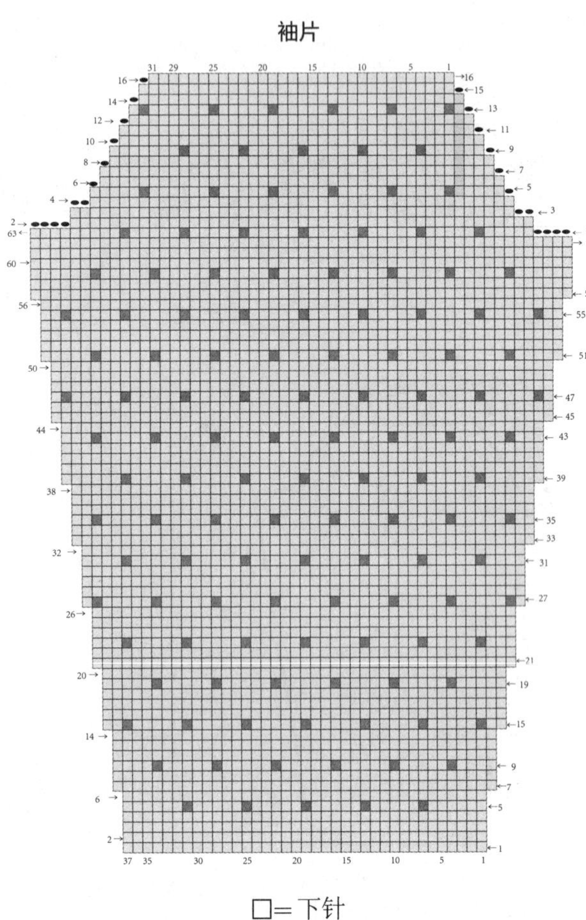

袖片

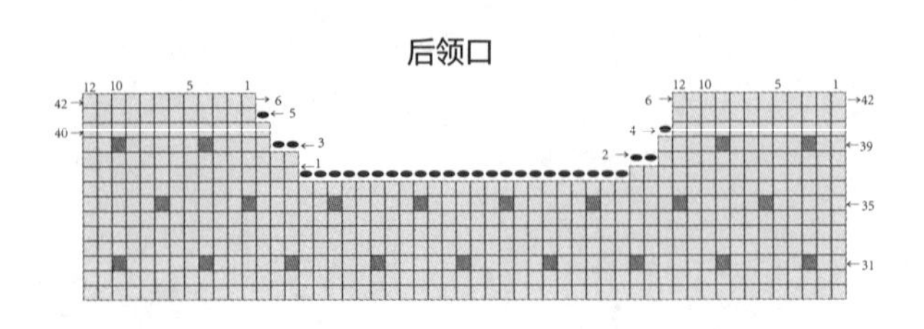

后领口

□= 下针

025

编织材料： 中粗羊毛线　浅蓝色165g、黄色3g、绿色2g

编织工具： 8号、9号棒针，6号钩针

编织密度： 22针×29行/10cm×10cm

成品尺寸： 衣长29cm、胸围56cm、袖长20cm

编织方法： 此款毛衣编织的难点是插肩编织。首先将前后身片织好，注意编织时松紧要适当、两边对称。然后织袖片，在正面分别缝合左右斜肩与袖山。最后挑领口编织，领口收针时要松紧适当。衣身的图案绣上或编织上都可以。

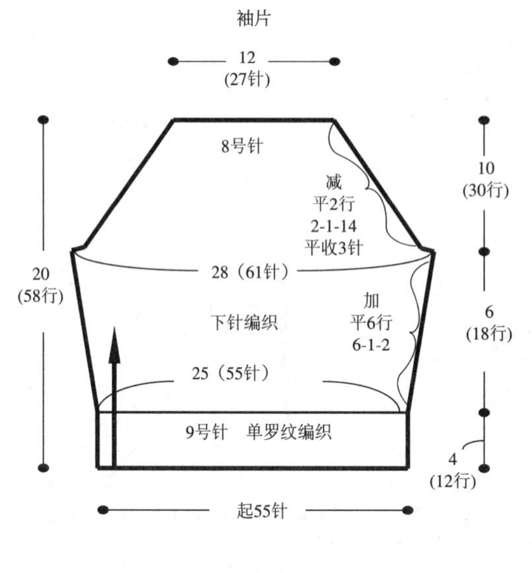

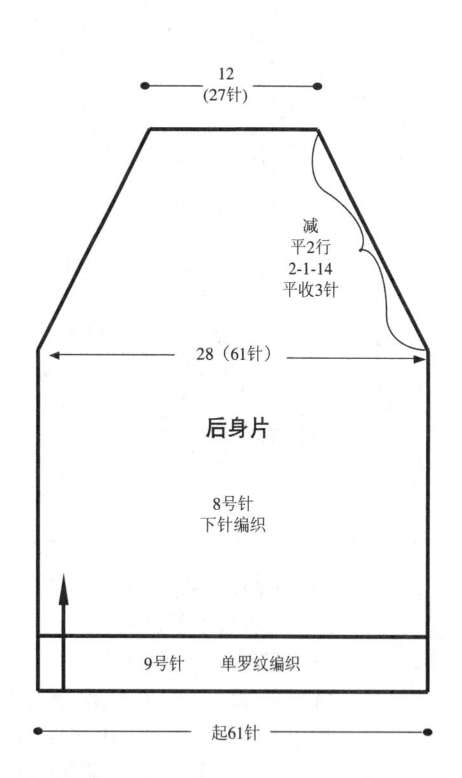

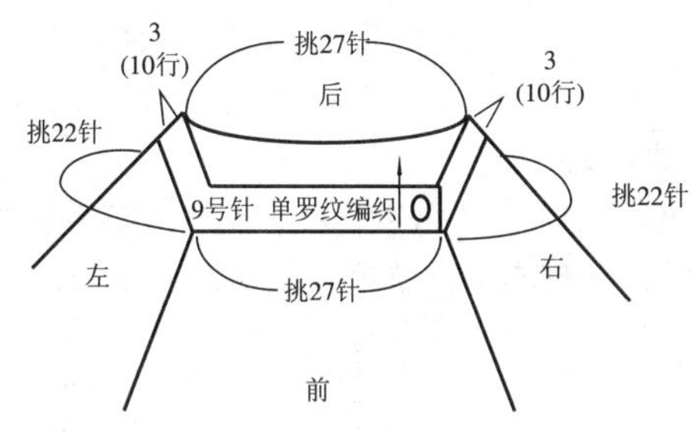

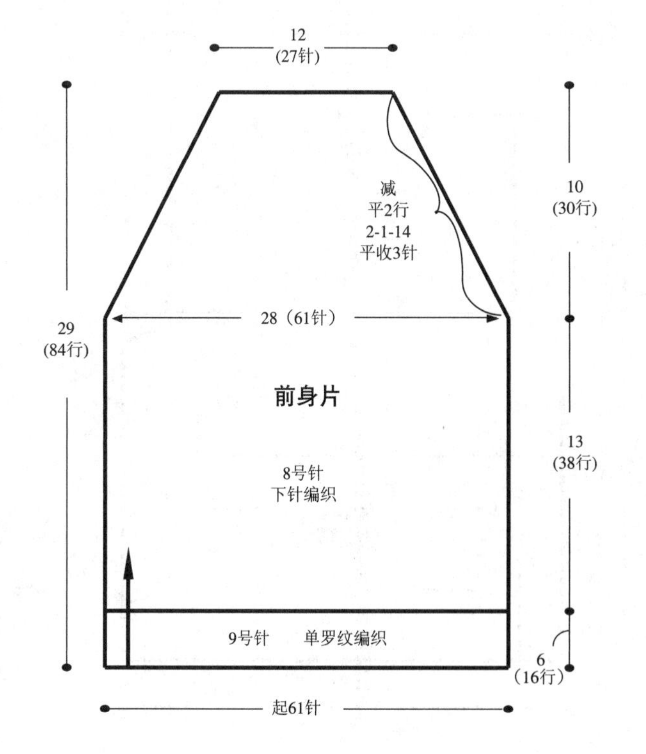

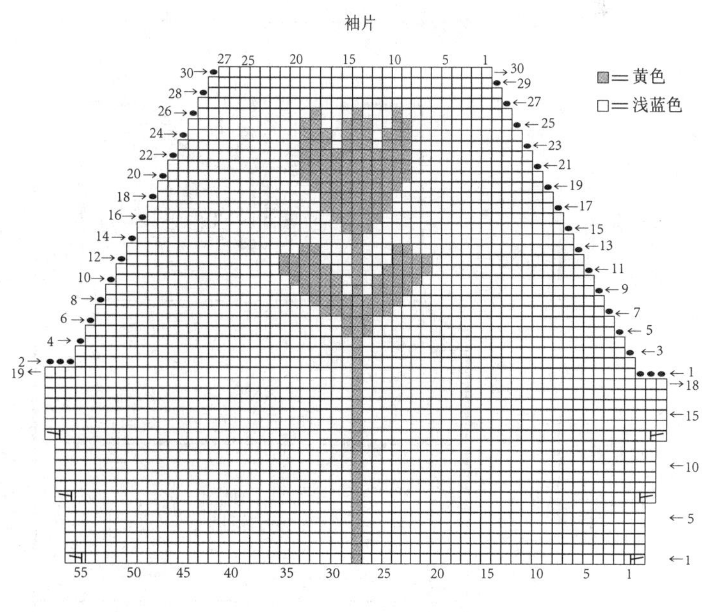

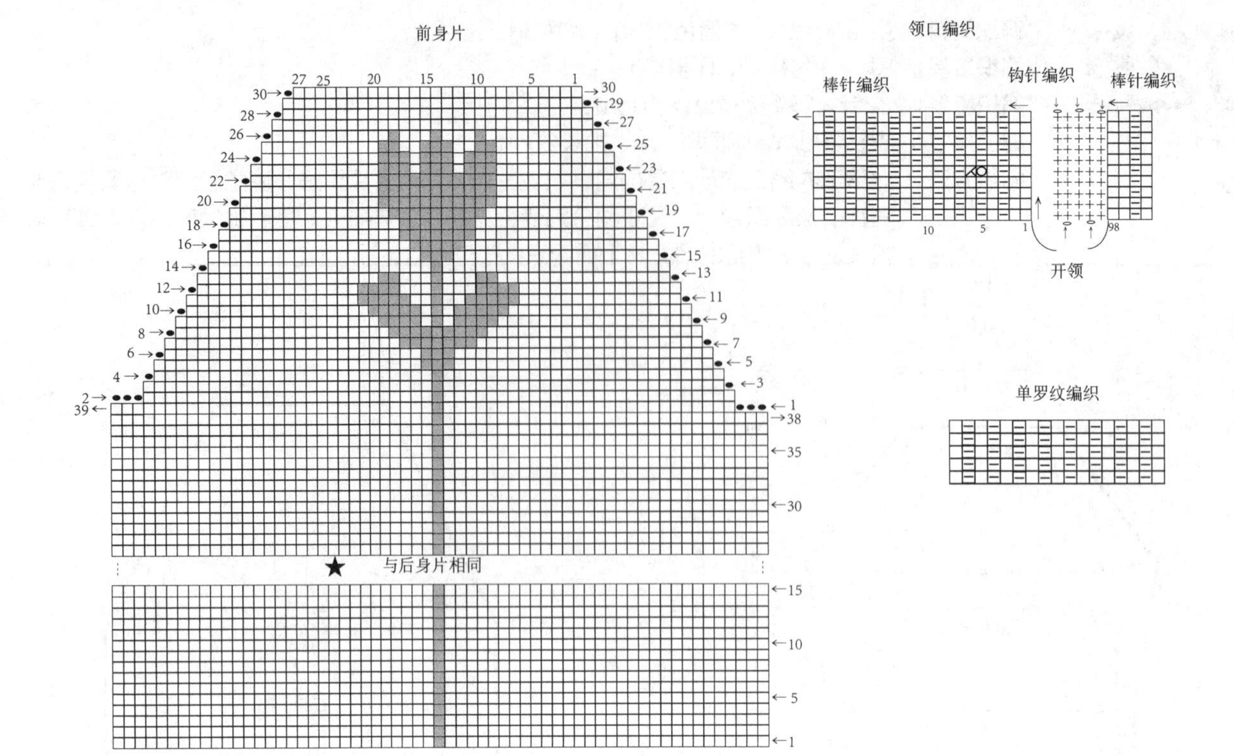

026

编织材料： 中粗羊毛线　雪青色310g、白色36g

编织工具： 8号、9号棒针

编织密度： 21针×24行/10cm×10cm

成品尺寸： 衣长41cm、胸宽31cm、肩宽24cm、袖长40cm

编织方法： 此款毛衣的难点是花样，编织时注意手劲松紧。首先分别将前、后身片编织好并缝合，缝合时注意花样对齐、平整。接着编织左、右袖片并缝合，缝合时注意花样对齐、平整。最后编织领口缘边。

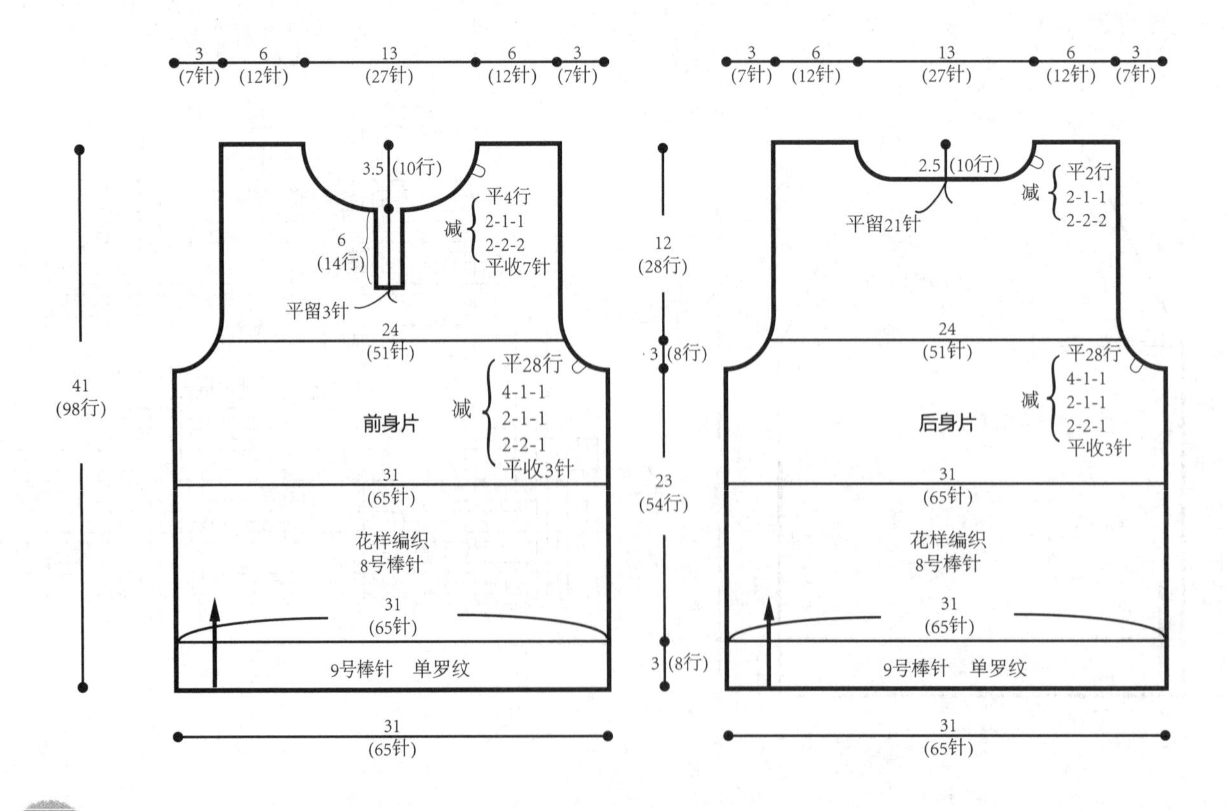

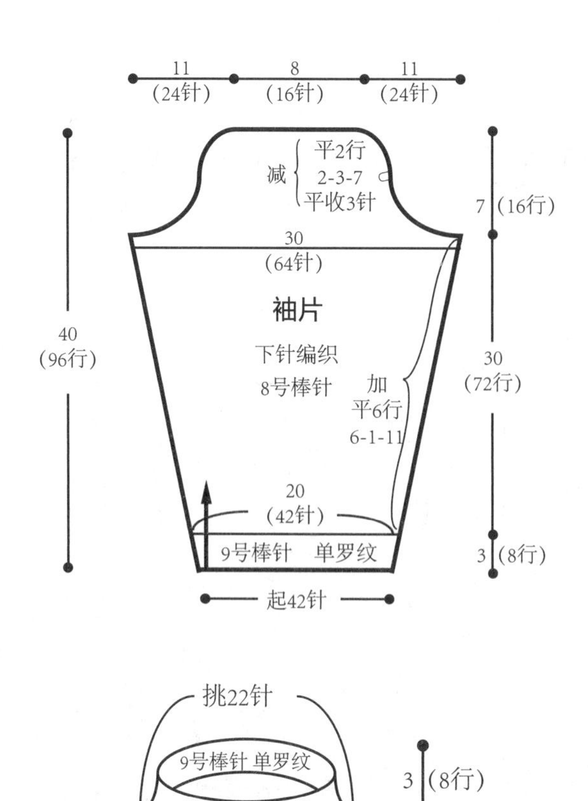
11
(24针)
8
(16针)
11
(24针)
减
平2行
2-3-7
平收3针
7（16行）
30
(64针)
40
(96行)
袖片
下针编织
8号棒针
加
平6行
6-1-11
30
(72行)
20
(42针)
9号棒针 单罗纹
3（8行）
起42针
挑22针
9号棒针 单罗纹
3（8行）
白色
挑17针
5针
10针
4针

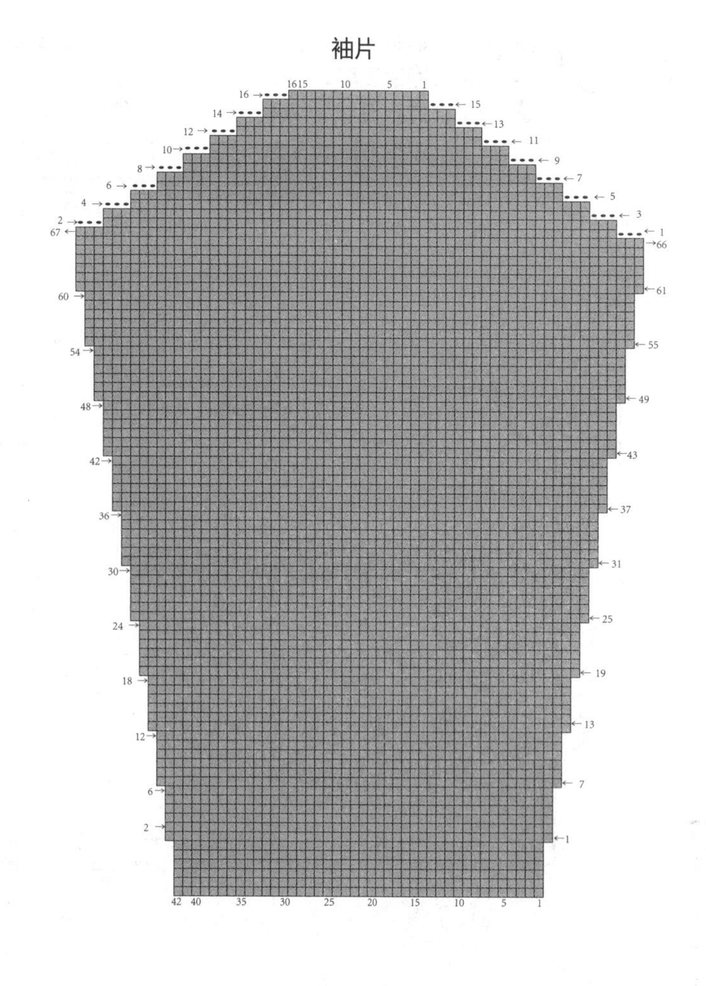
袖片

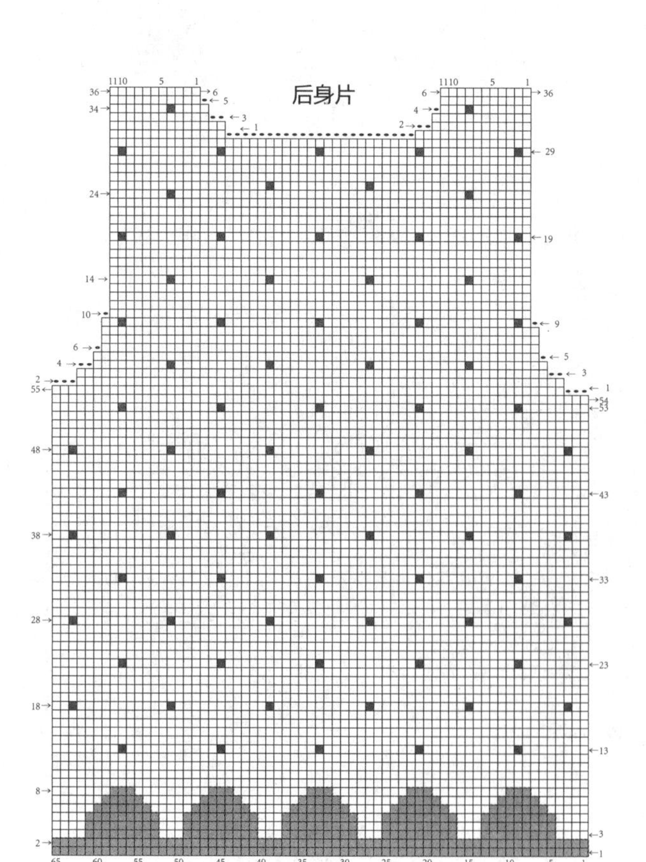
后身片

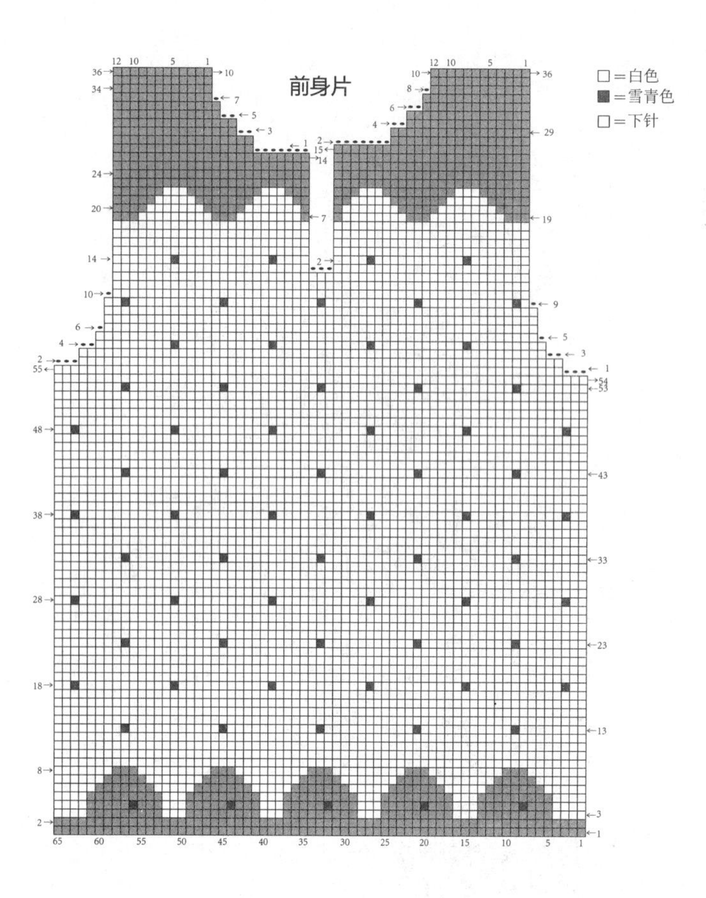
前身片
□=白色
■=雪青色
□=下针

027

编织材料： 阿尔巴卡羊驼绒　藕色 316g，精品高级绒线　紫色 15g

编织工具： 6/0钩针（2.5mm）

成品尺寸： 衣长37cm、胸宽30cm、肩宽20cm、袖长35cm

编织方法： 此款毛衣编织的难点是花样编织。首先分别将左前、右前身片、后身片及袖片编织好，并缝合。注意肋下花样平整、无皱。最后将袖口、衣缘边钩好。

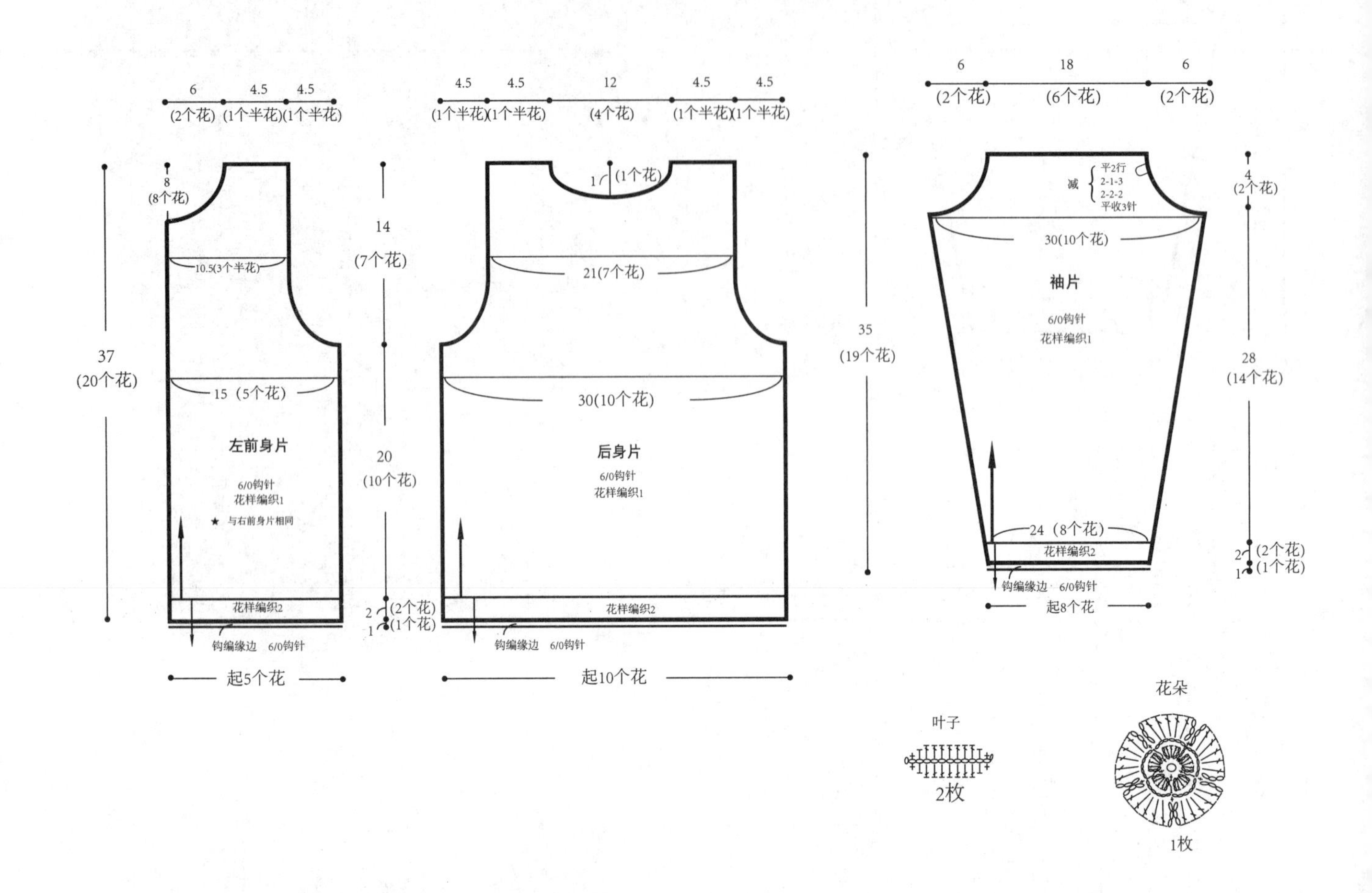

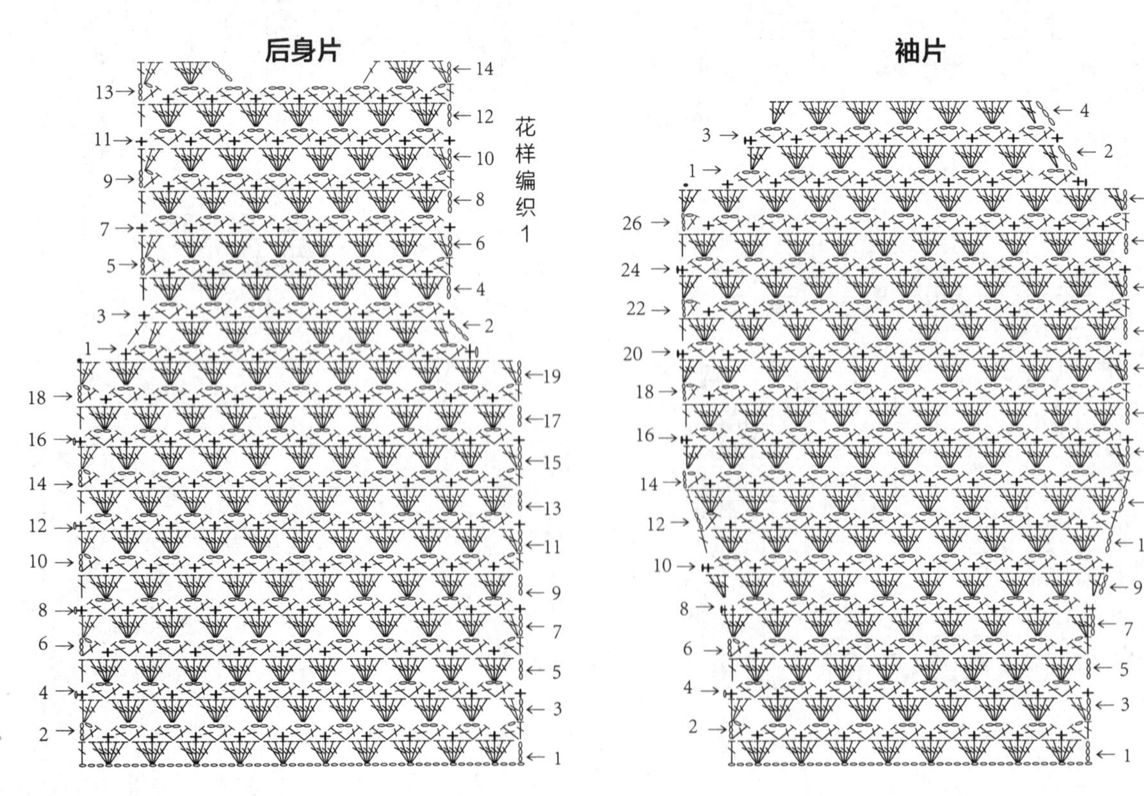

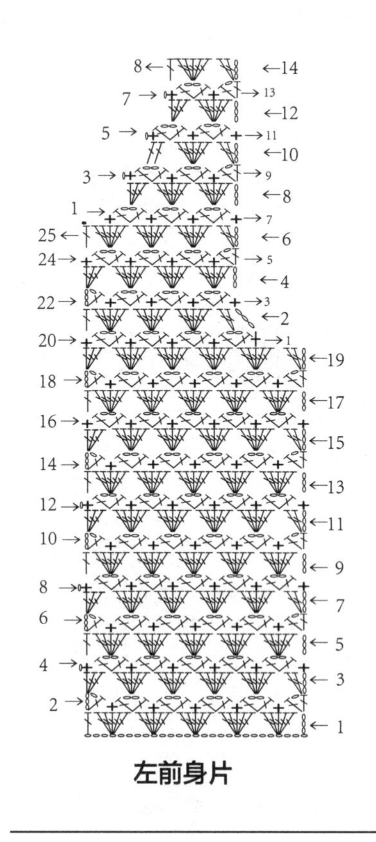

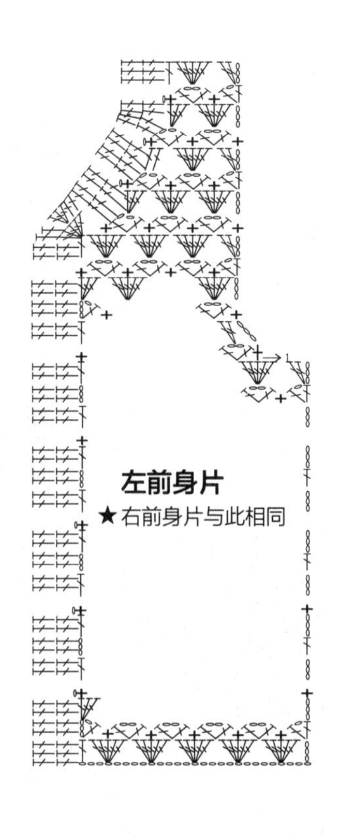

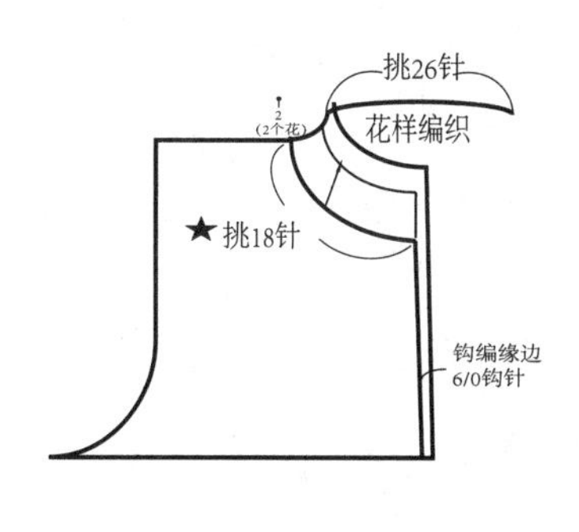

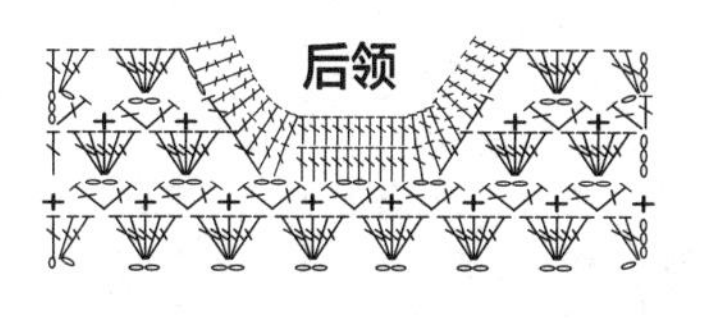

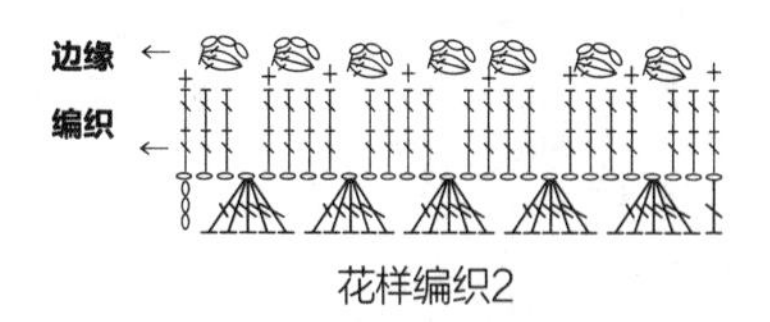

028

编织材料： 精品高级绒线　粉色 270g、秋香绿少量

编织工具： 7号、8号棒针，发9/0钩针(3.5mm)、3/0钩针(1.5mm)

编织密度： 21针×27行/10cm×10cm

成品尺寸： 衣长41cm、胸宽33cm、肩袖宽30cm、袖长20cm

编织方法： 此款毛衣的编织难点是袖窿处加针处理。

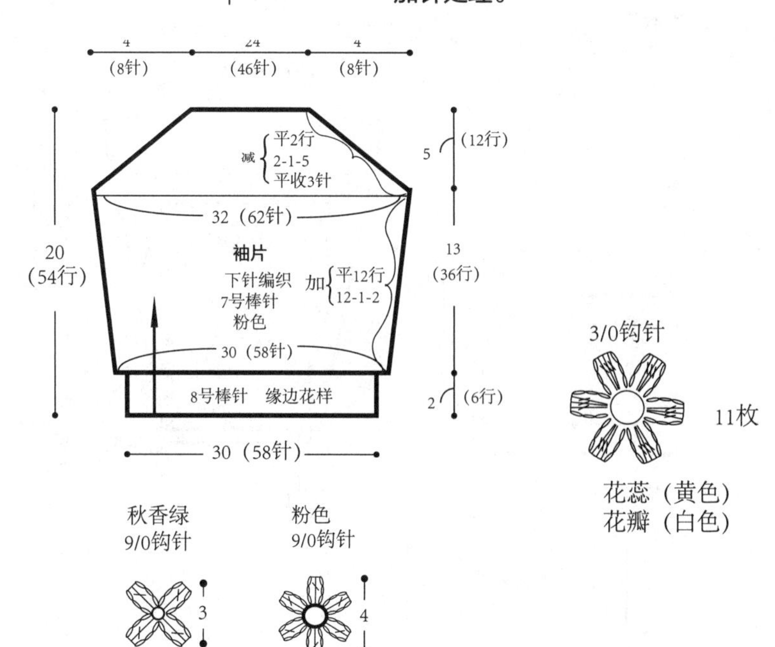

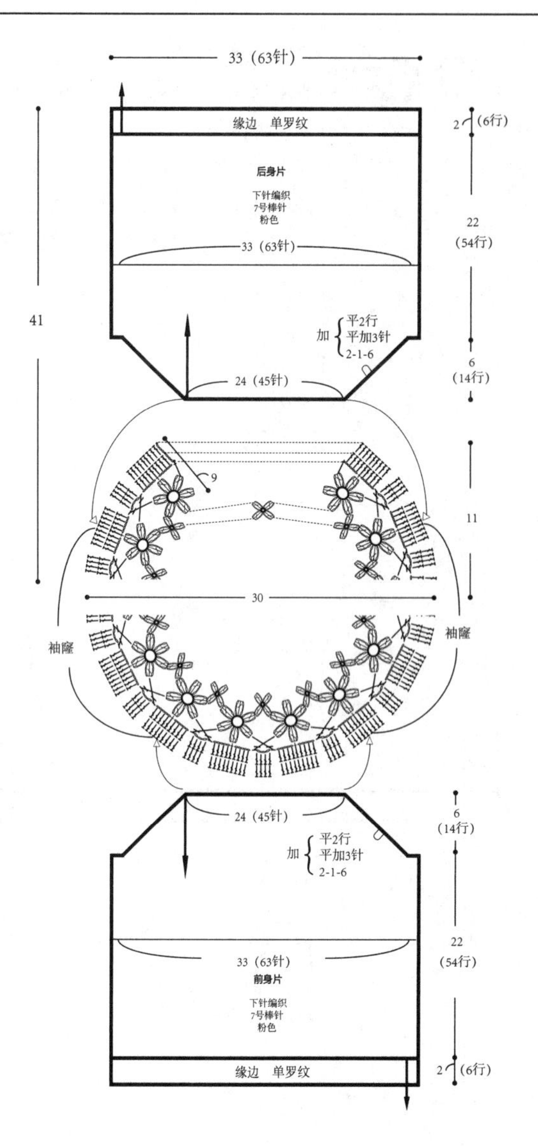

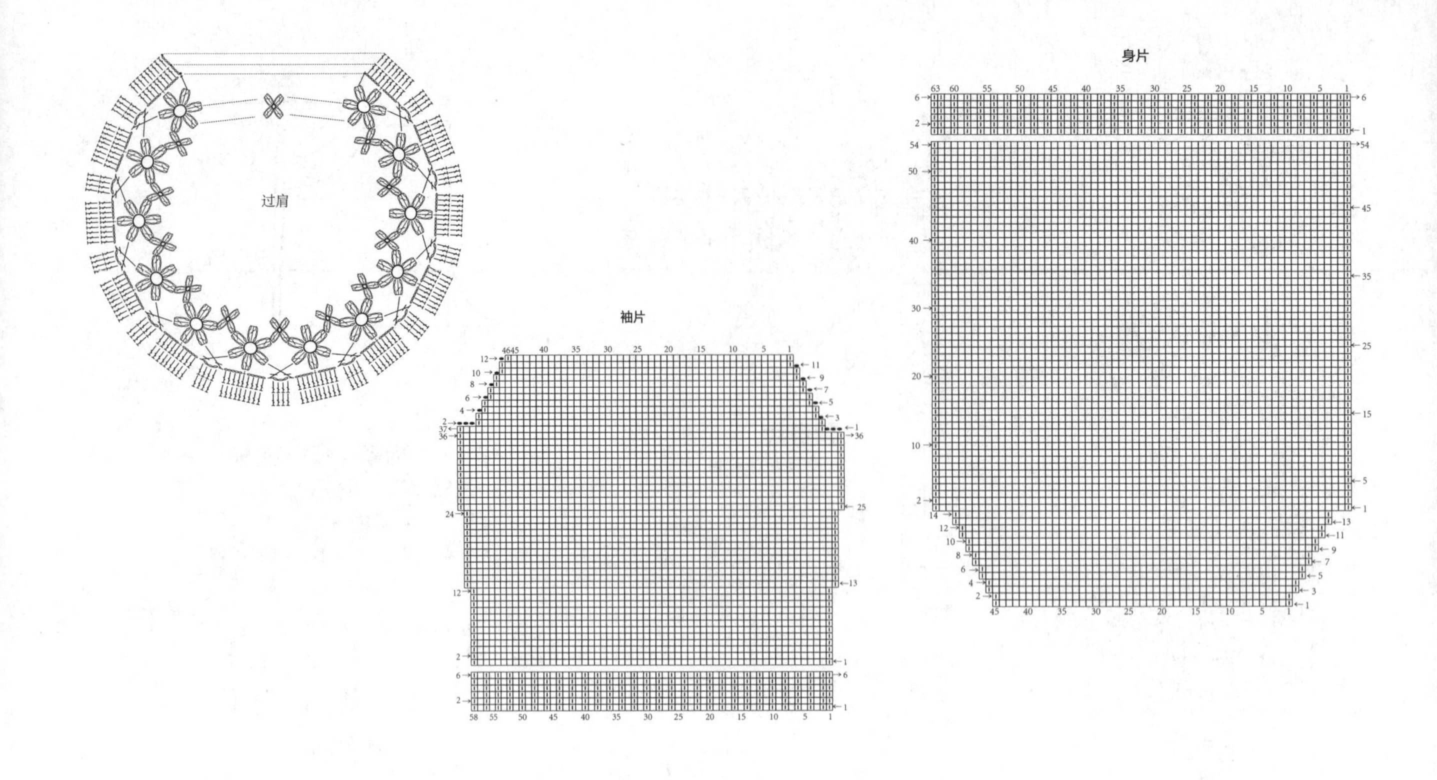

029

编织材料： 粗羊毛线　花色250g、白色200g

编织工具： 7号、8号棒针

编织密度： 16针×23行/10cm×10cm

成品尺寸： 衣长44cm、胸宽27cm、肩宽19cm、袖长31cm

编织方法： 首先将前后身片织好、缝合，注意花样的对称、平整。再将袖片织好、缝合，注意花样的对称、平整。最后挑织领子。

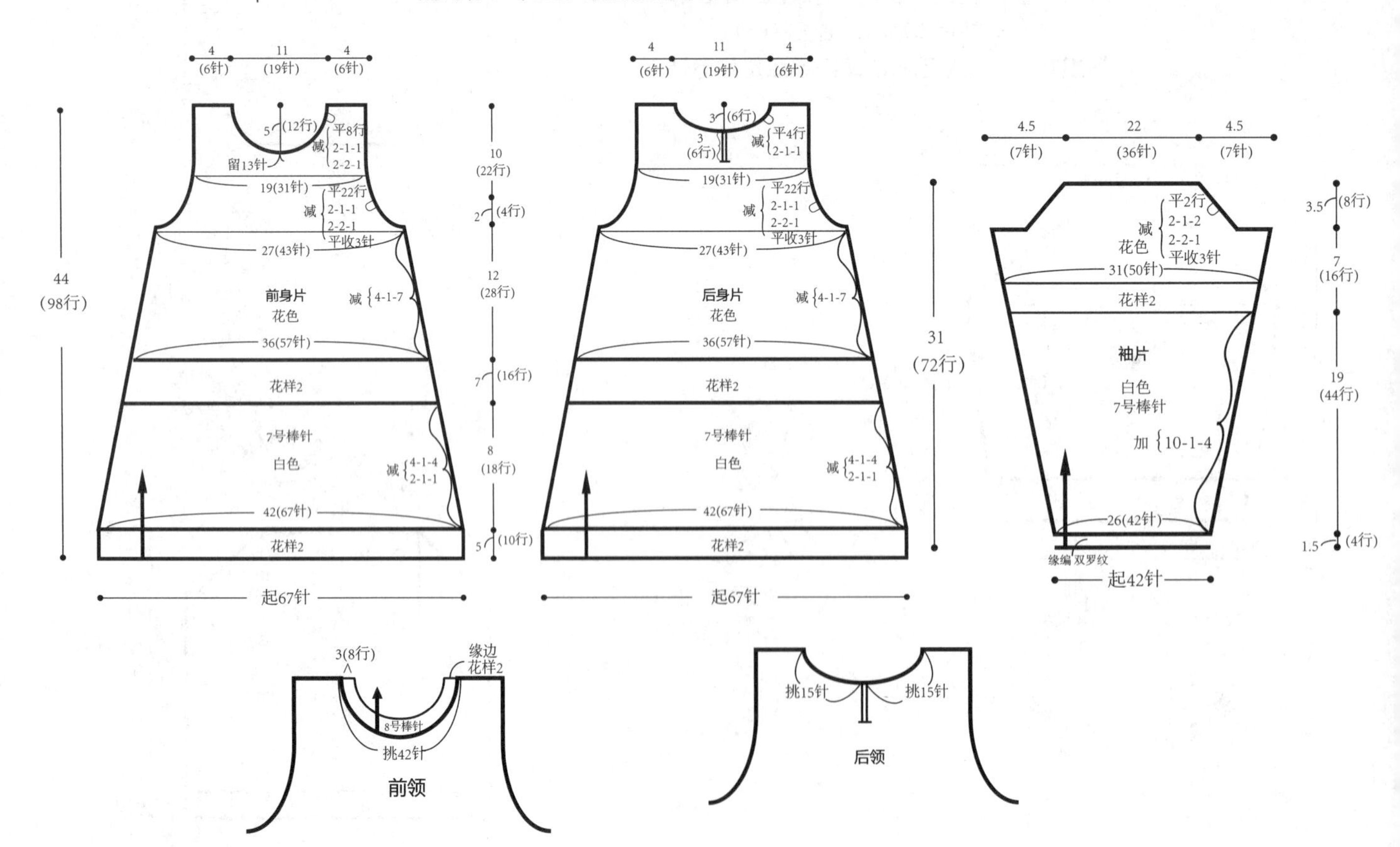

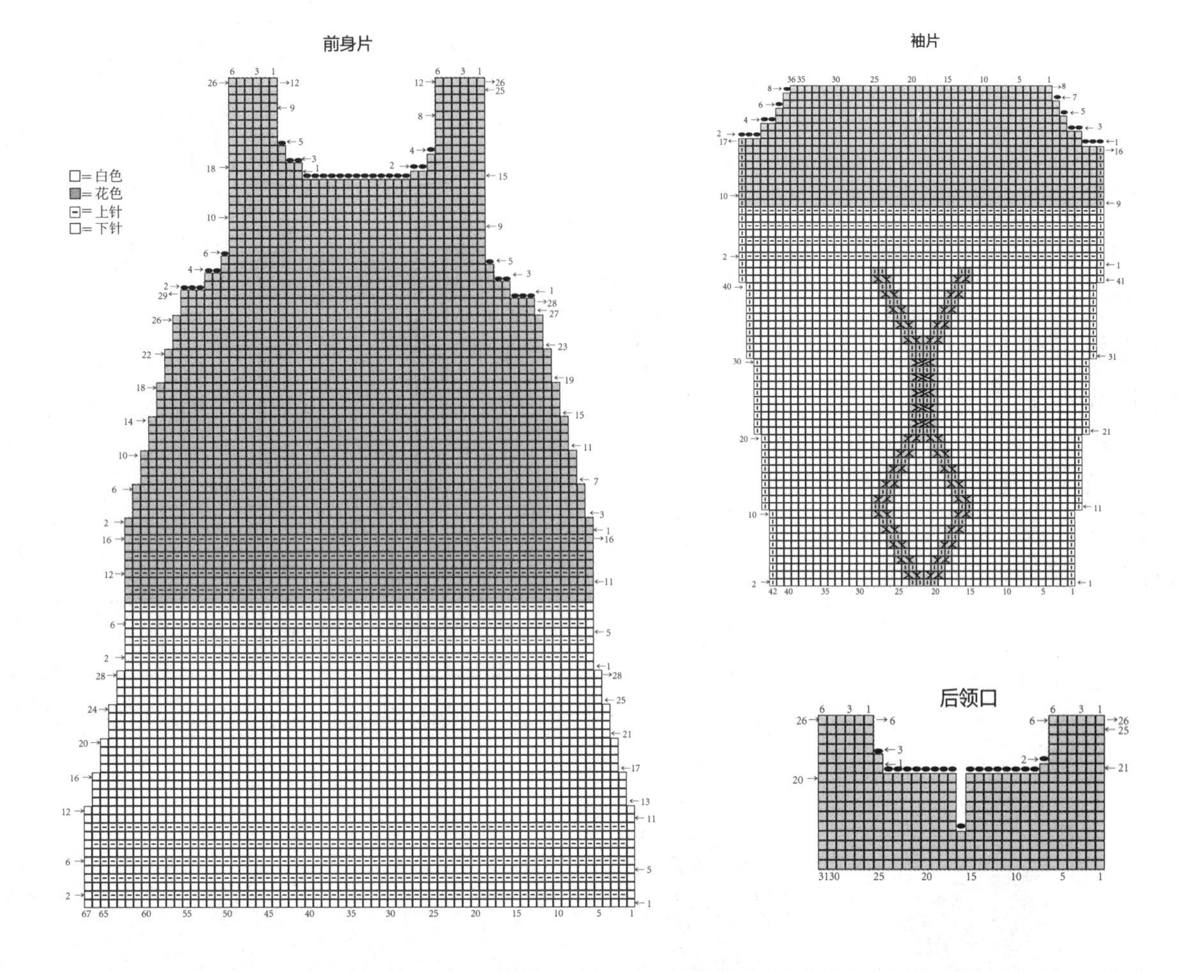

030

编织材料： 中粗羊毛线　粉色165g、黄色3g、绿色2g

编织工具： 7号棒针、6号钩针

编织密度： 22针×29行/10cm×10cm

成品尺寸： 衣长35cm、胸围68cm、背肩宽22cm、袖长22cm

编织方法： 首先将前后身片织好，注意编织时松紧要适当、两边对称。然后织袖片。将各部分对好缝合。最后挑领口编织，领口收针时要松紧适当。最后缝上花朵。

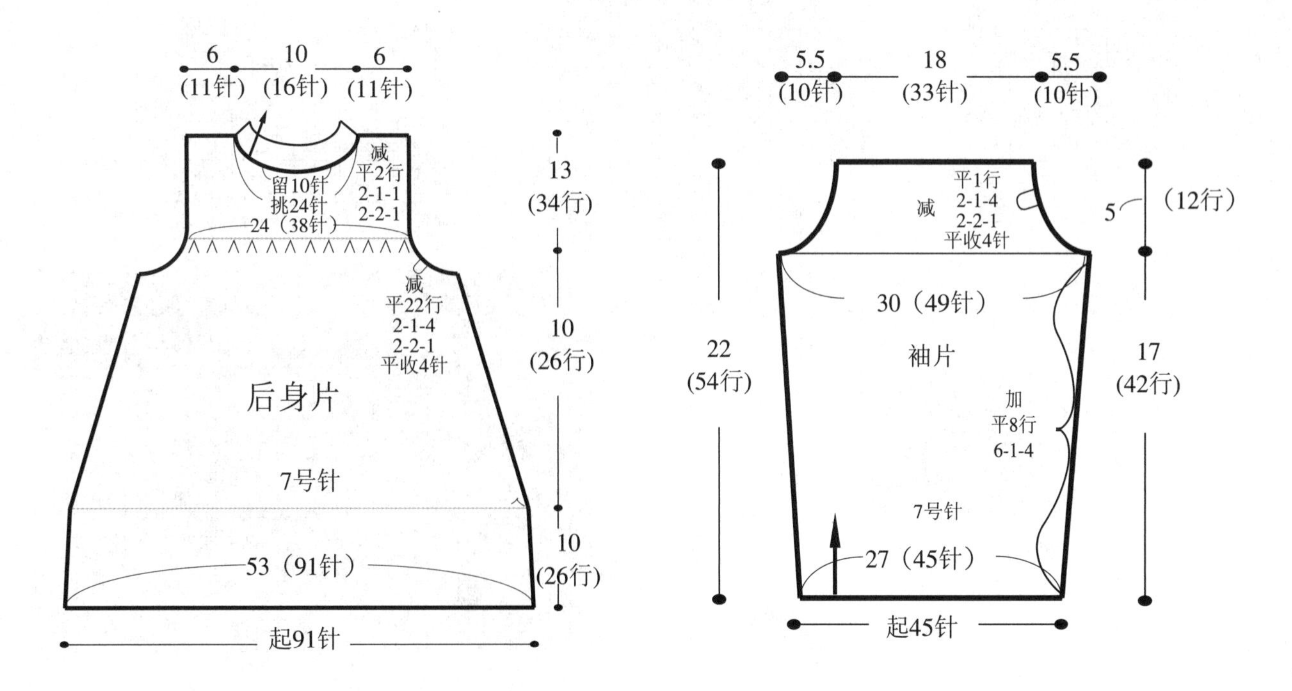

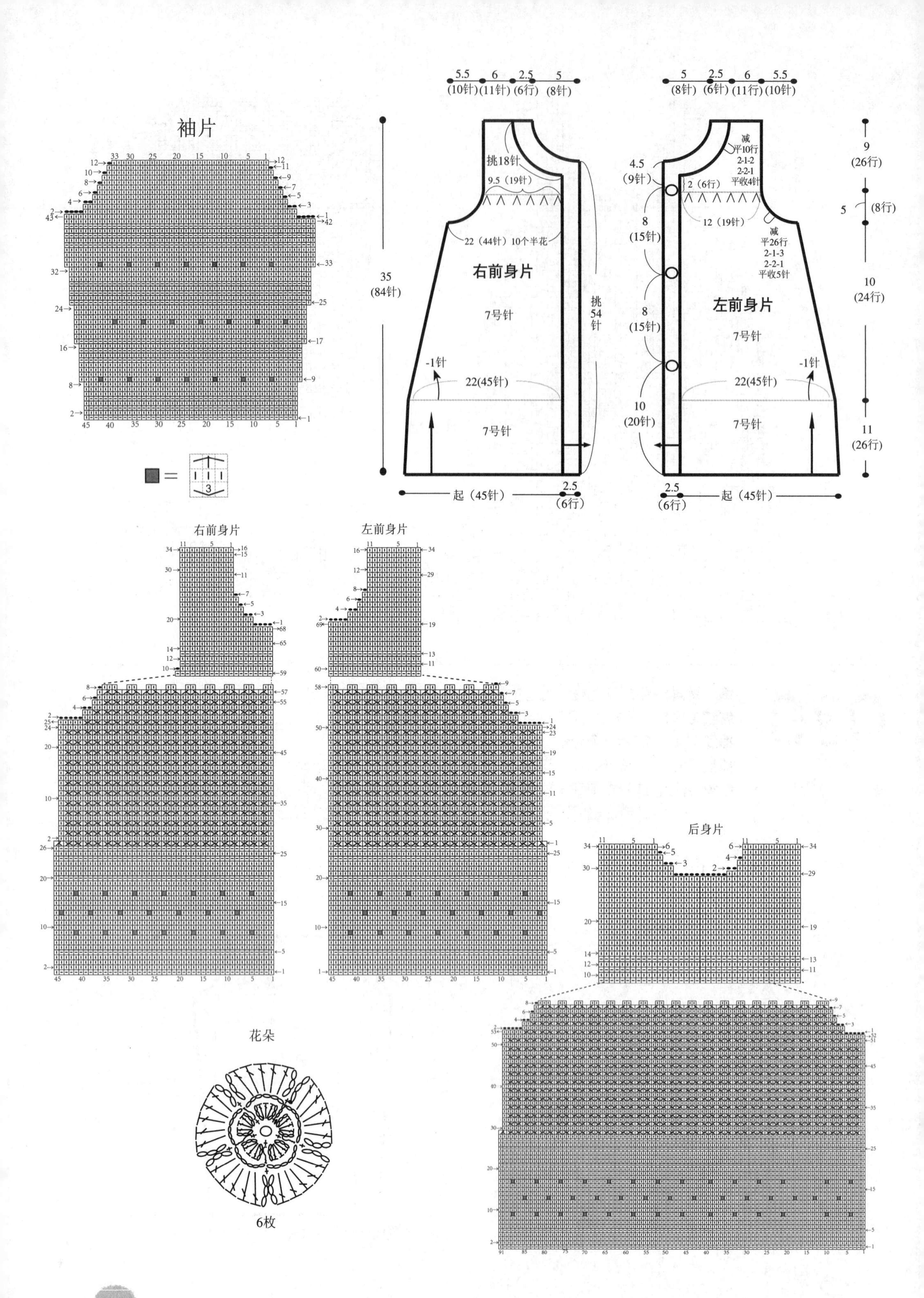
袖片
右前身片
左前身片
7号针
22(45针)
22（44针）10个半花
9.5（19针）
挑18针
挑54针
-1针
起（45针）
2.5（6行）
35（84针）
5.5（10针）
6（11针）
2.5（6行）
5（8针）
4.5（9针）
8（15针）
10（20针）
2（6行）
12（19针）
减 平10行 2-1-2 2-2-1 平收4针
减 平26行 2-1-3 2-2-1 平收5针
9（26行）
5（8行）
10（24行）
11（26行）
后身片
花朵
6枚

031

编织材料： 中粗羊毛线　土黄280g、白色12g、牛仔蓝12g、橙色23g、枣红12g

编织工具： 8号、9号棒针

编织密度： 20针×28行/10cm×10cm

成品尺寸： 衣长37cm、下摆宽37.5cm、胸宽34.5cm、袖长39cm

编织方法： 此款毛衣编织的难点是花样，要注意手劲的松紧。首先分别编织好前、后身片并缝合，注意缝合时花样对齐、平整。接着编织左右袖片并缝合，缝合时注意花样对齐、平整。最后编织领口缘边。

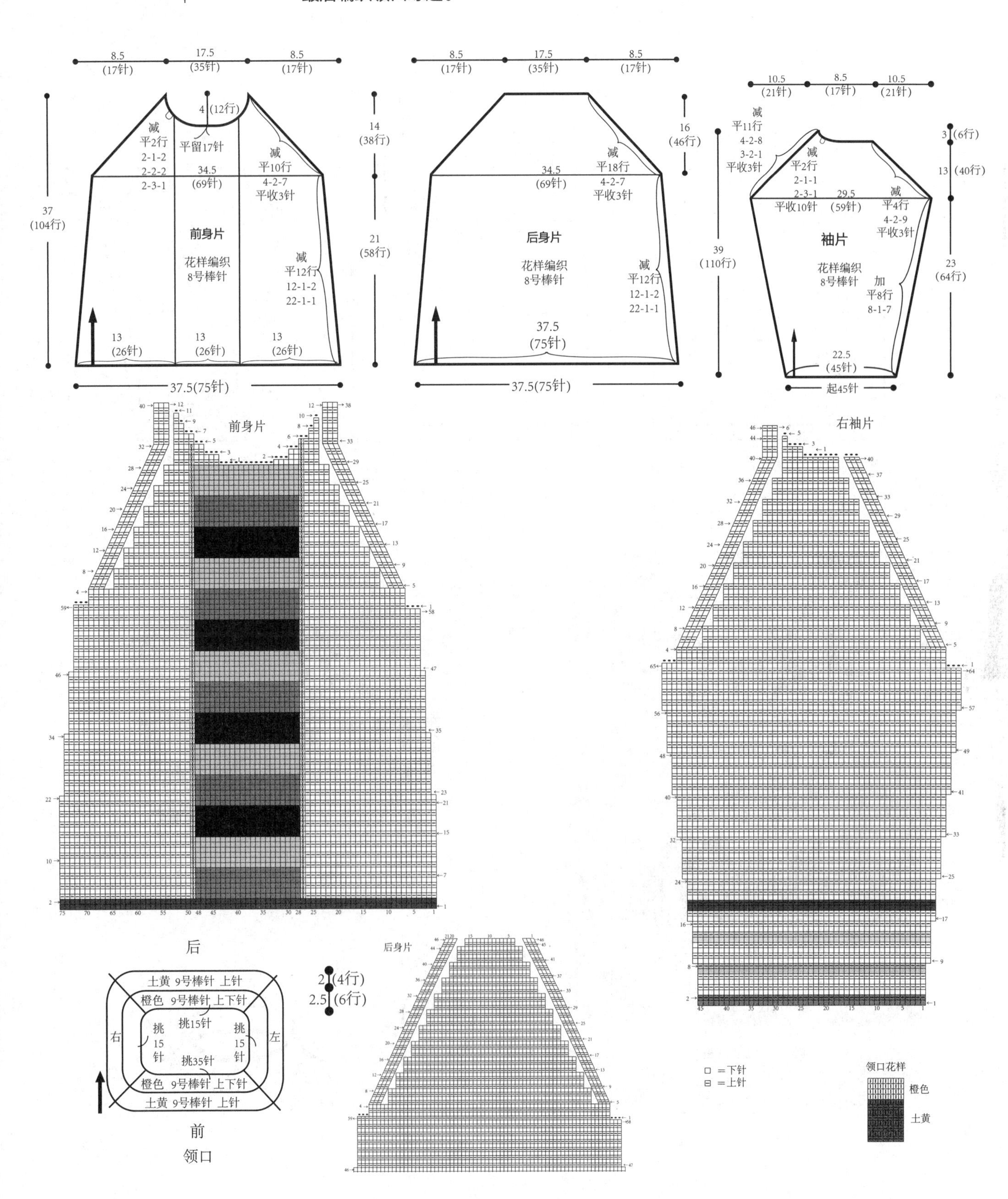

032

编织材料： 绿色空气蛋白绒　橙色 116g，精品高级绒线　绿色 13g，绿色生态丝毛绒　红色 18g，阿尔巴卡羊驼绒　藕色 75g

编织工具： 9号、10号棒针

编织密度： 24针×30行/10cm×10cm

成品尺寸： 衣长37cm、胸宽32cm、肩宽24cm、袖长24cm

编织方法： 此款毛衣编织的难点是花样编织。首先分别将前、后身片编织好并缝合，注意肋下花样的对齐、平整无皱。然后编织左、右袖片并缝合，注意花样的对齐、平整无皱。最后编织领口缘边。

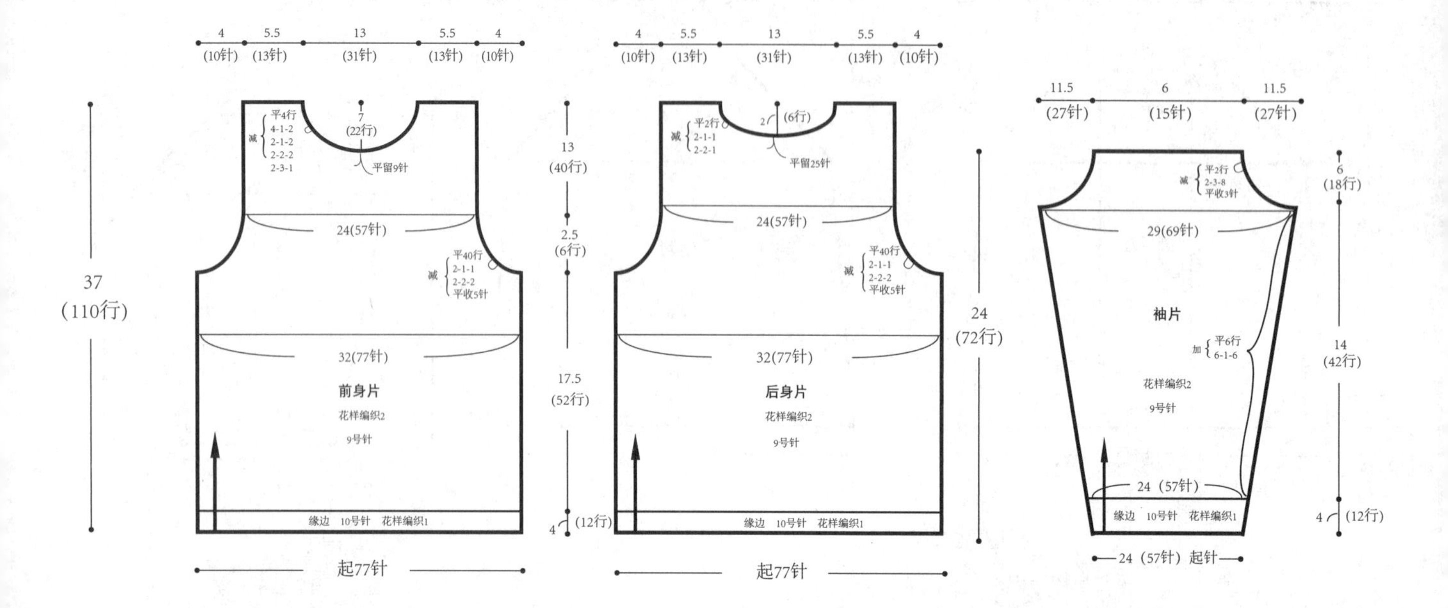

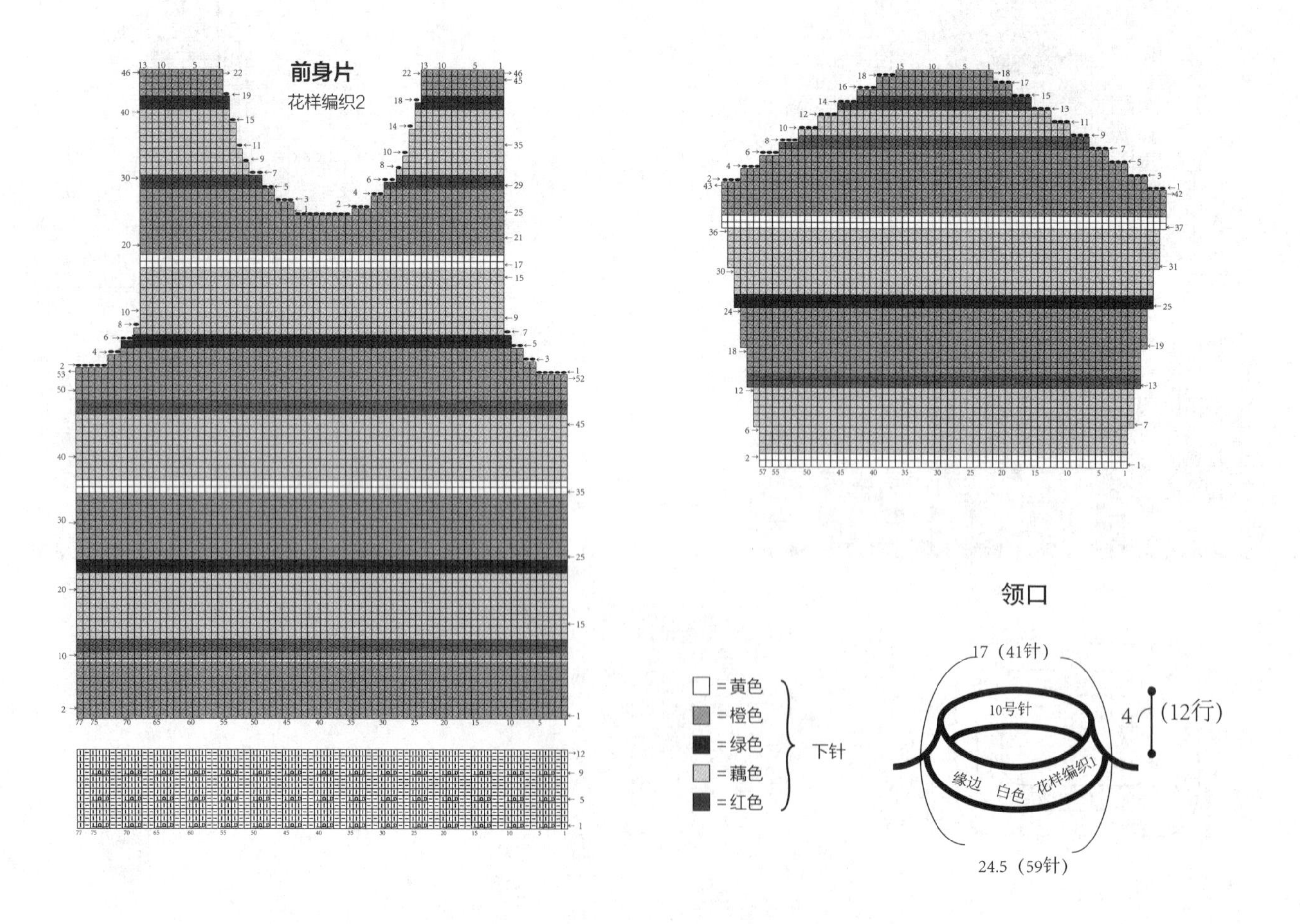

缘边

033

编织材料： 阿尔巴卡羊驼绒　大红色 450g

编织工具： 9号棒针、5/0钩针(2.2mm)

编织密度： 23针×30行/10cm×10cm

成品尺寸： 衣长67cm、胸宽33cm、肩宽25cm

编织方法： 首先分别编织好前、后身片并缝合。缝合时注意花样对齐、平整无皱。接着编织领口及袖口的缘边，注意松紧适当、平整无皱。

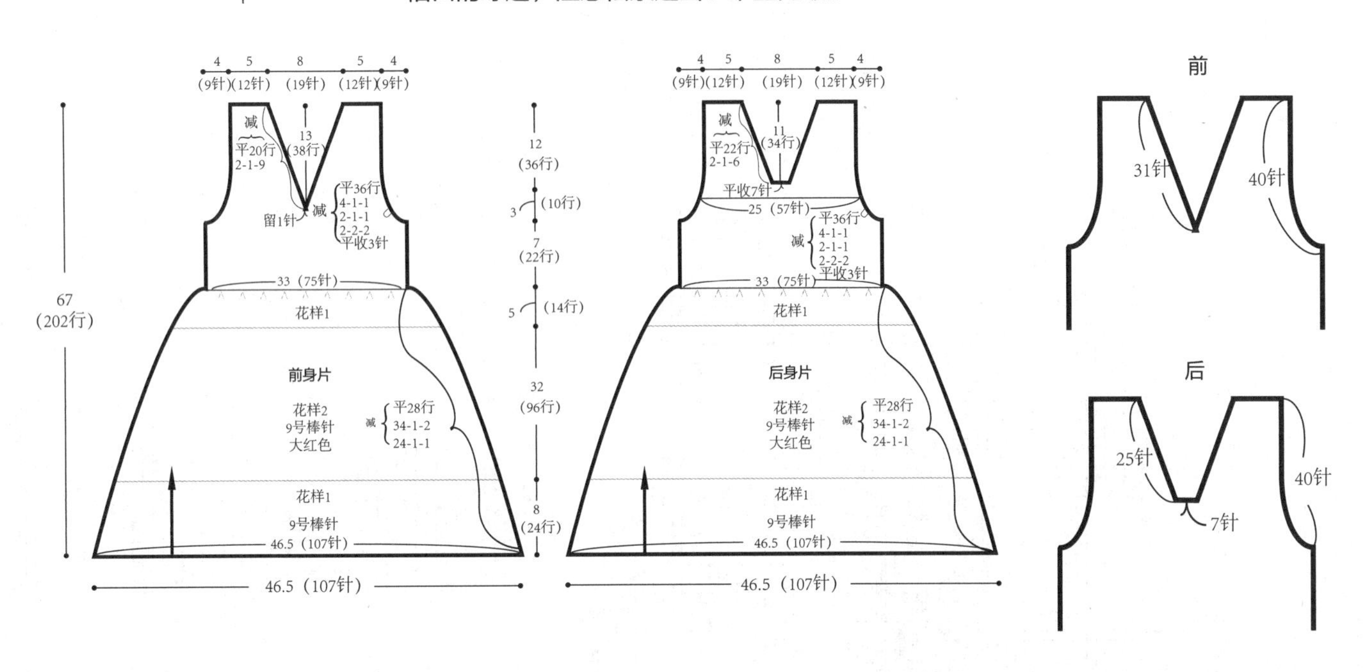

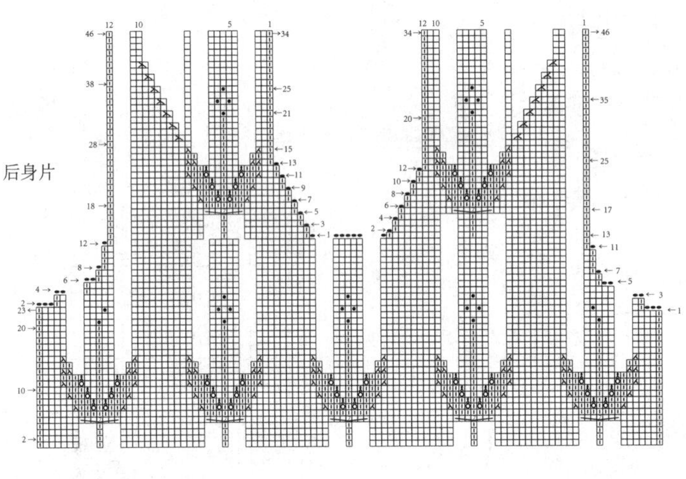

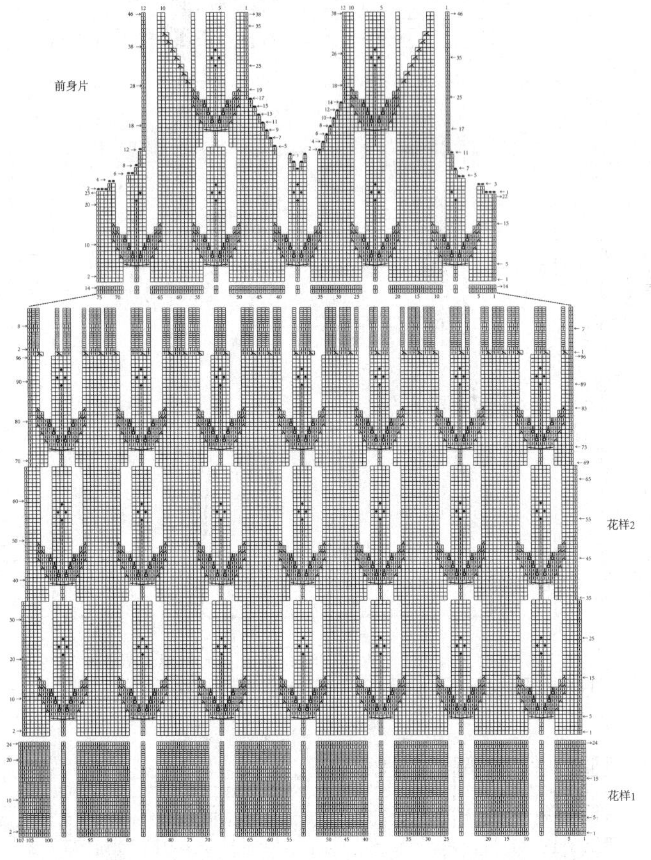

袖口缘边

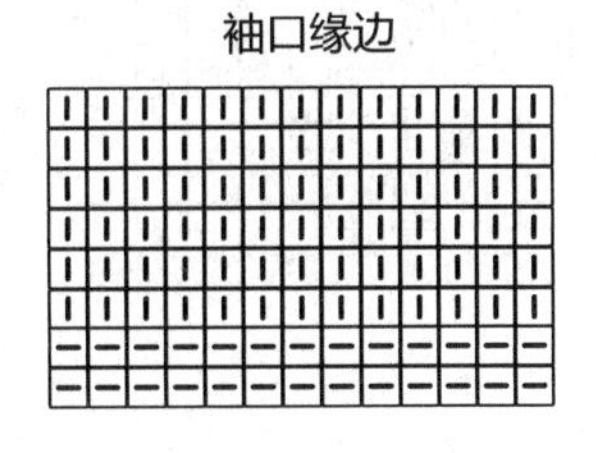

领口缘边

034

编织材料： 中粗羊毛线　灰色280g
编织工具： 10号棒针，5/0钩针（2.2mm）
编织密度： 24针×32行/10cm×10cm
成品尺寸： 衣长47.5cm、胸宽29cm、肩宽22cm
编织方法： 此款毛衣编织难点是花样编织。首先分别将前、后身片编织好并缝合，注意花样对齐、无皱、松紧适当。最后编织领口及袖口缘边。

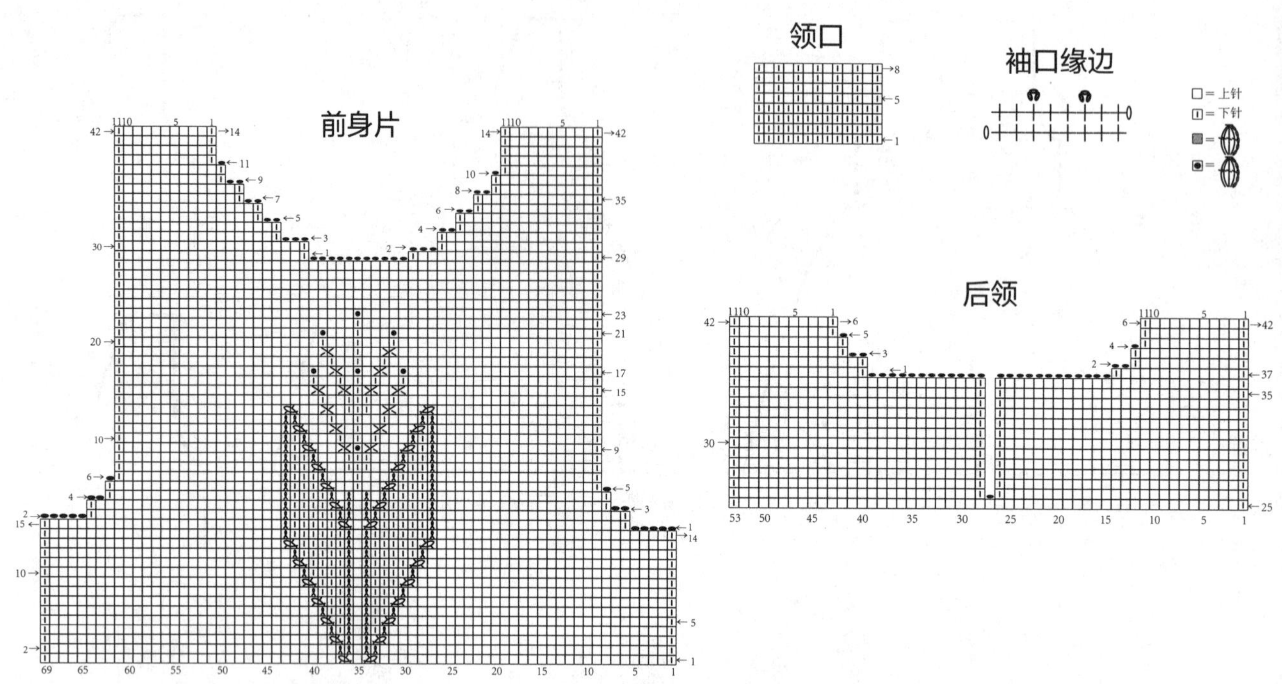

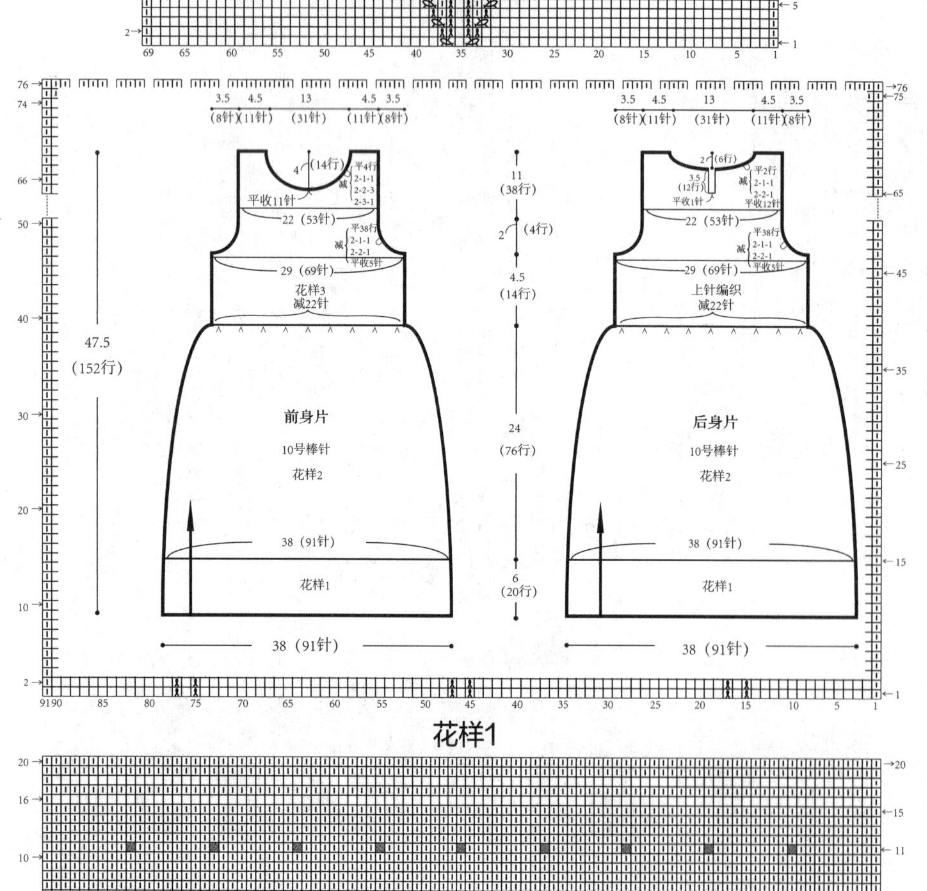

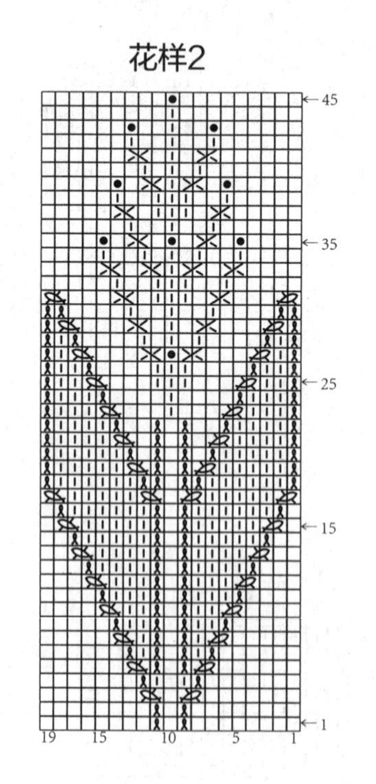

花样1

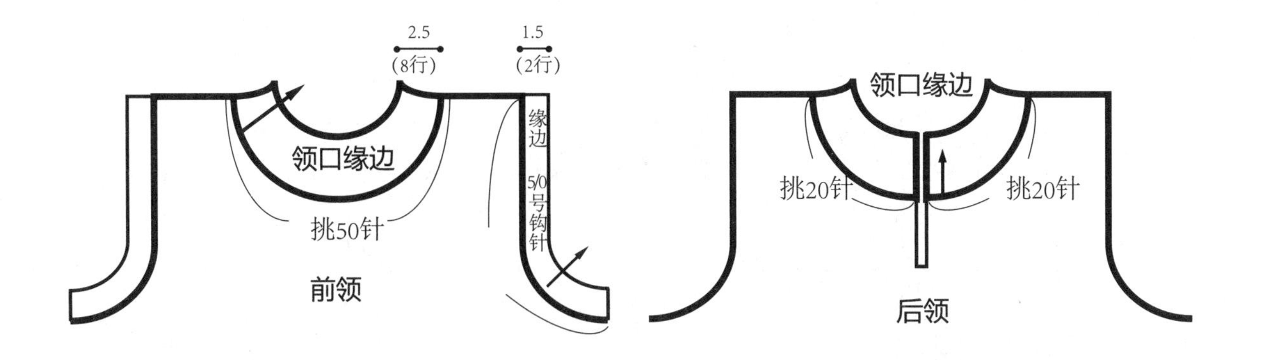

035

编织材料： 中粗羊毛线　蓝色140g、白色10g，直径25mm纽扣4颗
编织工具： 8号、9号棒针
编织密度： 下针编织　22针×32行/10cm×10cm
成衣尺寸： 裙长23.5cm、臀围54cm、腰围44cm
编织方法： 首先分开编织好前、后裙摆片，叠缝出裙褶。然后继续往上编织足够高度。最后把前后裙片缝合，挑织裙边。

裙身片

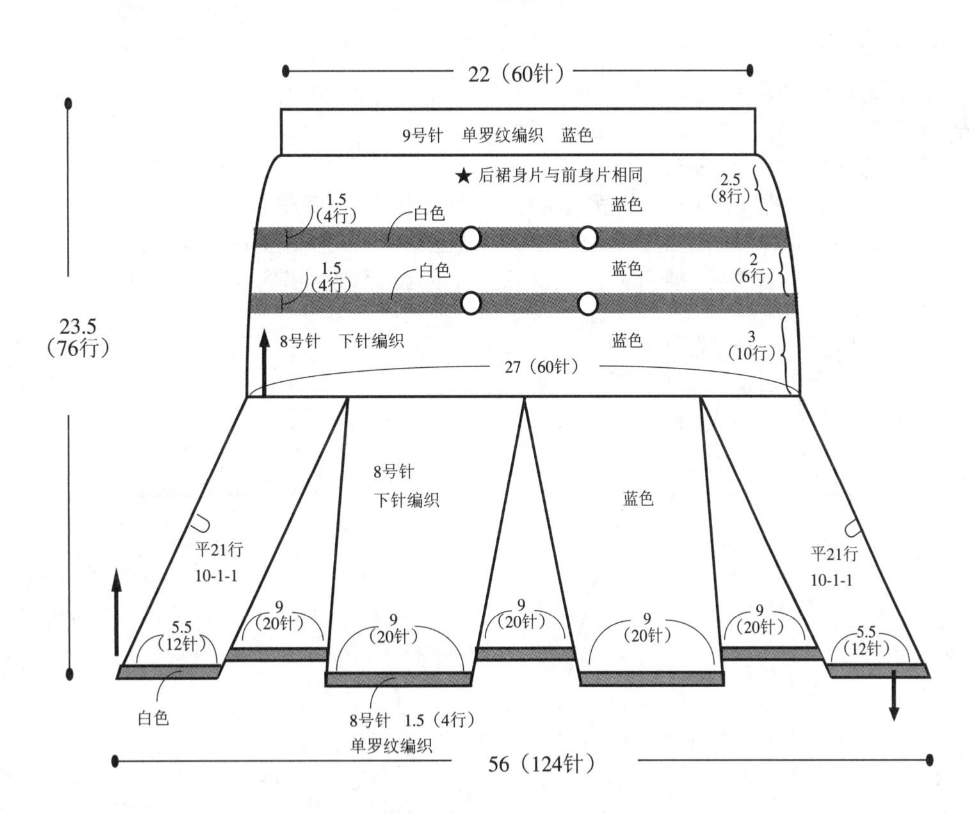

裙片上部编织

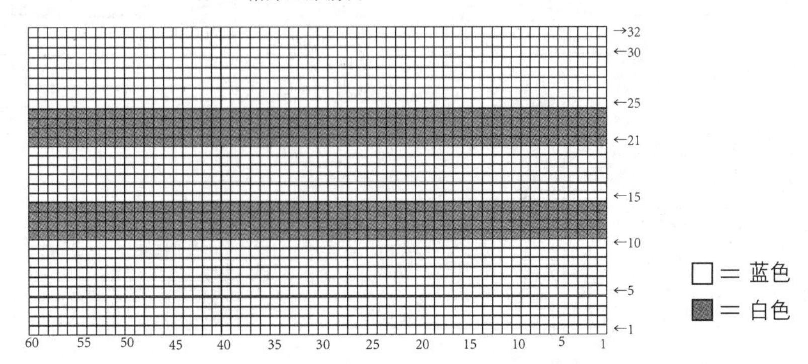

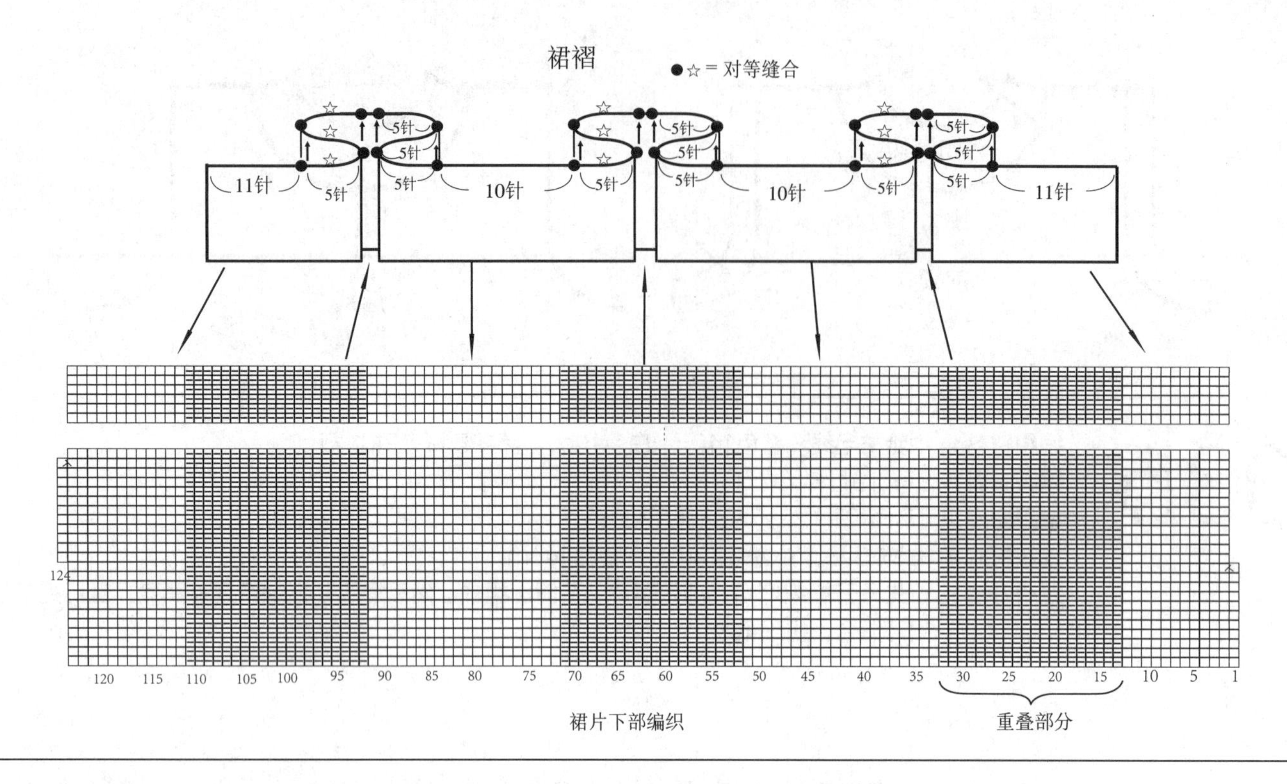

036

编织材料： 中粗羊毛线　粉色29g、紫红色70g、棕色242g

编织工具： 9号、10号棒针，9/0(3.5mm)钩针

编织密度： 21针×28行/10cm×10cm

成品尺寸： 衣长50.5cm、裙摆宽50cm、胸宽29cm、肩宽21cm、袖口13.5cm

编织方法： 此款裙子编织的难点是花样，要注意色线交换时手劲松紧。首先分别将前、后身片编织好并缝合，缝合时注意花样对齐、无皱。接着编织领口、袖口缘边，最后编织下摆缘边。

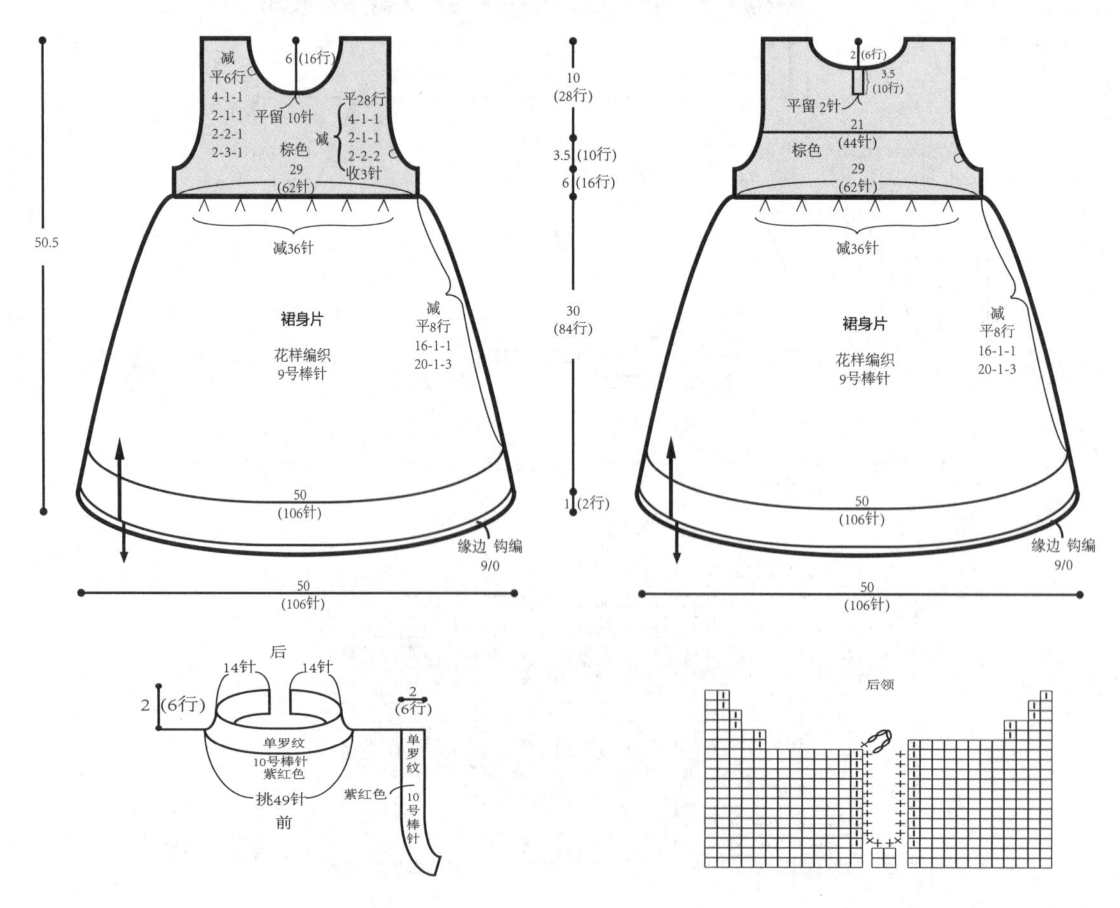

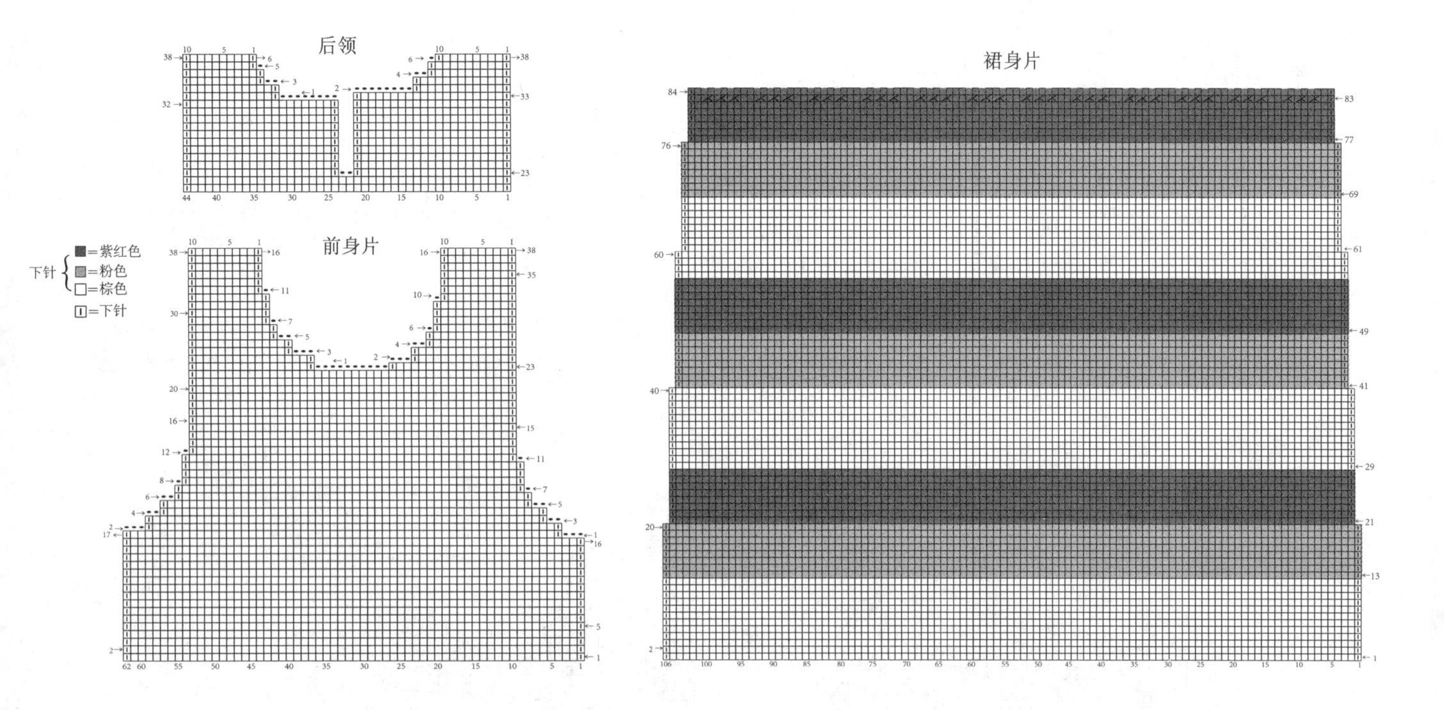

037

编织材料： 阿尔巴卡羊驼绒　藕色 340g

编织工具： 10号棒针，6/0钩针

编织密度： 24针×30行/10cm×10cm

成品尺寸： 衣长52cm、胸宽35cm、肩宽21cm

编织方法： 此款毛衣的难点是花样编织。因为整件衣服的花样需要一体完成，所以手劲的松紧适当非常重要。首先分别将前、后身片编织好并缝合，注意肋下花样对齐、平整、无皱。然后编织领口及袖口的缘边。

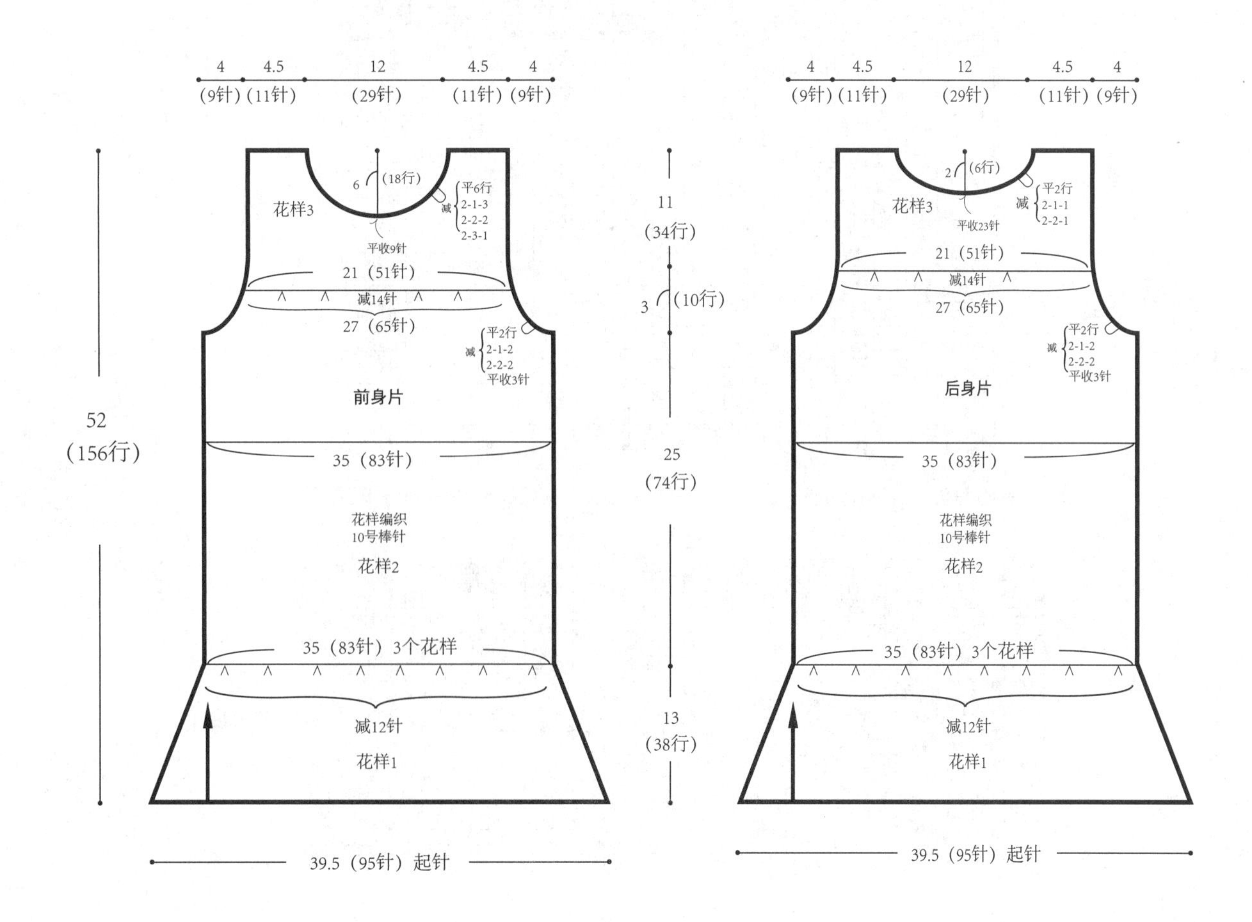

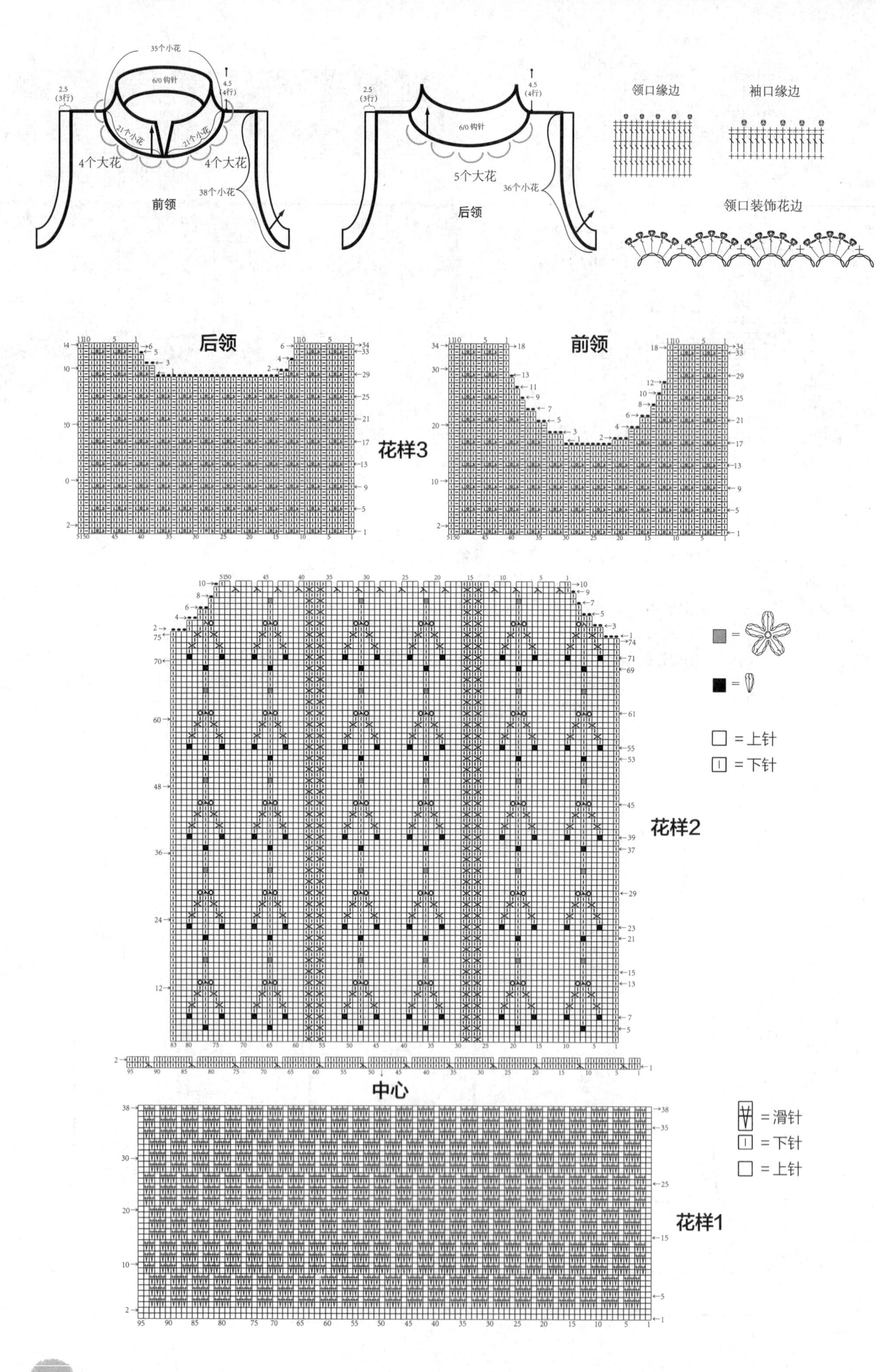
35个小花
6/0钩针
2.5
(3行)
4.5
(4行)
21个小花
21个小花
4个大花
4个大花
38个小花
前领
2.5
(3行)
4.5
(4行)
6/0钩针
5个大花
36个小花
后领
领口缘边
袖口缘边
领口装饰花边
后领
前领
花样3
花样2
= 上针
= 下针
中心
= 滑针
= 下针
= 上针
花样1

038

编织材料： 纯毛防虫蛀高级绒线　宝蓝色 430g，绿色生态丝毛绒　白色 8g

编织工具： 8/0钩针（3.25mm）

编织密度： 28cm×17cm/1个花样1、4.5cm×4cm/1个花样2

成品尺寸： 衣长58cm、胸宽28cm、肩宽15cm

编织方法： 首先编织好前身片花样1，然后分别编织好前、后裙片并缝合。接着编织左、右后身片，并将左、右肩带与前身片对应处缝合，缝合注意松紧适当。再接着编织后襟、领口、袖口缘边花样，注意松紧适当、平整无皱。最后将装饰腰带及花朵固定。

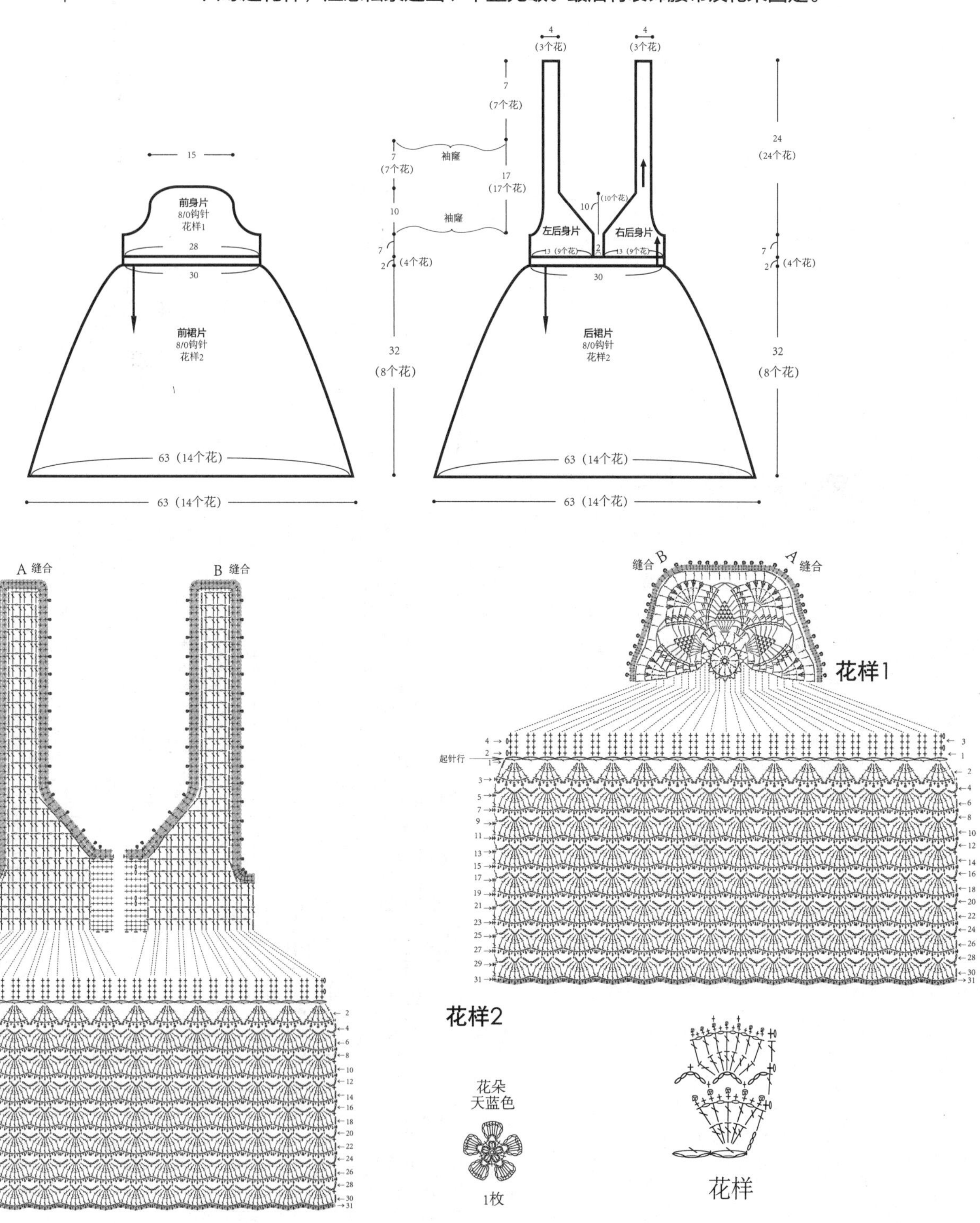

腰饰　白色　28cm

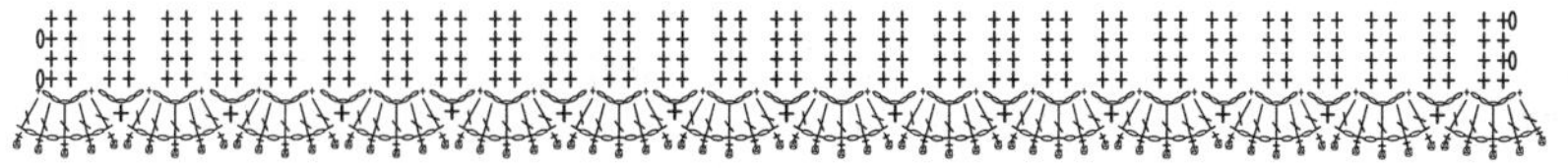

039

编织材料： 中粗羊毛线　黄色230g、白色50g

编织工具： 8号、9号棒针，6/0钩针（2.5mm）

编织密度： 21针×27行/10cm×10cm

成品尺寸： 衣长43cm、胸宽30cm、肩宽23cm

编织方法： 此款毛衣编织的难点是装饰物。裙身上白色的装饰，建议用钩针在裙面上按自己的喜好钩织，也可以用绣针来缝。首先将前、后身片织好并缝合，缝合时注意花样对齐、平整。接着编织下摆、袖口及领口缘边。最后把装饰物固定好。

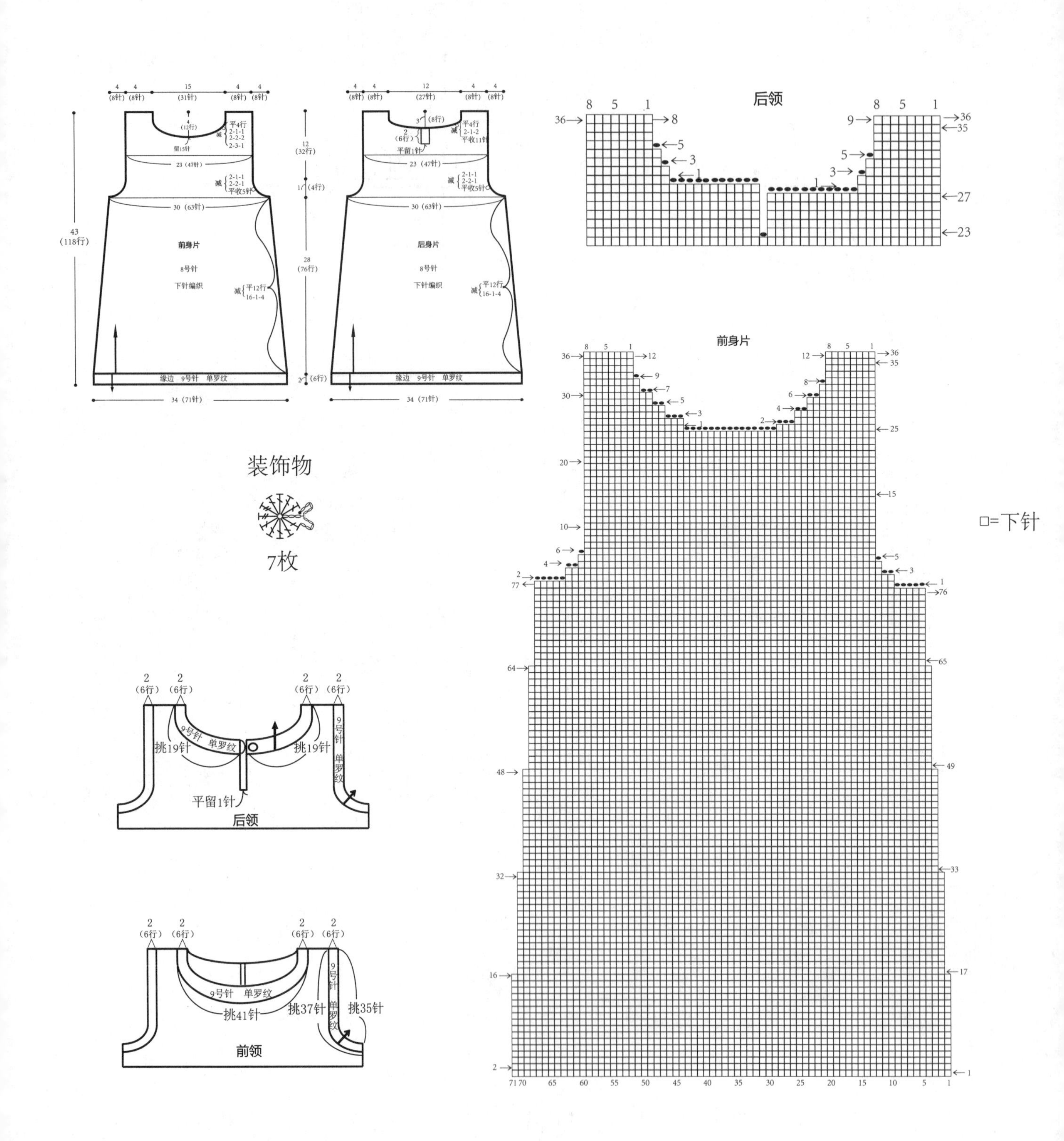

040

编织材料： 段染花粗线　230g

编织工具： 10号钩针

编织密度： 7cm×7cm=1个花

成品尺寸： 衣长37.5cm、胸围56cm、肩宽23cm

编织方法： 此款毛衣的编织难点是单元花之间的连接。首先将单元花一个个连接好，注意连接的平整。然后在连接好的衣身的相反方向分别钩编过肩及下摆，注意平整、松紧适当。最后编织袖口及领口。

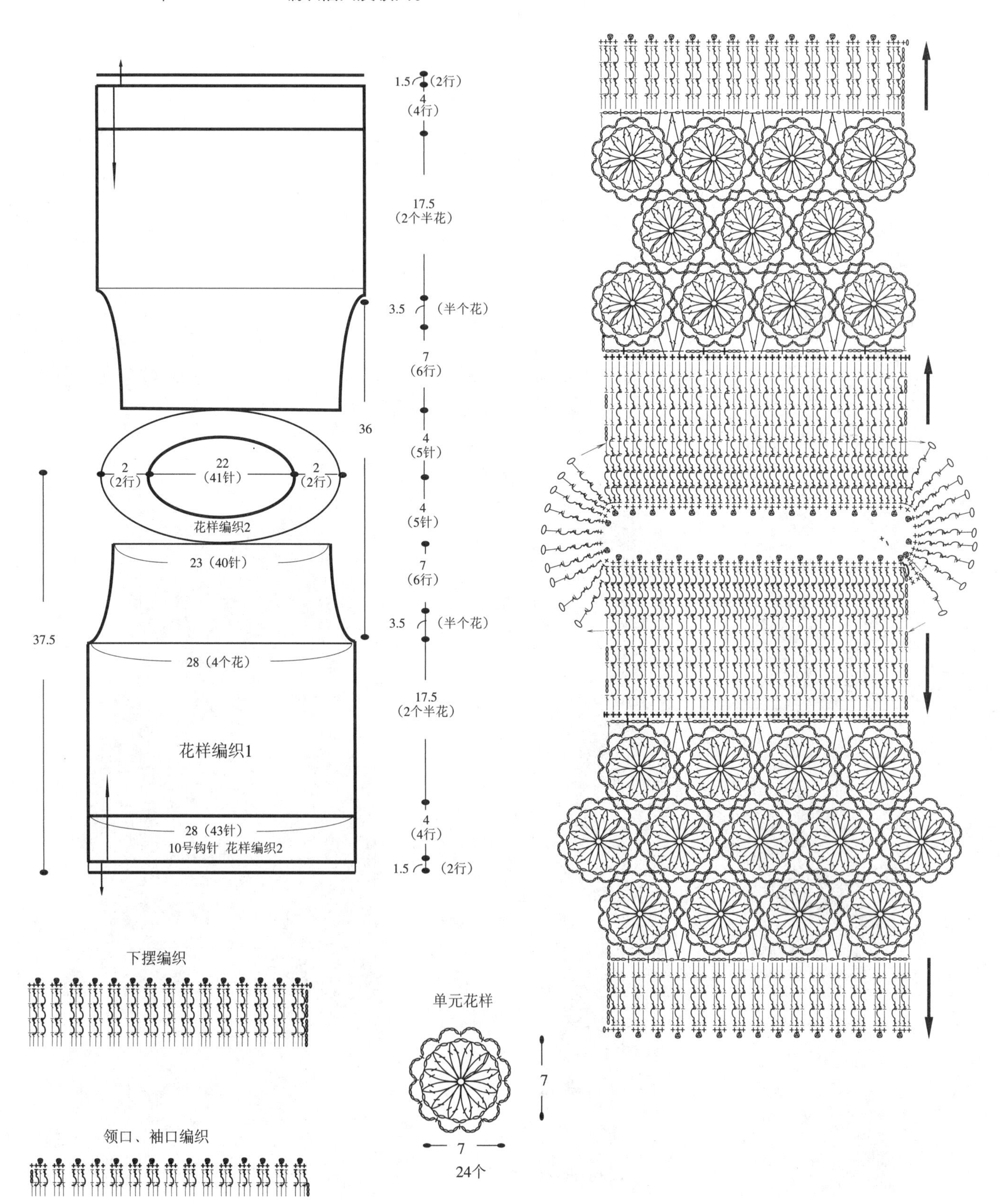

041

编织材料： 中粗羊毛线　橙红色300g、白色30g、大红色10g

编织工具： 8号、9号棒针，8/0（3.25mm）钩针

编织密度： 22针×29行/10cm×10cm

成品尺寸： 衣长58cm、下摆宽40cm、胸宽28cm、肩宽22cm

编织方法： 此款裙子编织的难点是花样，注意手劲的松紧。首先分别将前、后身片编织好并缝合，缝合时注意花样对齐、平整无皱。接着编织领口及袖口缘边，最后将装饰物固定好。

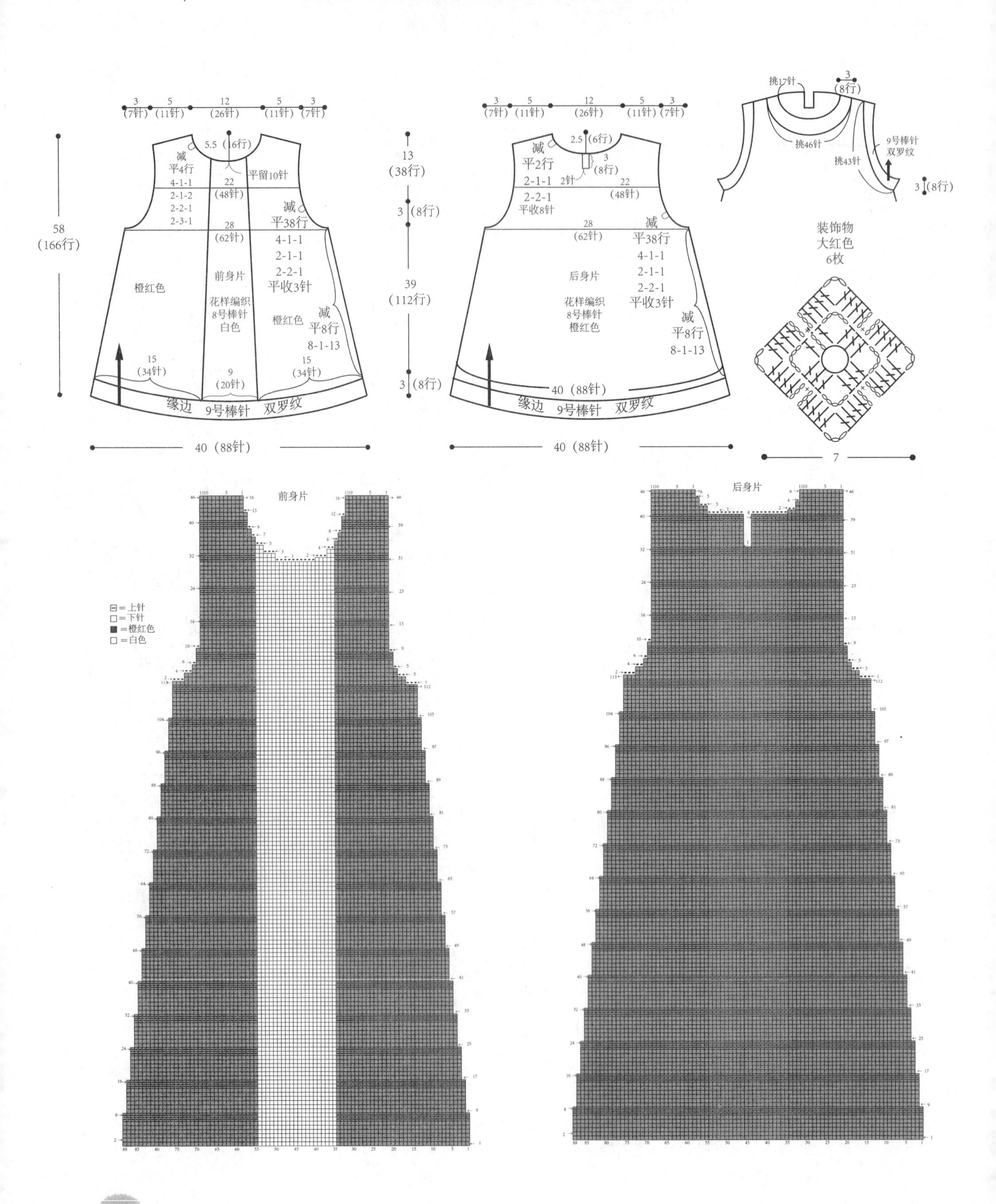

042

编织材料： 绿色生态丝毛绒　绿色 380g、天蓝色25g

编织工具： 10号棒针，6/0钩针（2.5mm）

编织密度： 26针×34行/10cm×10cm

成品尺寸： 衣长49cm、胸宽29cm、肩宽22cm、袖长12cm

编织方法： 首先分别将前、后身片编织好，并缝合（注意花样对齐、平整）。接着编织袖片并缝合，注意花样平整、无皱。接着用钩针钩织领口、袖口及裙摆的缘边。最后缝上装饰花。

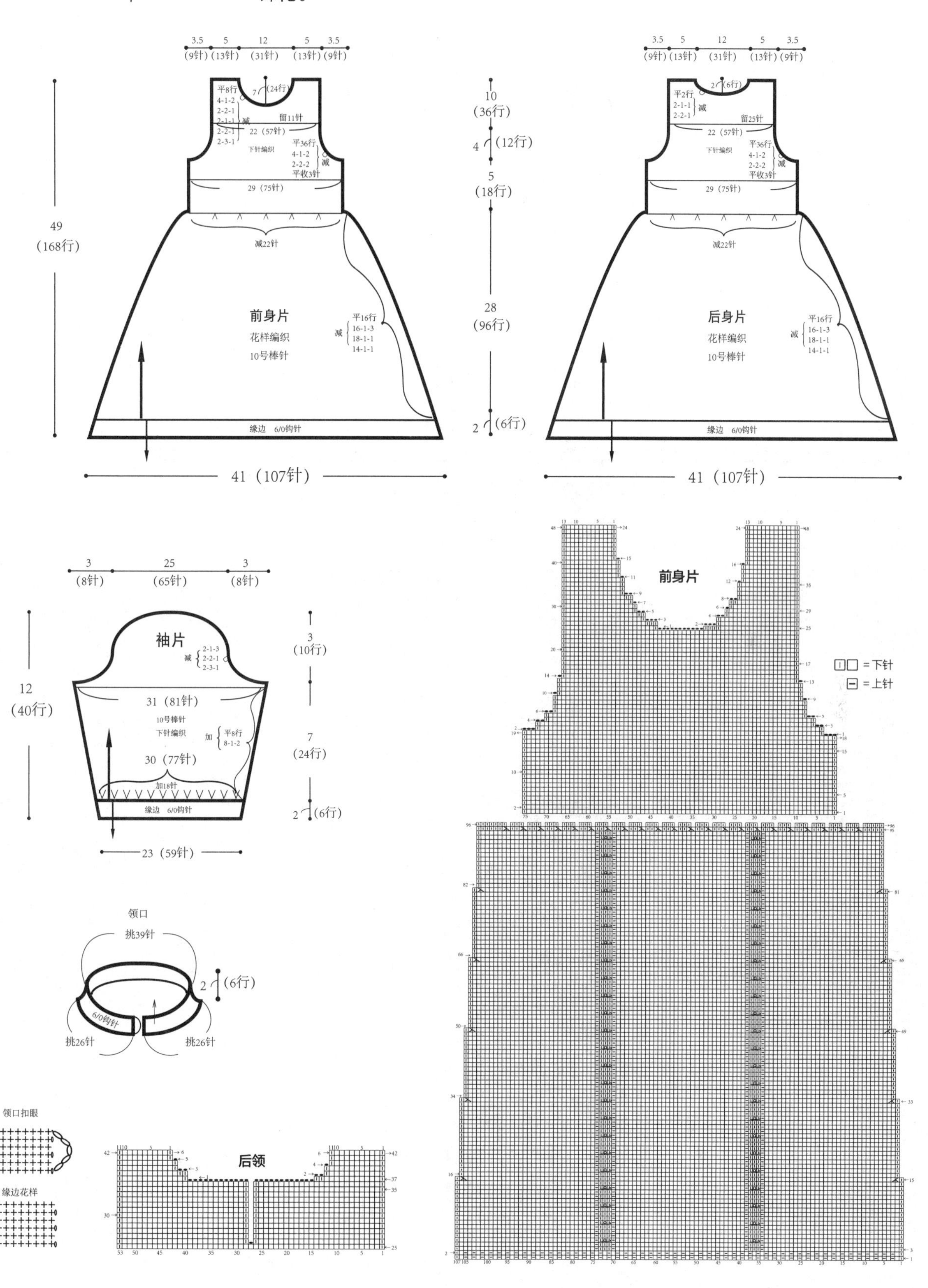

043

编织材料： 欧优卡雪羊毛绒　浅灰色 110 g

编织工具： 5/0钩针(2.2mm)

编织密度： 2.5cm×1.5cm/1个花样1、0.35cm×0.75cm/1个花样3

成品尺寸： 衣长37.5cm、胸宽24cm、肩宽16cm、袖口13.5cm

编织方法： 此款毛衣编织的难点是花样。首先分别将前、后身片编织好并缝合，缝合时注意花样要平整、对齐。接着编织袖口及领口缘边编织。跟着编织裙摆缘边。最后把装饰物固定。

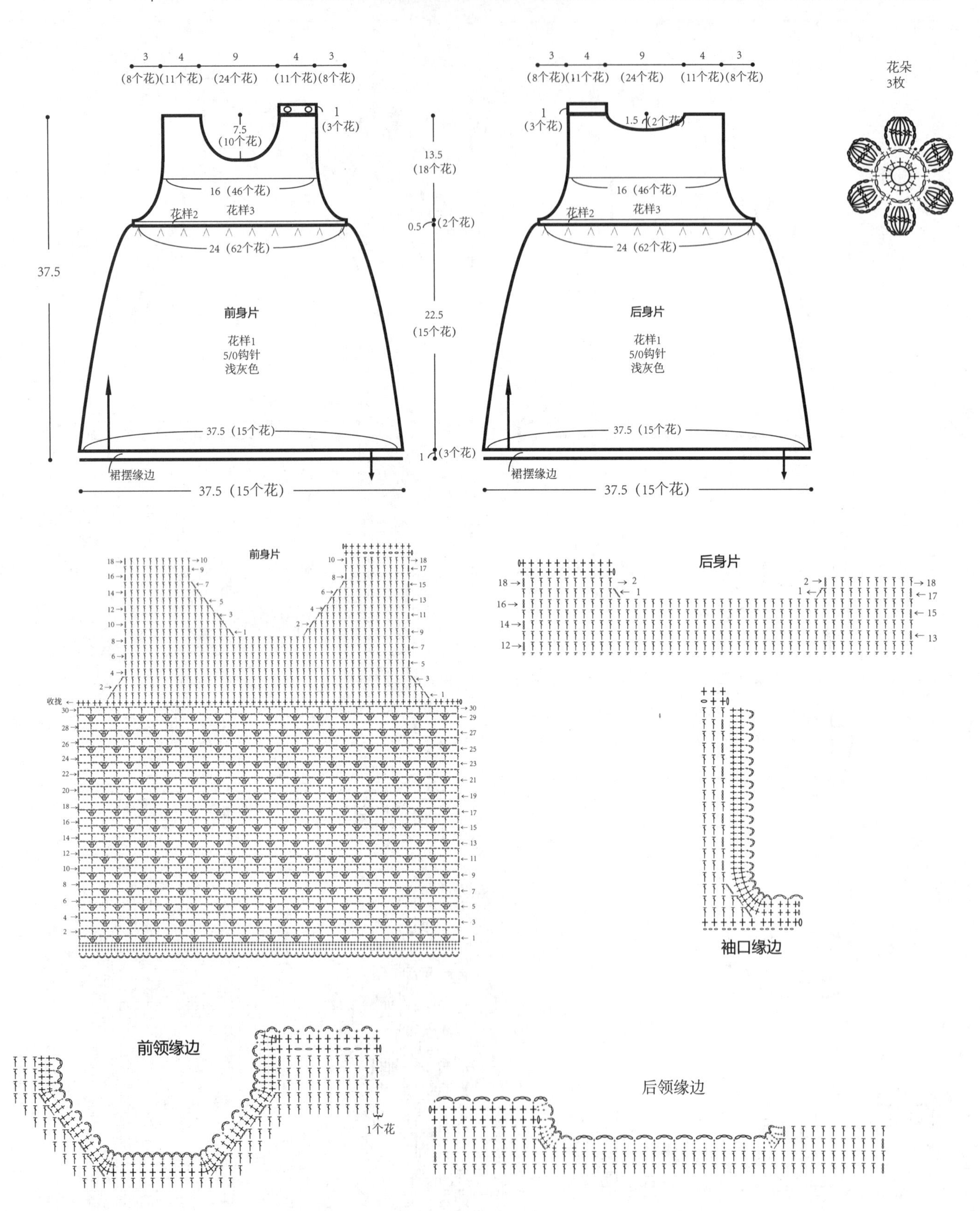

044

编织材料： 粗羊毛线　花线270g

编织工具： 8号、9号棒针，10/0钩针(4.0mm)

编织密度： 17针×24行/10cm×10cm

成品尺寸： 衣长42.5cm、胸宽37cm、肩宽21cm、袖口18.5cm

编织方法： 此款毛衣编织的难点是袖窿。首先分别将前、后身片编织好并缝合（由于袖窿减针和变针比较频繁，所以编织时要注意手劲松紧适当及变化的规律），缝合时要注意花样对齐、平整。接着编织领口及袖口的缘边。

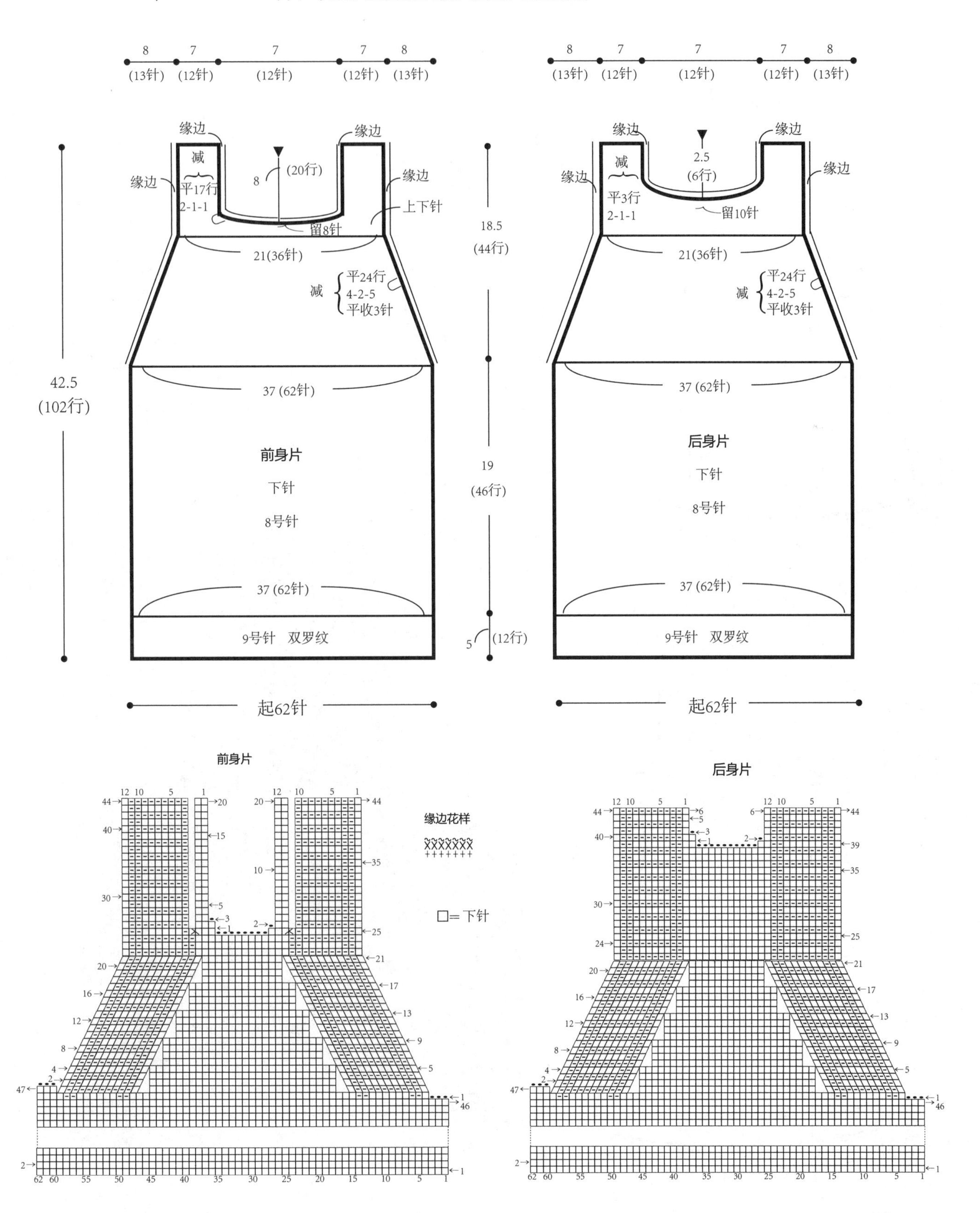

045

编织材料： 中粗羊毛线　黄色570g，细棉线　白色5g

编织工具： 8号、9号棒针，5号钩针

编织密度： 20针×25行/10cm×10cm

成品尺寸： 衣长58.5cm、胸围52cm、袖长18cm

编织方法： 此款毛衣编织的重点是腰线的收拢。舒展的裙摆在半臂位处收紧，并修饰了腰部，使整件衣服呈现收腰的效果。首先将衣服的前、后身片分别织好，然后在前身片上绣好花朵，再将衣身片缝合。最后挑织领口和袖片，缝上袖子后钩边缘。

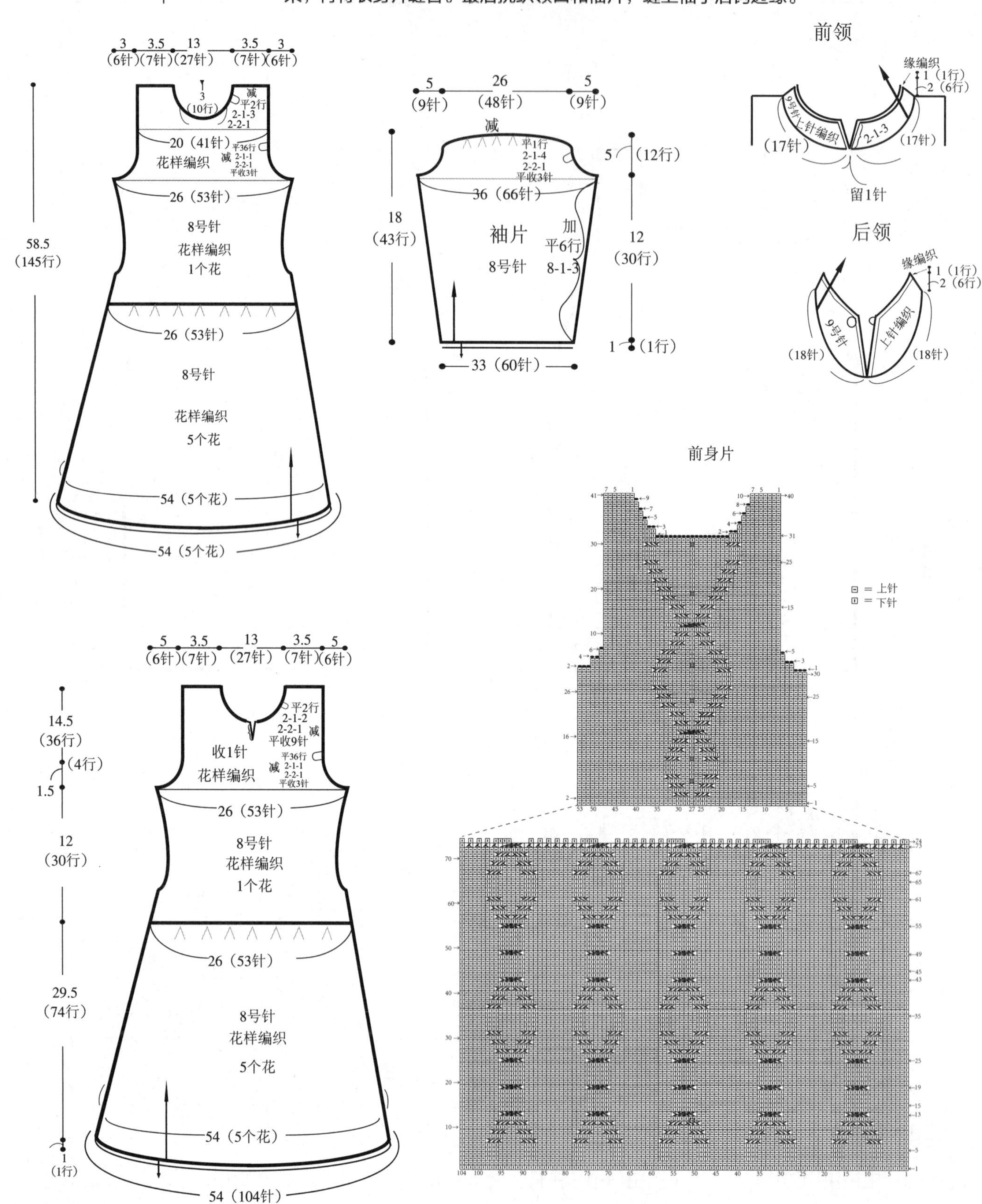

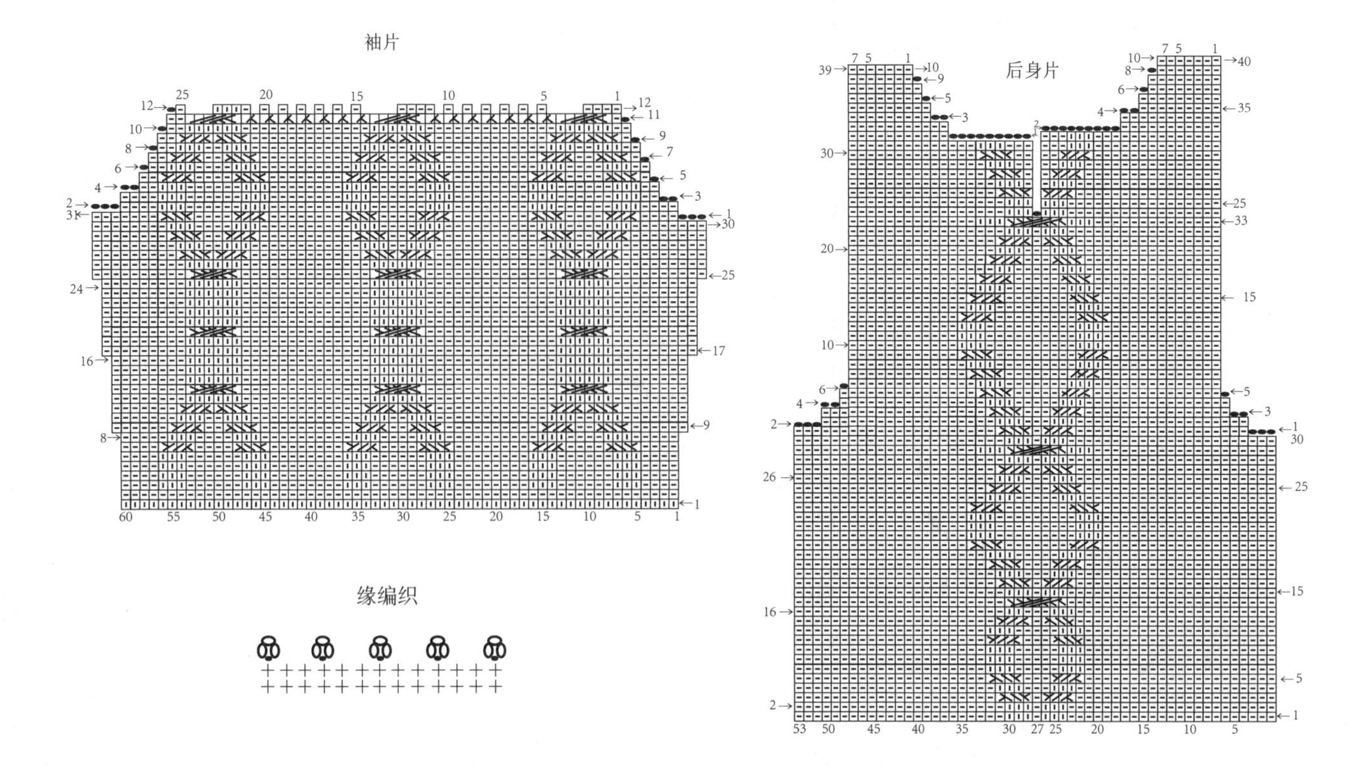

046

编织材料： 中粗羊毛线　枣红色430g、绿色40g、黄色10g

编织工具： 8号、9号棒针，9/0（3.50mm）钩针

编织密度： 19针×25行/10cm×10cm

成品尺寸： 衣长53.5cm、胸宽31cm、袖长37cm

编织方法： 此款裙子编织的难点是领口，注意手劲松紧。首先分别将前、后身片编织好并缝合，缝合时注意花样对齐、平整。接着编织左、右袖片并缝合，缝合时注意花样对齐、平整。再接着编织领口，最后将装饰物固定好。

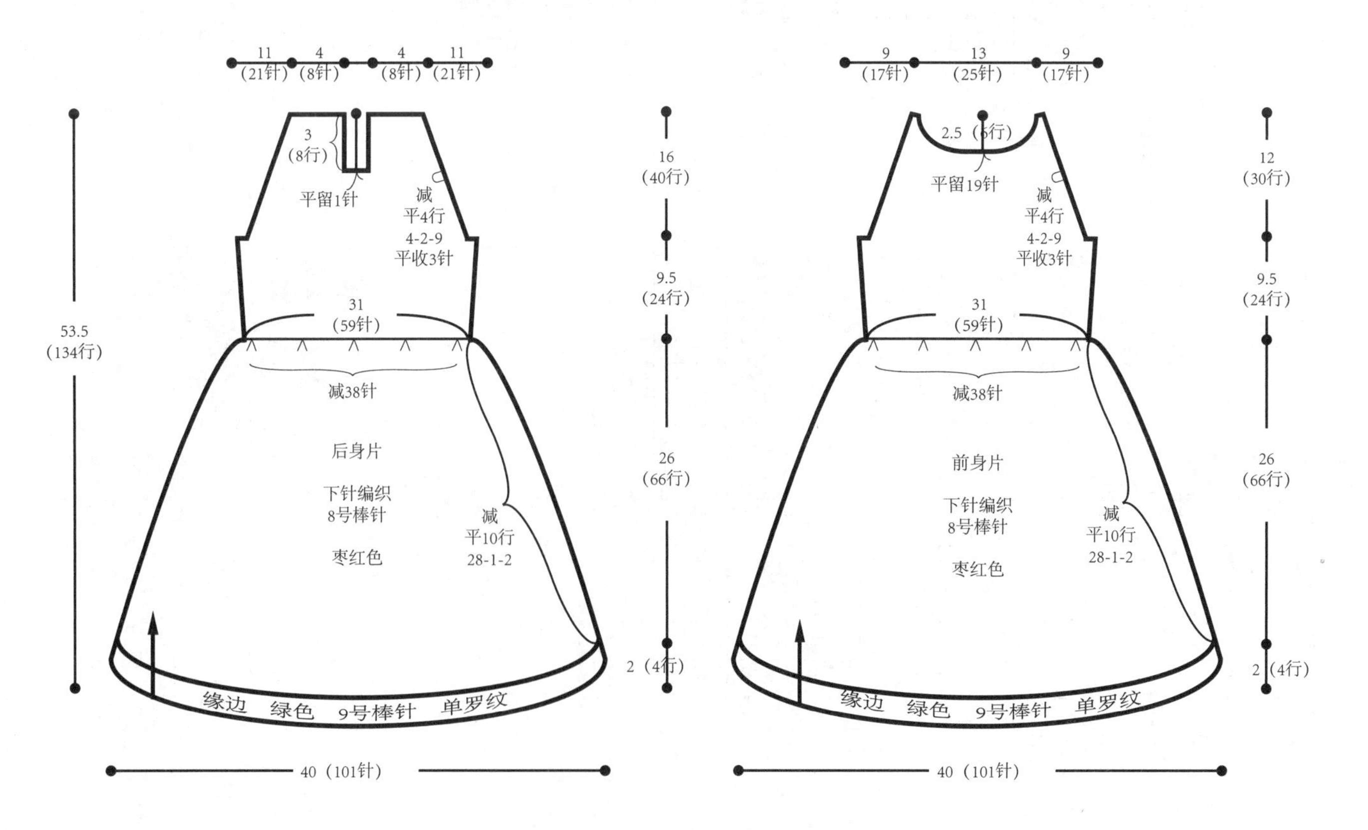

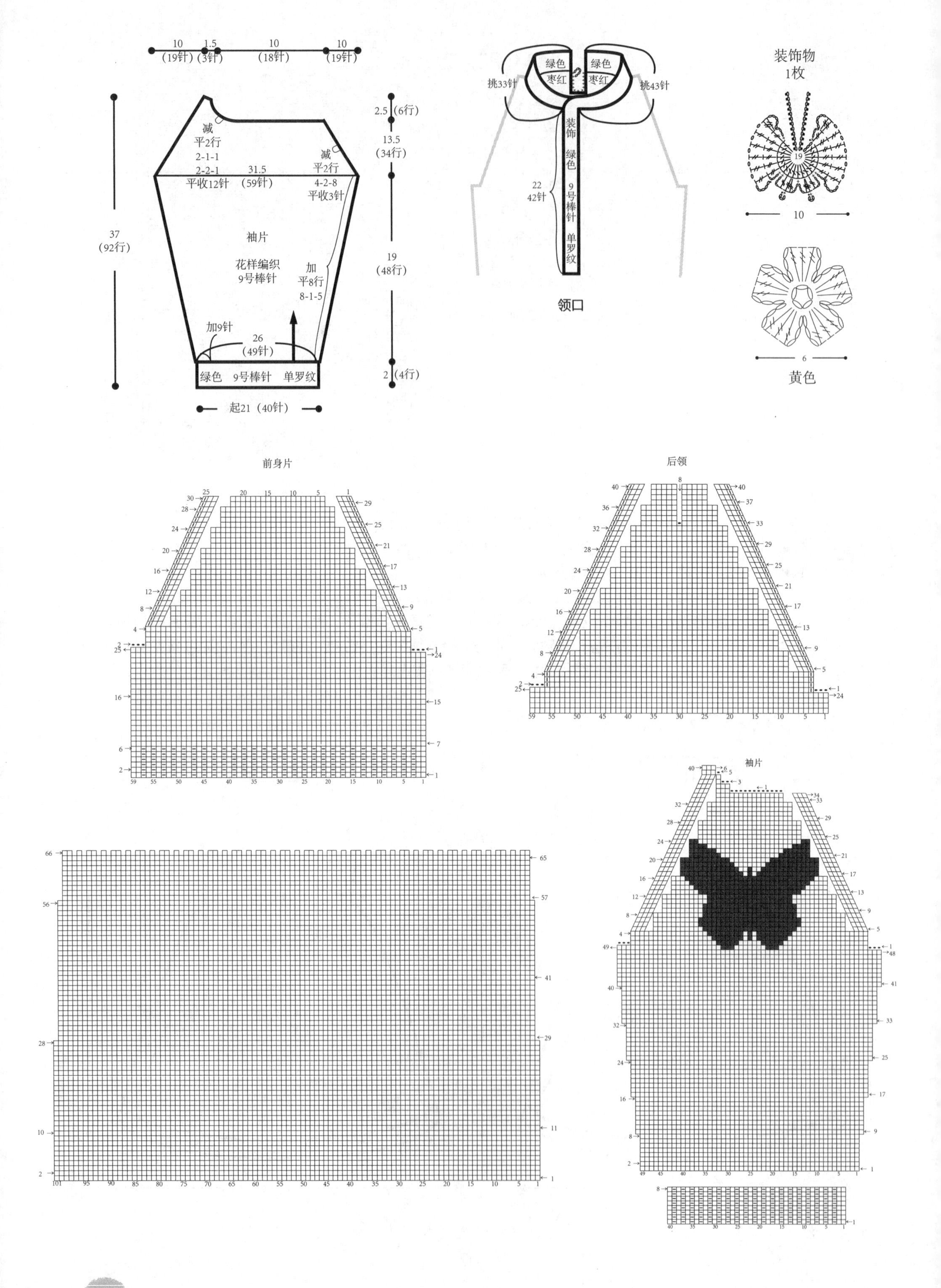
10
(19针)
1.5
(3针)
10
(18针)
10
(19针)
减
平2行
2-1-1
2-2-1
平收12针
31.5
(59针)
减
平2行
4-2-8
平收3针
37
(92行)
2.5 (6行)
13.5
(34行)
袖片
花样编织
9号棒针
加
平8行
8-1-5
19
(48行)
加9针
26
(49针)
绿色 9号棒针 单罗纹
2 (4行)
起21 (40针)
绿色
枣红
绿色
枣红
挑33针
挑43针
装饰
绿色
9号棒针
单罗纹
22
42针
领口
装饰物
1枚
19
10
6
黄色
前身片
后领
袖片

047

编织材料： 绿色生态丝毛绒　大红色 400g

编织工具： 10号、11号棒针

编织密度： 26针×34行/10cm×10cm

成品尺寸： 衣长39cm、胸宽33.5cm、肩宽26.5cm、袖长32cm

编织方法： 此款毛衣编织的难点是花样编织，需要注意变针的规律。首先分开编织前、后身片，然后编织左、右袖片，再把衣身片及袖片缝合，注意花样的对齐、平整。最后编织领口，注意松紧适当。

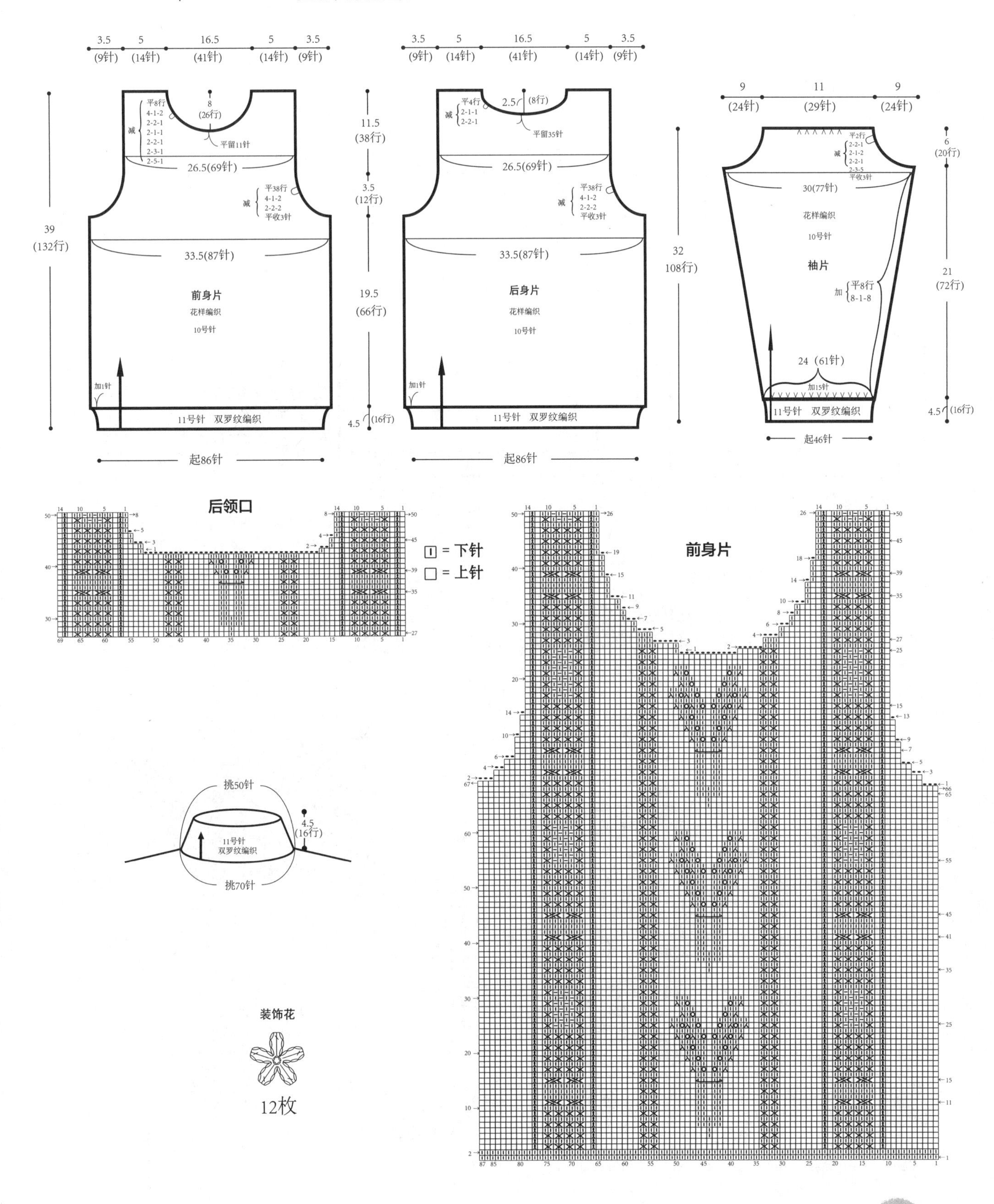

048

编织材料： 欧优卡雪羊绒线　粉紫色 120g，其他配线少量

编织工具： 5/0钩针（2.2mm）

编织密度： 3cm×2.25cm/1个花

成品尺寸： 衣长34.5cm、胸宽28cm、肩宽22cm

编织方法： 此款毛衣的编织难点是花样，要注意松紧适当。首先分别编织好前、后身片并缝合。缝合时注意花样对齐、平整无皱。接着编织领口及袖口的缘边，注意松紧适当、平整无皱。然后编织下摆缘边。最后将饰物固定好。

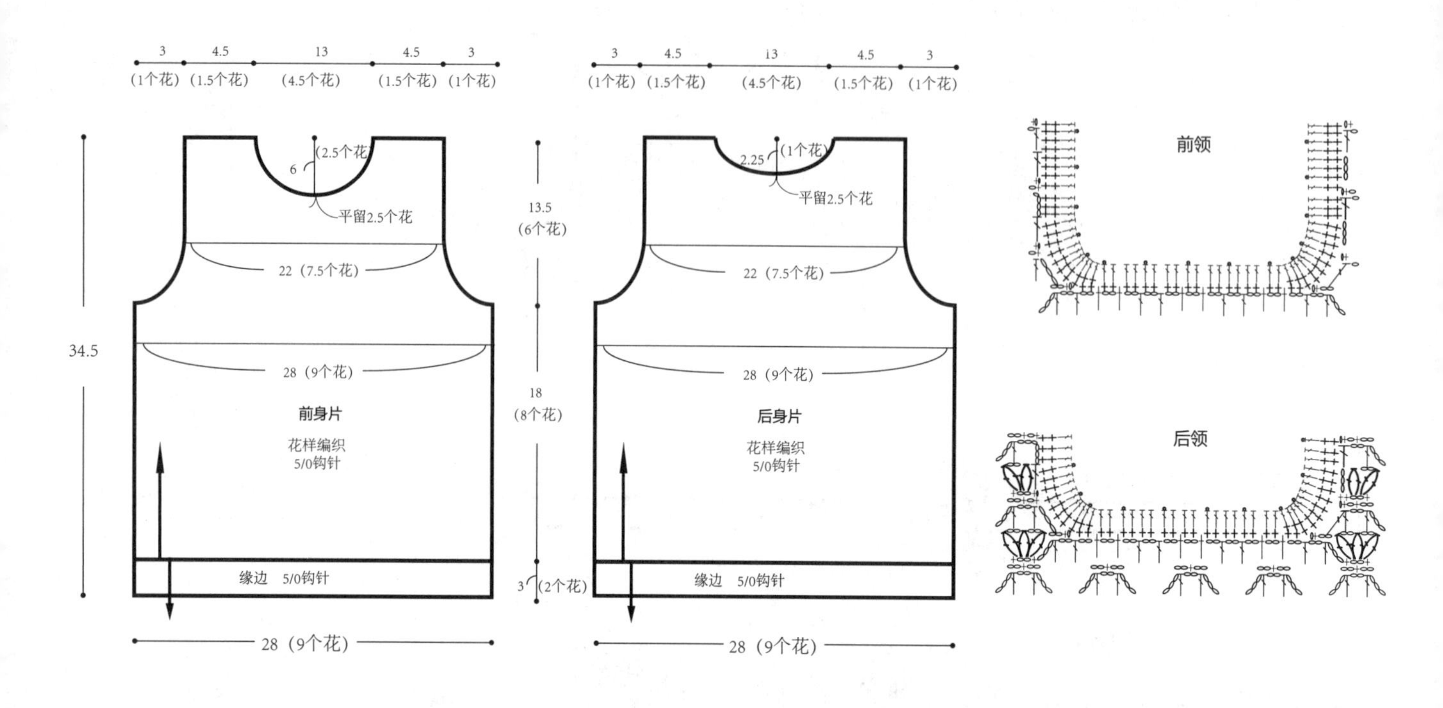

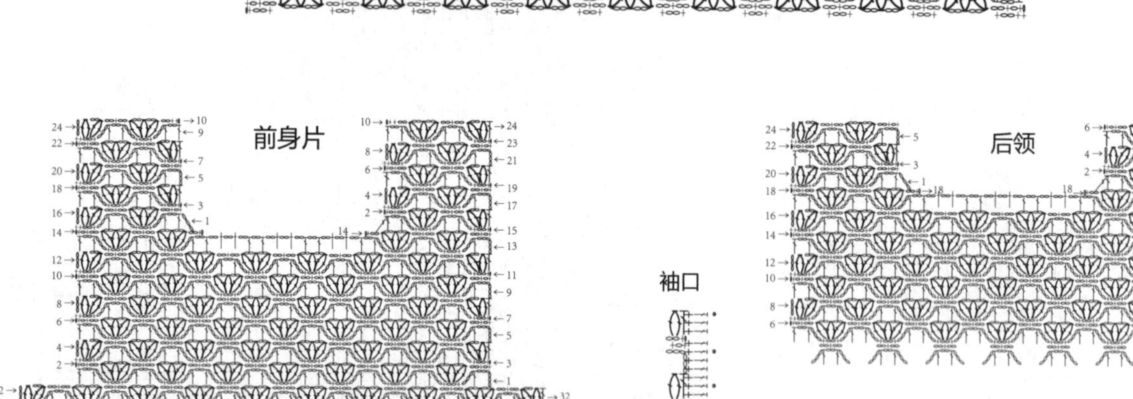

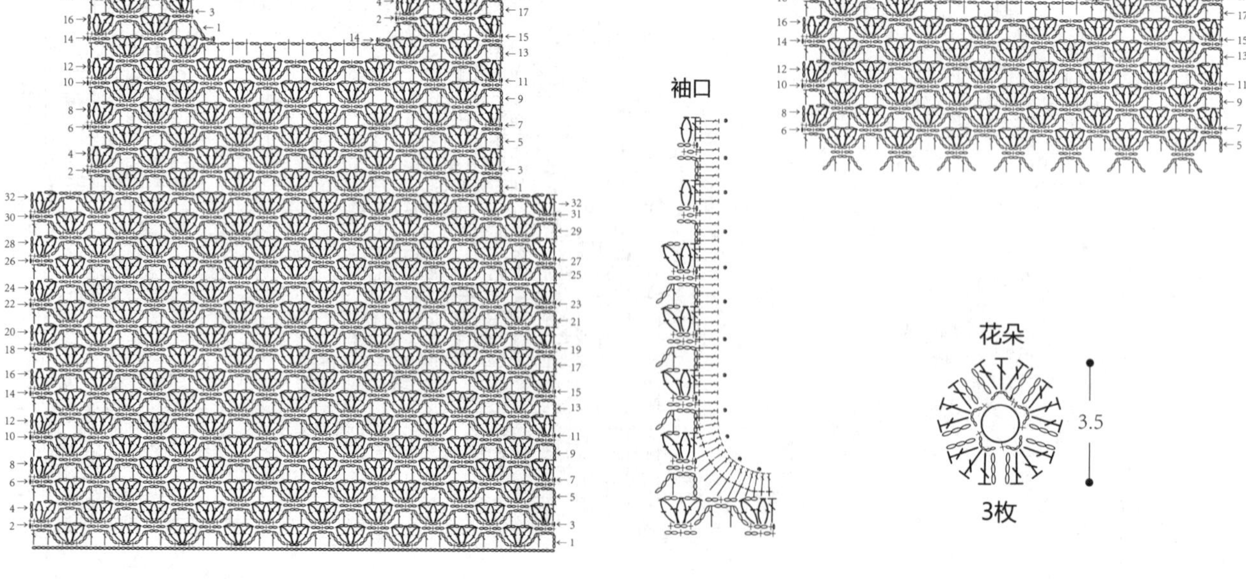

049

编织材料： 中粗驼羊毛线　灰色140g

编织工具： 8号棒针，10/0钩针(4.0mm)

编织密度： 23针×29行/10cm×10cm

成品尺寸： 衣长32.5cm、胸宽26cm、肩宽20cm

编织方法： 此款毛衣的编织难点是花样。首先分别将前、后身片编织好并缝合，缝合时要注意花样对齐、平坦。接着编织领口和袖口缘边。

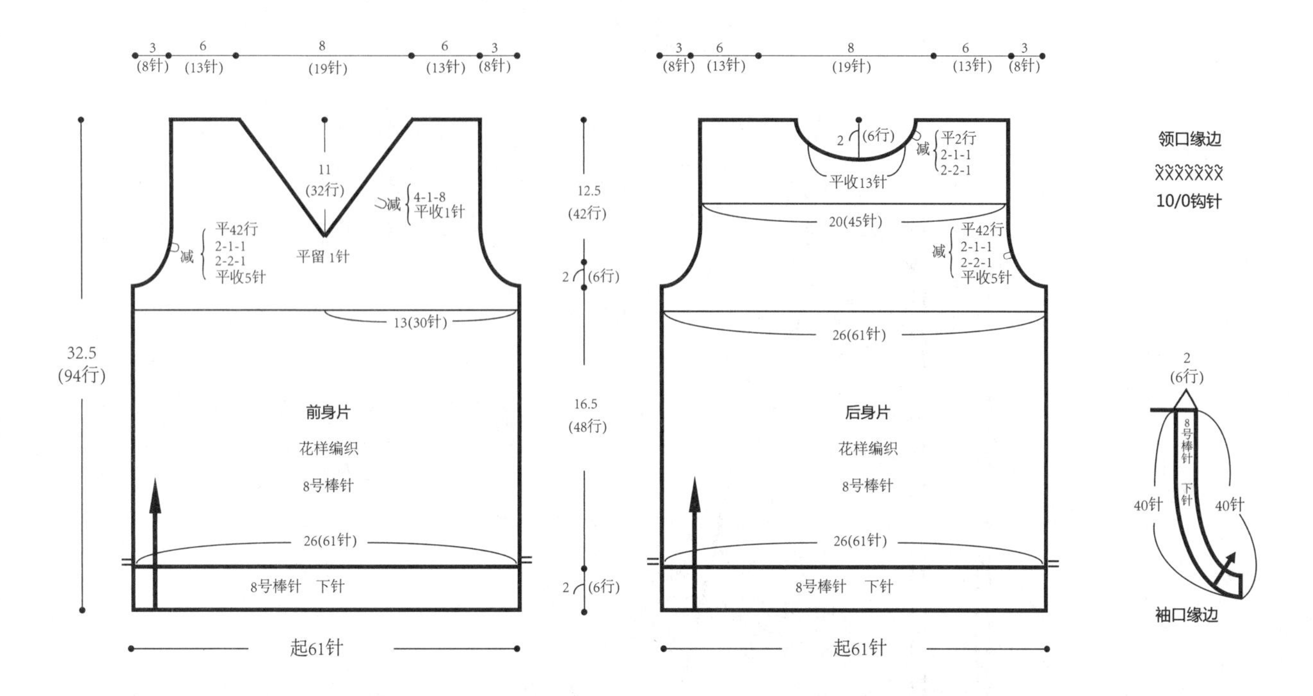

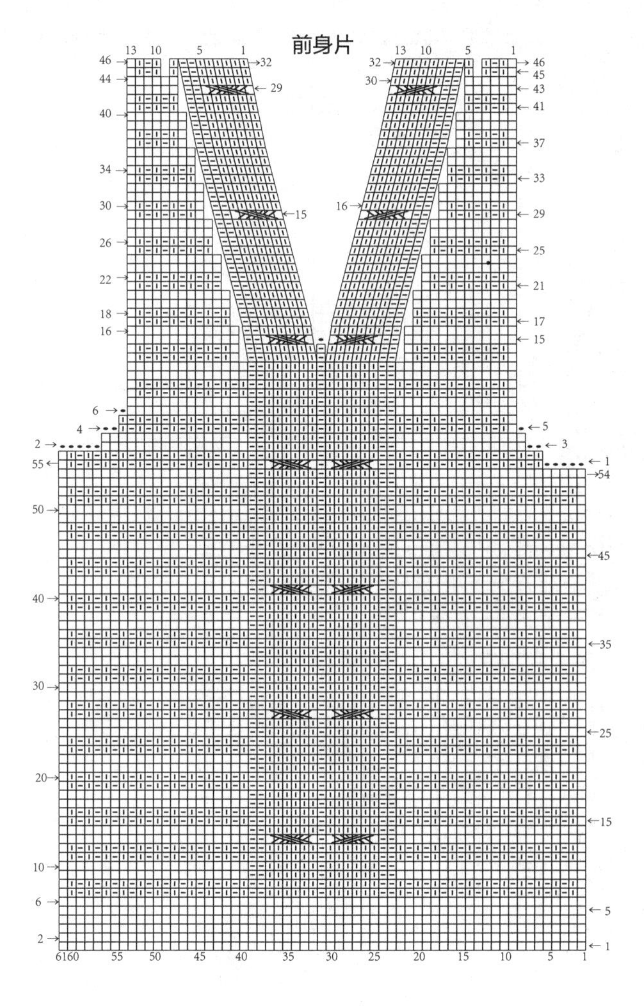

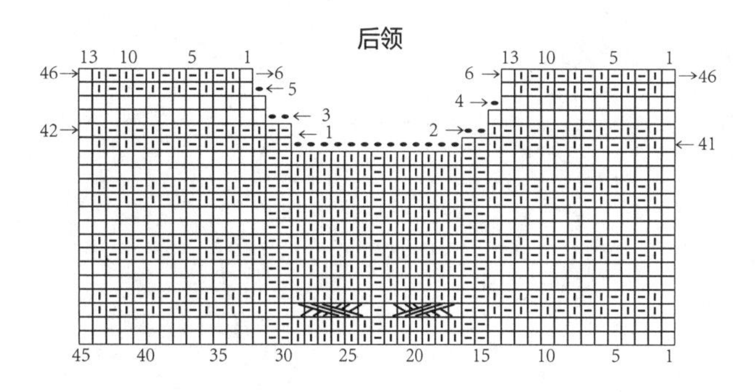

□=下针

050

编织材料： 中粗羊毛线　红色370g，中粗棉线　墨绿色20g，细棉线　绿色5g、红色5g、白色3g、黄色1g

编织工具： 9号、10号棒针，4号钩针

编织密度： 20针×28行/10cm×10cm

成品尺寸： 衣长38cm、胸围64cm、背肩宽25cm、袖长30cm

编织方法： 此款毛衣的难点是小饰物的钩织及缘编织。首先分开进行前、后身片编织，注意平整无皱。然后编织袖片，再将衣身片缝合、绱袖。钩编衣服缘边时松紧要适当、花样紧密并注意平整。最后钩编饰物，饰物比较多需要多一些耐心。

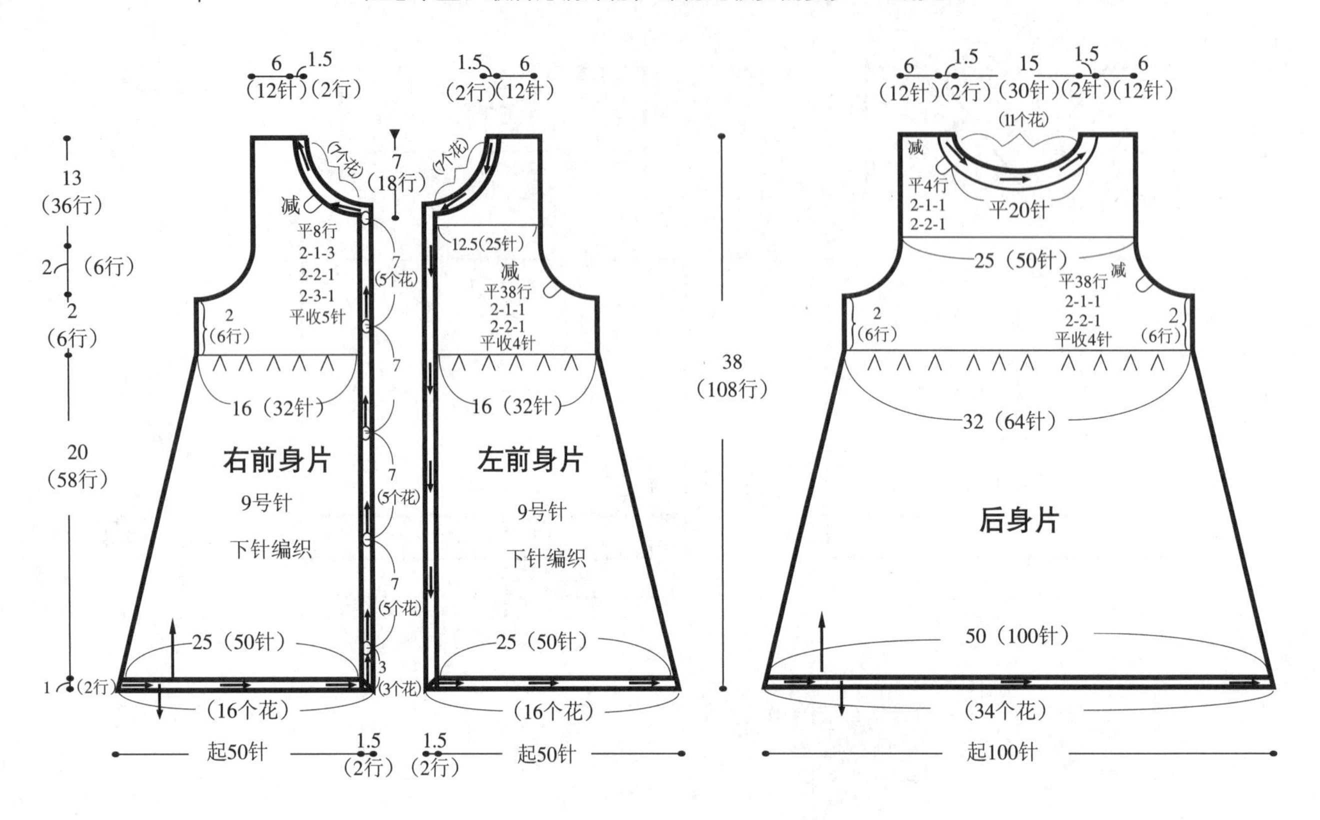

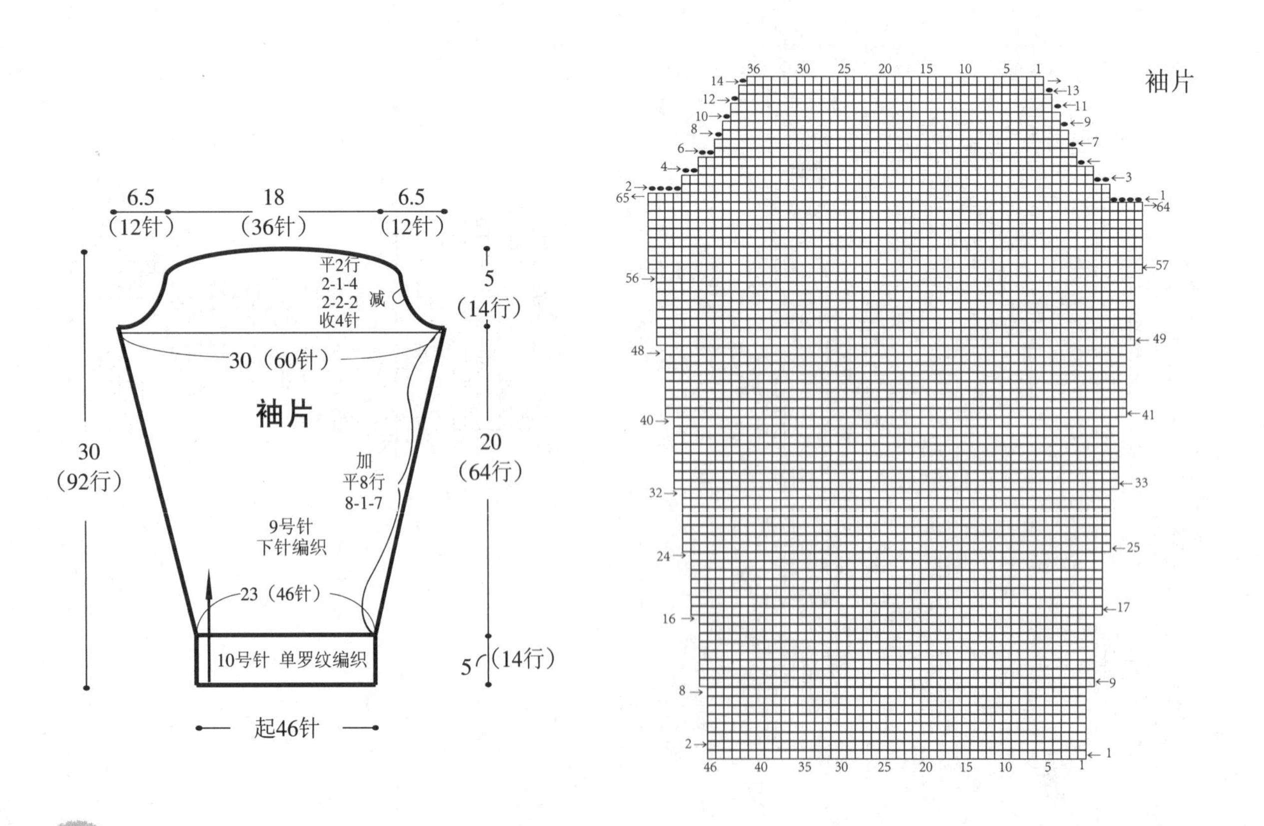

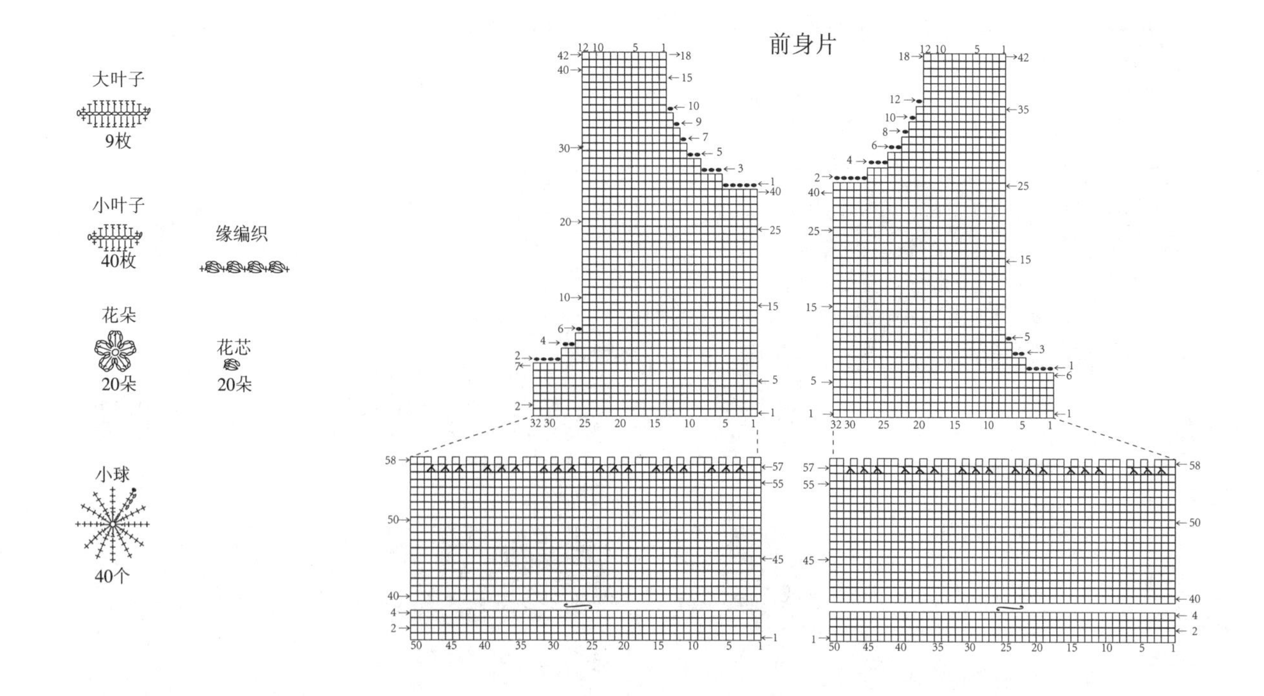

051

编织材料： 中粗羊毛线　橙色85g、姜黄色47g、嫩绿色39g、白色32g

编织工具： 8号、9号棒针

编织密度： 21针×28行/10cm×10cm

成品尺寸： 衣长34cm、胸宽30cm、肩宽23cm、袖口14cm

编织方法： 此款背心编织的难点是花样，注意色线变换时手劲的松紧。首先分别编织好前、后身片并缝合，缝合时注意花样对齐、平整。接着编织领口和袖口缘边。

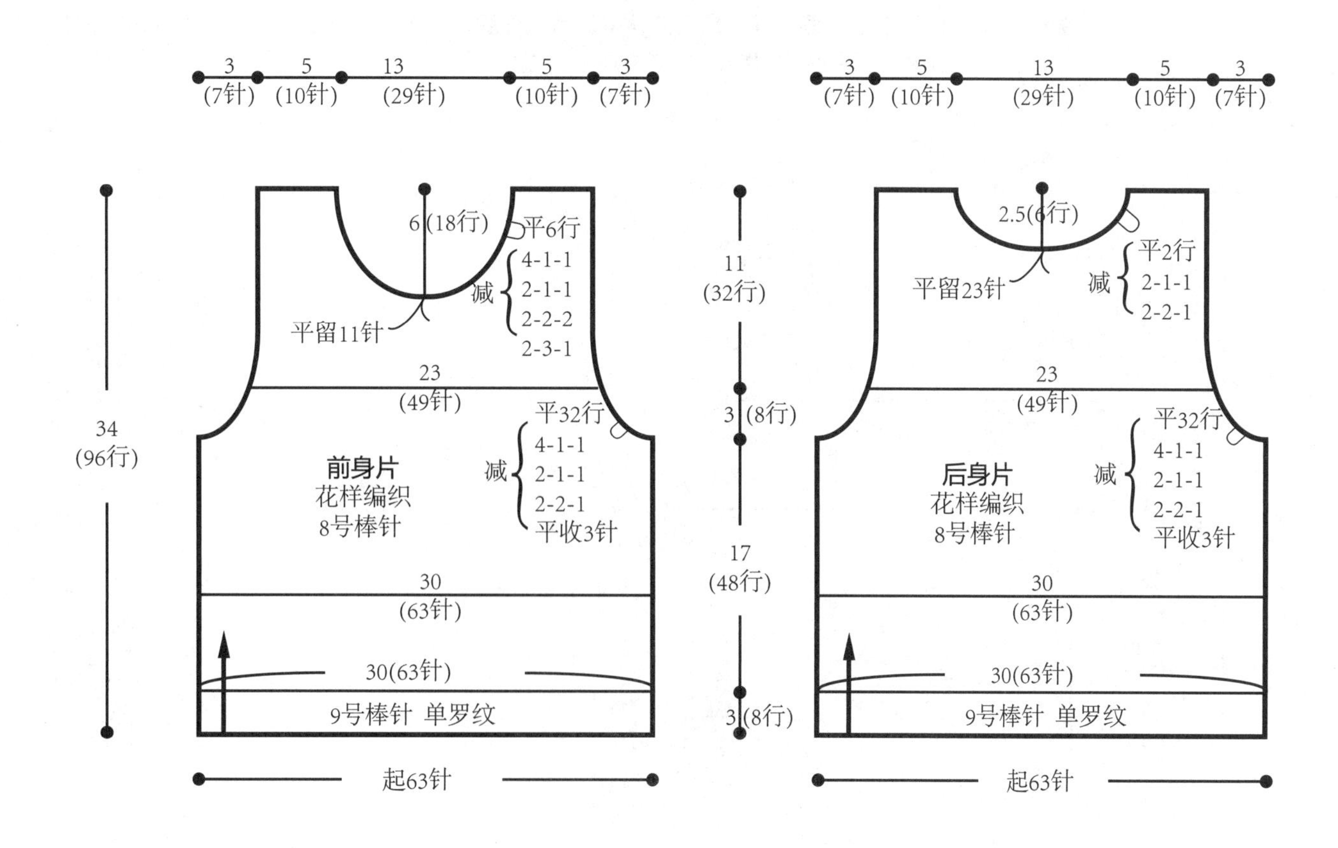

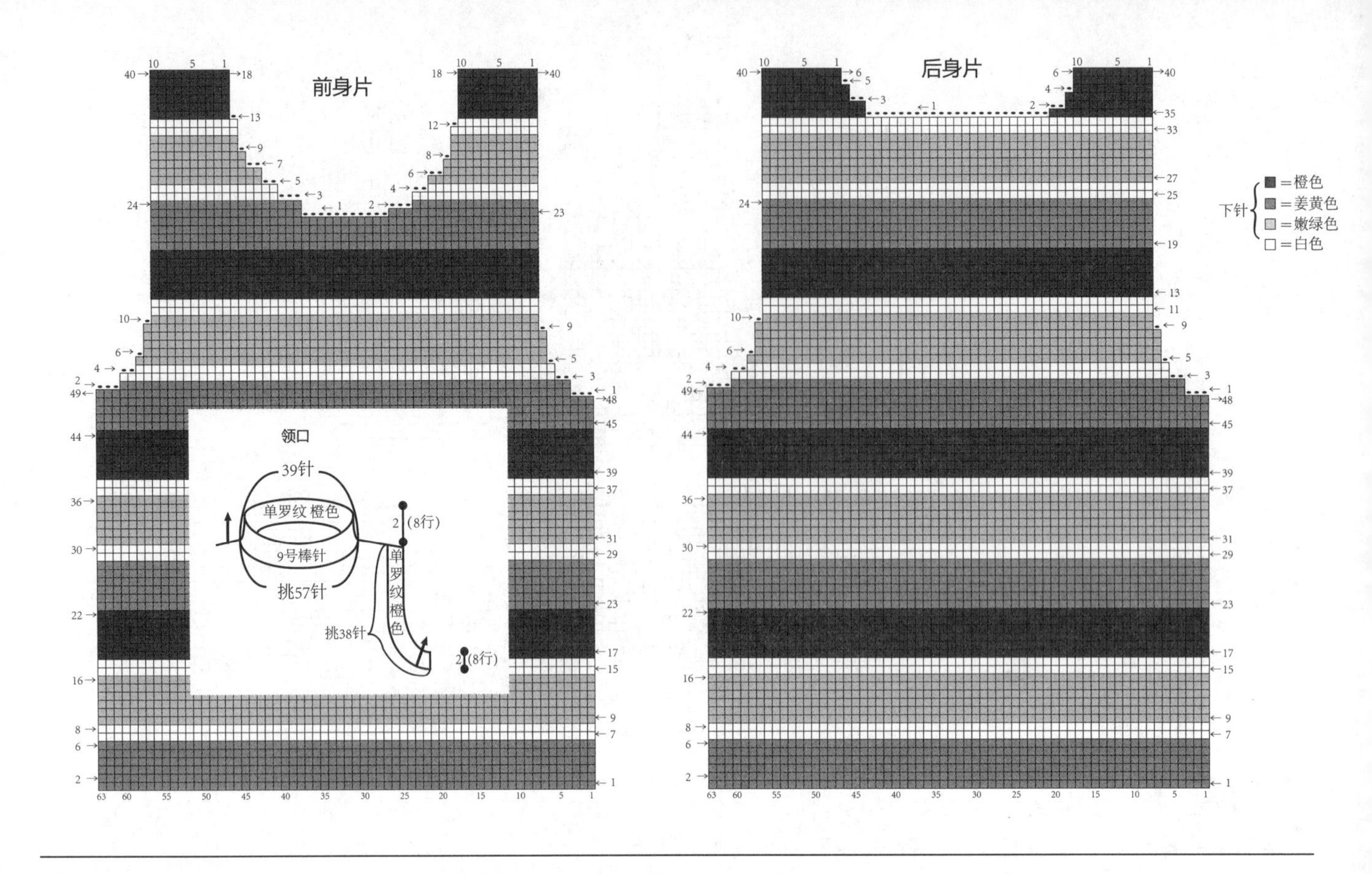

052

编织材料： 精品高级绒线　咖啡棕色 180g
编织工具： 8/0钩针（3.25mm）
编织密度： 7cm×7cm/1个花
成品尺寸： 衣长32cm、肩宽28cm
编织方法： 此款毛衣的编织难点是花样编织。首先编织前后身片，然后钩左右肋下缘边。缝合前后身片，最后钩袖口缘边。

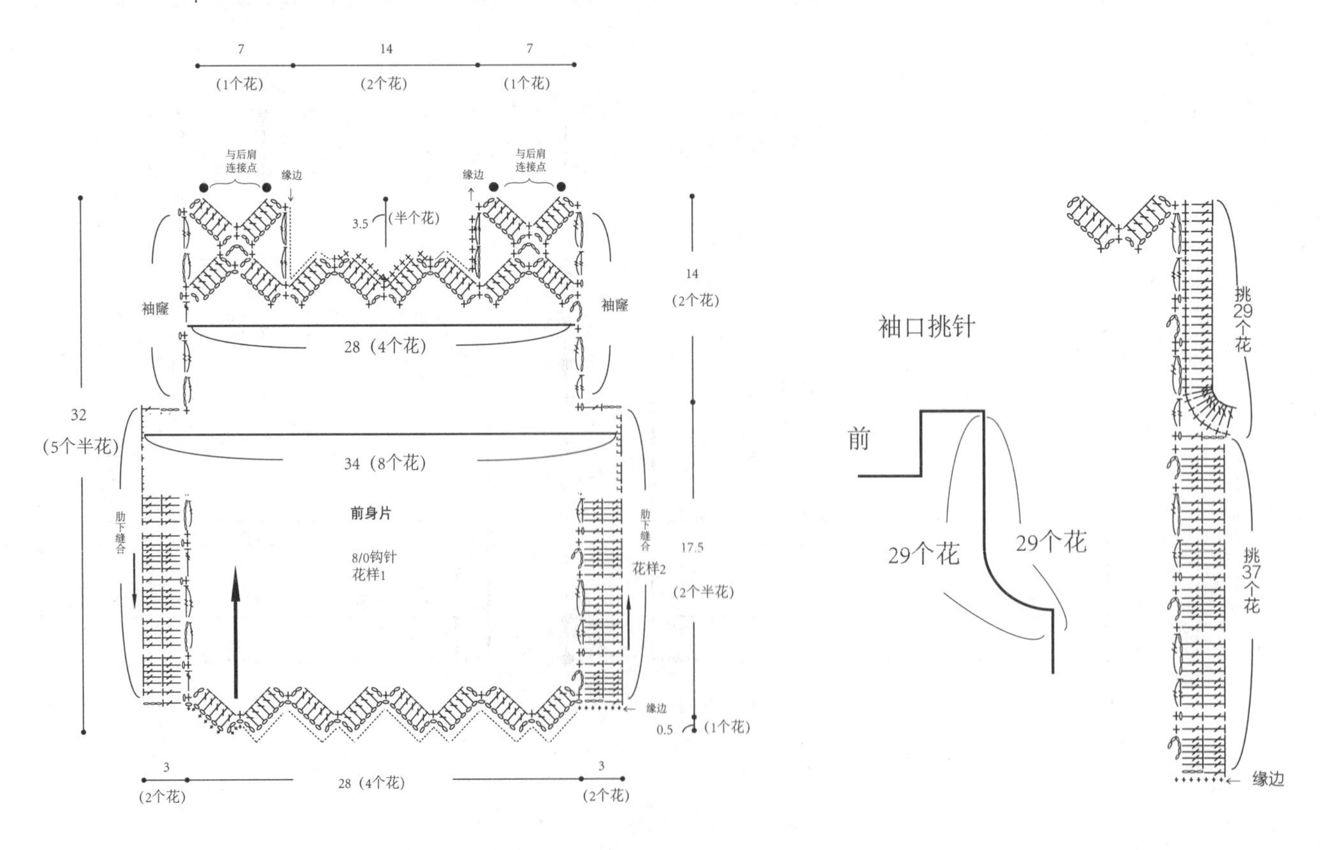

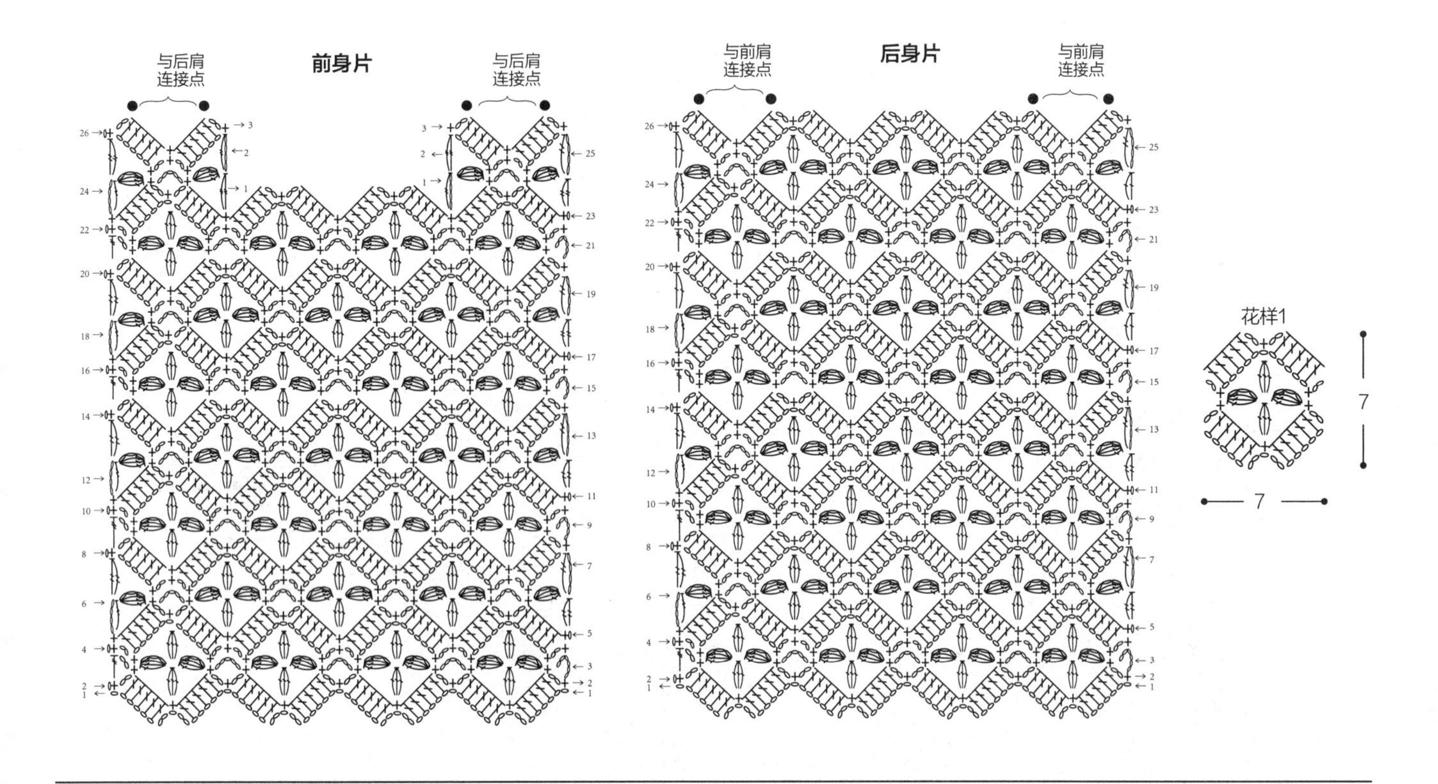

053

编织材料： 绿色生态丝毛线　粉色 230g，其他配色线　少量

编织工具： 10号、11号棒针

编织密度： 26针 × 36行/10cm × 10cm

成品尺寸： 衣长35cm、胸宽30cm、肩宽24cm、袖长16cm

编织方法： 此款毛衣编织难点是领口。首先分别将前、后身片编织好并缝合，然后编织袖片并缝合。接着编织领口，注意松紧适当。最后把装饰物固定好。

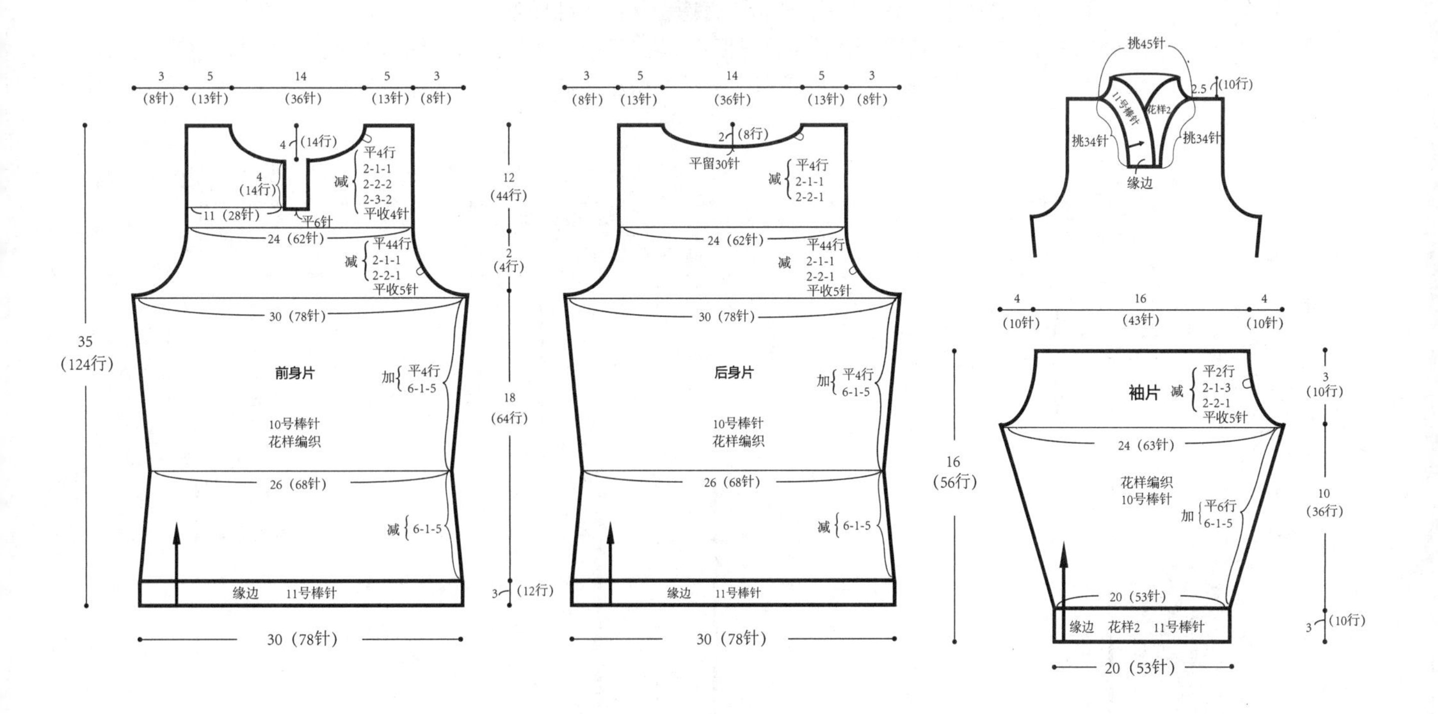

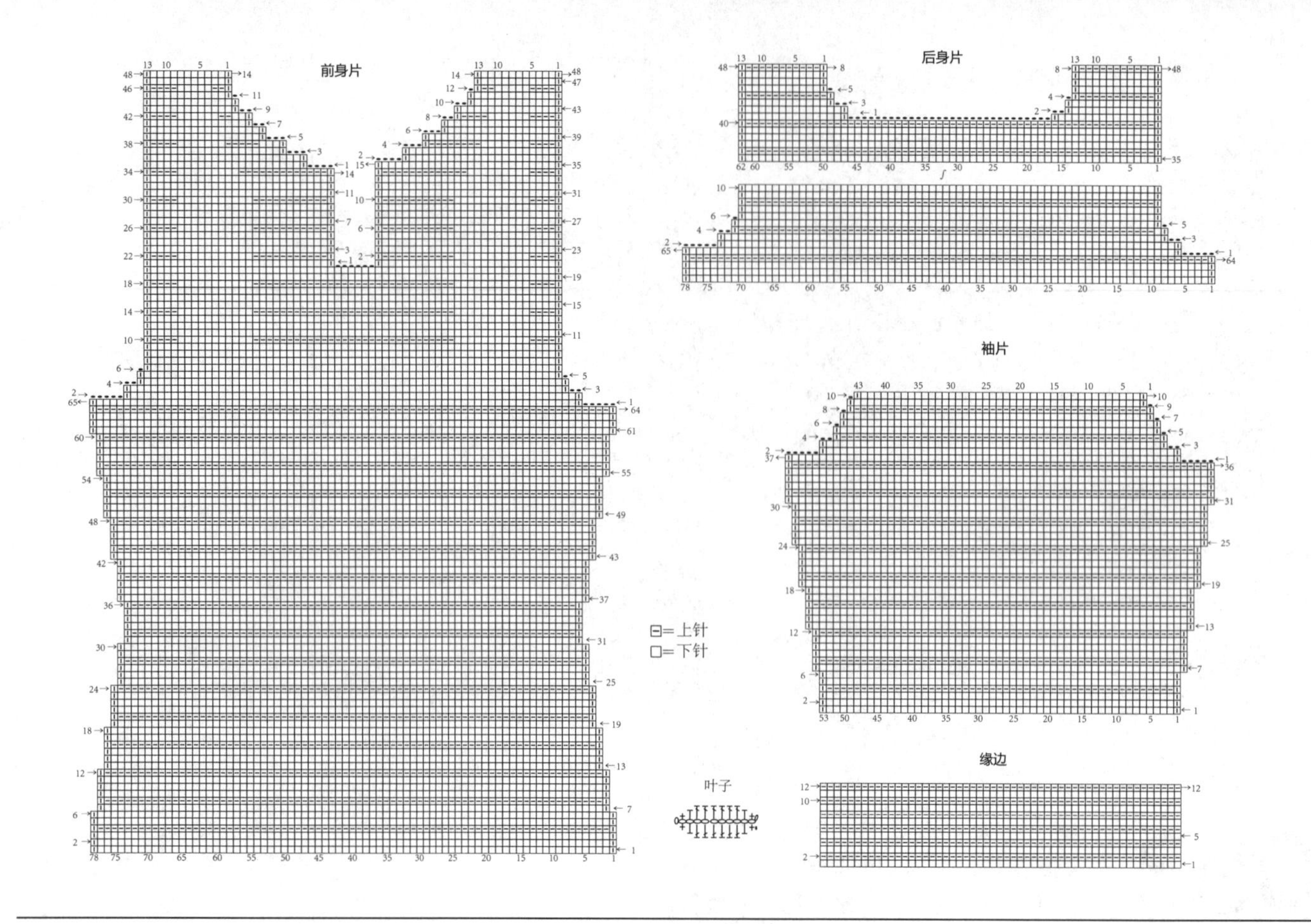

054

编织材料： 中粗羊毛线　黄色160g，驼色50g，黑色、红色少量

编织工具： 8号、9号棒针

编织密度： 22针×32行/10cm×10cm

成品尺寸： 衣长34cm、胸宽28cm、肩宽21cm、袖长26cm

编织方法： 此款毛衣编织的难点是图案。首先将前、后身片分别编织，注意色线的转换。建议用左右手分线、分区块编织。接着编织左右袖片，再将衣身片、袖片分别缝合。最后编织领口，注意松紧适当。将装饰物缝上。

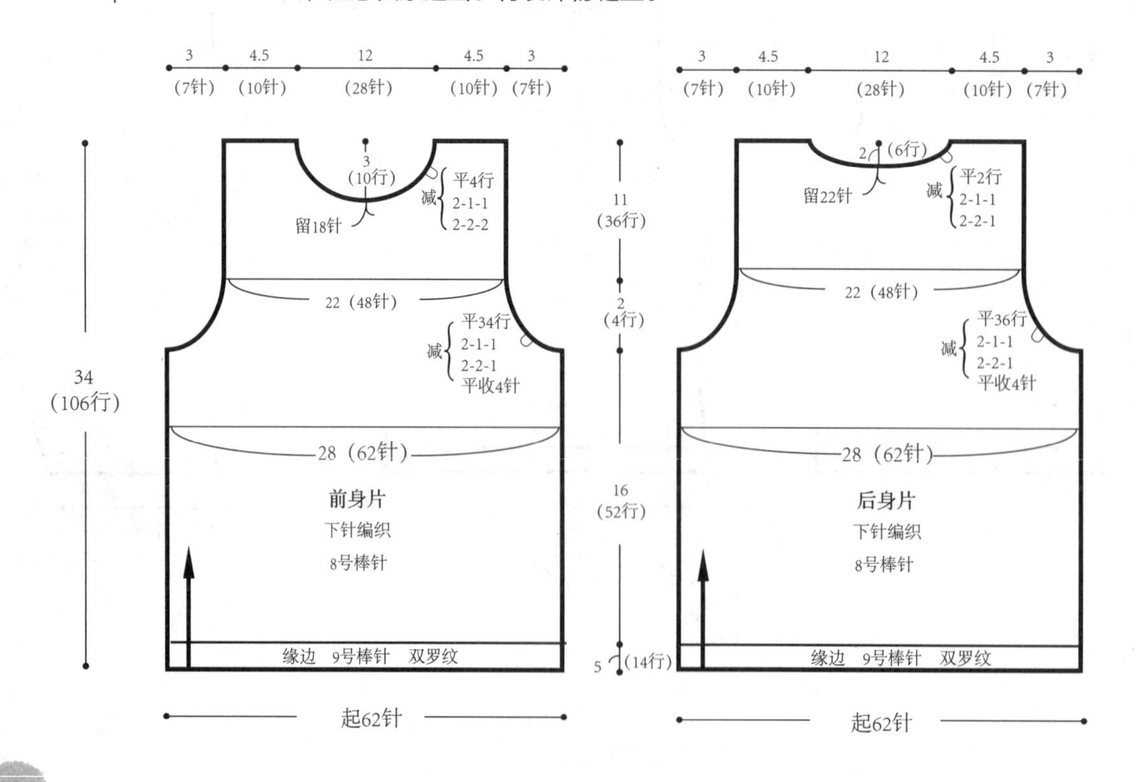

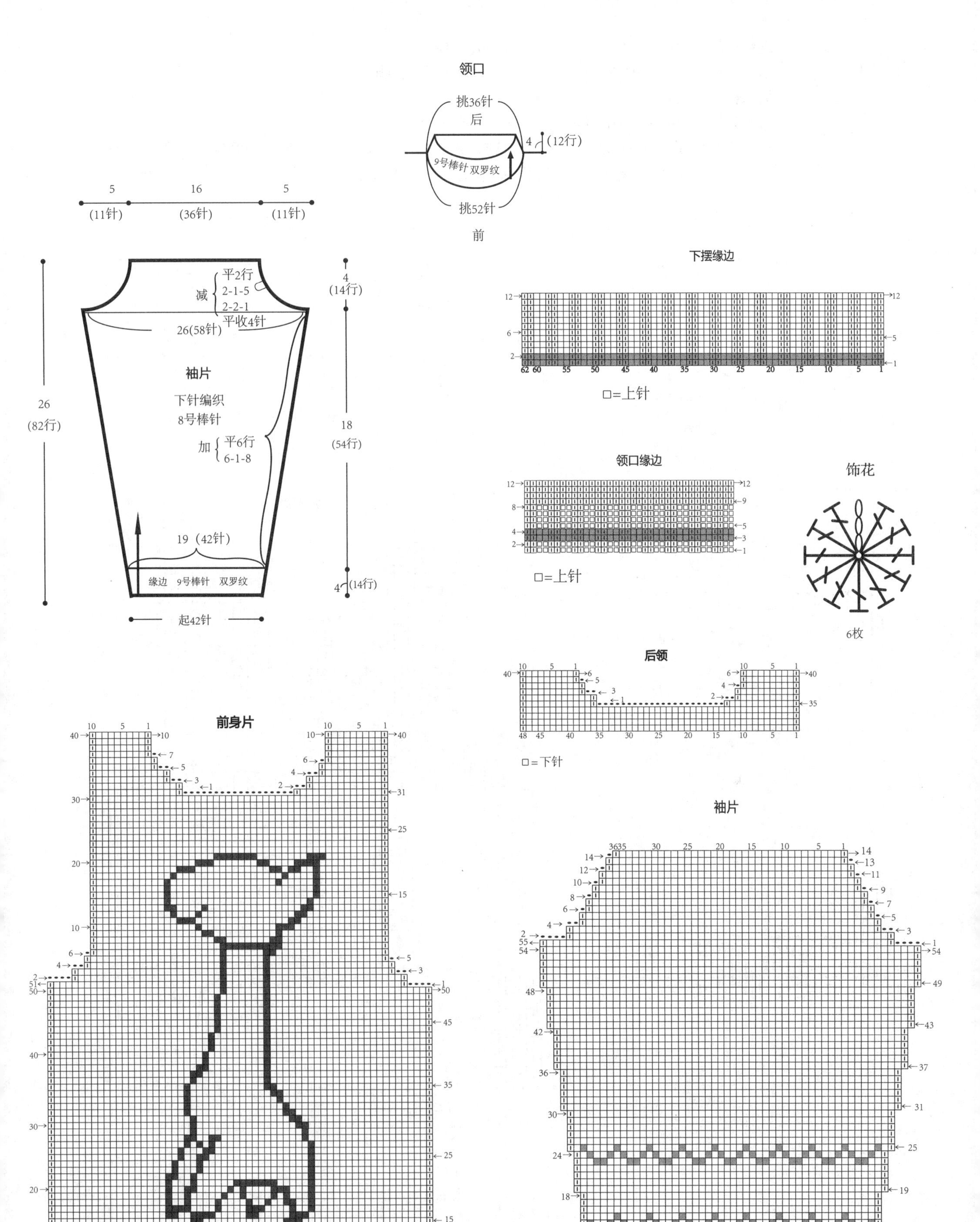

领口
挑36针
后
4
(12行)
9号棒针 双罗纹
挑52针
前
5
16
5
(11针)
(36针)
(11针)
平2行
减
2-1-5
2-2-1
平收4针
26(58针)
4
(14行)
26
(82行)
袖片
下针编织
8号棒针
18
(54行)
加
平6行
6-1-8
19（42针）
缘边 9号棒针 双罗纹
4
(14行)
起42针
下摆缘边
□=上针
领口缘边
□=上针
饰花
6枚
后领
□=下针
前身片
袖片

055

编织材料： 中粗羊毛线　红色230g、白色20g

编织工具： 8号、9号棒针，6号钩针，25mm纽扣1颗

编织密度： 21针×27行/10cm×10cm

成品尺寸： 衣长43cm、胸围56cm、肩宽17cm

编织方法： 此款毛衣编织的重点是领带。首先将前后身片织好，然后织领带，注意平整无皱。再将衣身片分别缝合，最后织领口和袖口，把领带缝上。

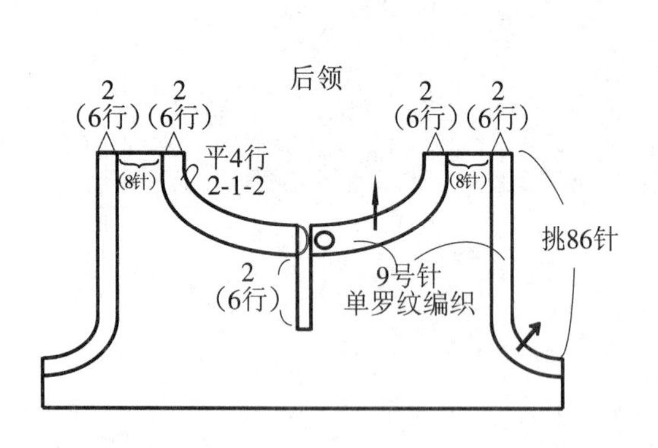

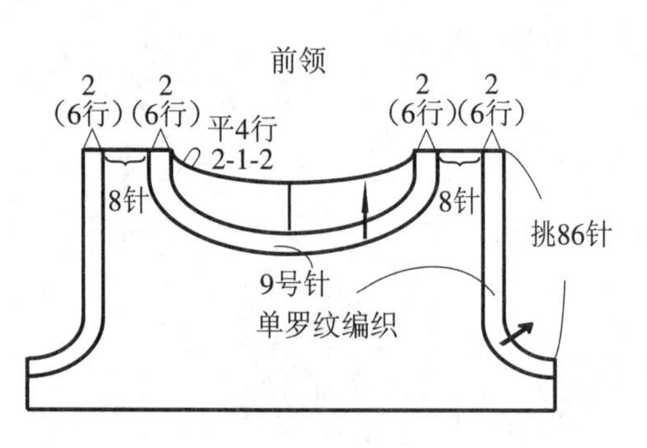

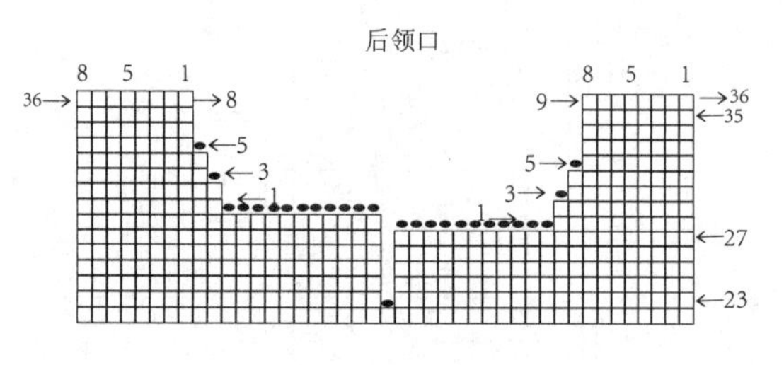

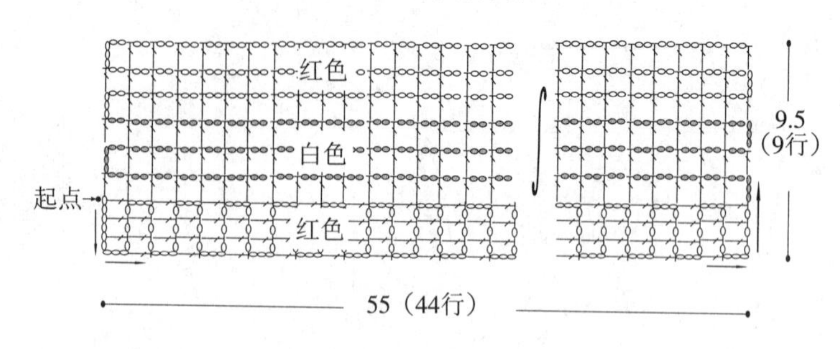

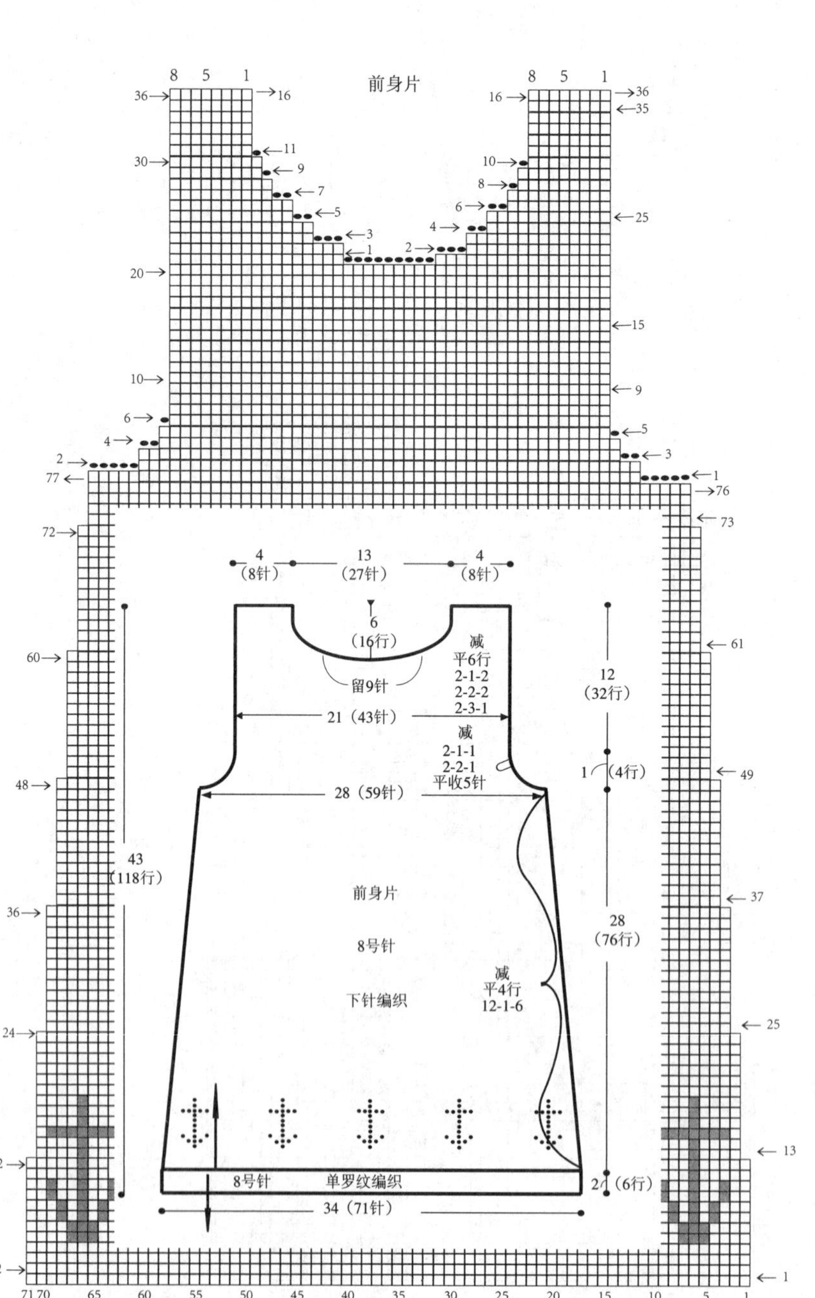

056

编织材料： 中粗羊毛线　天蓝色85g、大红色27g、黑色5g

编织工具： 9号、10号棒针，8号钩针

编织密度： 22针×30行/10cm×10cm

成品尺寸： 衣长36cm、胸宽28cm、肩宽22cm、袖口14cm

编织方法： 此款背心编织的难点是花样。由于加针跨度比较大，在挑加时要注意手劲的松紧。首先分别编织好前、后身片并缝合。编织时要注意花样平整、对齐。接着编织左、右袖口缘边，再接着挑织领口缘边。最后缝上装饰物。

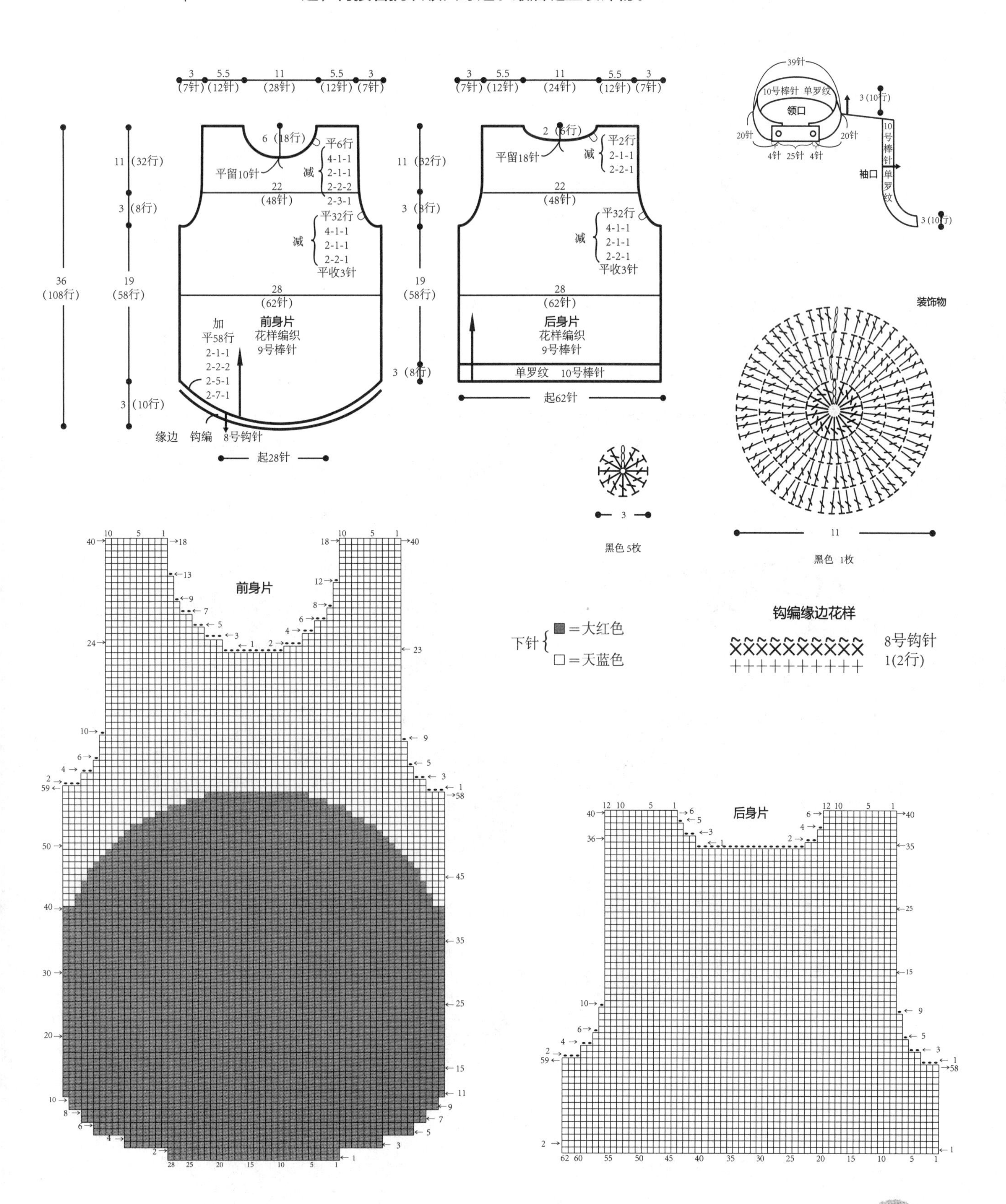

057

编织材料： 绿色生态丝毛绒　粉色 200g

编织工具： 10号、11号棒针

编织密度： 花样编织1　24针×26行/10cm×10cm，花样编织2　24针×32行/10cm×10cm

成品尺寸： 衣长37.5cm、胸宽32.5cm、肩宽24cm

编织方法： 此款毛衣编织的难点是花样编织。首先分别将前身片、后身片编织好并缝合，注意肋下花样的松紧适当、平整无皱。最后编织领口、袖口的缘边。

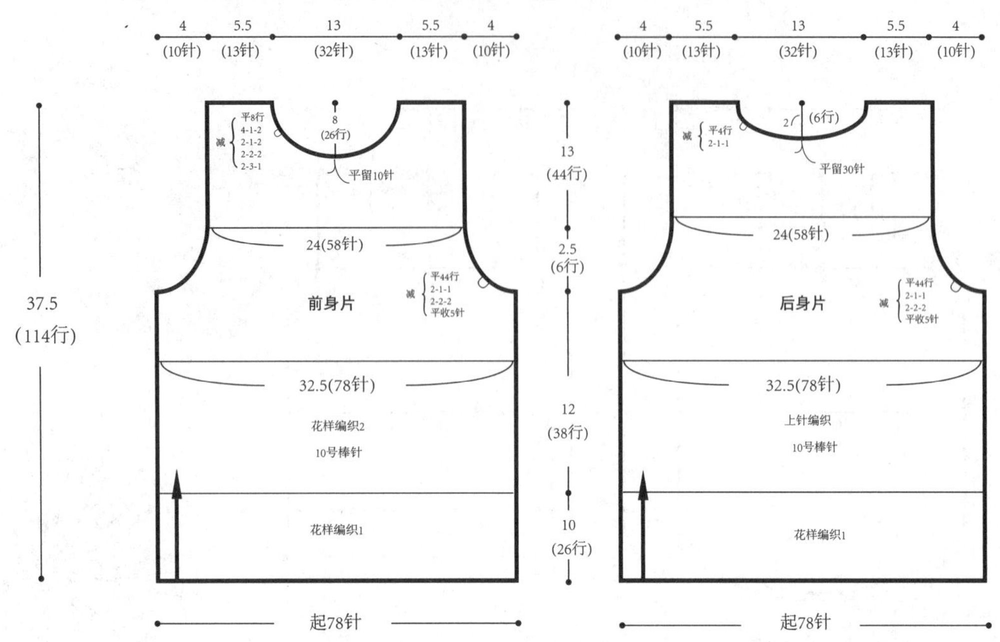

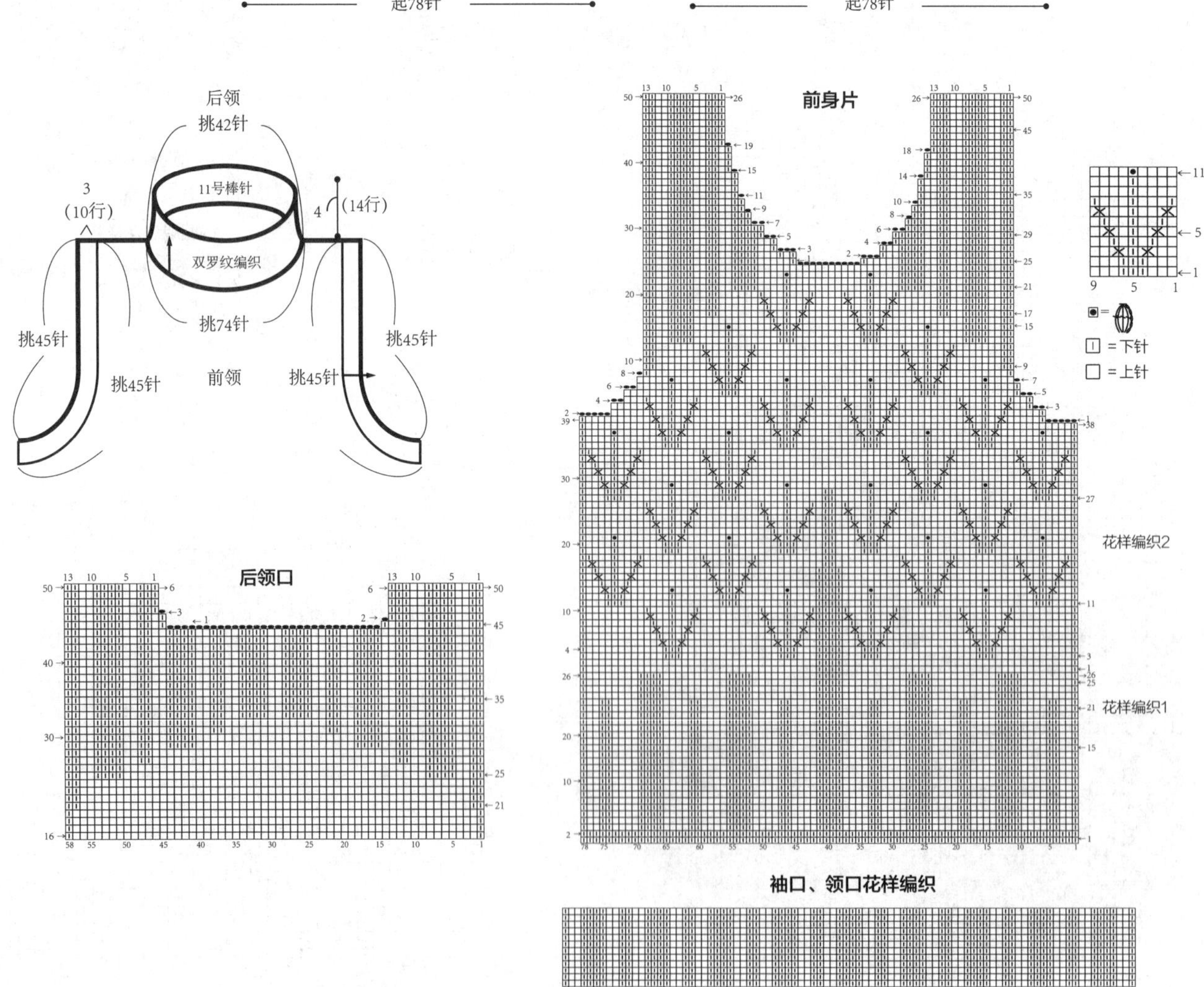

058

编织材料： 中粗羊毛线　黑色85g、白色145g

编织工具： 10号、11号棒针

编织密度： 26针×31行/10cm×10cm

成品尺寸： 裙长38cm、裙摆宽33cm、腰宽31cm

编织难点： 此款毛衣的难点是花样编织。由于花样跨度比较大而且密集，所以渡线要注意松紧适当。首行分别将前、后裙片编织好并缝合，注意花样的对齐、平整、无皱。最后编织裙头及裙摆的缘边。

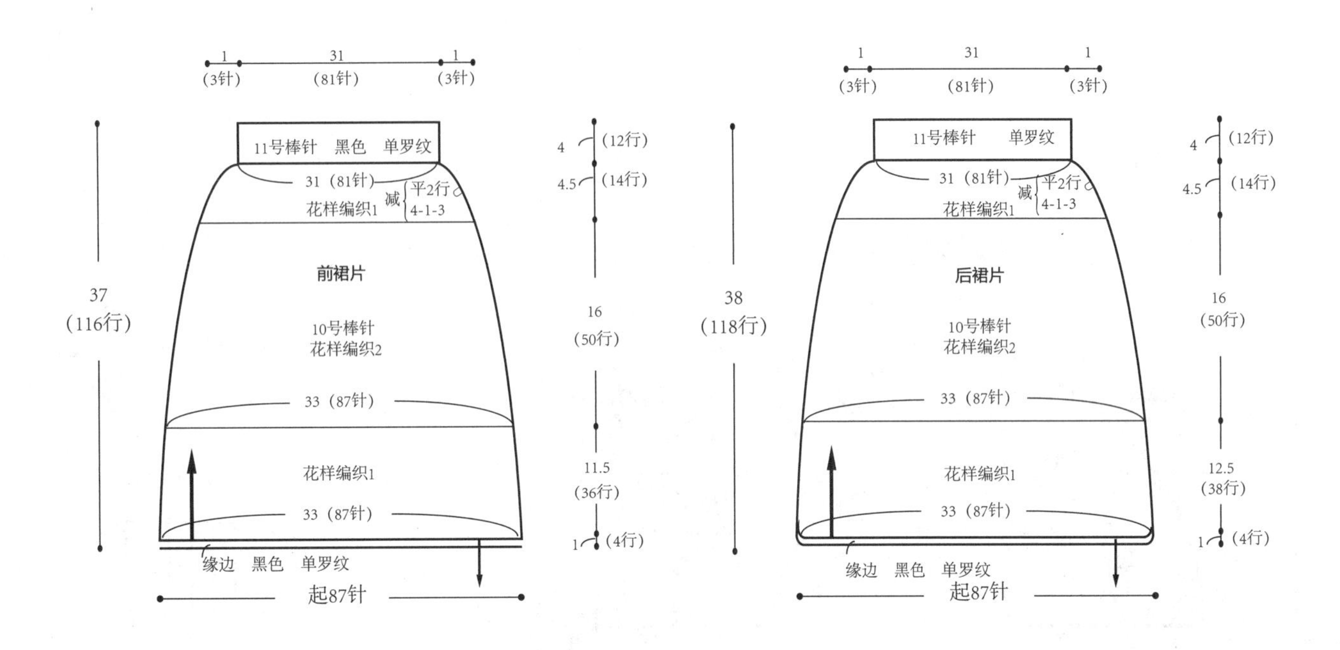

059

编织材料： 粗羊毛线 绿色180g

编织工具： 7号、8号棒针，6号钩针

编织密度： 1花样：14针/7cm、26行/11cm

成品尺寸： 衣长34cm、胸围56cm

编织方法： 此款毛衣的编织难点是袖窿的减针，记住花样的加减、变针规律问题就容易解决。首先分别编织好前、后身片，注意编织袖窿时要松紧适当，让花样自然地形成一个斜坡。袖窿一定要够高度或根据需要加高。然后将衣服的前后片合肩。

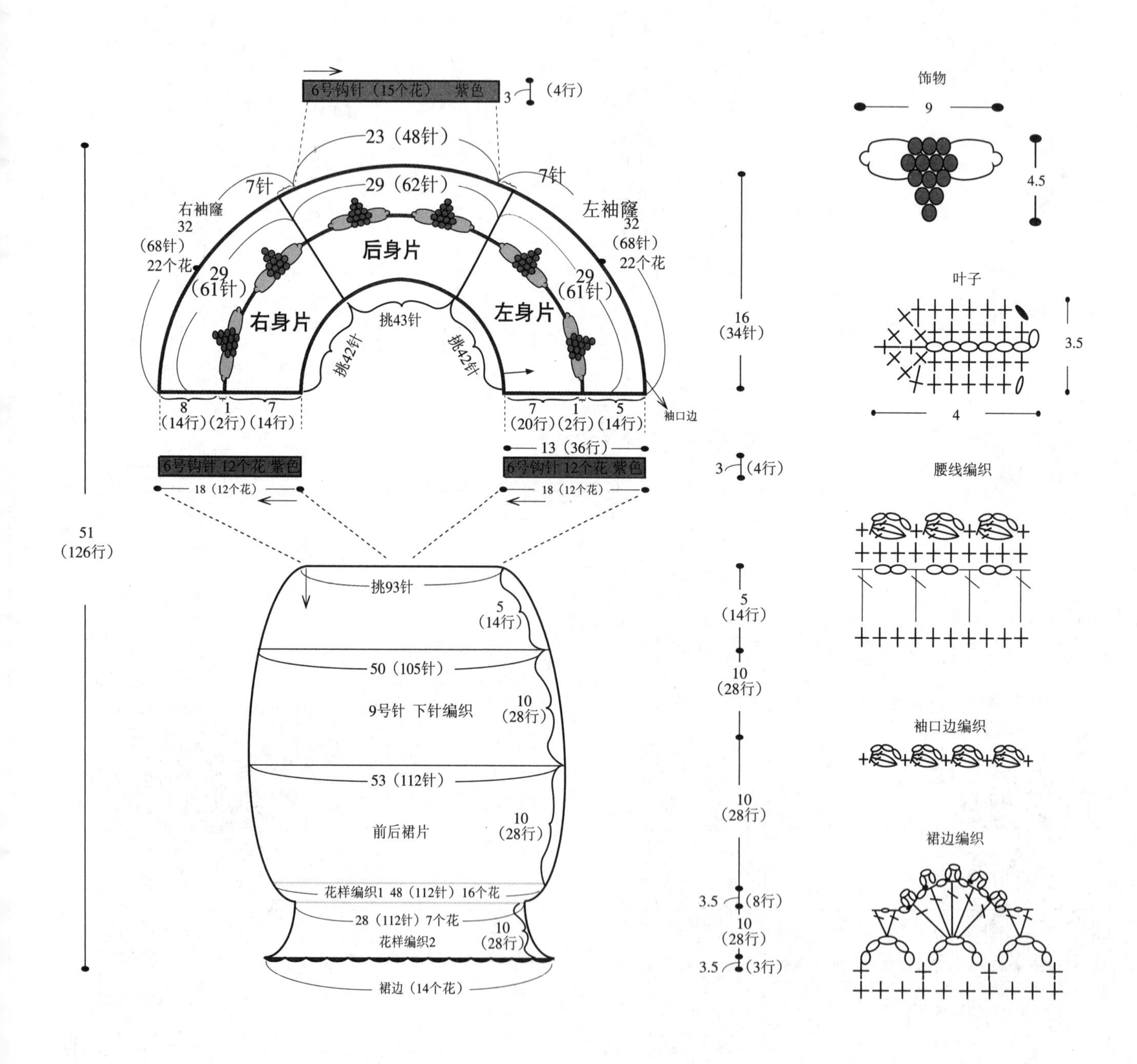

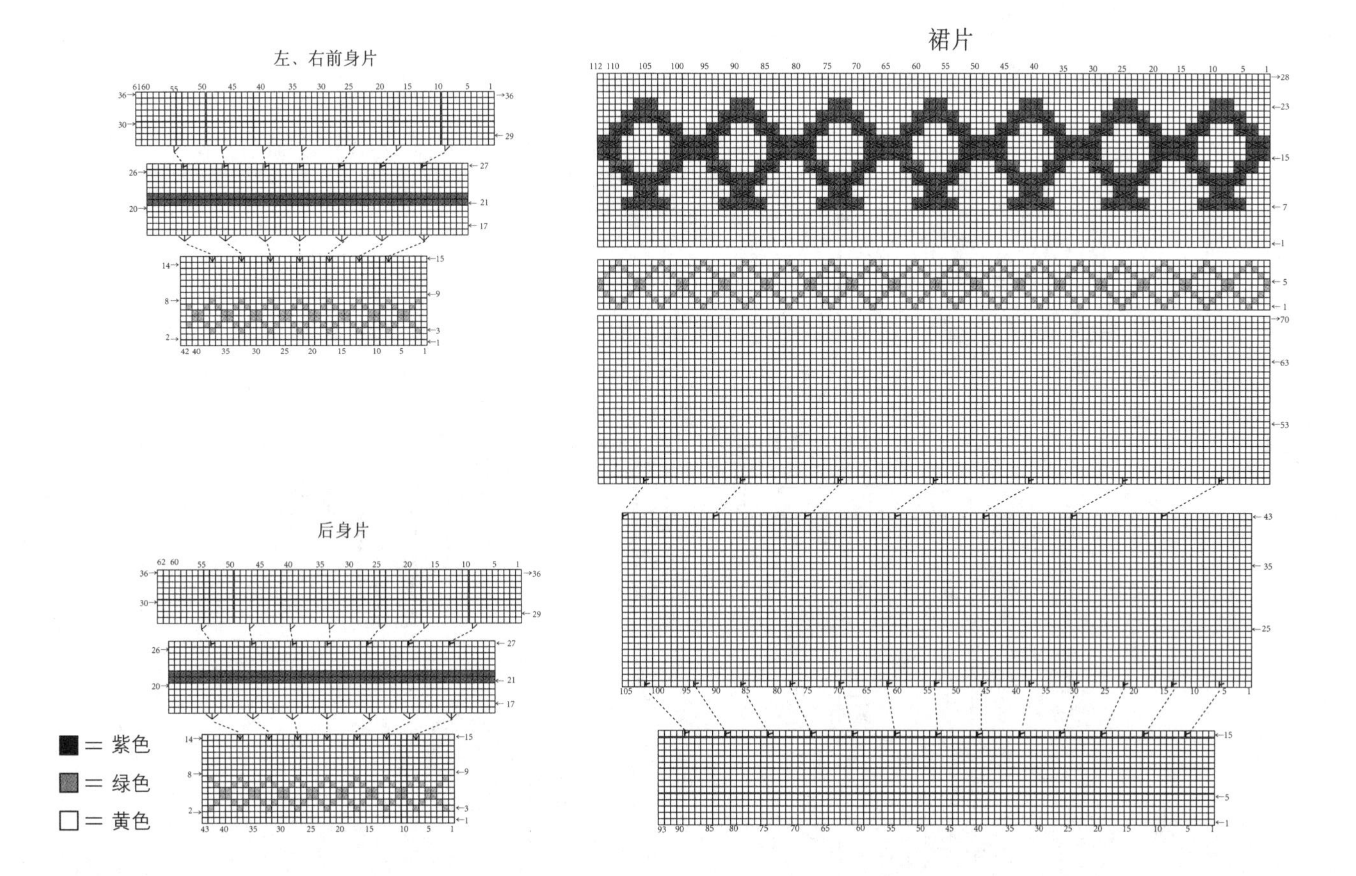

060

编织材料： 中粗羊毛线　玫红色125g、白色20g

编织工具： 8号、9号棒针，8/0（3.25mm）钩针

编织密度： 22针×29行/10cm×10cm

成品尺寸： 衣长34cm、胸宽30cm、肩宽24cm、袖口13cm

编织方法： 此款背心编织的难点是下摆，要注意手劲的松紧。首先编织好前、后身片并缝合，缝合时注意花样对齐、平整。接着编织袖口及领口缘边。最后将装饰物固定好。

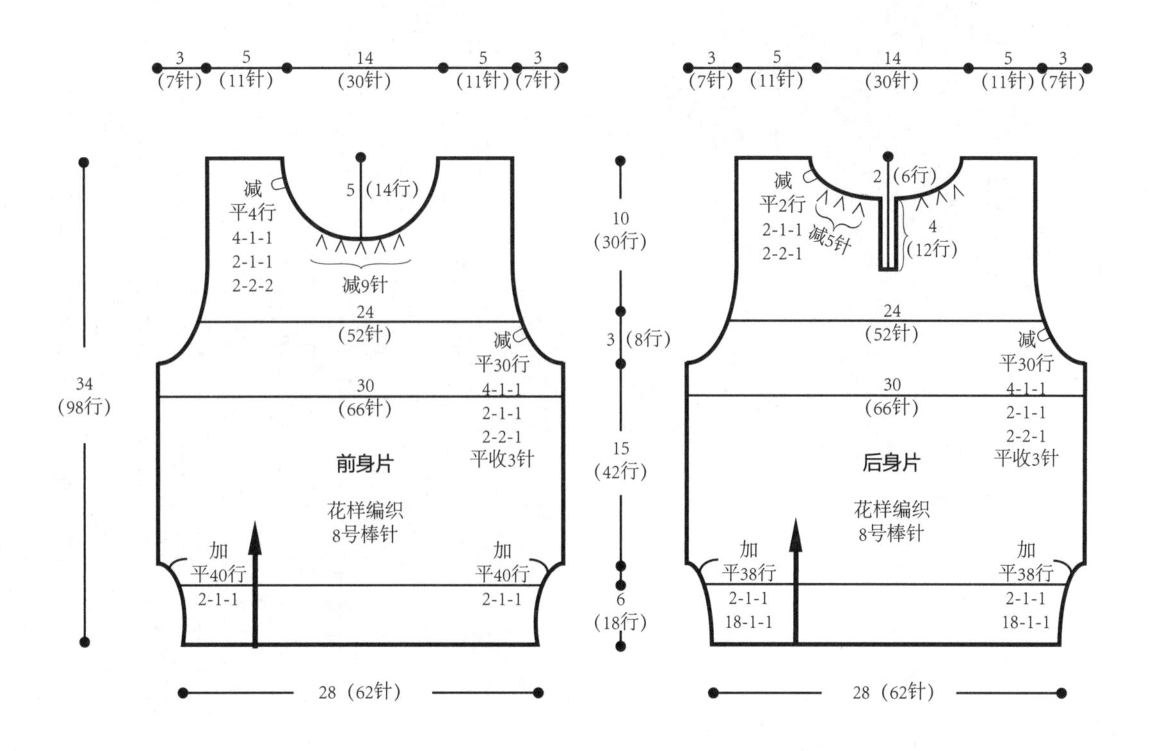

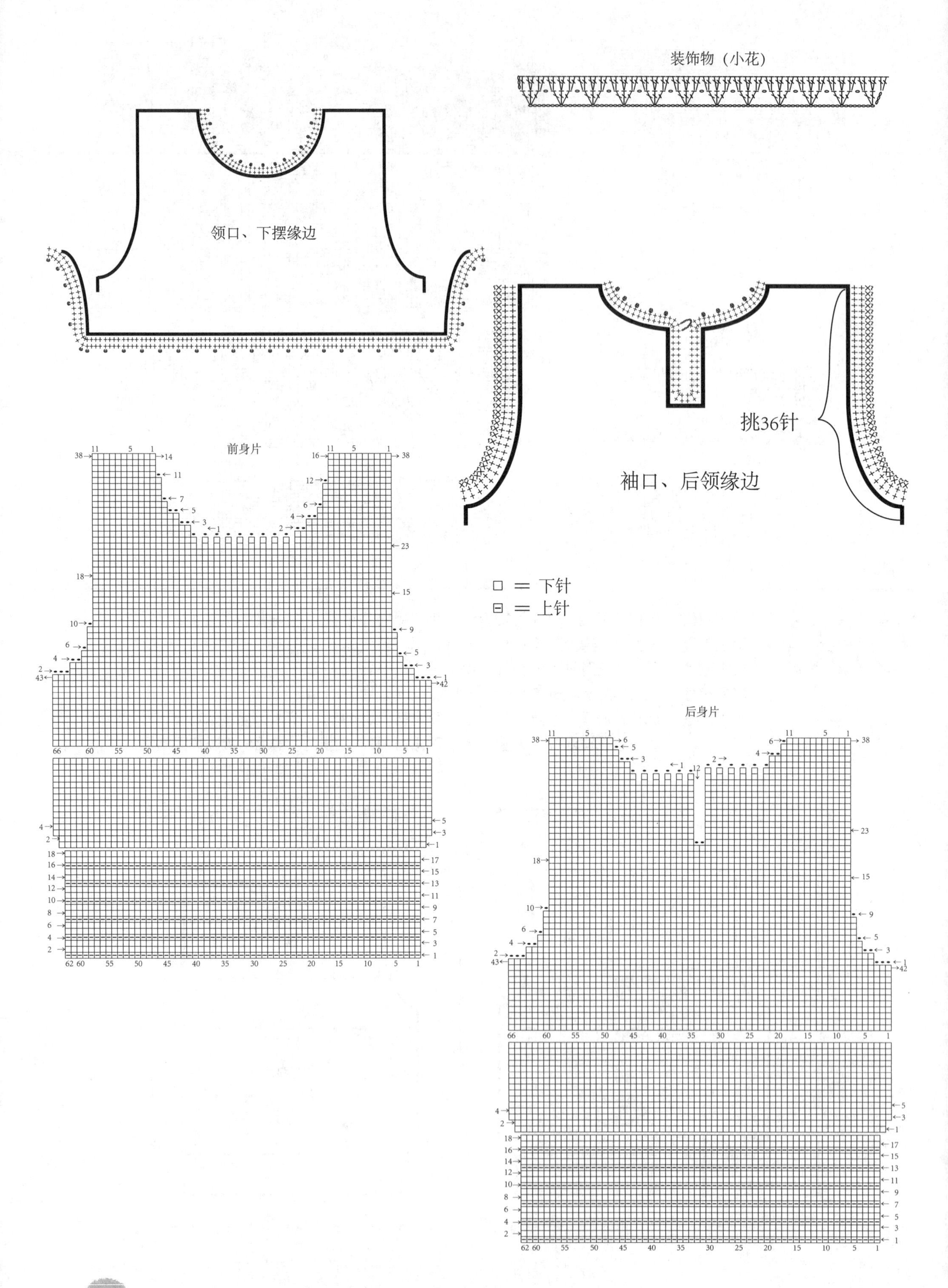
装饰物（小花）
领口、下摆缘边
挑36针
袖口、后领缘边
前身片
□ ＝ 下针
⊟ ＝ 上针
后身片

061

编织材料： 纯毛超柔暖防虫蛀高级粗绒线 白色 85g，绿色生态丝毛绒 天蓝色 132g

编织工具： 8/0钩针(3.25mm)

编织密度： 9.5cm×9.5cm/1个花

成品尺寸： 衣长47.5cm、胸宽28.5cm、肩背宽47.5cm

编织方法： 此款毛衣编织的难点是花样连接。首先将单元花样编织好再一一缝合，注意连接时松紧适当、平整无皱。然后编织领口缘边、缝合袖片。最好把装饰物固定好。

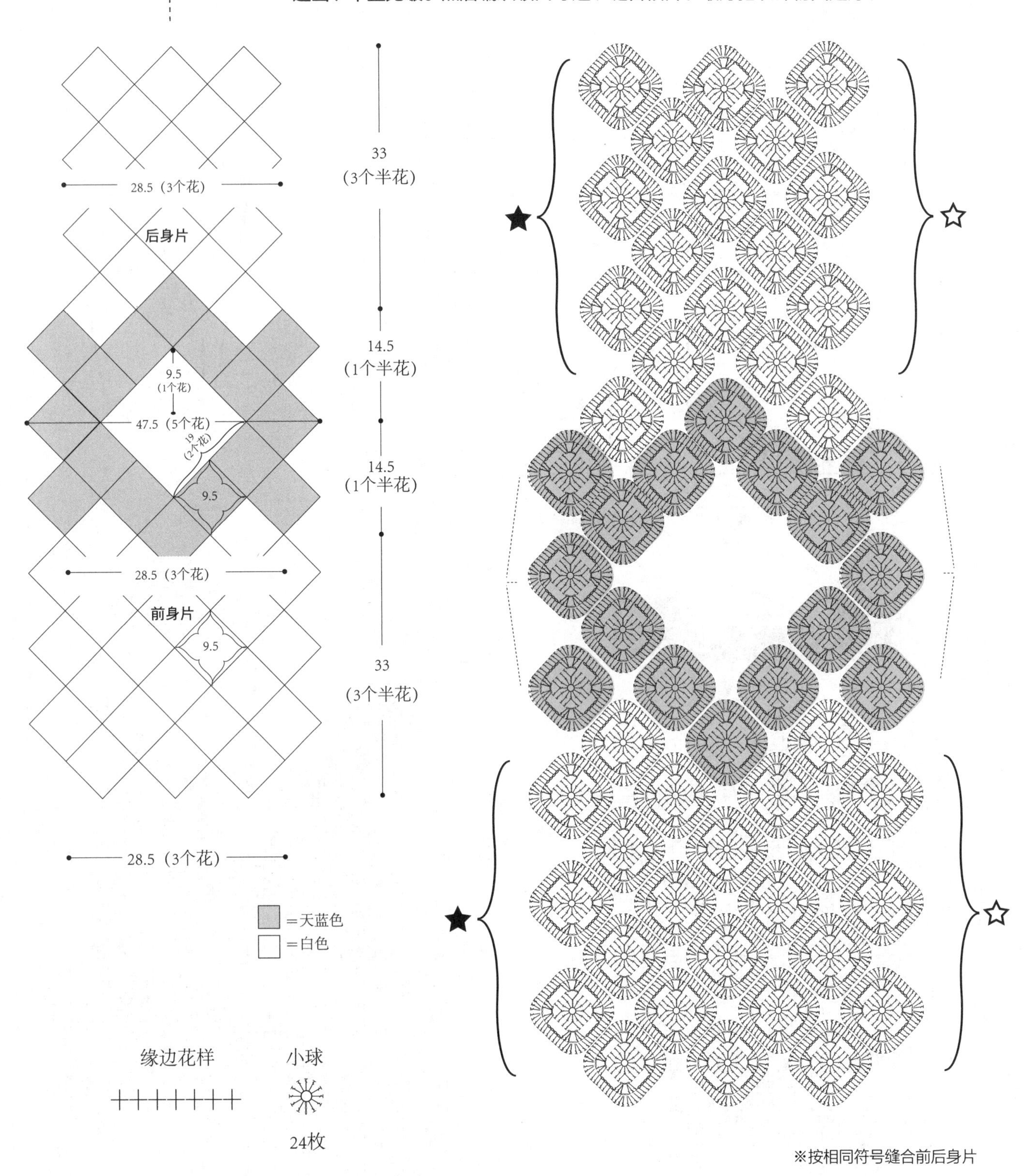

※按相同符号缝合前后身片

062

编织材料： 中粗羊毛线　黑色100g、白色220g

编织工具： 10号、11号棒针

编织密度： 26针×34行/10cm×10cm

成品尺寸： 衣长34cm、胸宽28cm、肩宽22cm、袖长34.5cm

编织方法： 此款毛衣编织的难点是花样。首先分别将前、后身片编织好并缝合，注意松紧适当、平整无皱。然后编织左、右袖片并缝合，注意花样对齐、平整。最后编织领口缘边。

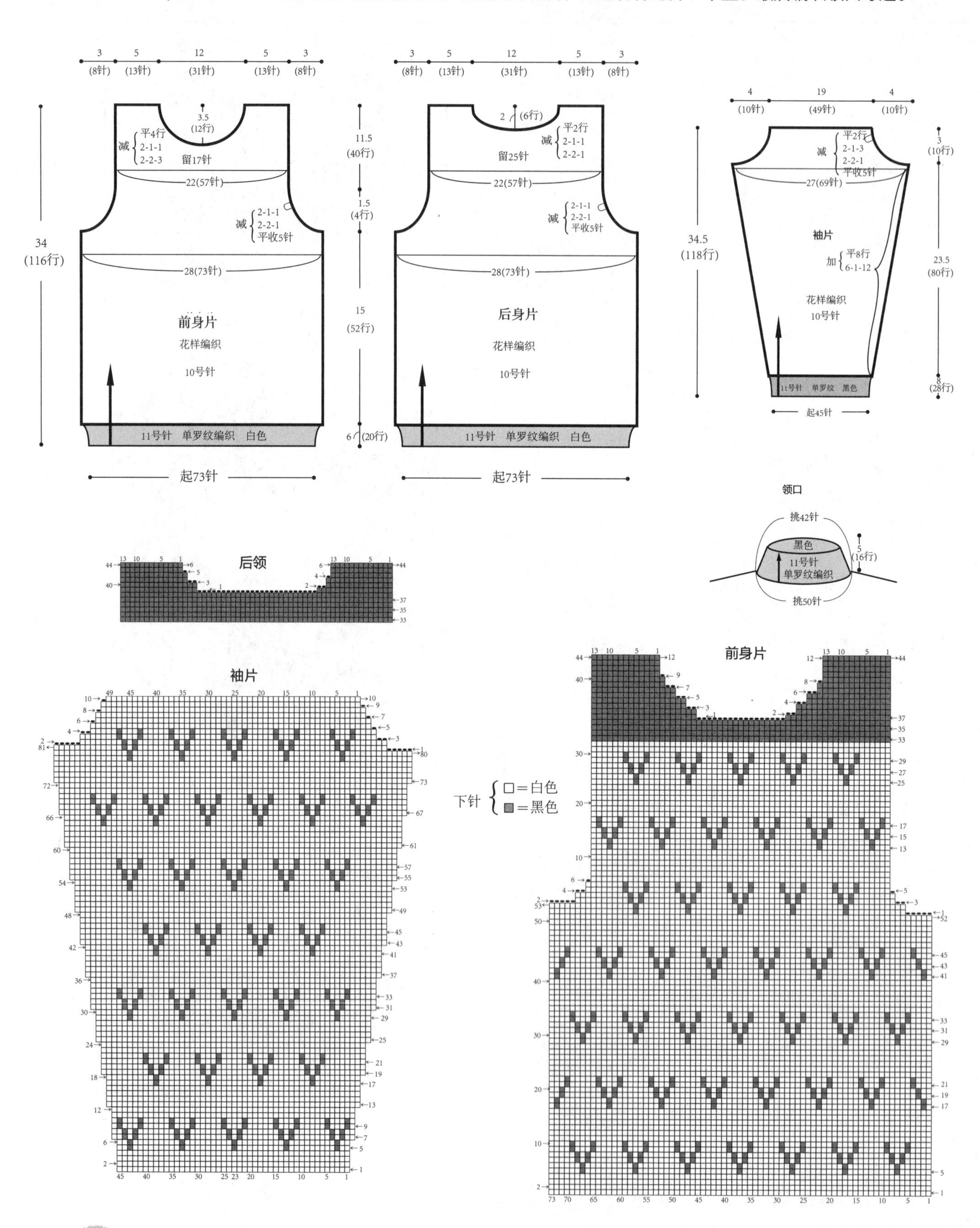

063

编织材料： 中粗羊毛线　绿色140g

编织工具： 5号钩针

编织密度： 7cm×7cm / 1个花

成品尺寸： 衣长32cm、胸围64cm、肩宽28cm

编织方法： 此款毛衣编织的难点是单元花之间的连接。首先分开编织前后身片，注意身片两侧肋下的钩编，然后将肩部和肋下缝合，最后用短针钩边（领口、袖口及下摆），钩边时松紧要适当，保持平整无皱。

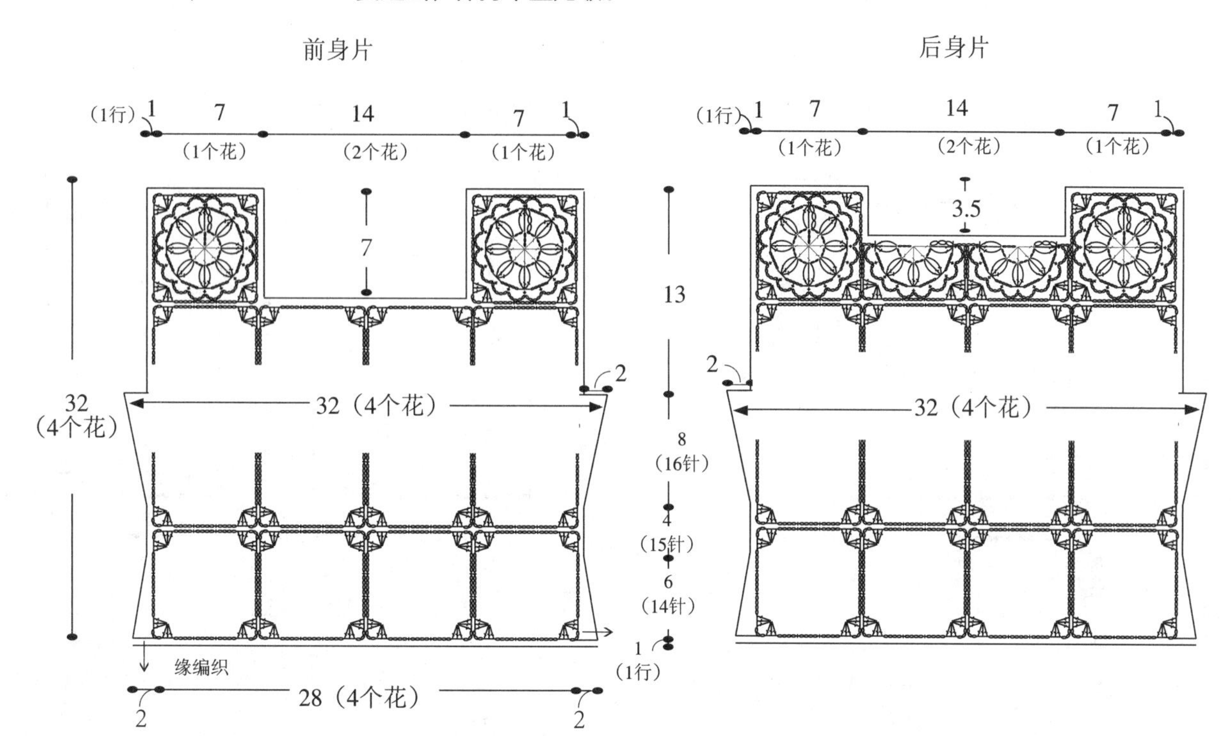

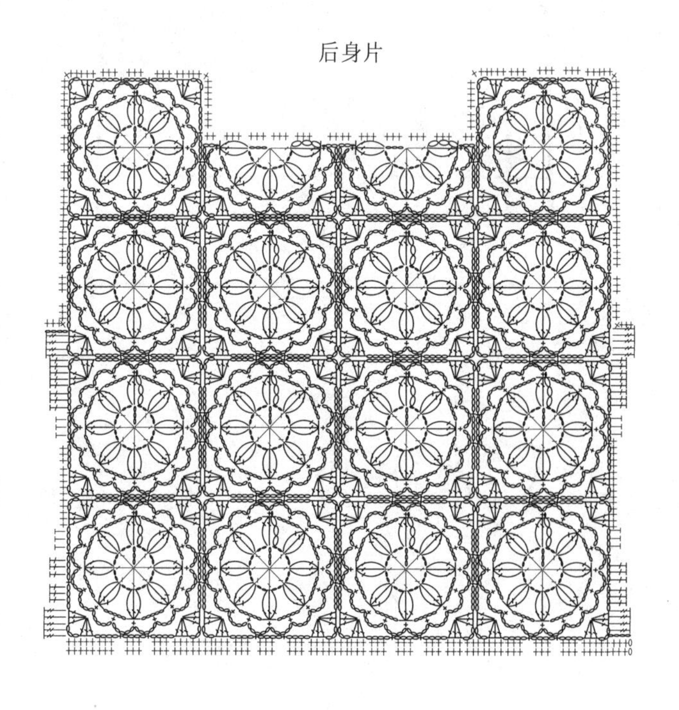

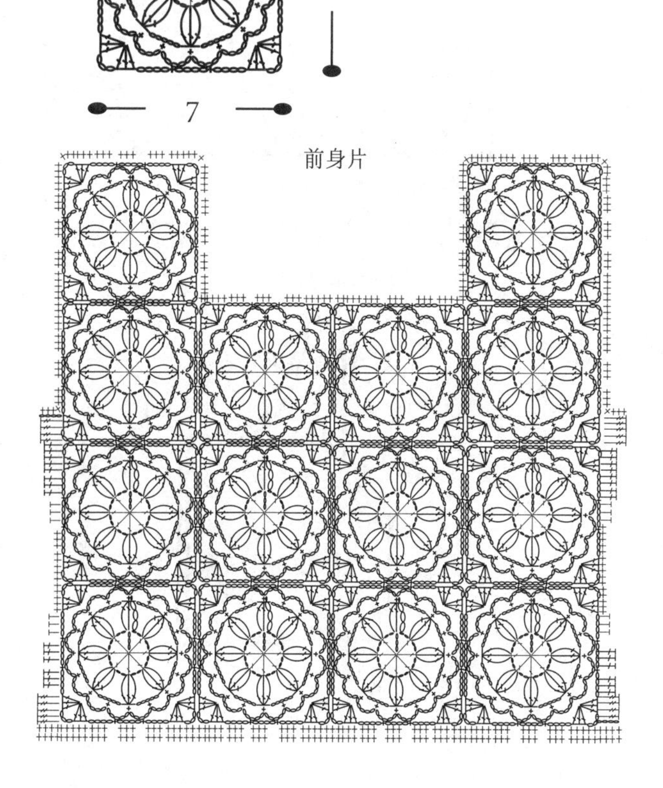

064

编织材料： 中粗羊毛线　宝蓝色320g、白色45g

编织工具： 8号、9号棒针，9/0（3.5mm）钩针

编织密度： 22针×29行/10cm×10cm

成品尺寸： 衣长59cm、裙摆宽52cm、胸宽28cm、肩宽22cm、袖口16cm

编织方法： 此款裙子编织的难点是右前身片门襟的处理。首先编织后裙片及后身片，接着编织前裙身及左前身片。再接着编织右前身片，注意保留不需要缝合的部分。跟着编织肩部装饰物并将身片对应缝合，缝合时注意花样平整、无皱。最后编织领口、袖口缘边。

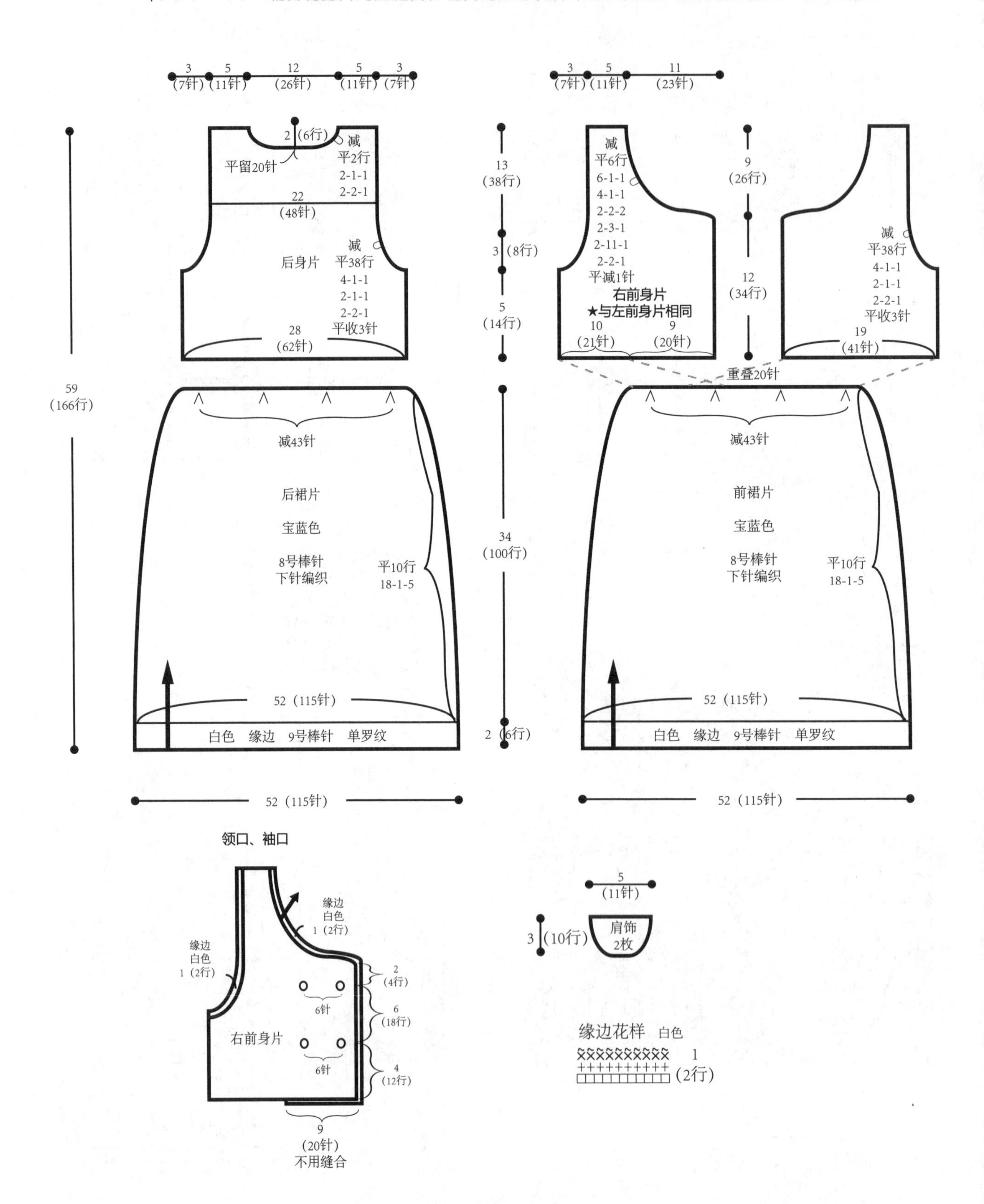

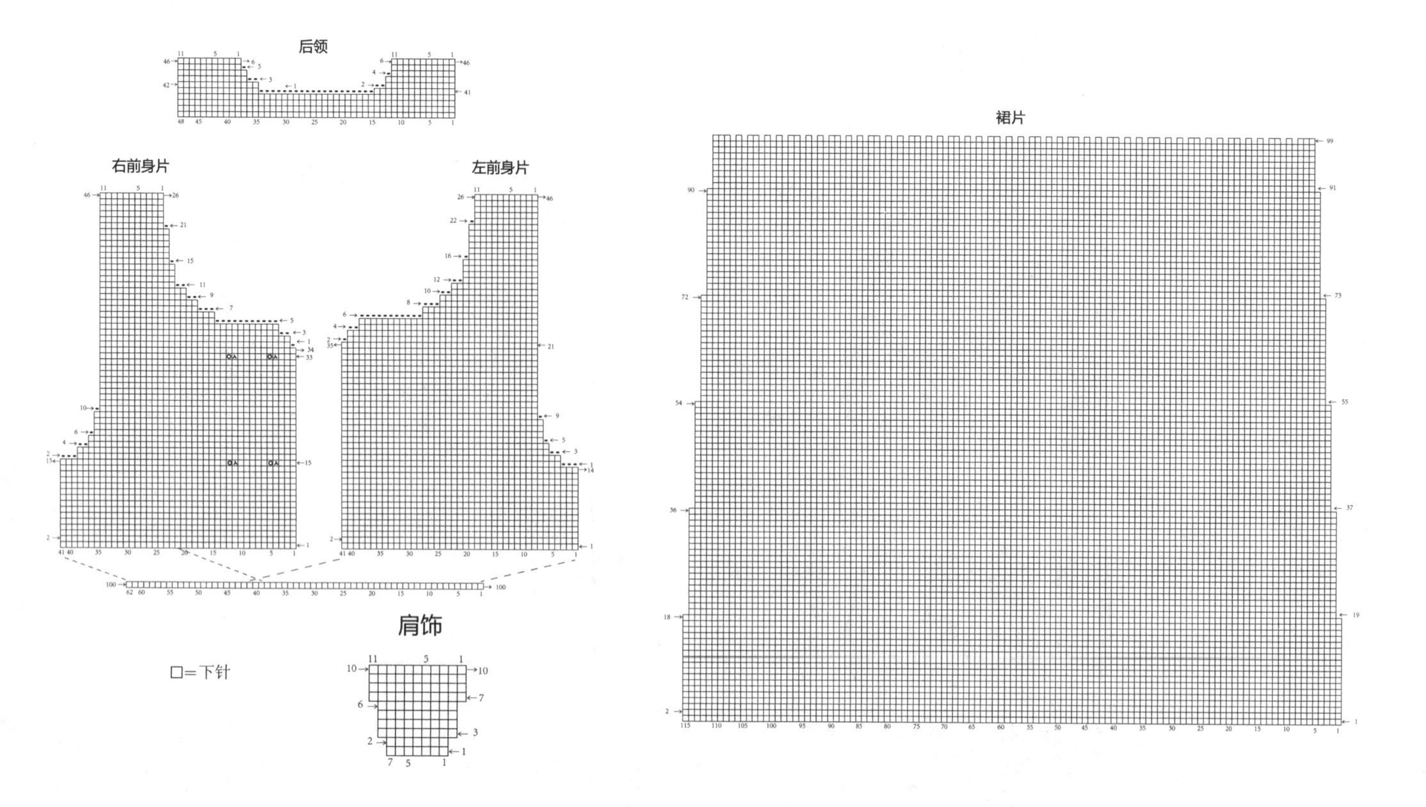

065

编织材料： 纯毛羊绒型棒针花色绒　灰白花线 500g，精品高级绒线　灰色 40g

编织工具： 7号、8号棒针，10/0钩针（4.0mm）

编织密度： 18针×24行/10cm×10cm

成品尺寸： 衣长48cm、胸宽37cm、肩宽26cm、袖长33cm

编织方法： 此款毛衣编织的难点是前门襟的编织。首先分别将左前、右前及后身片编织好并缝合。注意花样平整、无皱。然后编织袖片并缝合上袖窿，接着编织前门襟并缝合好。注意松紧适当、平整、无皱。再编织领口。最后用钩针编织缘边。

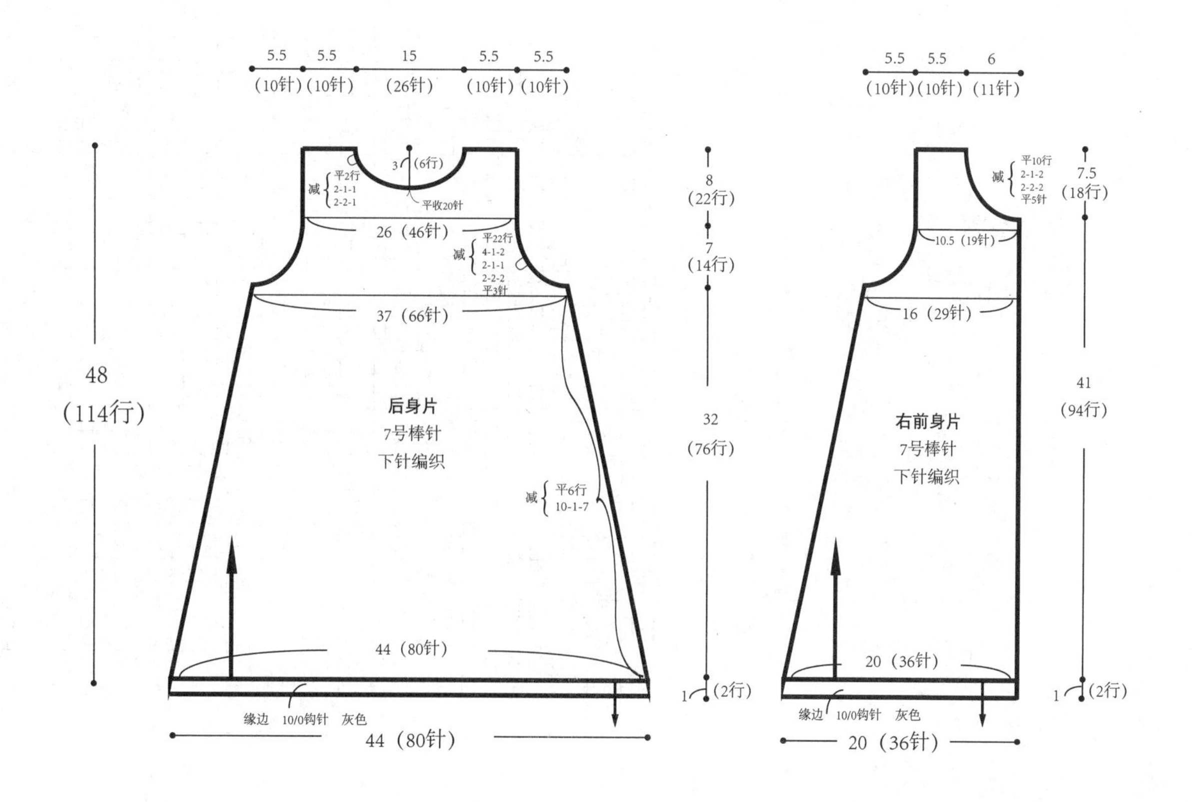

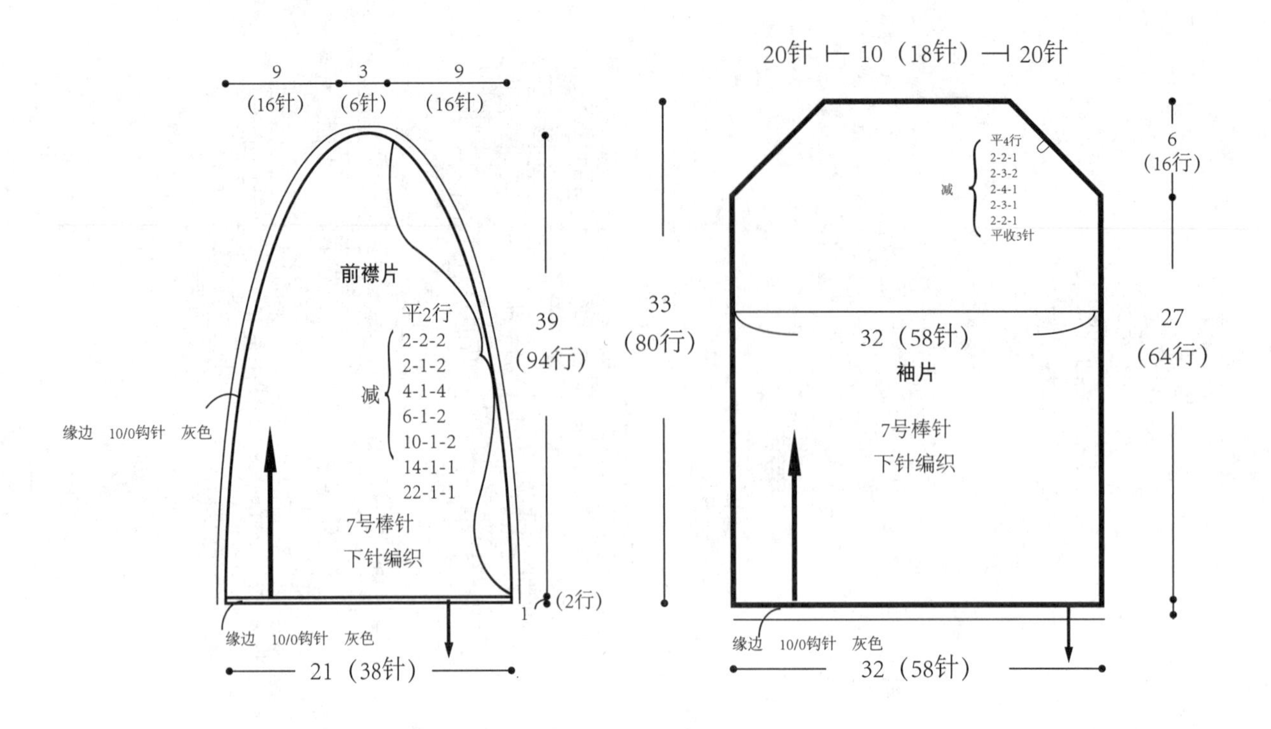

9
3
9
(16针)
(6针)
(16针)
前襟片
平2行
2-2-2
2-1-2
减
4-1-4
6-1-2
10-1-2
14-1-1
22-1-1
7号棒针
下针编织
39
(94行)
(2行)
1
缘边 10/0钩针 灰色
缘边 10/0钩针 灰色
21（38针）
20针 ⊢ 10（18针）⊣ 20针
33
(80行)
平4行
2-2-1
2-3-2
减
2-4-1
2-3-1
2-2-1
平收3针
6
(16行)
32（58针）
袖片
7号棒针
下针编织
27
(64行)
缘边 10/0钩针 灰色
32（58针）

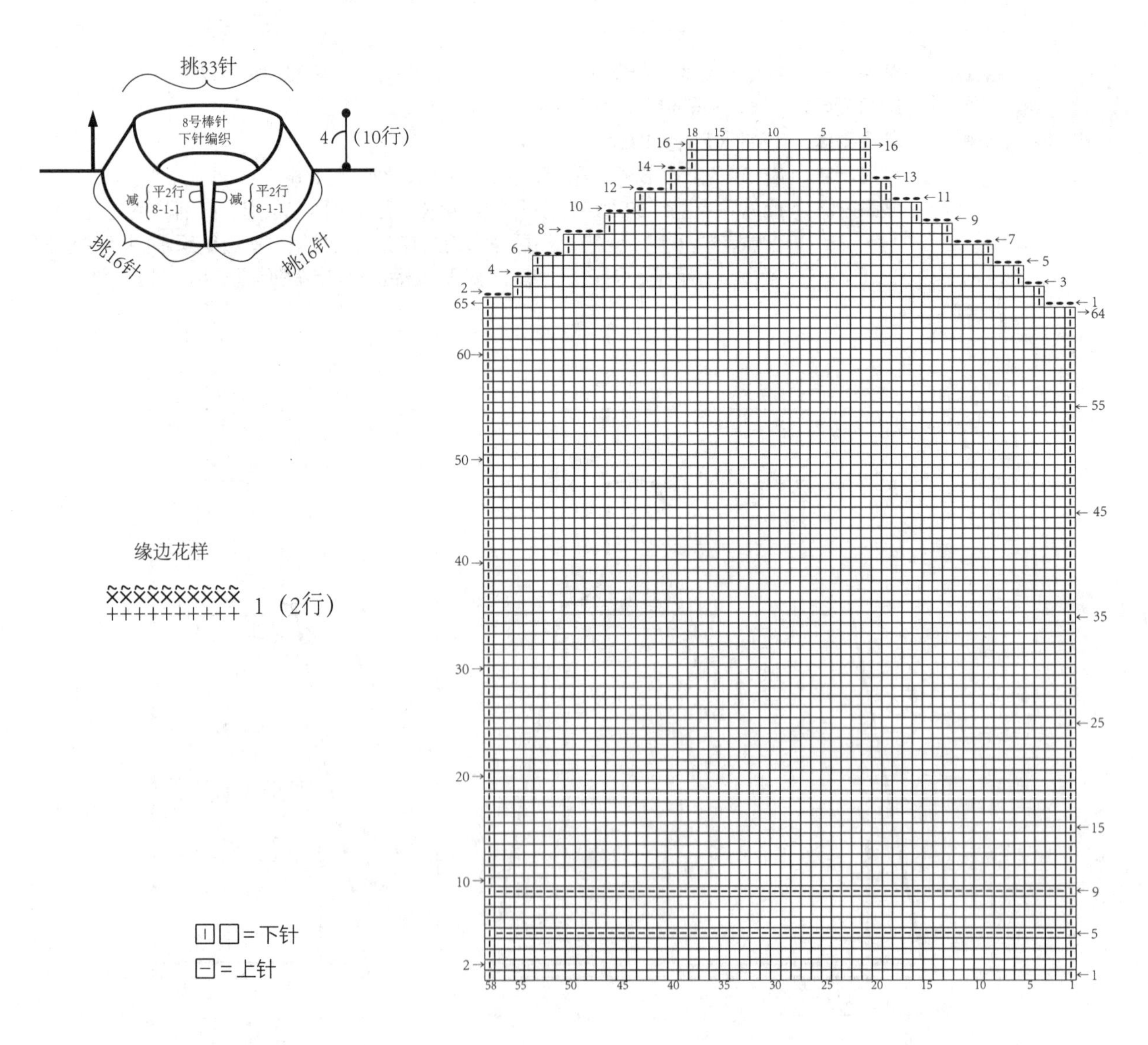

挑33针
8号棒针
下针编织
4
(10行)
减
平2行
8-1-1
减
平2行
8-1-1
挑16针
挑16针
缘边花样
1（2行）
=下针
=上针

066

编织材料： 中粗羊毛线　红色260g、白色20g

编织工具： 9号、10号棒针

编织密度： 24针×31行/10cm×10cm

成品尺寸： 衣长36cm、胸宽28cm、肩宽20cm、袖长30.5cm

编织方法： 此款毛衣编织的难点是花样。由于换线比较频繁而且跨度大所以要注意松紧适当。首先分别将前、后身片编织好并缝合，缝合时要注意花样对齐、平整。接着编织左、右袖片并缝合，缝合时要注意花样对齐、平整。最后编织领口缘边。

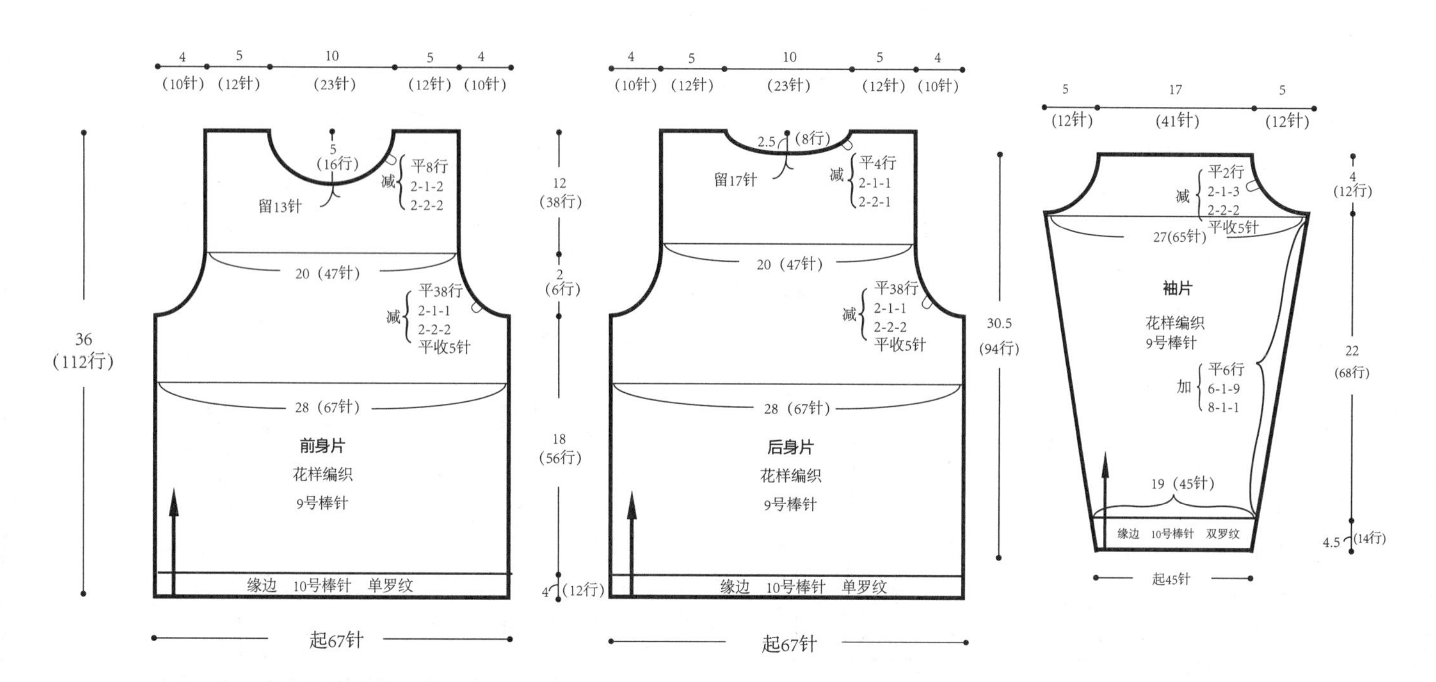

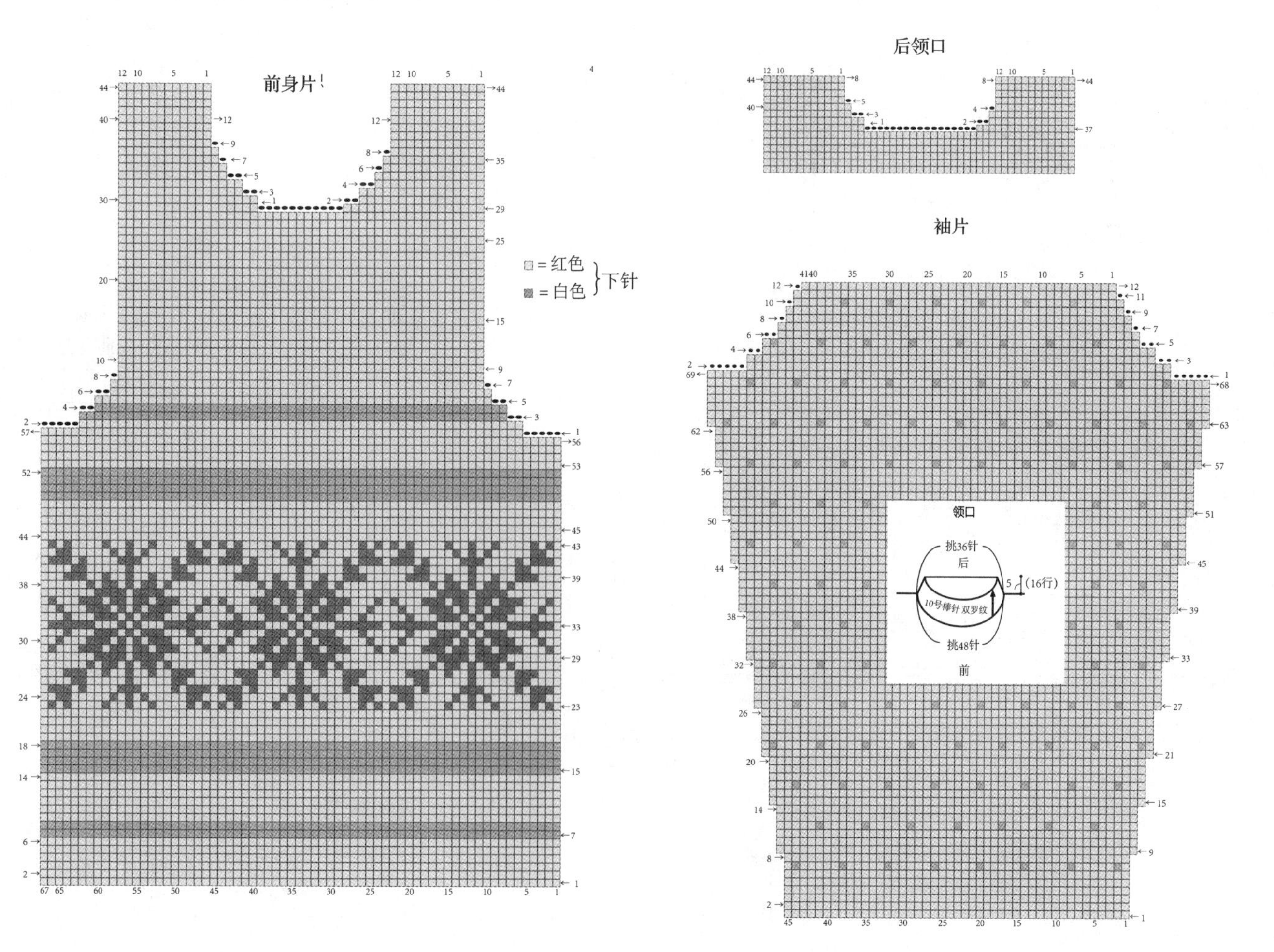

067

编织材料： 中粗羊毛线　白色270g　中粗棉线　白色10g

编织工具： 8号棒针，8号钩针

编织密度： 20针×28行/10cm×10cm

成品尺寸： 衣长32.5cm、胸围41cm、肩宽20.5cm、袖长25cm

编织方法： 此款毛衣编织的难点是胸部的收拢。首先分开编织好前、后身片，注意缝合要平整。然后编织左、右袖片再与身片缝合好。最后钩边，把饰物钉上。

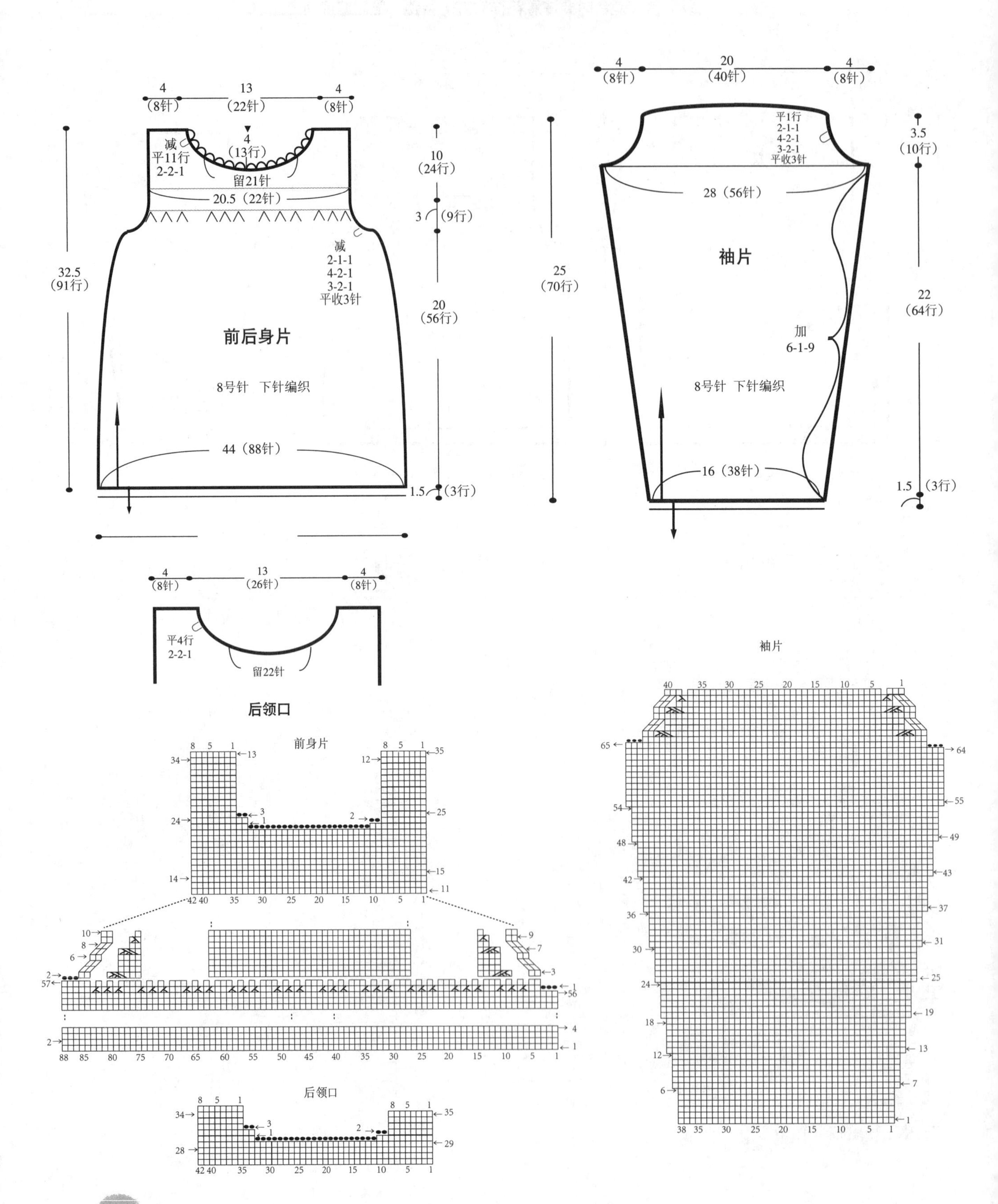

068

编织材料： 中粗羊毛线　红色141g、绿色40g、粉色11g

编织工具： 8号、9号棒针，8/0（3.25mm）、9/0（3.5mm）钩针

编织密度： 21针×28行/10cm×10cm

成品尺寸： 衣长40cm、胸宽31cm、肩宽23cm、袖口15cm

编织方法： 此款背心编织的难点是花样。首先分别编织好前、后身片并缝合，缝合时注意花样对齐、平整。接着编织袖口缘边。最后编织领片。

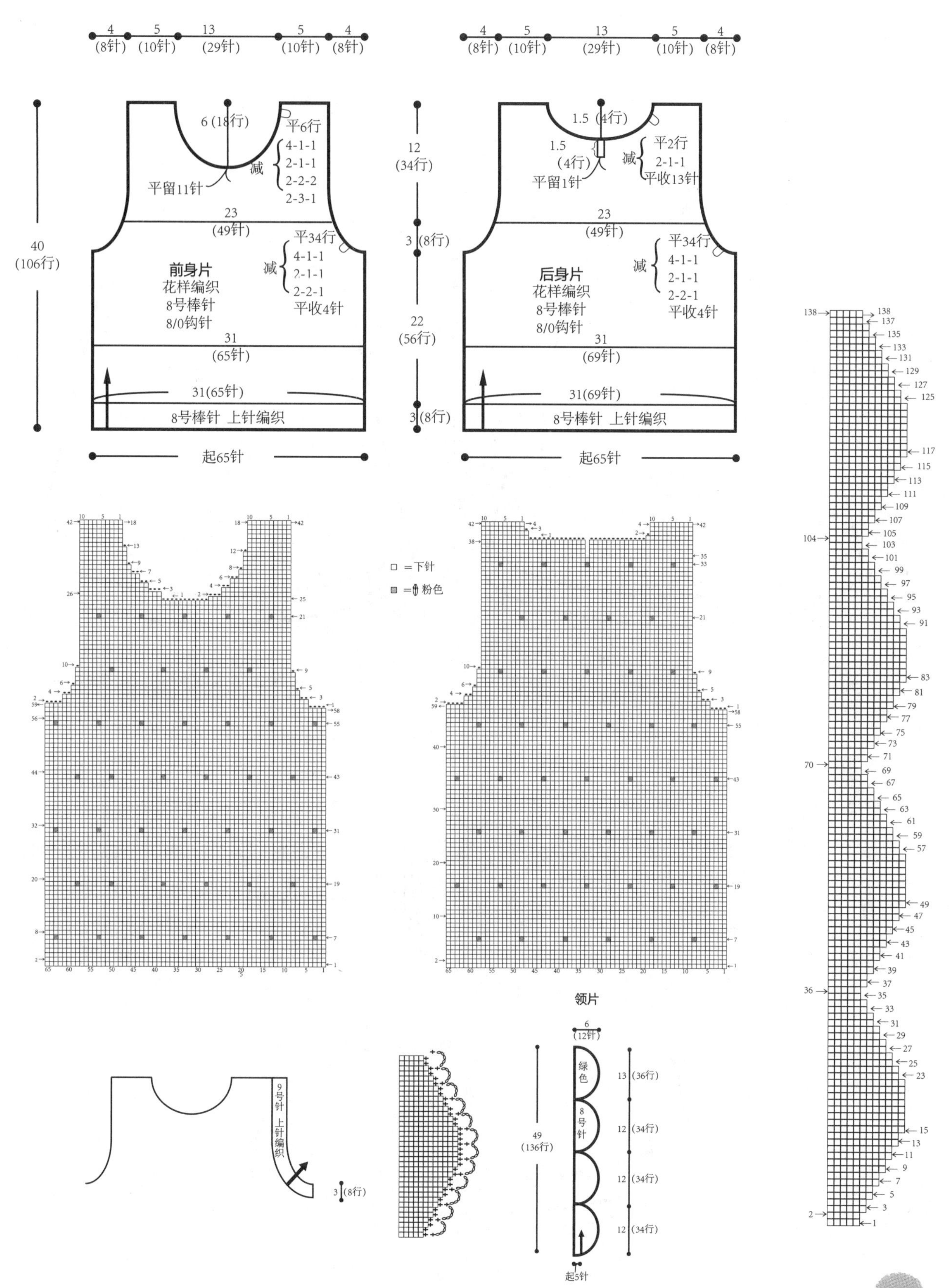

069

编织材料： 阿尔巴卡羊驼绒　藕色 159g、其他配线少量

编织工具： 8号棒针，6/0钩针（2.5mm）

编织密度： 21针×27行/10cm×10cm

成品尺寸： 衣长46cm、胸宽28cm、肩宽20cm

编织方法： 此款毛衣的编织难点是领口和缘边的编织。首先分开编织前、后身片，注意平整。然后缝合前后身片，注意减针处要对齐，再换线编织领口、袖口及裙摆的缘边，注意缘边编织松紧适当。最后在前身片上绣上图案。

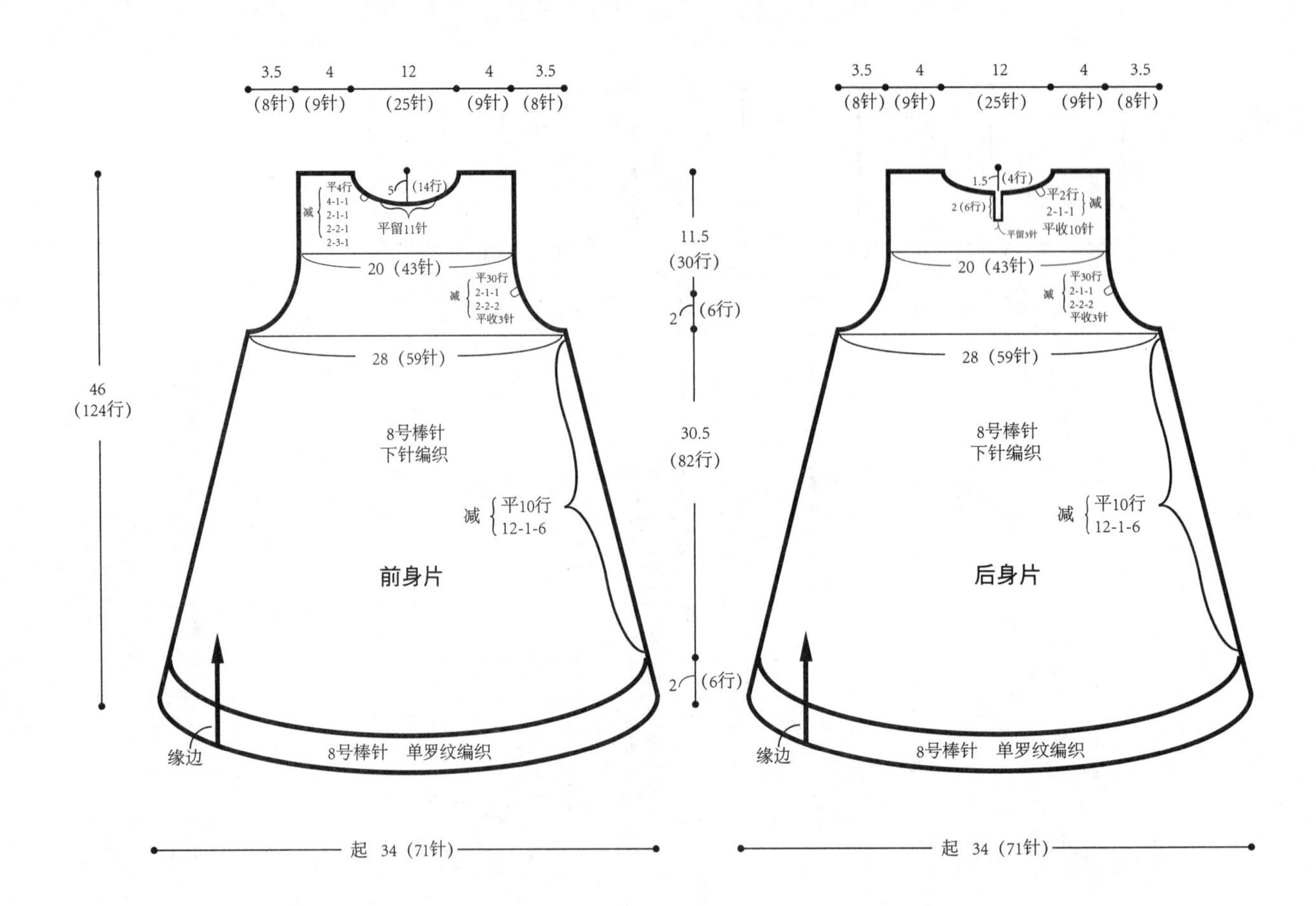

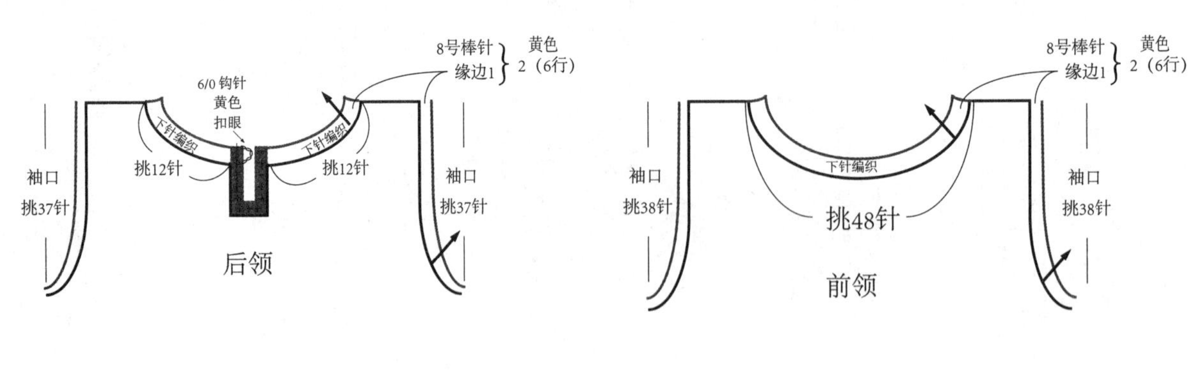

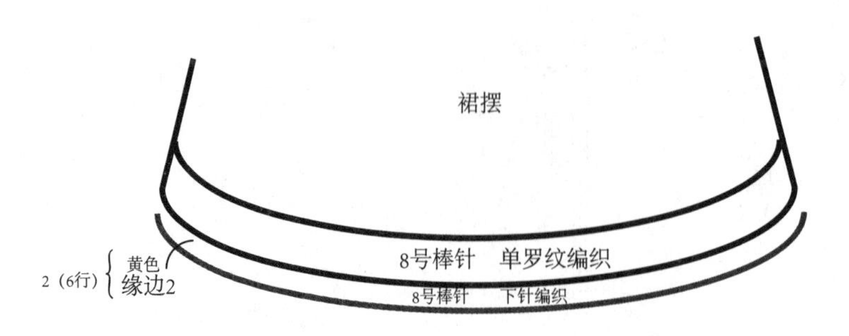

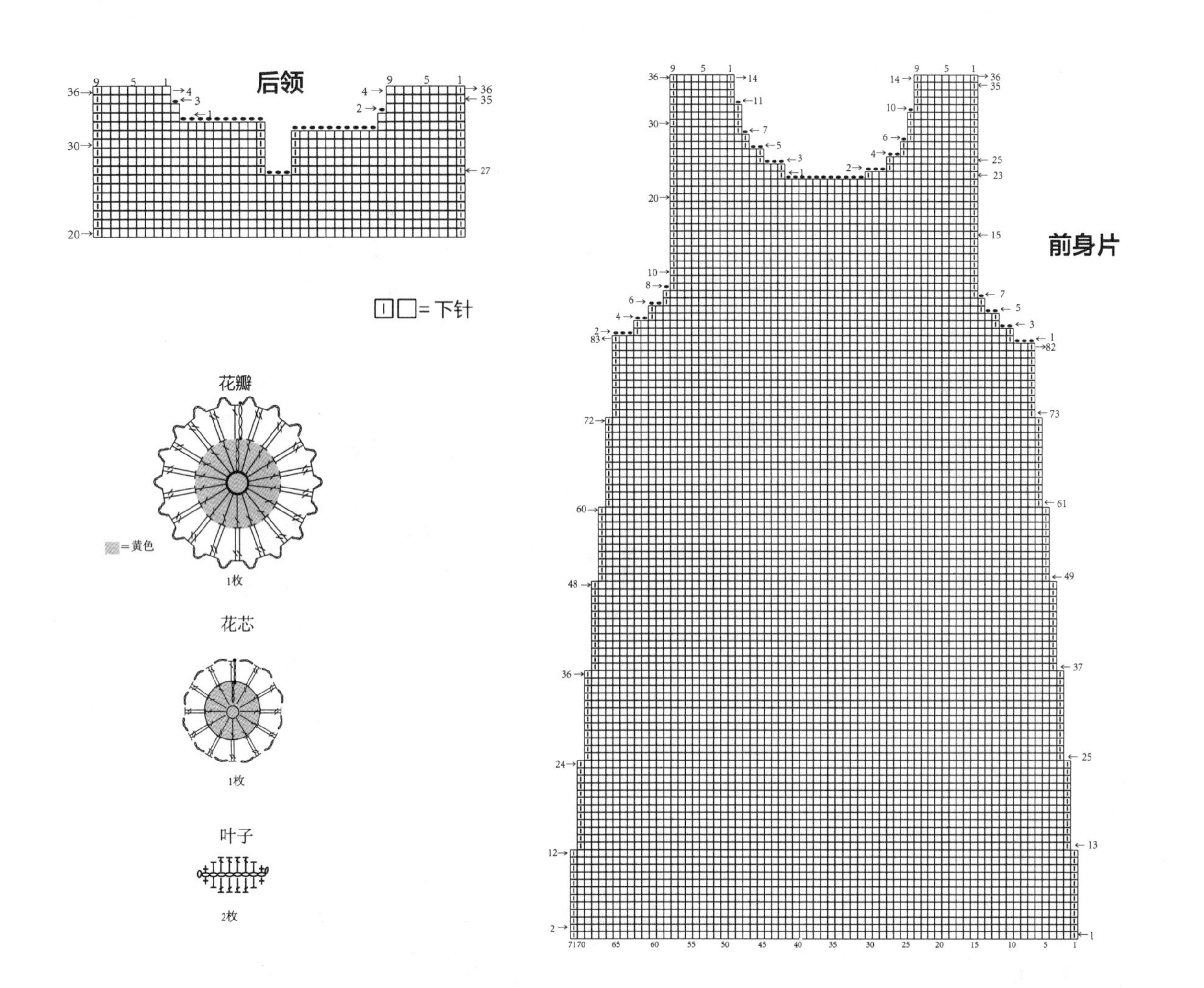

070

编织材料： 中细棉线　白色120g、黑色120g

编织工具： 6/0钩针（2.5mm）

编织密度： 花样1　24个花×12个花/10cm×10cm，花样2　0.5cm×1cm/1个花

成品尺寸： 衣长21.5cm、胸宽26.5cm、肩宽18cm、裙长24cm、裙宽33cm

编织方法： 此款毛衣编织的难点是花样。首先分别编织好左、右前身片及后身片，并将其对应缝合。接着编织袖口缘边，最后编织衣缘及领口缘边。裙子编织好前后裙片并缝合，然后编织裙摆缘边和腰部。

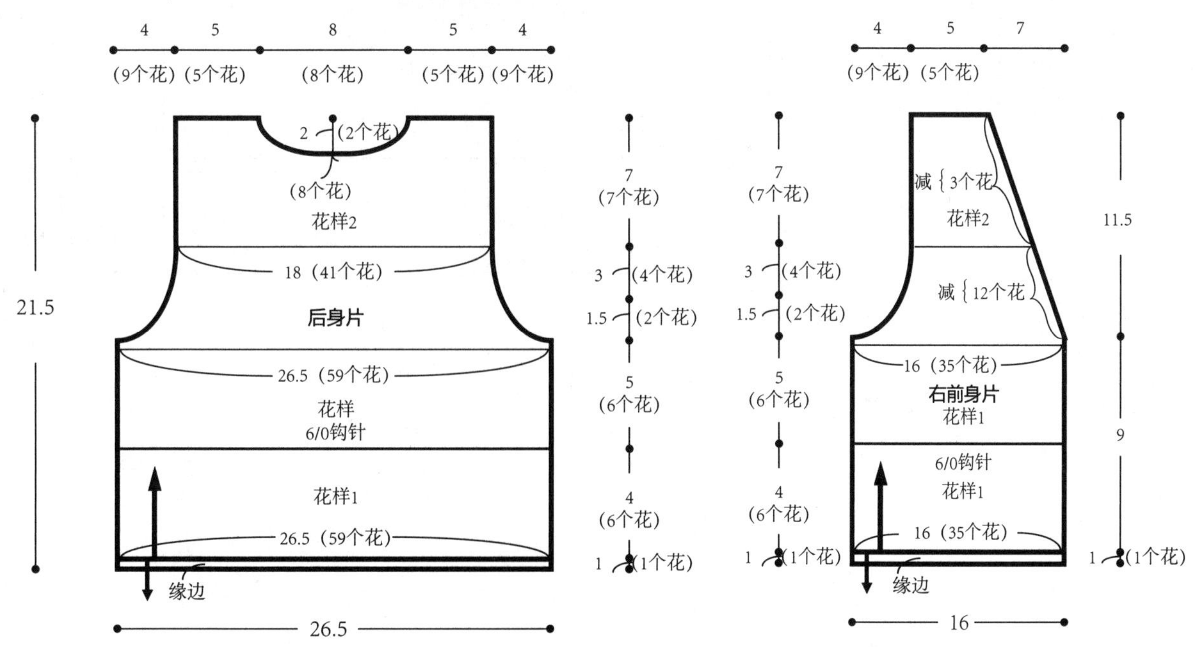

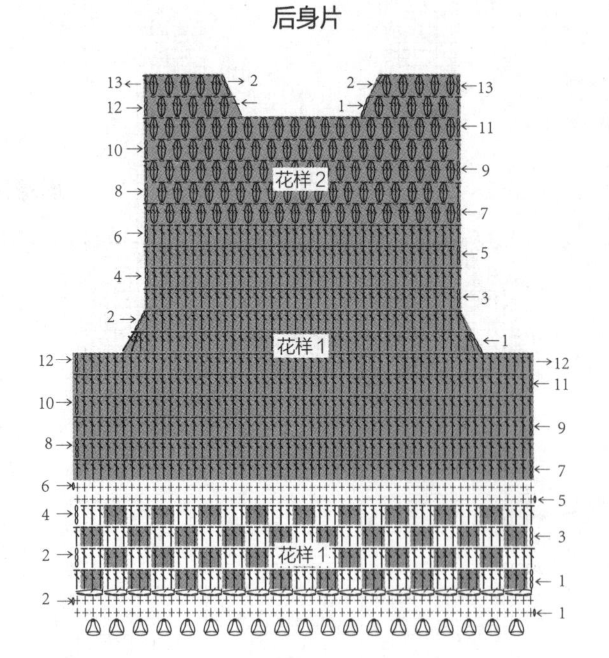
后身片
花样2
花样1
花样1

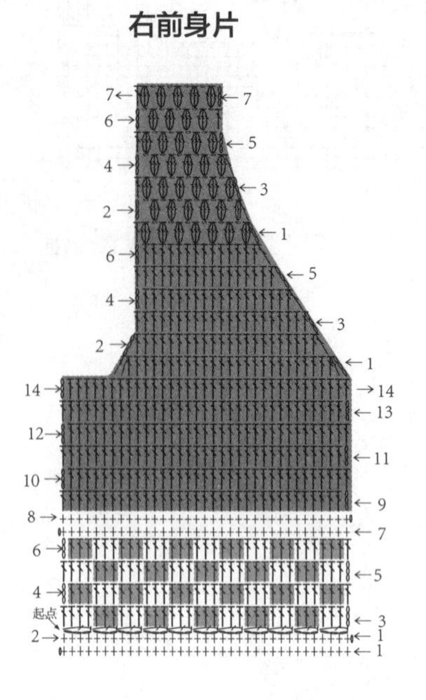
右前身片
起点

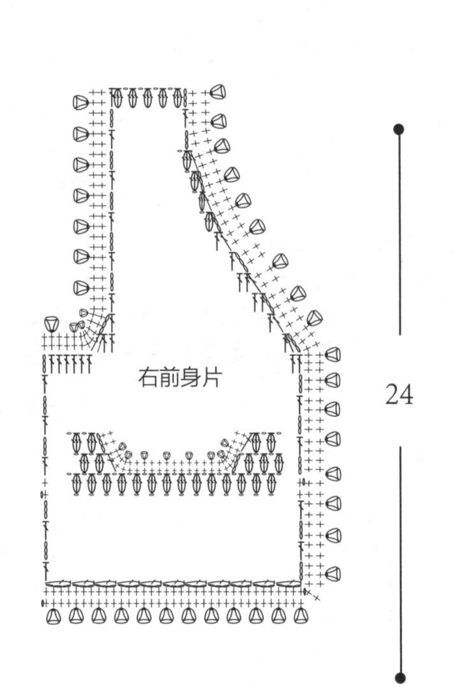
右前身片

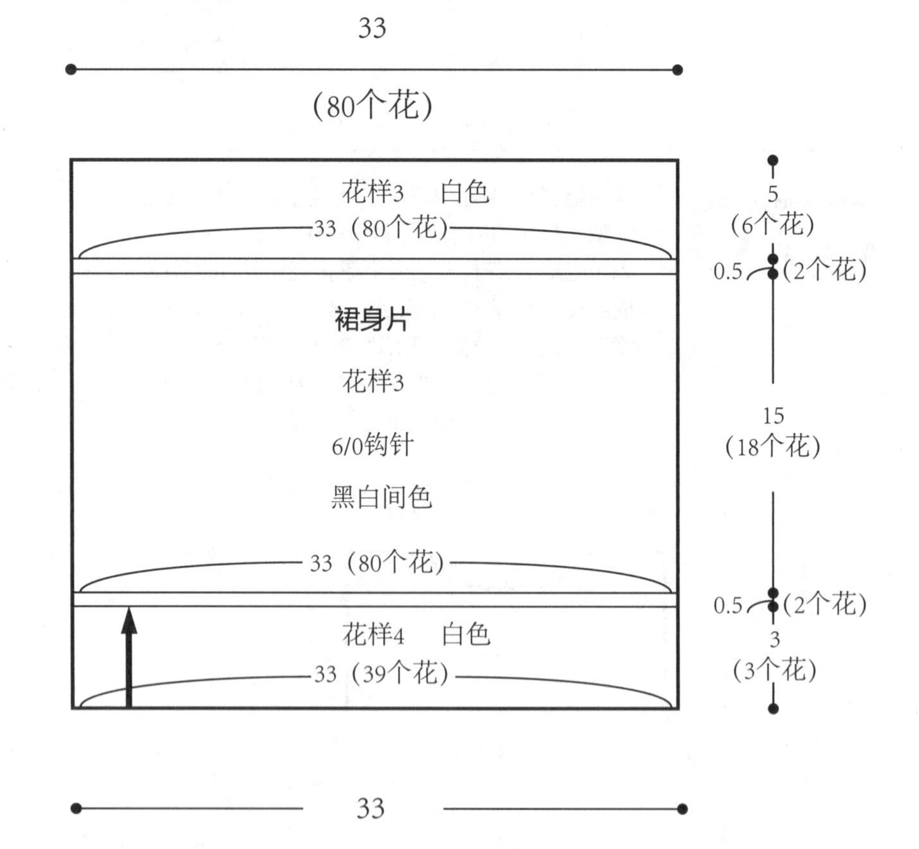
33
(80个花)
花样3 白色
33（80个花）
裙身片
花样3
6/0钩针
黑白间色
33（80个花）
花样4 白色
33（39个花）
24
5
(6个花)
0.5
(2个花)
15
(18个花)
0.5
(2个花)
3
(3个花)
33

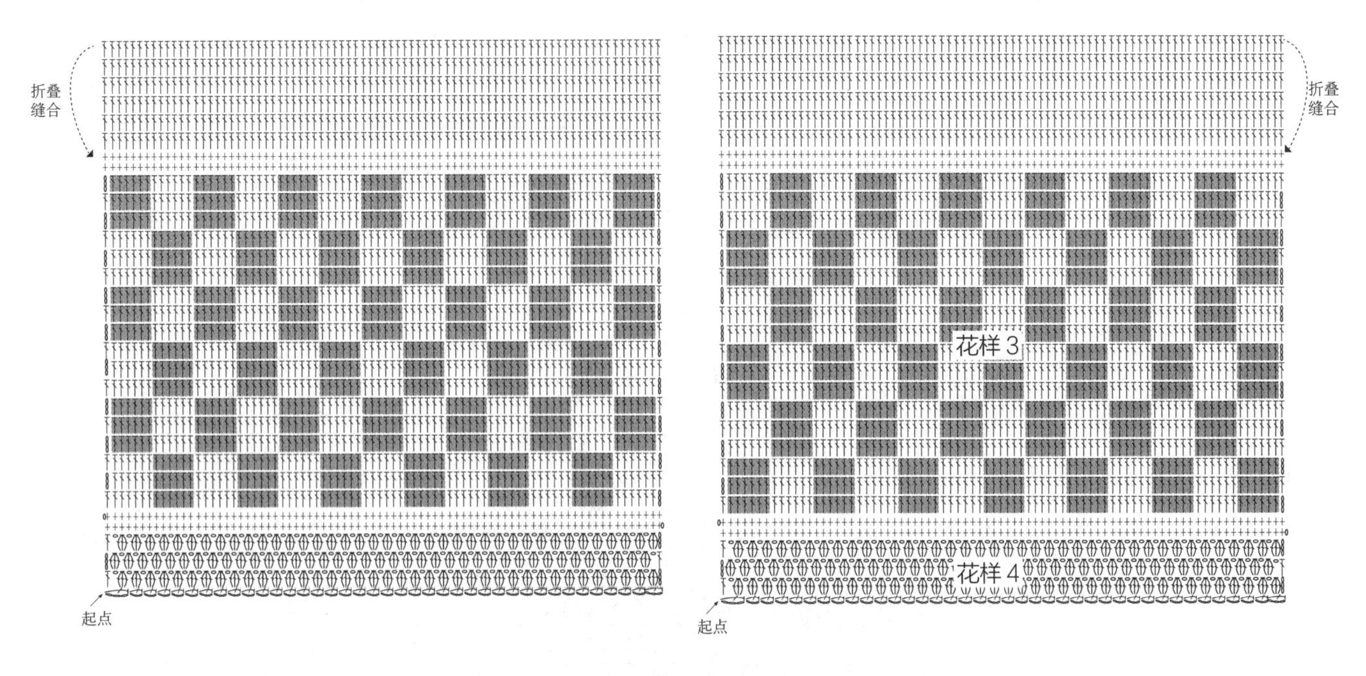

071

编织材料： 粗羊毛线　白色250g、黑色10g，中粗羊毛线　绿色10g

编织工具： 7号、8号、9号棒针，10/0钩针

编织密度： 18针×28行/10cm×10cm

成品尺寸： 衣长38cm、胸围60cm、背宽21cm

编织方法： 此款毛衣编织的难点是熊猫饰物的编织。首先分开编织衣服的前后身片，注意肋下缝合的平整。然后钩编饰物，先缝好熊猫，再缝上叶子。

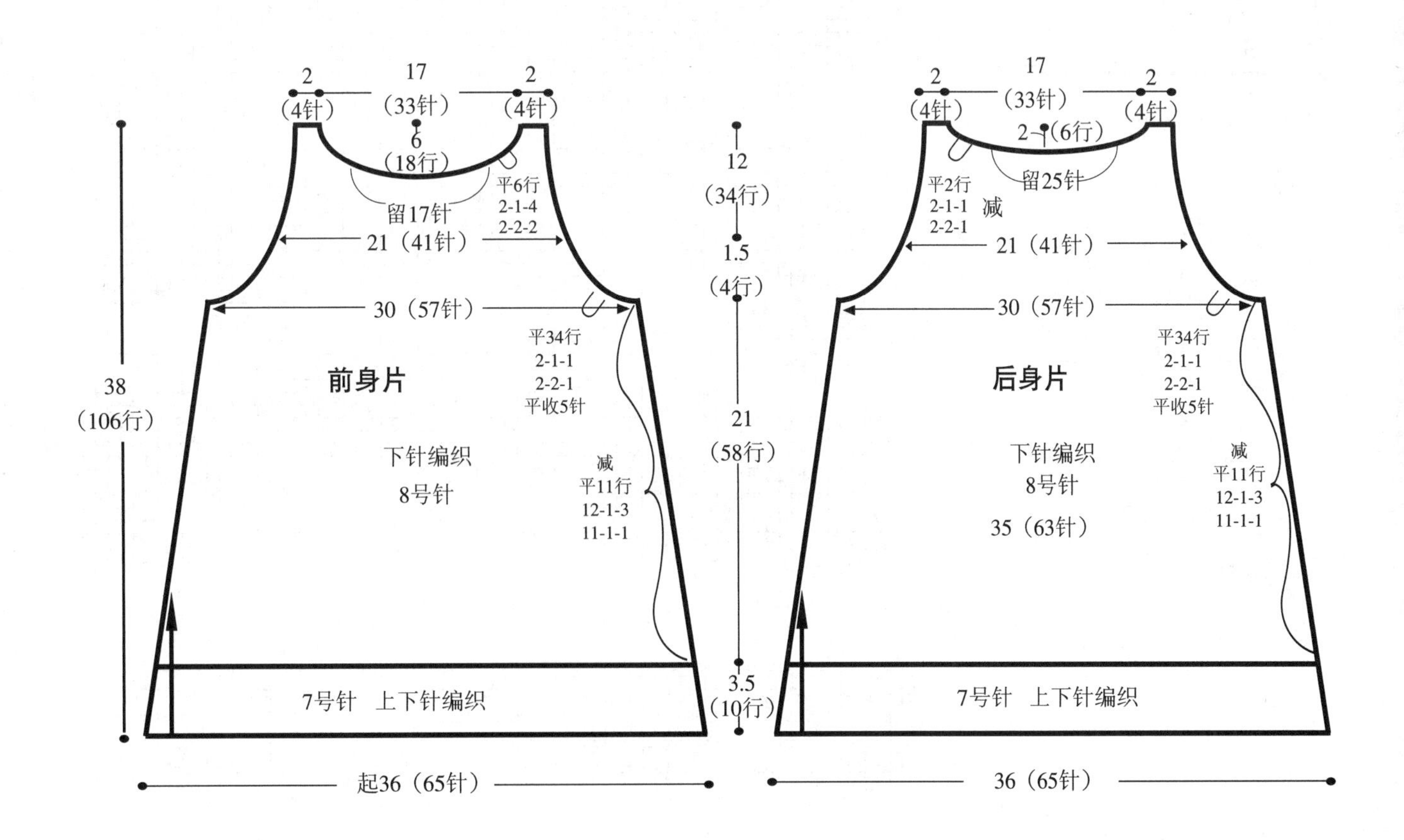

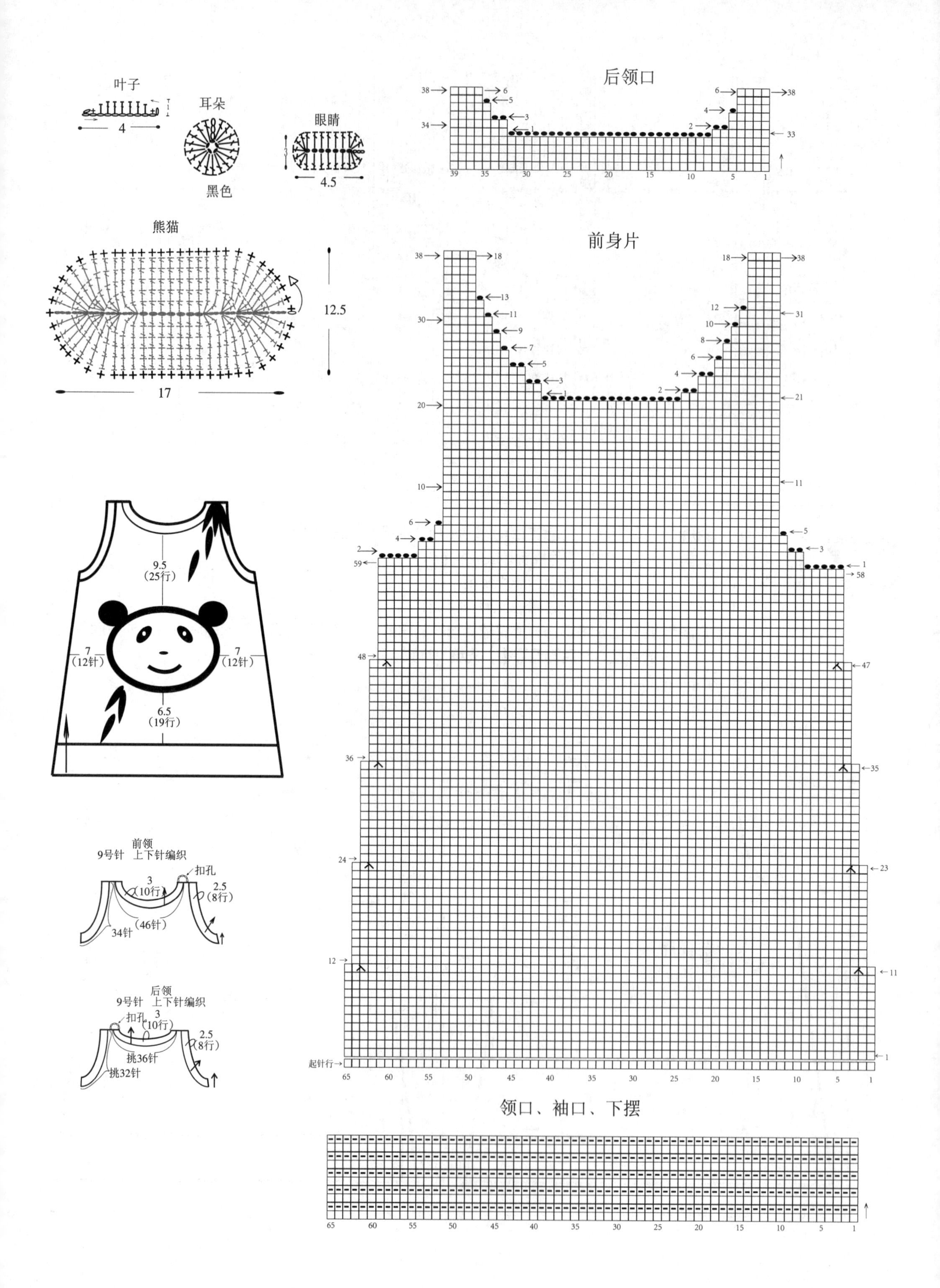
叶子
4
耳朵
黑色
眼睛
3
4.5
熊猫
12.5
17
9.5
(25行)
7
(12针)
7
(12针)
6.5
(19行)
前领
9号针　上下针编织
扣孔
3
(10行)
2.5
(8行)
(46针)
34针
后领
9号针　上下针编织
扣孔
3
(10行)
2.5
(8行)
挑36针
挑32针
后领口
前身片
起针行
领口、袖口、下摆

072

编织材料： 中粗羊毛线　粉红色170g、草绿色80g
编织工具： 8号、9号棒针，8/0(3.25mm)钩针
编织密度： 19针×29行/10cm×10cm
成品尺寸： 裙长49cm、裙摆57cm、胸宽26cm、肩宽20cm、袖口14cm
编织方法： 此款裙子编织的难点是花样，建议用分线编织。首先分别将前、后裙身片编织好并缝合，缝合时注意花样对齐、平整。接着编织肋下开襟的缘边。再接着钩编领口、袖口缘边。最后将装饰物固定。

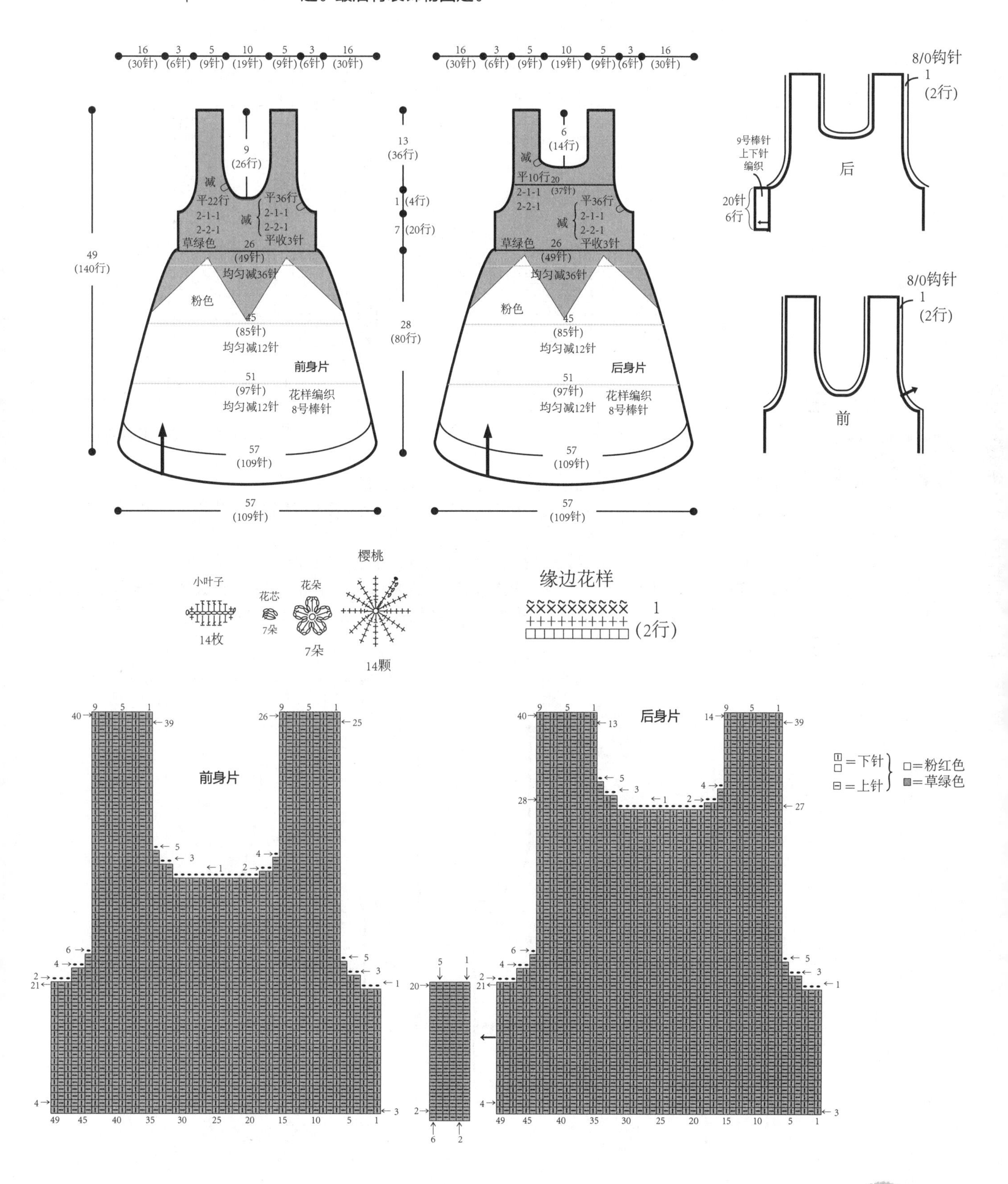

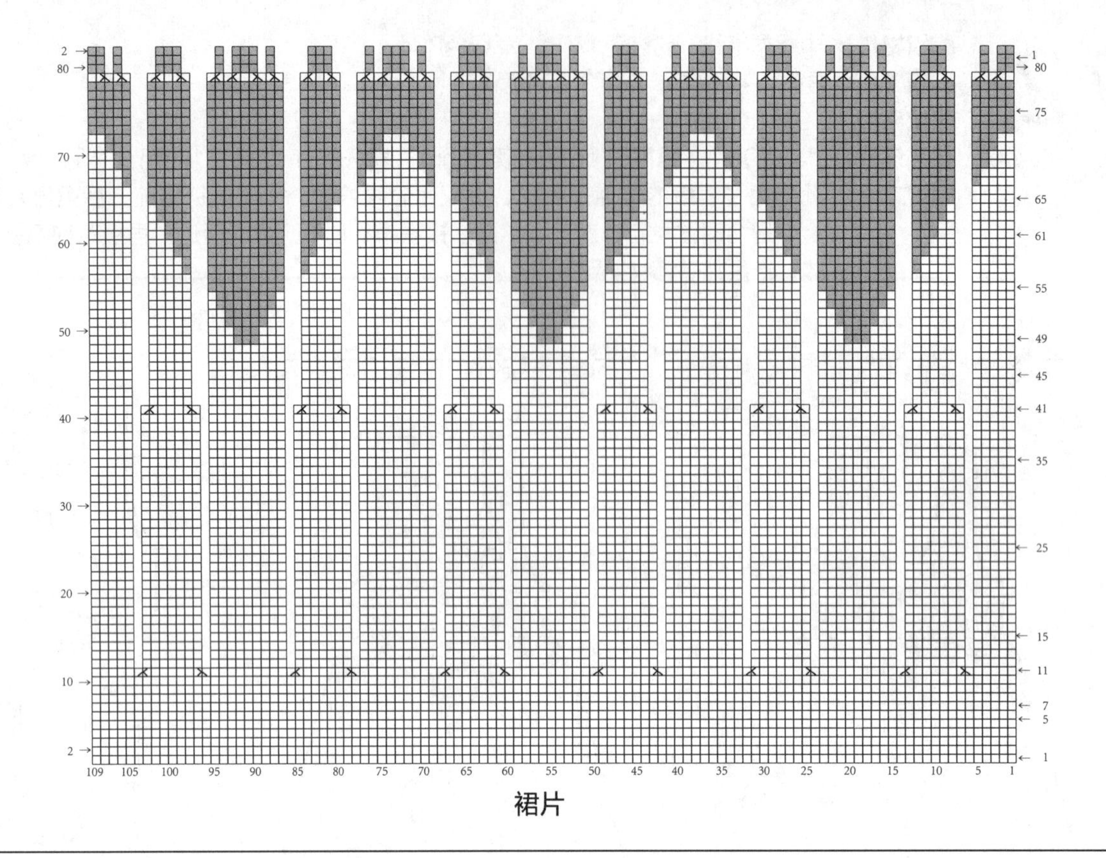

073

编织材料： 绿色生态丝毛线　粉色 190g，绿色生态珍品毛绒　蓝紫夹花 23g，纯毛毛衣专用编织绒　黄色 8g

编织工具： 7/0钩针（3.0mm）、8/0钩针（3.25mm）

编织密度： 花样1　8cm×8cm/1个花，花样2　8cm×8cm/1个花，花样3　4个花×8个花/10cm×10cm

成品尺寸： 衣长24.5cm、胸宽32cm、肩宽24cm、袖长25.5cm

编织方法： 此款毛衣编织的难点是花样连接。首先将单元花样编织好并一一缝合。注意花样连接时松紧适当、平整无皱。接着编织衣缘和领口及袖口的缘边。

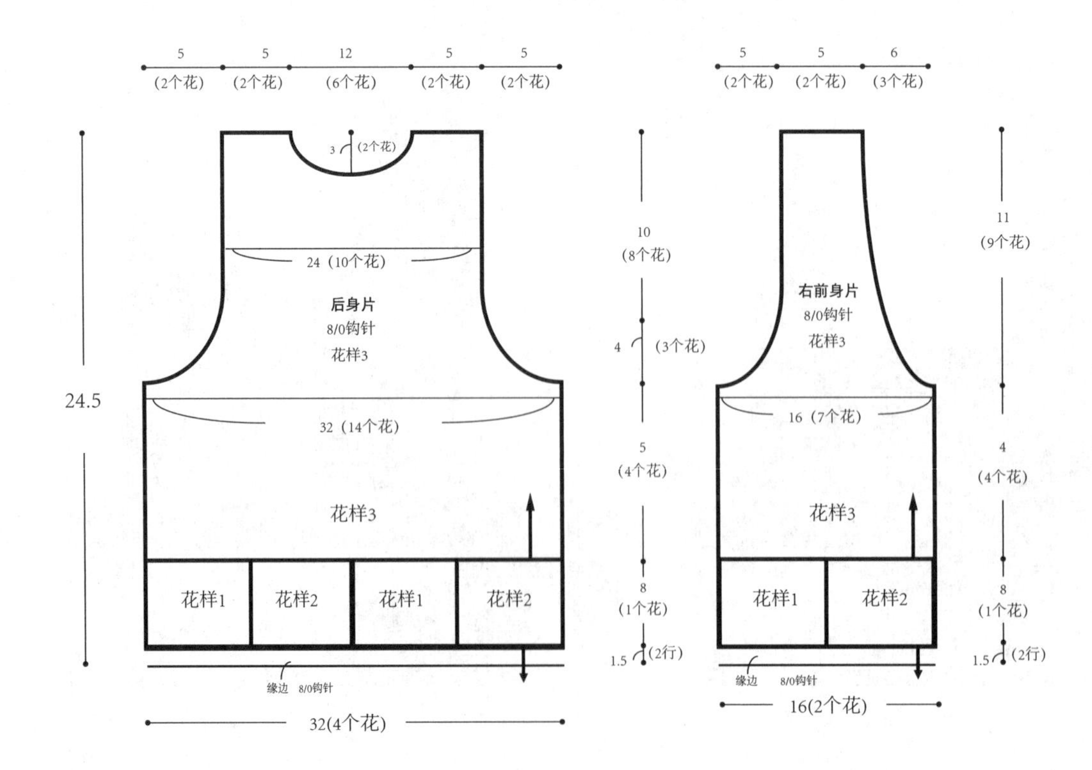

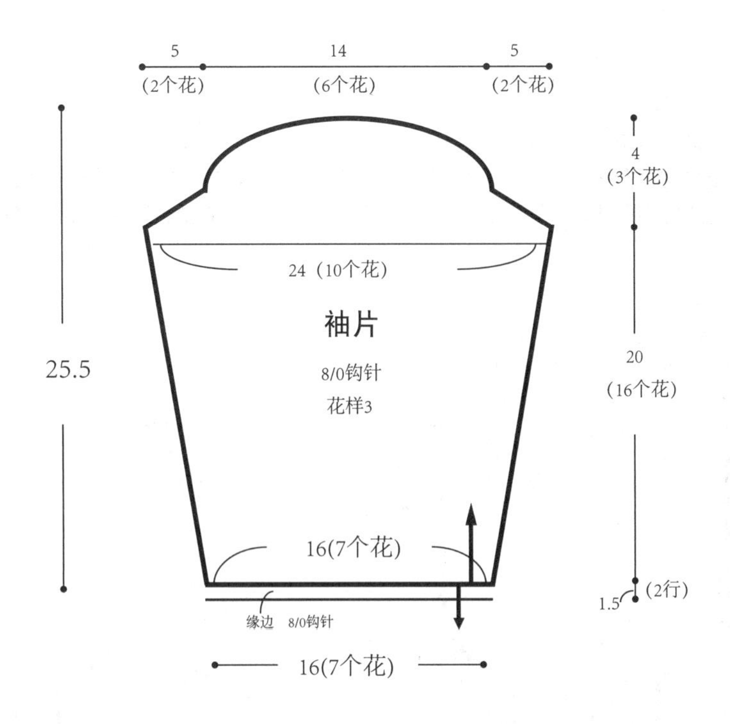
5
(2个花)
14
(6个花)
5
(2个花)
25.5
24（10个花）
袖片
8/0钩针
花样3
16(7个花)
缘边 8/0钩针
16(7个花)
4
(3个花)
20
(16个花)
1.5
(2行)

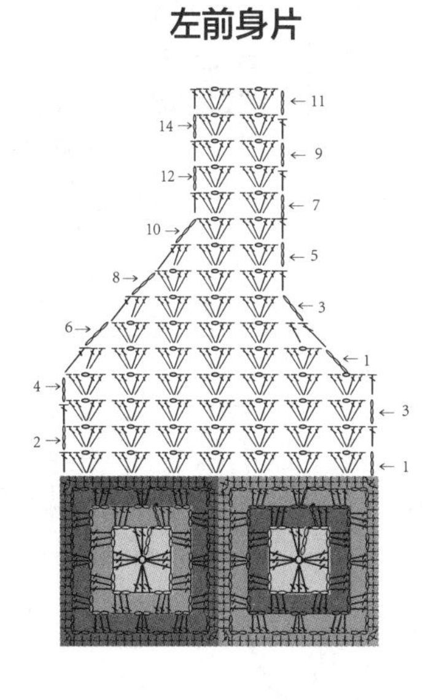
左前身片

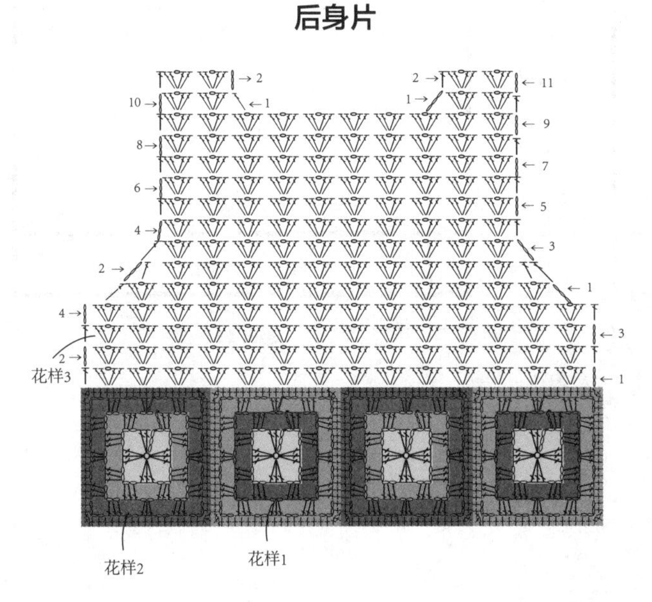
后身片
花样3
花样2
花样1

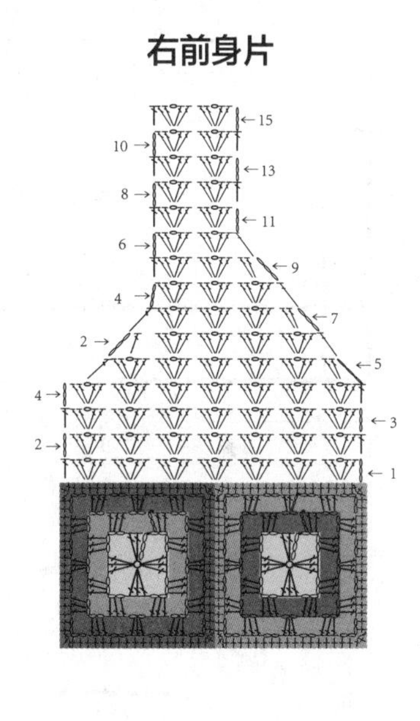
右前身片

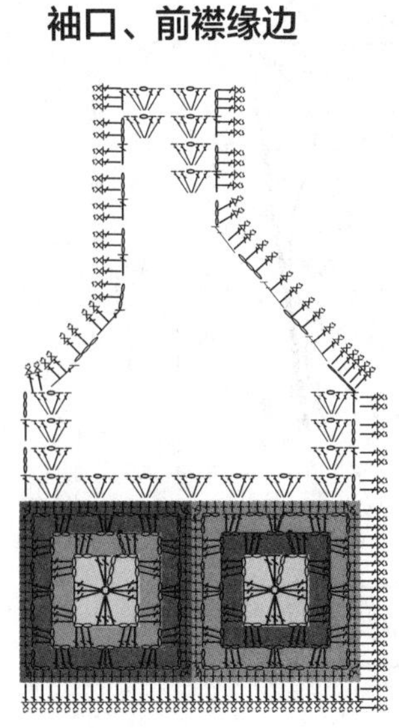
袖口、前襟缘边

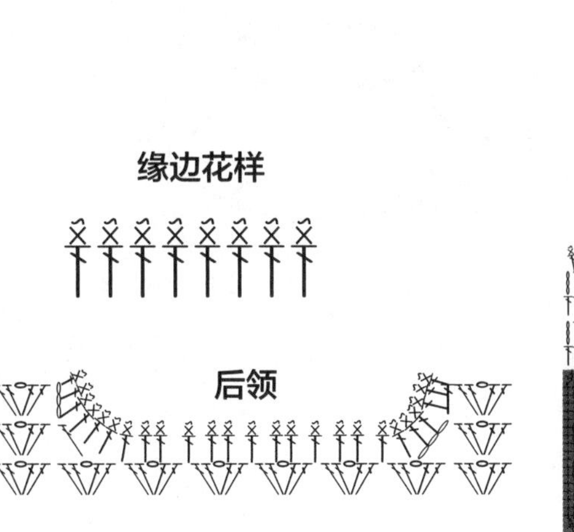
缘边花样
后领

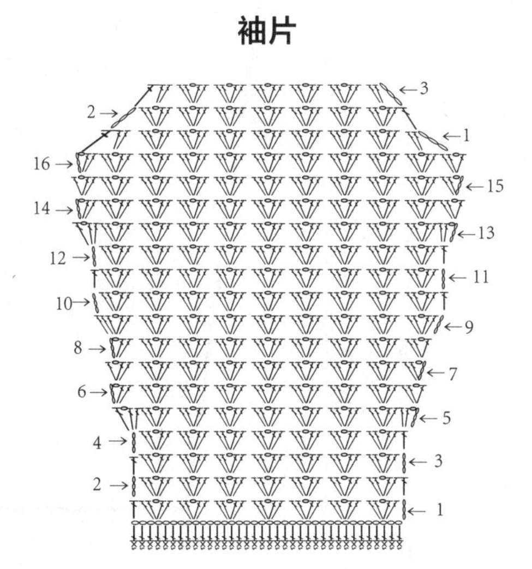
袖片

074

编织材料： 中粗羊毛线　桃红色220g，白色50g，深蓝色、浅蓝色少量

编织工具： 8号、9号棒针

编织密度： 22针×30行/10cm×10cm

成品尺寸： 衣长28cm、胸宽29cm、肩宽21cm、袖长19cm

编织方法： 首先分别将前、后身片编织好并缝合，缝合时注意花样对齐、平坦无皱。接着编织左、右袖片并缝合，缝合时注意花样对齐、平坦无皱。然后编织领口缘边。最后将装饰物固定好。

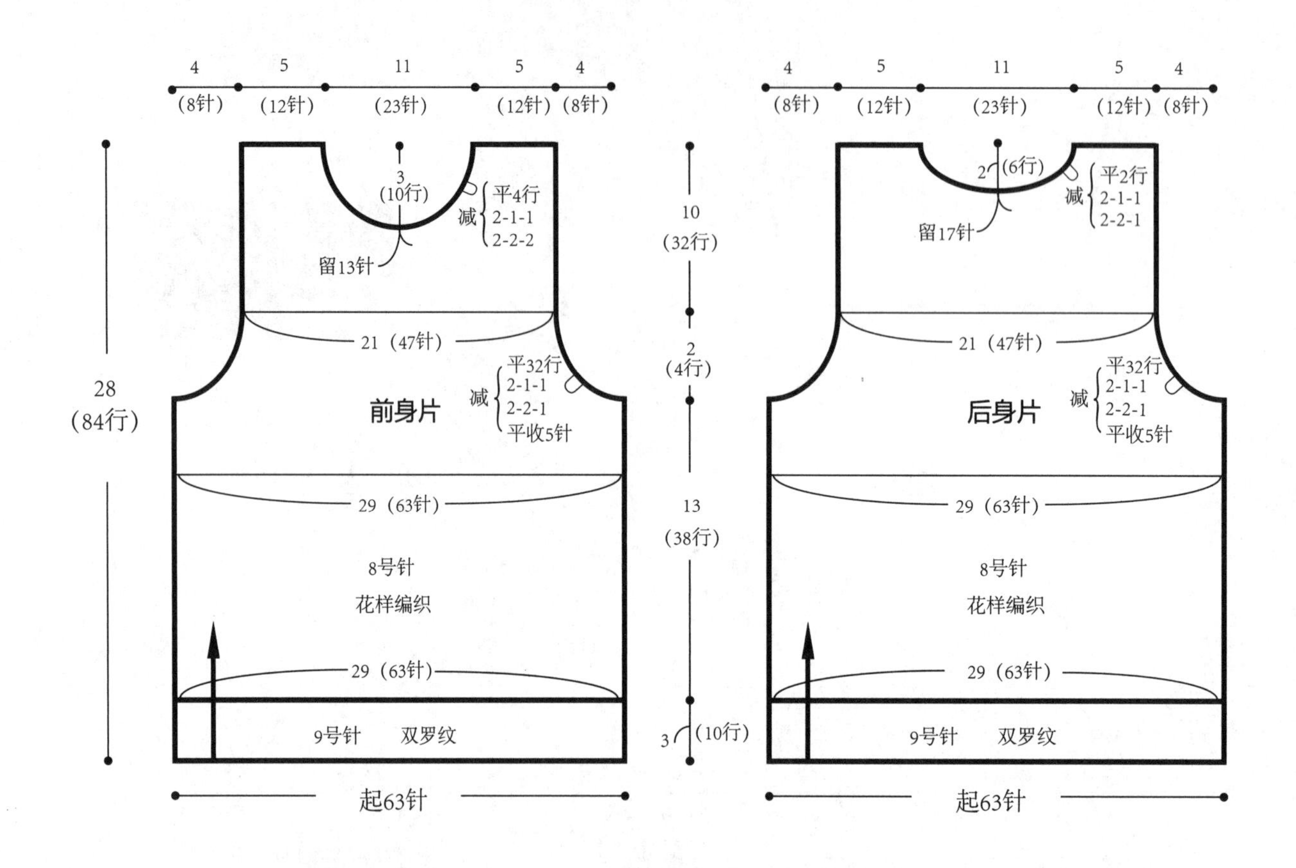

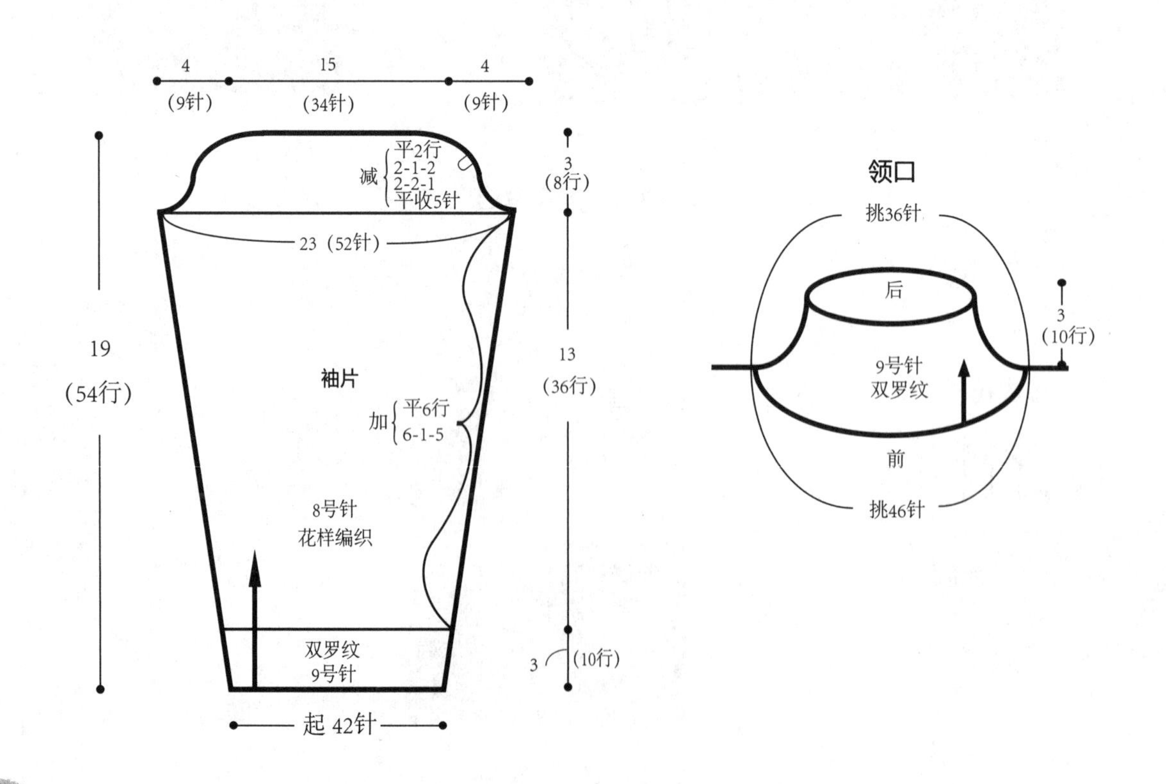

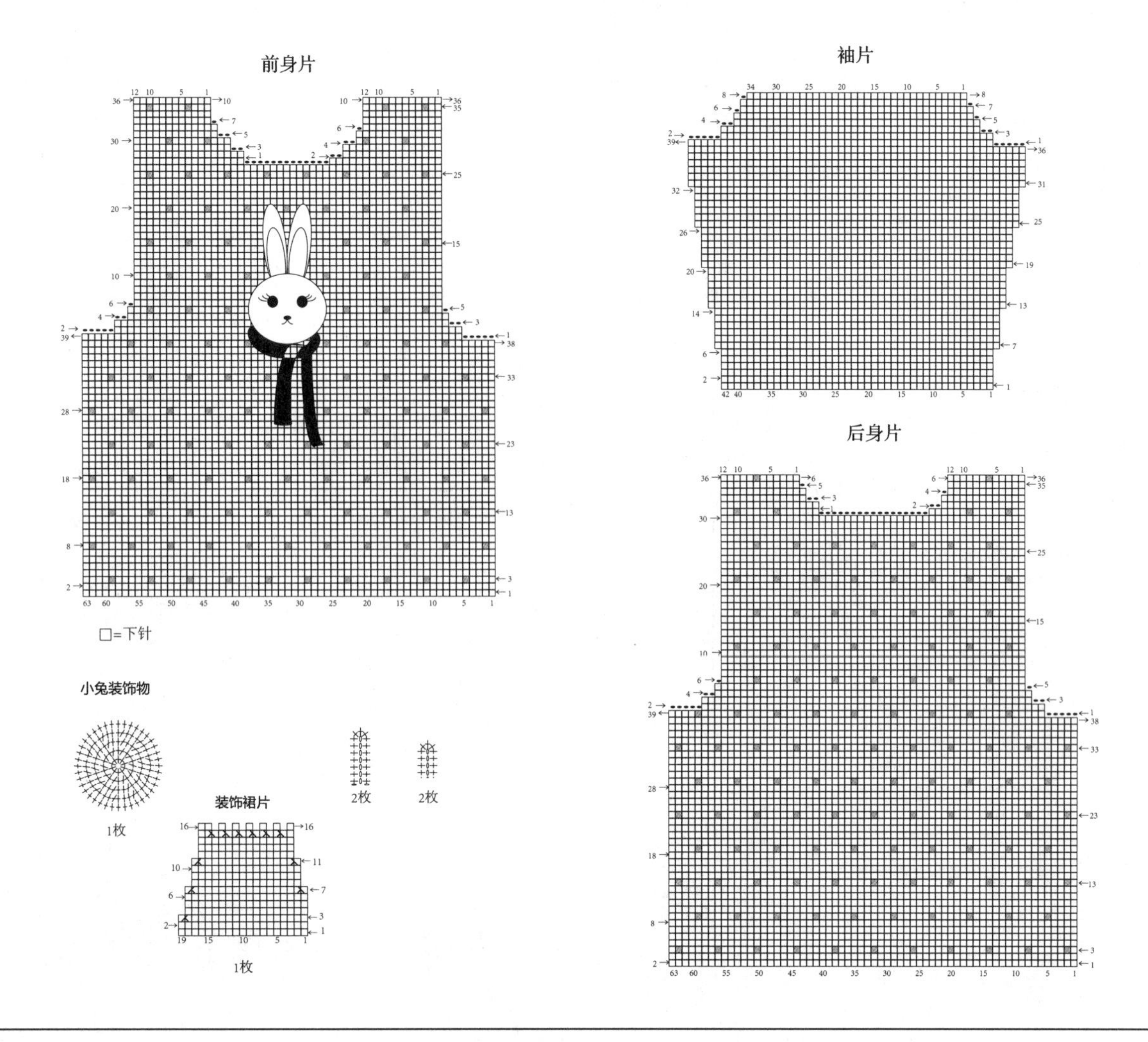

075

编织材料： 粗羊毛线　白色370g、绿色20g、铁红色10g、大红色5g，细羊毛线　黄色10g，细棉线　黄色5g、棕色5g

编织工具： 6号、7号棒针

编织密度： 15针×22行/10cm×10cm

成品尺寸： 衣长37.5cm、胸围70cm、背肩宽27cm、袖长33cm

编织方法： 此款毛衣编织的难点是前身片花样的编织，建议用分线法编织，让花样凸出表面形成立体。首先分别编织好前后身片及袖片，编织好饰物。将前后身片缝合后再将饰物钉在前身片。最后编织袖片及领口。

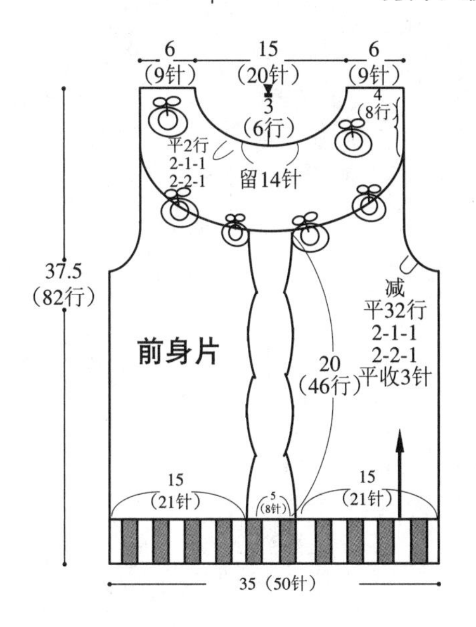

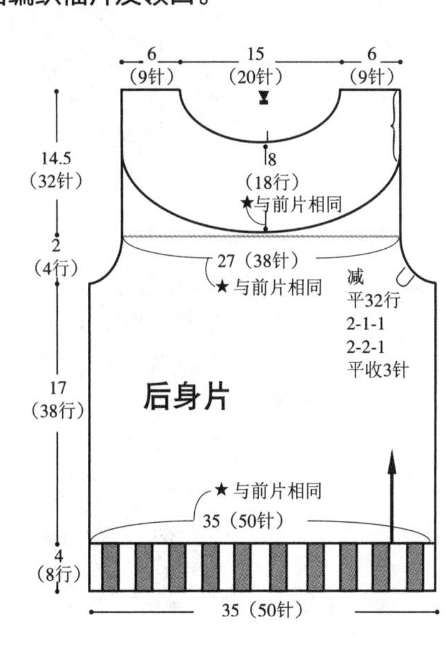

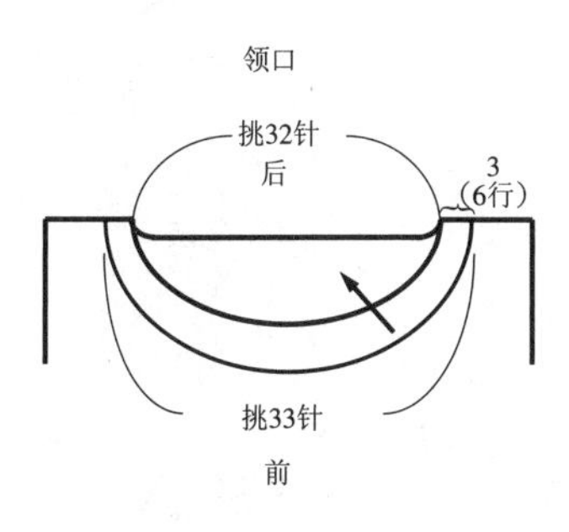

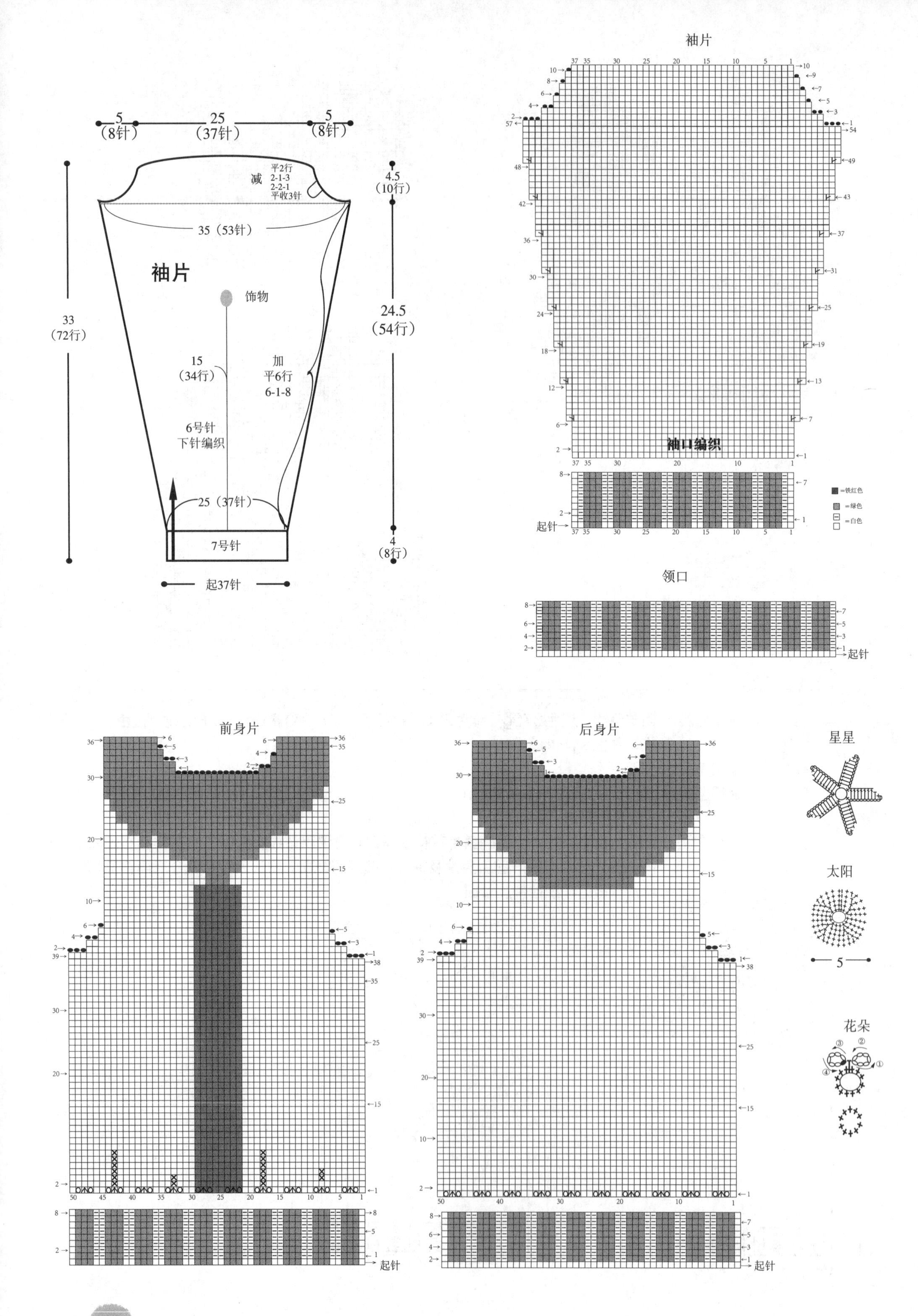
5
(8针)
25
(37针)
5
(8针)
减
平2行
2-1-3
2-2-1
平收3针
4.5
(10行)
35（53针）
袖片
饰物
33
(72行)
24.5
(54行)
15
(34行)
加
平6行
6-1-8
6号针
下针编织
25（37针）
7号针
4
(8行)
起37针
袖片
袖口编织
=铁红色
=绿色
=白色
起针
领口
起针
前身片
起针
后身片
起针
星星
太阳
5
花朵

076

编织材料： 中粗羊毛线　粉夹白色170g

编织工具： 9号、10号棒针，8/0(3.25mm)钩针

编织密度： 22针×29行/10cm×10cm

成品尺寸： 裙长28cm、裙摆宽43cm、腰宽24cm

编织方法： 此款裙子的难点是花样。因为花样由棒针与钩针组合编织、变换，所以在手劲上要求松紧适当。首先编织前、后裙片并缝合，缝合时注意花样对齐、平整。接着编织裙腰缘边。

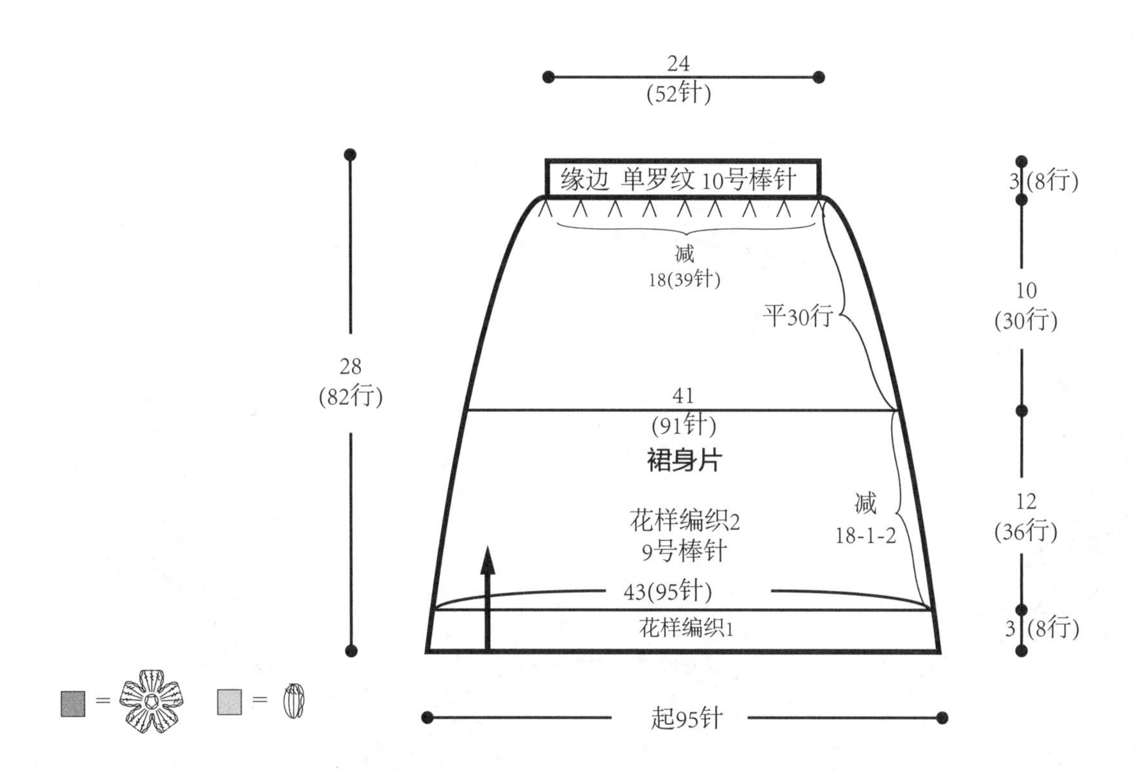

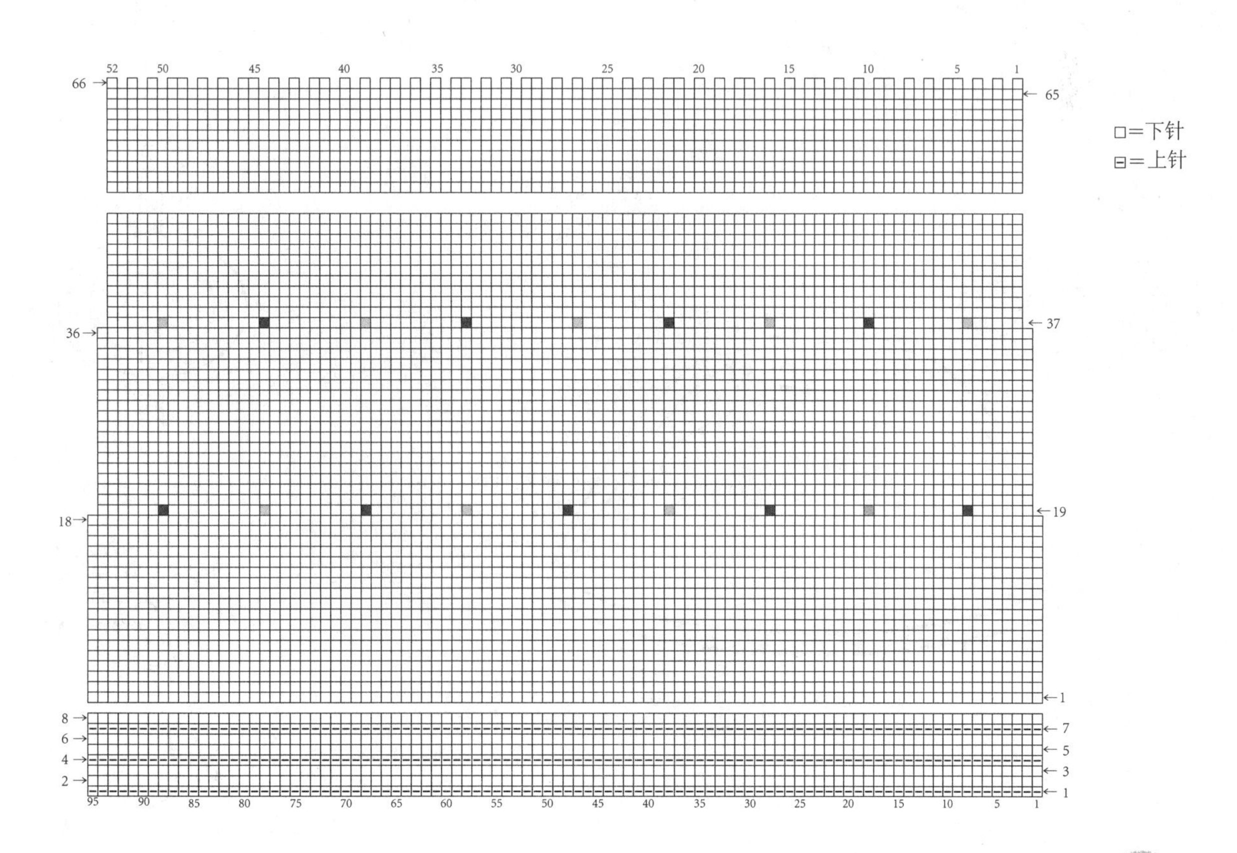

077

编织材料： 纯毛毛衣专用编织绒　深红色 89g，精品高级绒线　灰色 31g

编织工具： 10号、11号棒针，6/0钩针

编织密度： 26针×31行/10cm×10cm

成品尺寸： 衣长18cm、肩背宽24cm

编织方法： 此款毛衣编织难点是花样编织。首先分别将前、后身片编织好，然后编织前、后身片的缘边。接着将缘边肩部的顶端重叠并固定好，再编织领口缘边。最后改用钩针钩织下摆缘边。

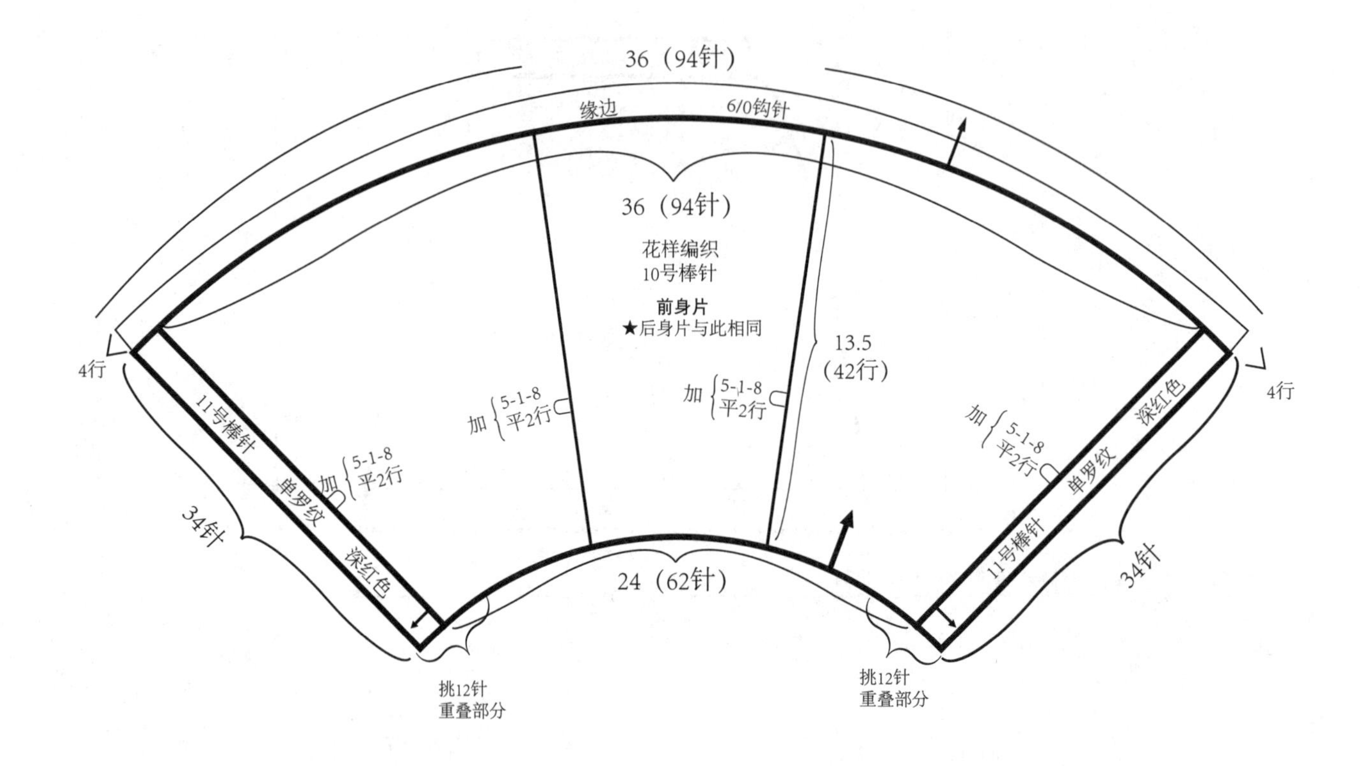

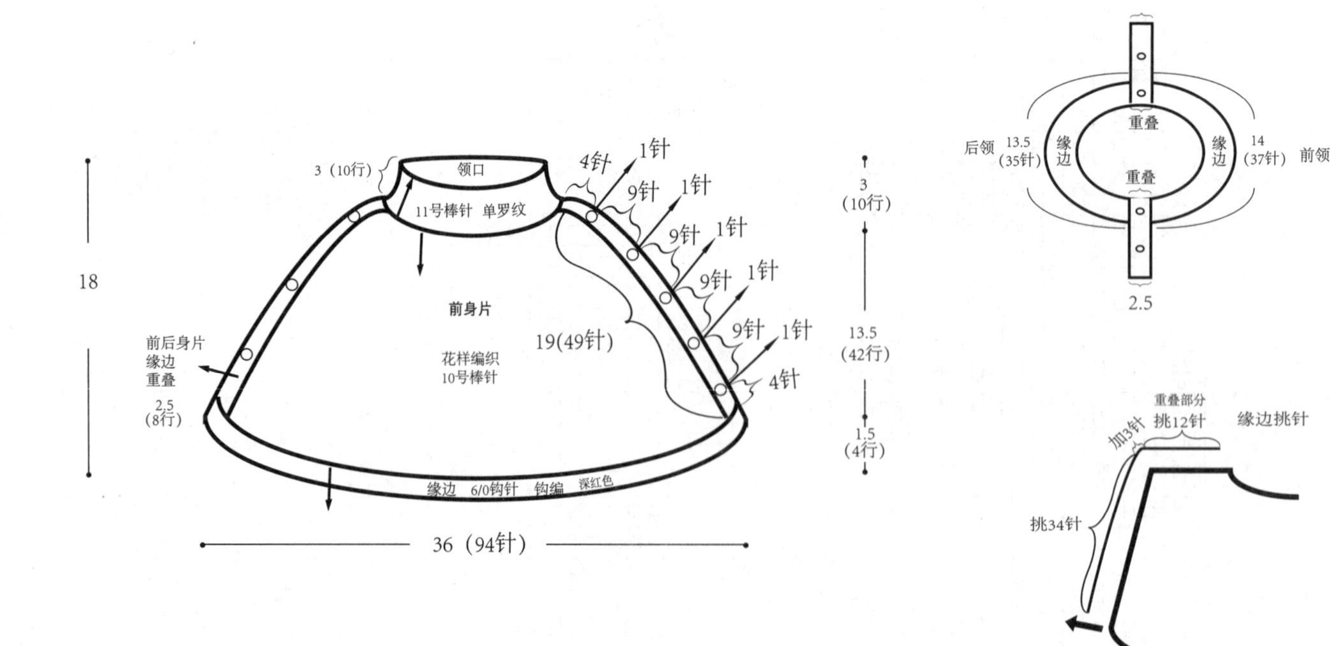

身片花样编织（下针）

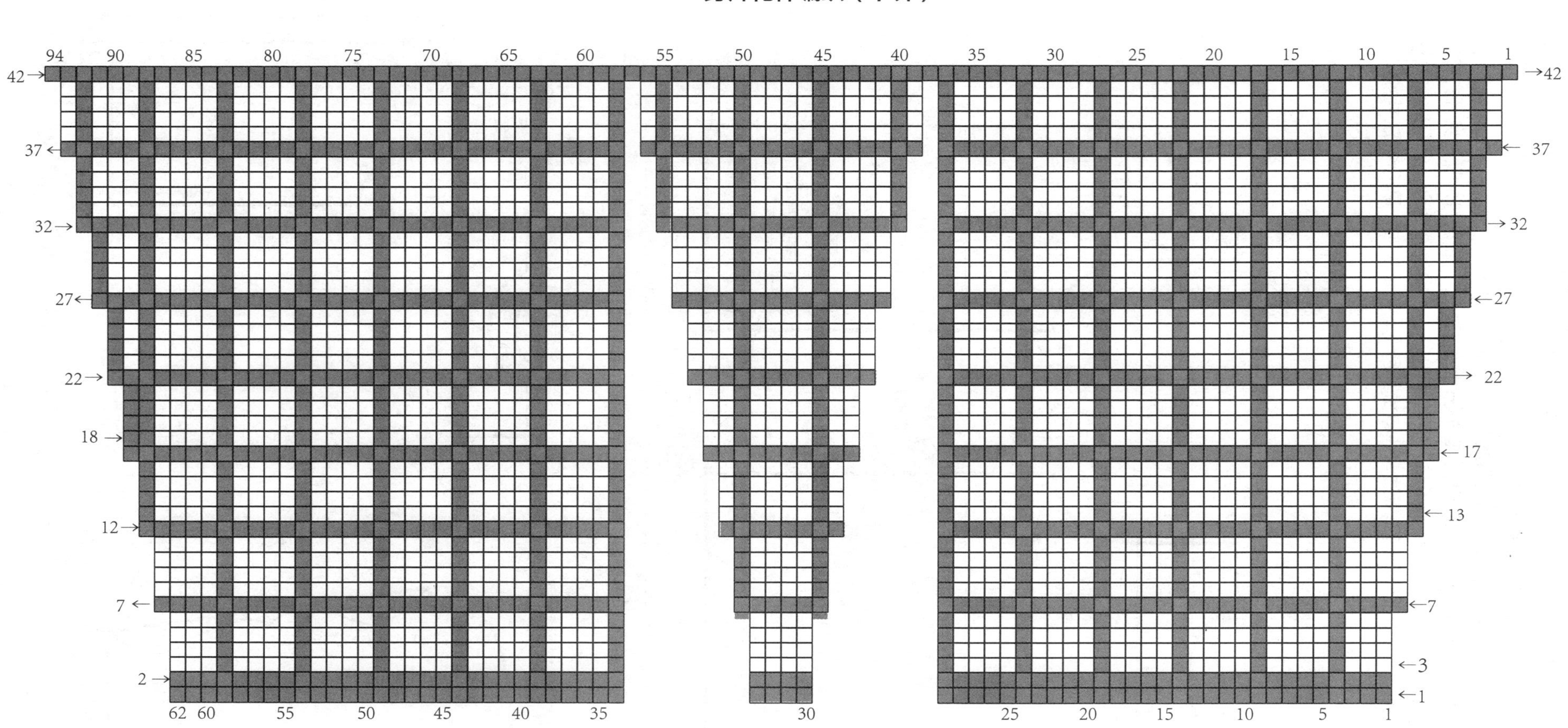

缘边花样

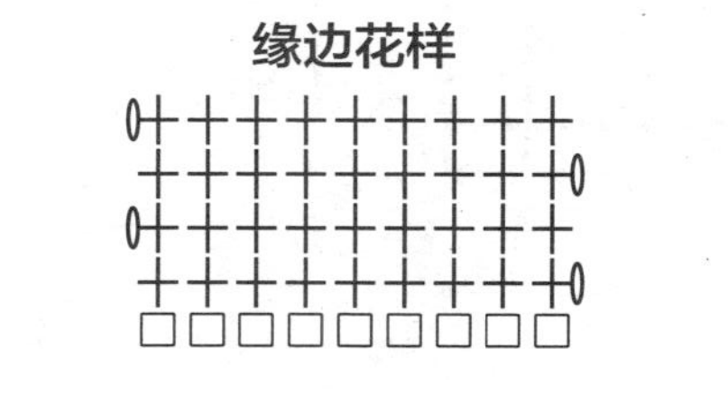

078

编织材料： 中粗毛线　粉红色220g，军绿色、玫红色等少量

编织工具： 7号、8号棒针

编织密度： 18针×26行/10cm×10cm

成品尺寸： 衣长33cm、胸宽32cm、肩宽21cm、袖长33cm

编织方法： 此款毛衣编织的难点是花样。首先分别编织好左、右前身片及后身片并将其对应缝合，缝合时注意花样平整、无皱。接着编织左、右袖片并缝合，缝合时注意花样平整、无皱。再编织领口及门襟缘边，注意松紧适当、平坦无皱。最后将装饰物固定好。

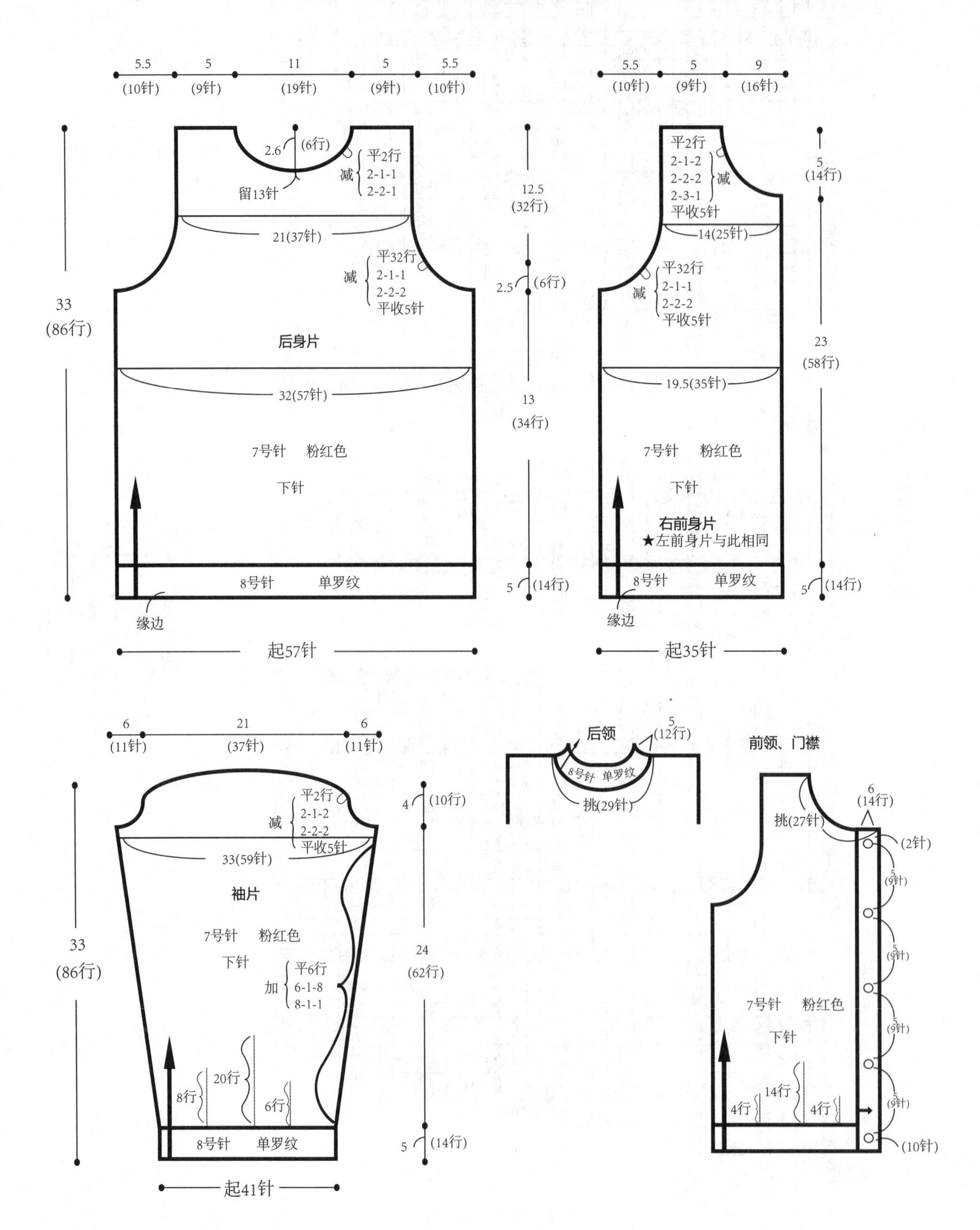

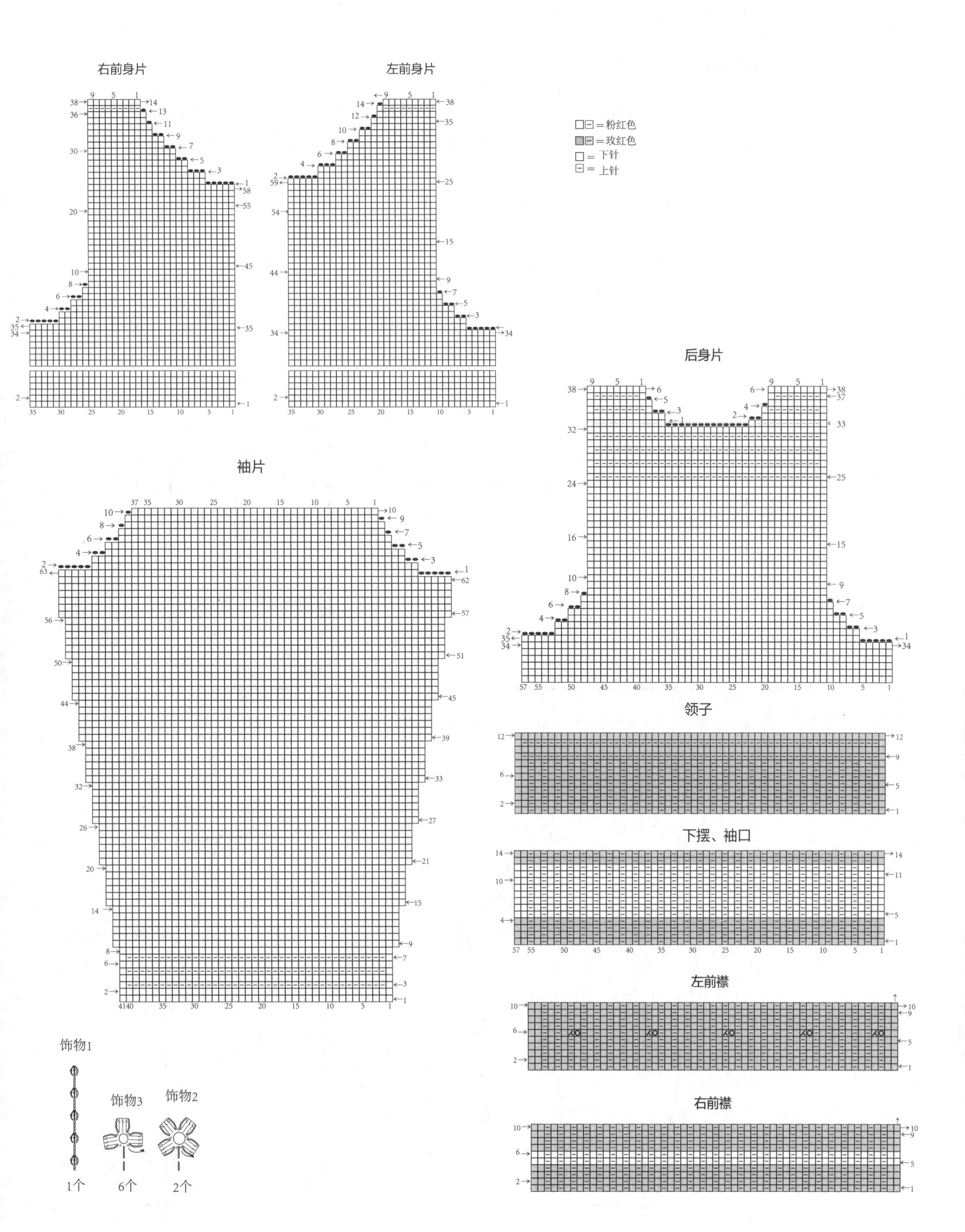
右前身片
左前身片
□⊟=粉红色
▩⊟=玫红色
□=下针
⊟=上针
后身片
袖片
领子
下摆、袖口
左前襟
右前襟
饰物1
饰物3
饰物2
1个
6个
2个

079

编织材料： 中粗羊毛线　红色145g、白色97g
编织工具： 9号、10号棒针
编织密度： 22针×32行/10cm×10cm
成品尺寸： 衣长31.5cm、胸宽28cm、肩宽21cm、袖长27cm
编织方法： 此款毛衣编织难点是花样的编织。首先分别将前后身片、左右袖片编织好，然后把前后身片及袖片对应缝合，缝合时要注意花样的平整。最后编织领口缘边。

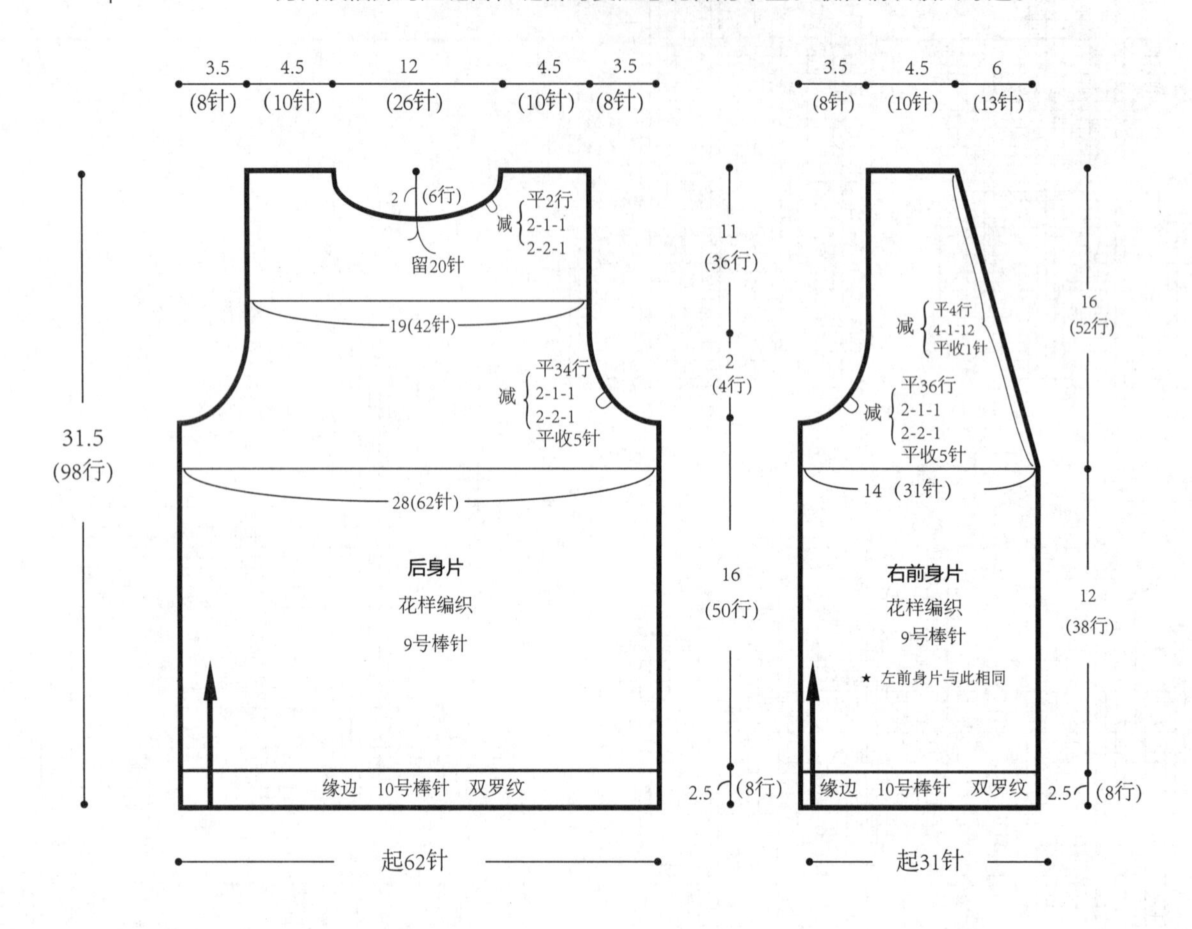

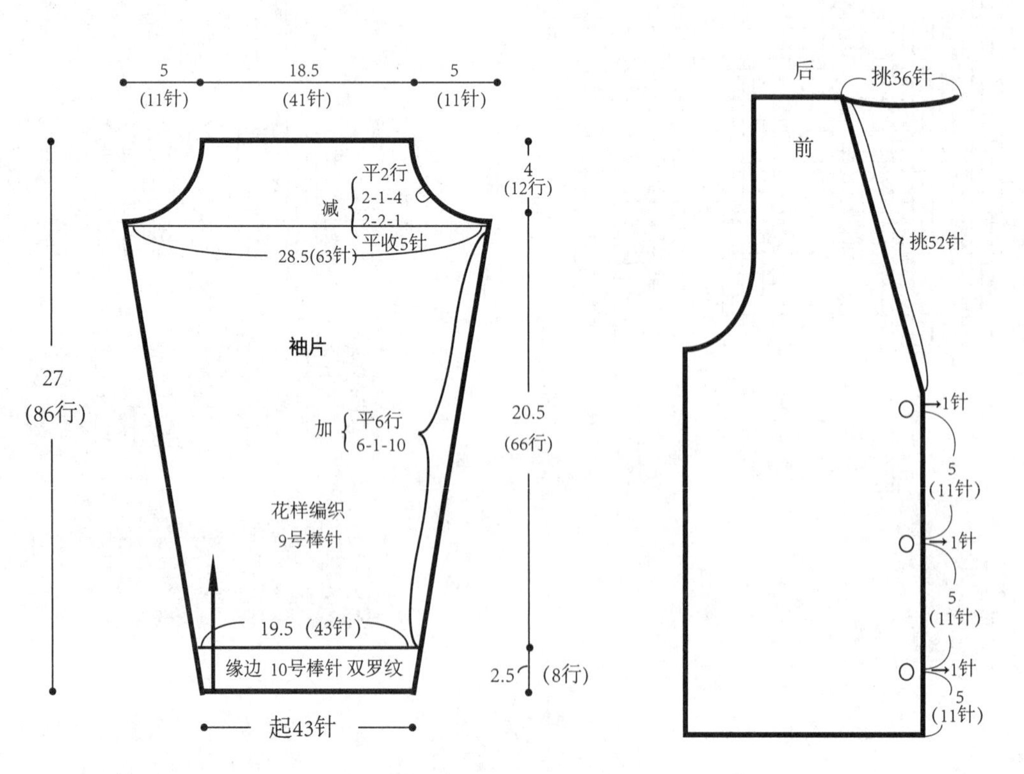

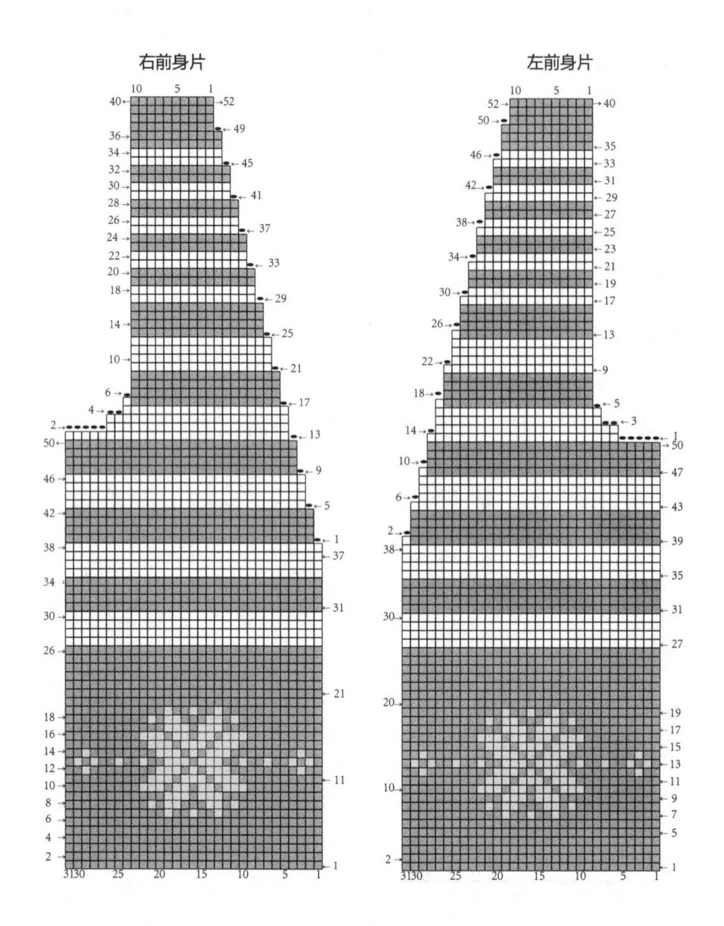
右前身片
左前身片

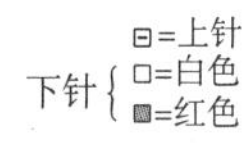
下针{ ⊟=上针
□=白色
■=红色

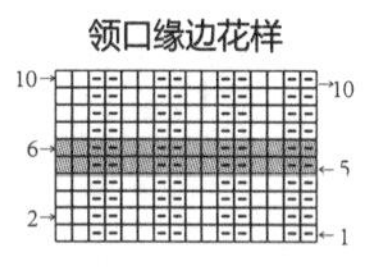
领口缘边花样

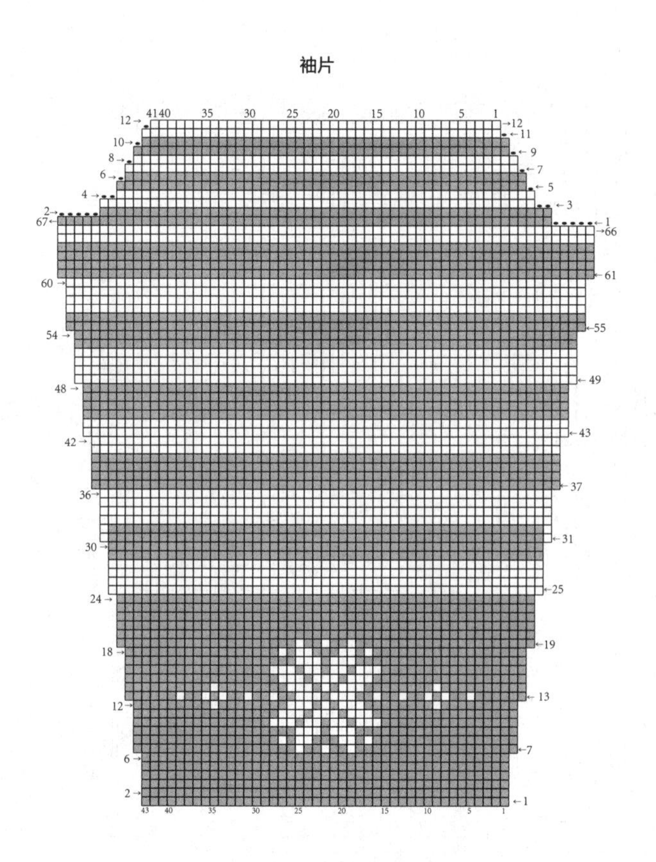
袖片

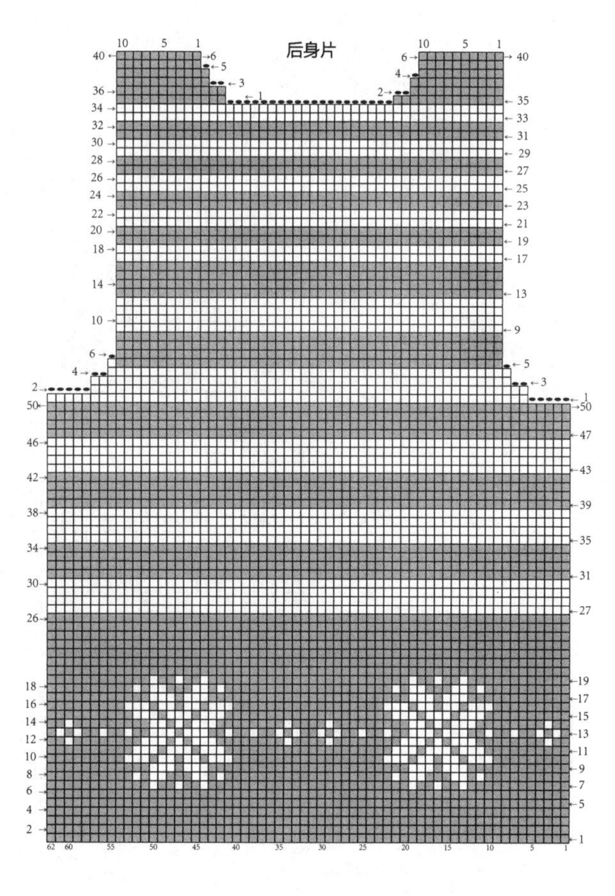
后身片

080

编织材料： 中粗羊毛线　海蓝色265g

编织工具： 8号、9号棒针

编织密度： 21针×26行/10cm×10cm

成品尺寸： 裙长32cm、裙摆46cm、腰宽30cm

编织方法： 此款裙子编织的难点是花样。首先分别编织好前、后裙片并缝合，缝合时注意花样对齐、平整。接着圈编裙腰缘边。

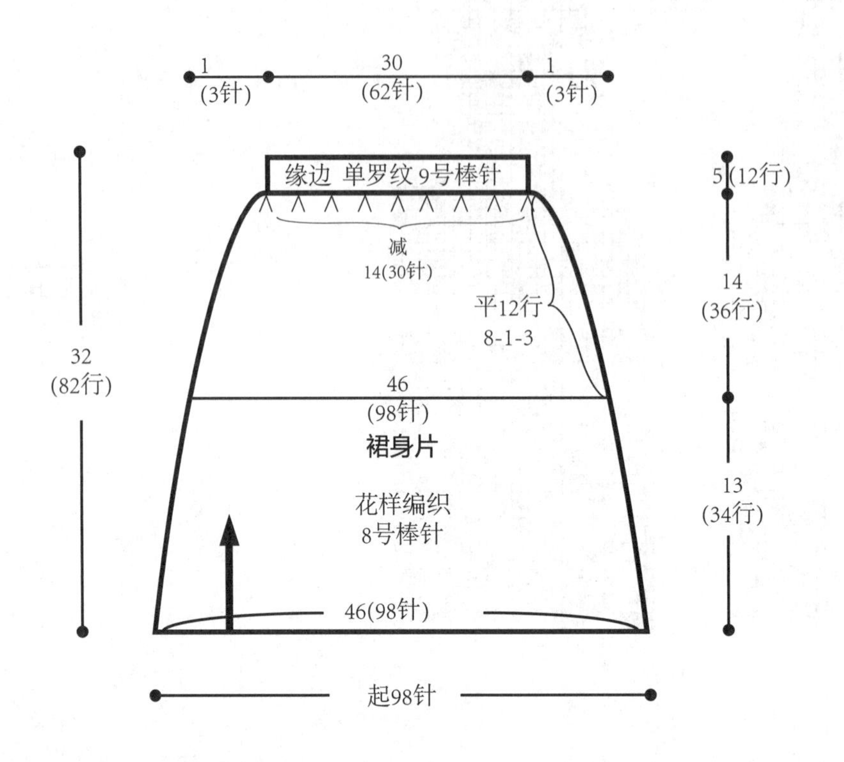

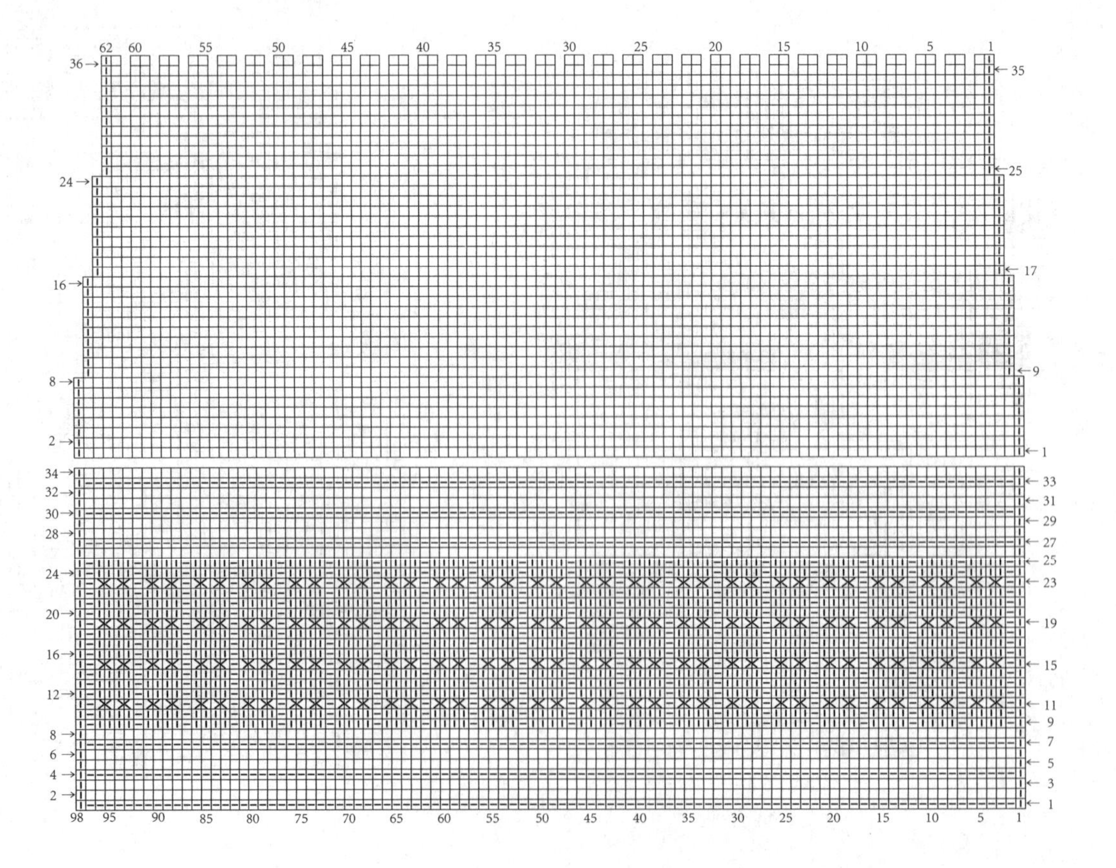

081

编织材料： 纯毛防虫蛀高级绒线　宝蓝色 26g，纯毛超柔暖防虫蛀高级粗绒线　白色 40g，澳洲美丽诺羔羊毛绒线　灰色 236g

编织工具： 10号、11号棒针，6/0钩针（2.5mm）

编织密度： 24针×32行/10cm×10cm

成品尺寸： 衣长48cm、胸宽33cm、肩宽25cm

编织方法： 此款毛衣编织的难点是花样编织。首先分别将前、后身片编织好，并缝合。注意花样松紧适当、平整无皱（建议用分线法编织花样）。接着编织领片，注意花样平整、松紧适当。跟着编织袖口缘边，最后将饰物固定好。

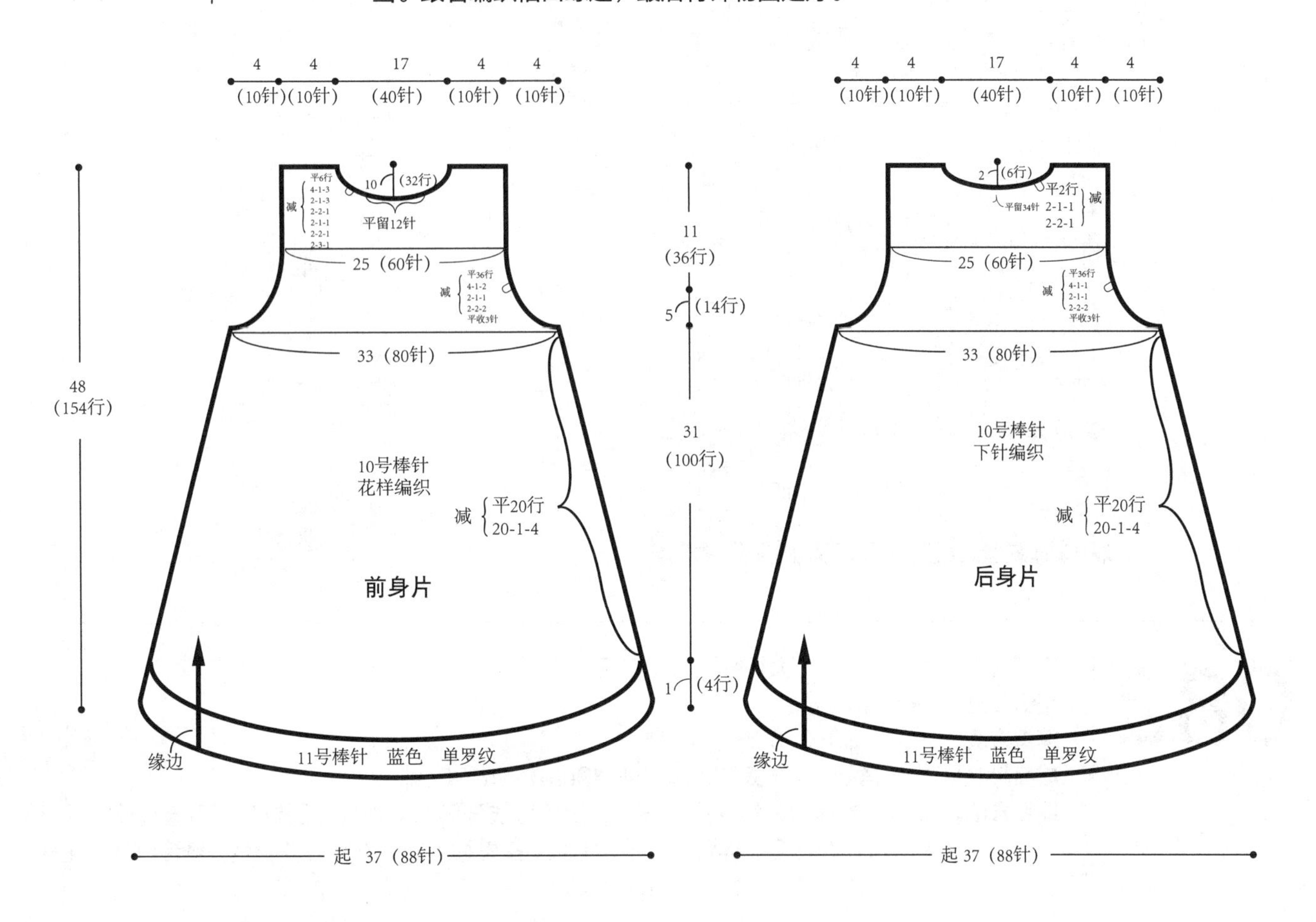

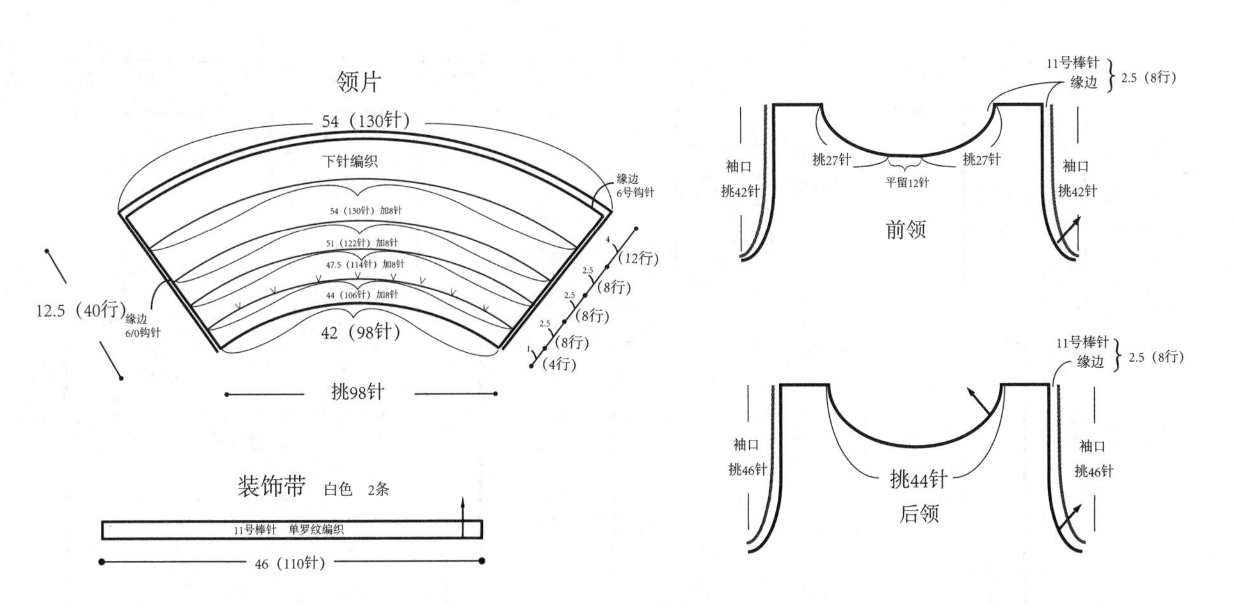

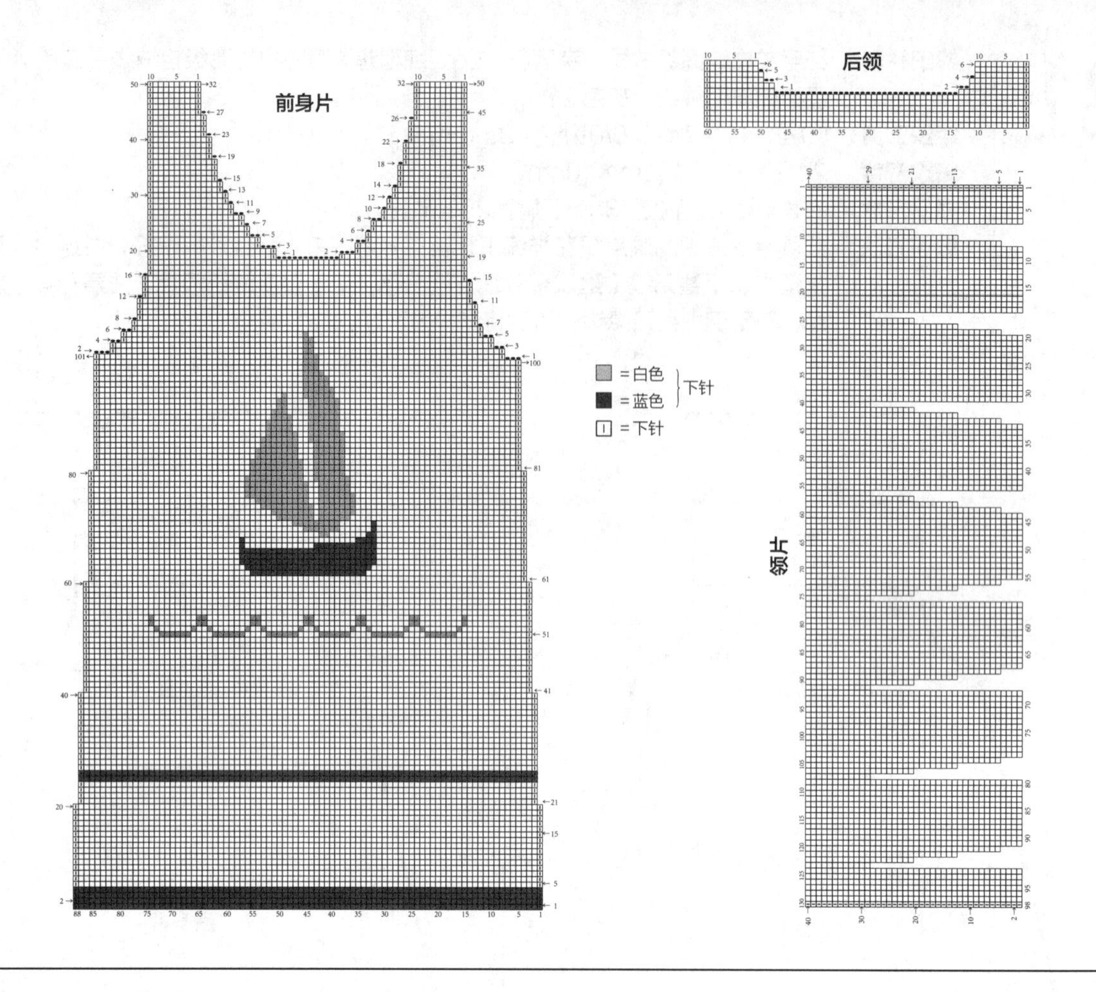

082

编织材料： 中粗羊毛线　大红色190g、白色少量

编织工具： 9号、10号棒针

编织密度： 24针×30行/10cm×10cm

成品尺寸： 衣长34 cm、胸宽26cm、肩宽19cm、袖长26cm

编织方法： 此款毛衣编织的难点是图案，建议用分线法编织。首先分别将前、后身片编织好并缝合，缝合时注意花样对齐、平整无皱。接着编织左、右袖片并缝合，缝合时注意花样对齐、平整无皱。最后编织领口缘边。

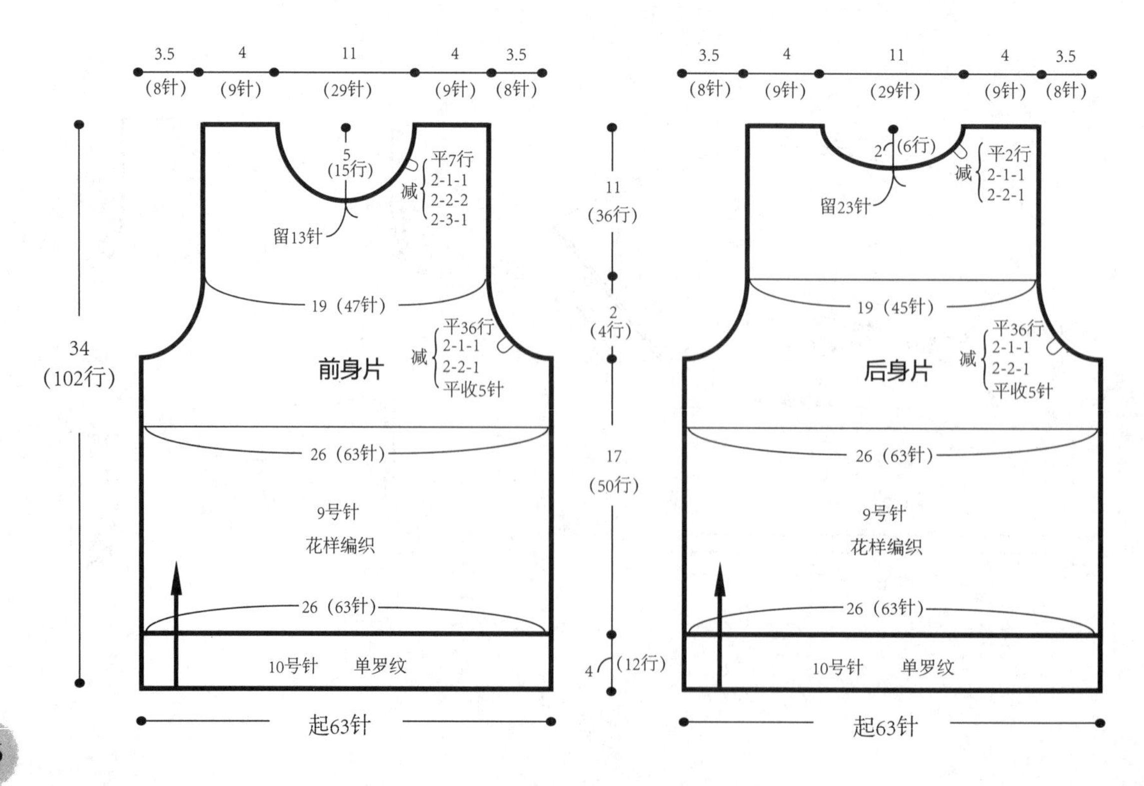

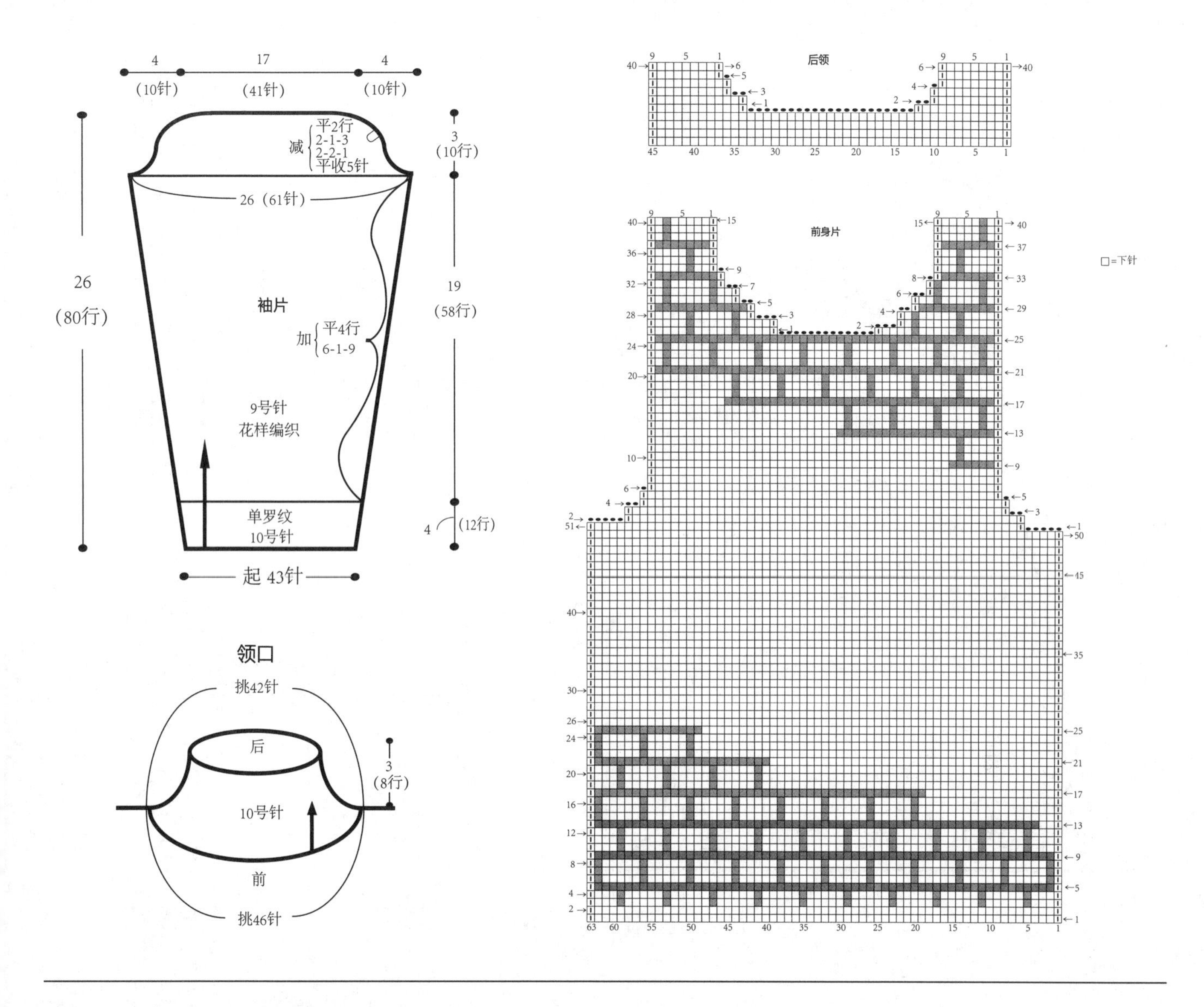

083

编织材料： 中粗毛线　紫蓝色200g、浅蓝色20g、黄色10g

编织工具： 8号、7号棒针，10/0钩针

编织密度： 20针×28行/10cm×10cm

成品尺寸： 衣长38cm、胸围50cm、背宽18cm、袖长19cm

编织方法： 此款毛衣的编织难点是腰线的收拢。首先分开编织前后身片，注意编织腰部时要适当收紧，衣身织好后缝合，缝合时色线要对整齐。接着编织袖片，袖片缝合时也要注意色线的对齐，袖顶靠近肩中线的位置用缝针把几针同时串连成一针对应袖窿的一针缝合即可出现抽褶。最后钩编好饰物并钉好。

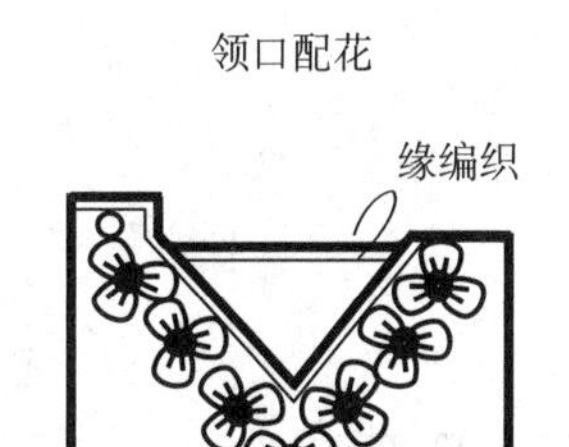

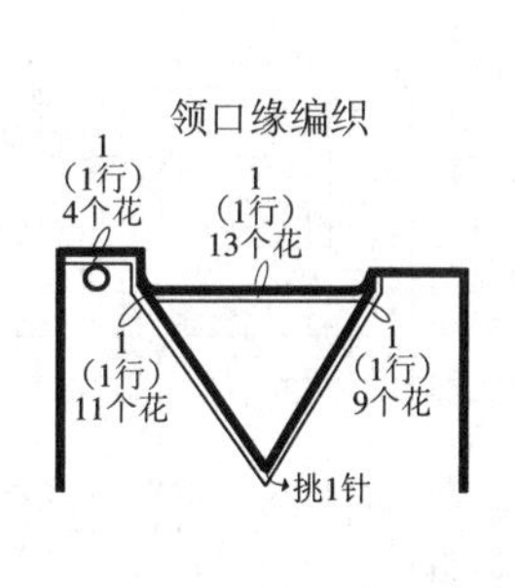

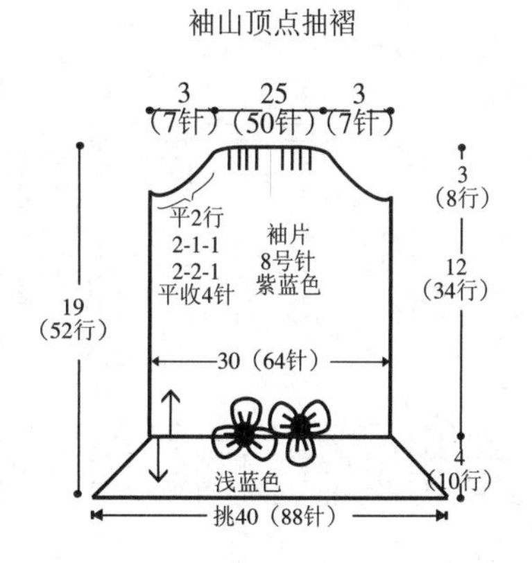

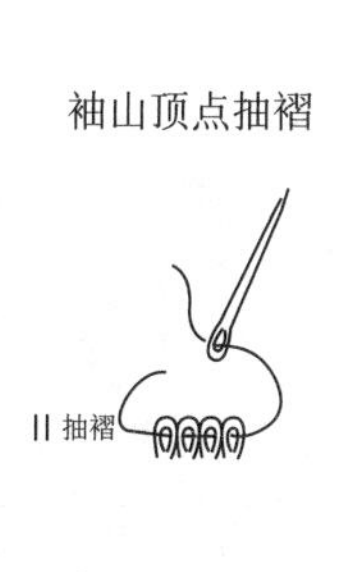

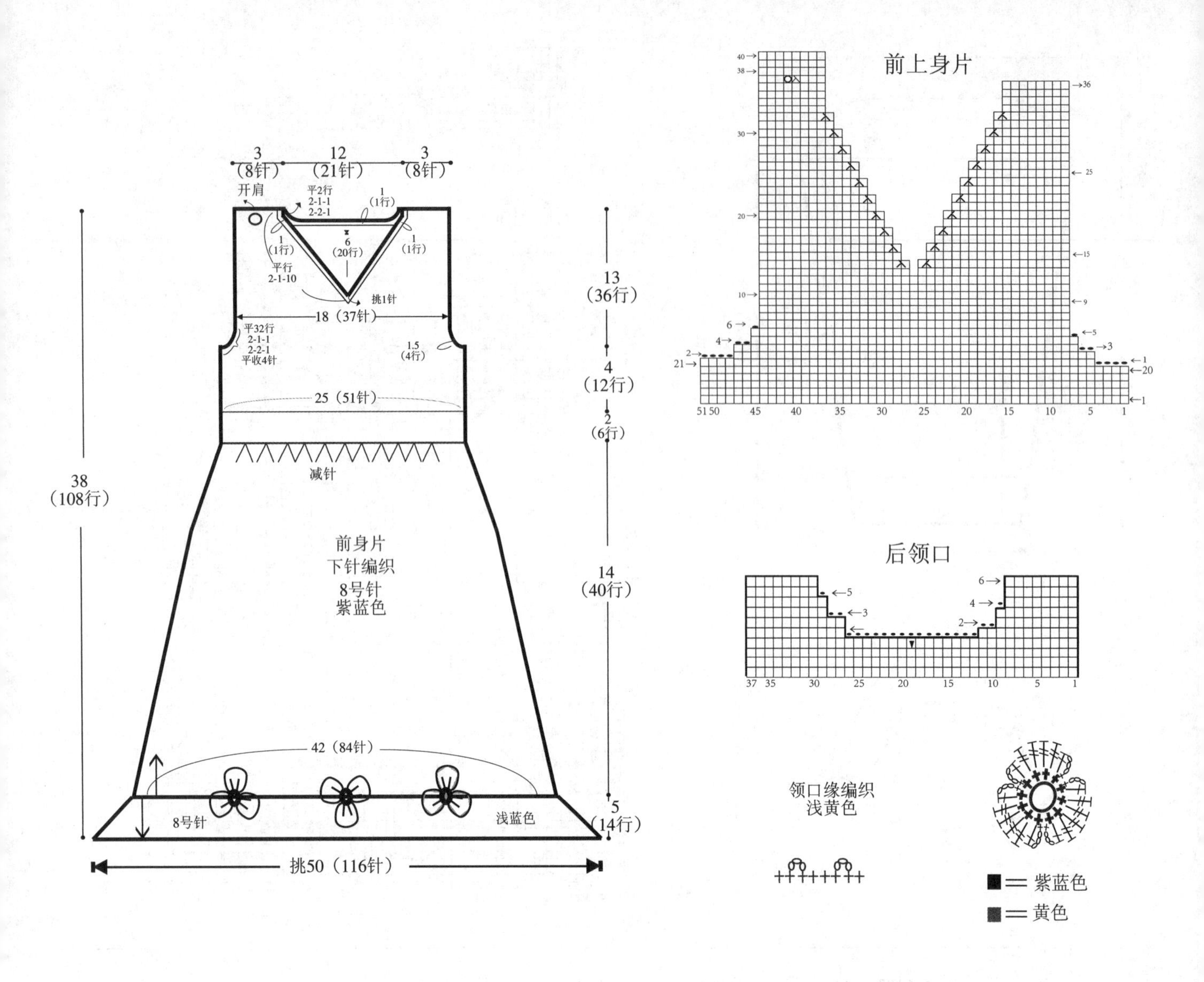

前上身片
后领口
3 (8针)
12 (21针)
3 (8针)
开肩
平2行 2-1-1 2-2-1
1 (1行)
6 (20行)
平行 2-1-10
挑1针
18 (37针)
平32行 2-1-1 2-2-1 平收4针
1.5 (4行)
25 (51针)
减针
前身片
下针编织
8号针
紫蓝色
42 (84针)
8号针
浅蓝色
38 (108行)
13 (36行)
4 (12行)
2 (6行)
14 (40行)
5 (14行)
挑50 (116针)
领口缘编织
浅黄色
= 紫蓝色
= 黄色

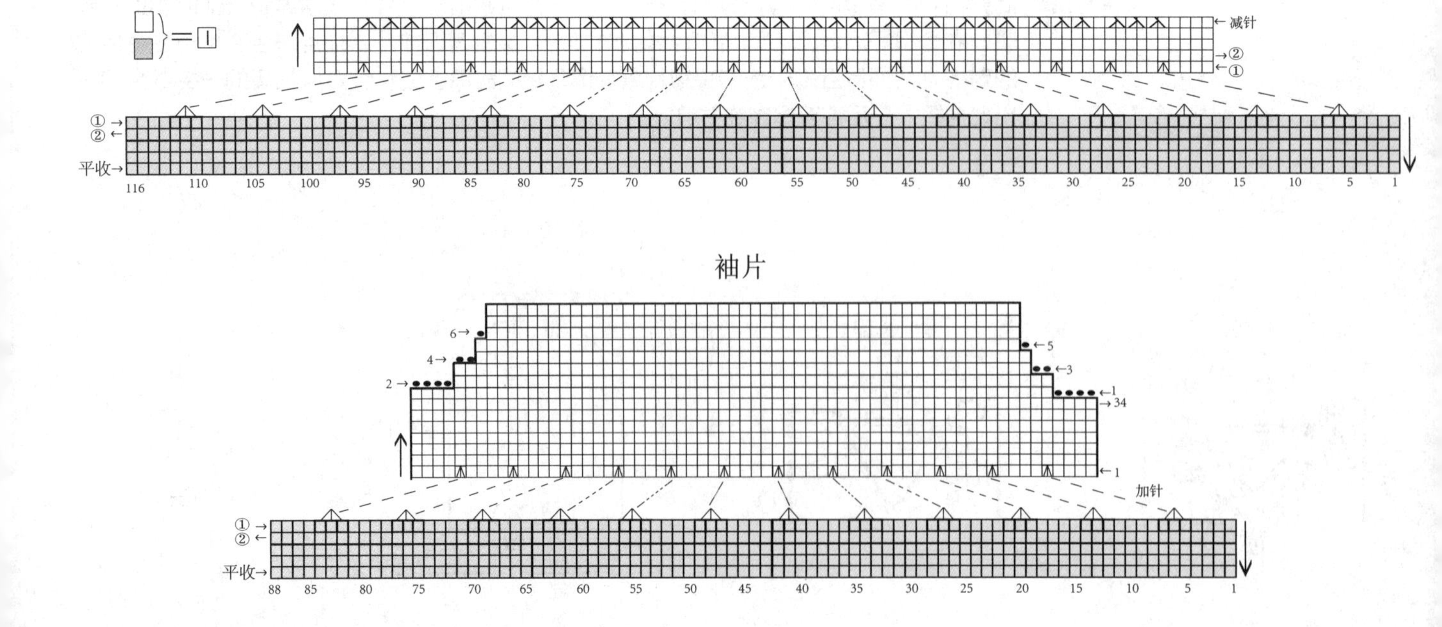

裙片
减针
平收
袖片
加针
平收

084

编织材料： 绿色防缩珍品粗绒线　白色146g

编织工具： 10号、11号棒针

编织密度： 26针×34行/10cm×10cm

成品尺寸： 衣长31cm、胸宽26.5cm、肩宽20cm

编织方法： 此款毛衣编织的难点是花样编织。首先分别将左、右前身片、后身片及袖片编织好并缝合，注意花样的松紧适当、平整无皱。然后编织领口缘边。

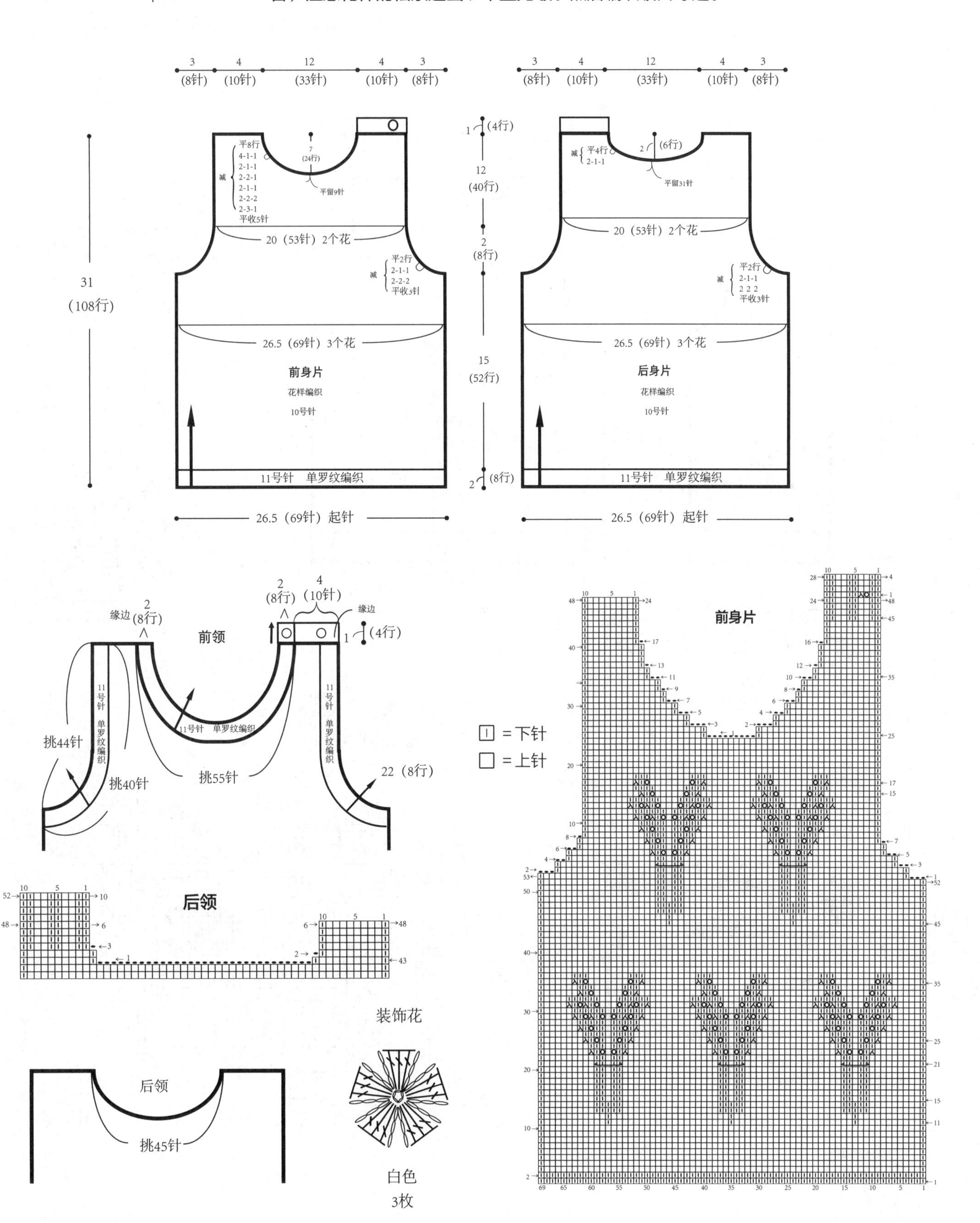

085

编织材料： 绿色生态丝毛线　粉色 151g，精品高级绒线　鹅黄色 24g，精品高级绒线 秋香绿 54g，其他颜色配线　少量

编织工具： 10号、11号棒针，8/0钩针（3.25mm）

编织密度： 24针×35行/10cm×10cm

成品尺寸： 衣长25.5cm、胸宽30cm、肩宽22cm

编织方法： 此款毛衣编织的难点是饰花的编织。首先分别将左前、右前身片编织好并缝合。注意肋下花样平整、无皱。然后编织领口、前襟、袖口的缘边。最后将饰物固定好。

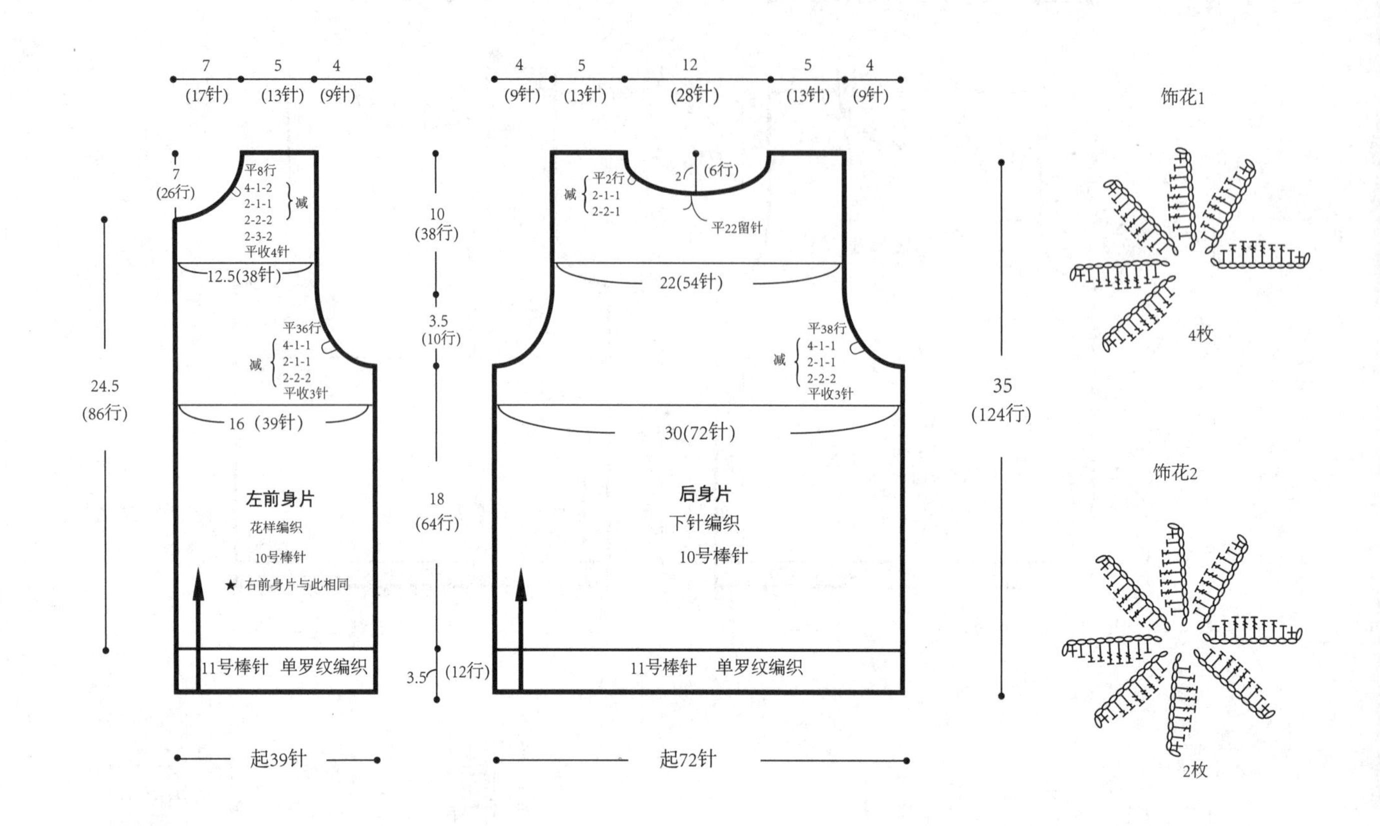

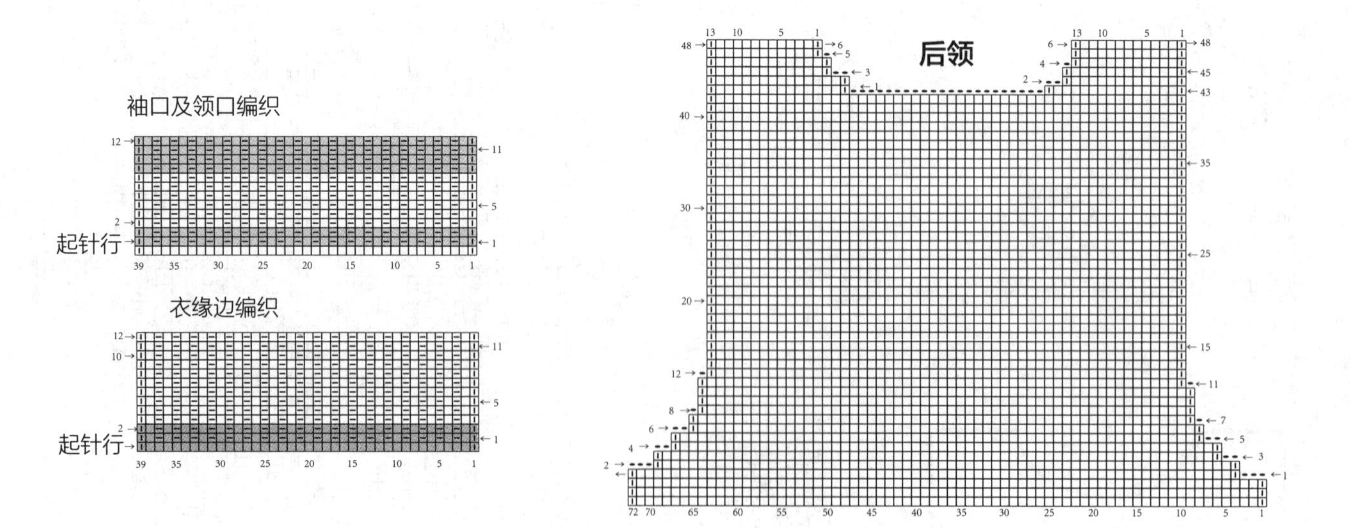

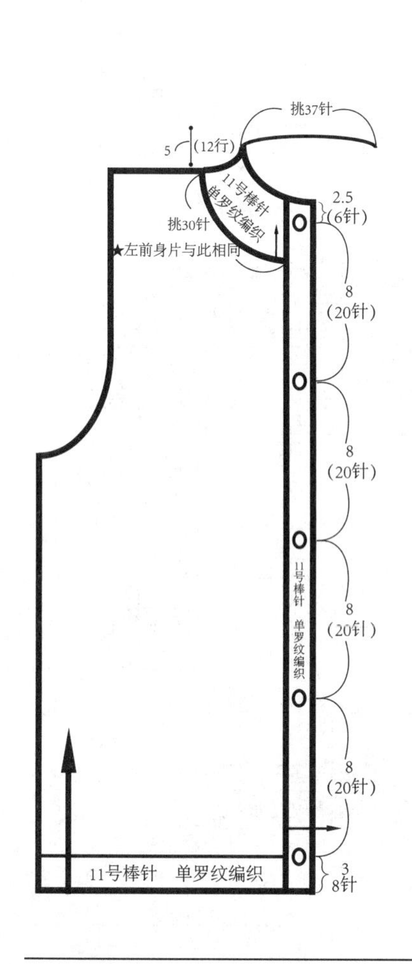

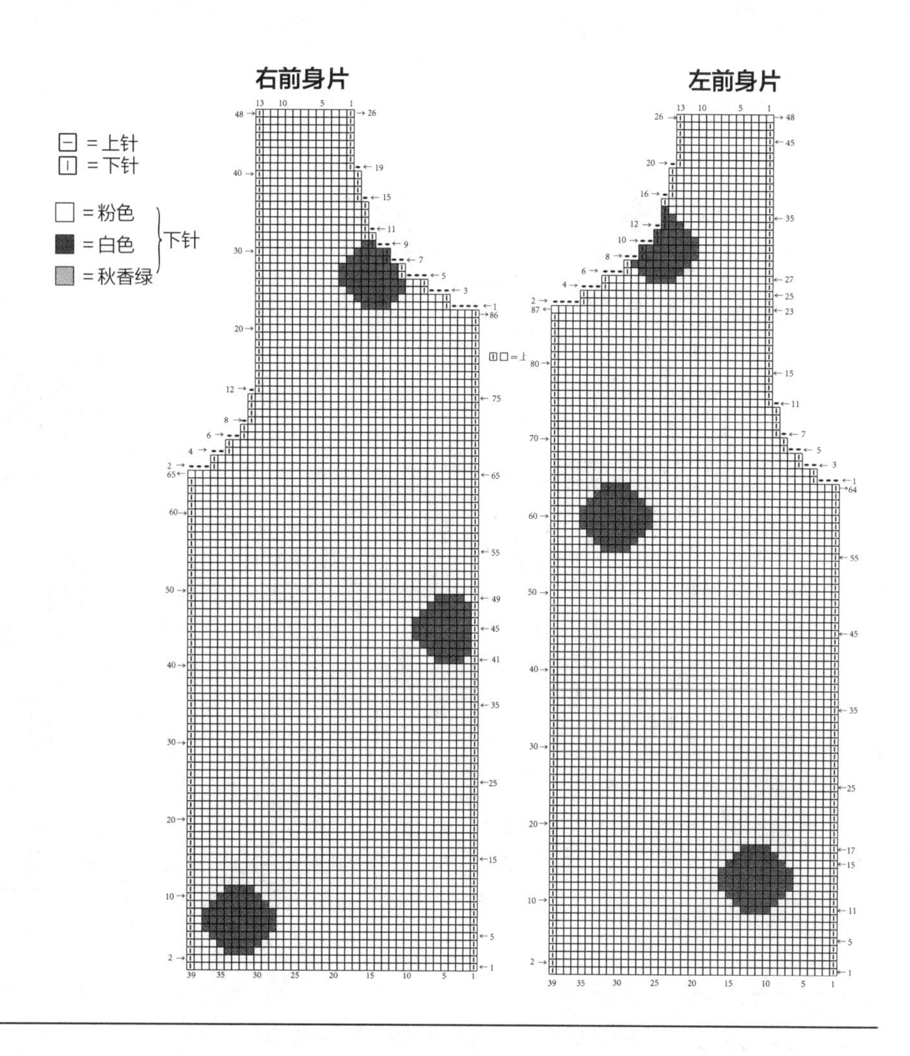

086

编织材料： 中粗羊毛线　黑色140g、白色160g

编织工具： 8号、9号棒针

编织密度： 22针×30行/10cm×10cm

成品尺寸： 衣长32cm、胸宽30cm、肩宽21cm、袖长28cm

编织方法： 此款毛衣编织的难点是花样，因为换线比较频繁所以要注意松紧适当。首先分别将前、后身片编织好并缝合，缝合时要注意花样对齐、平坦无皱。接着编织左、右袖片并缝合，缝合时注意花样对齐、平整无皱。最后编织领口缘边，注意松紧适当。

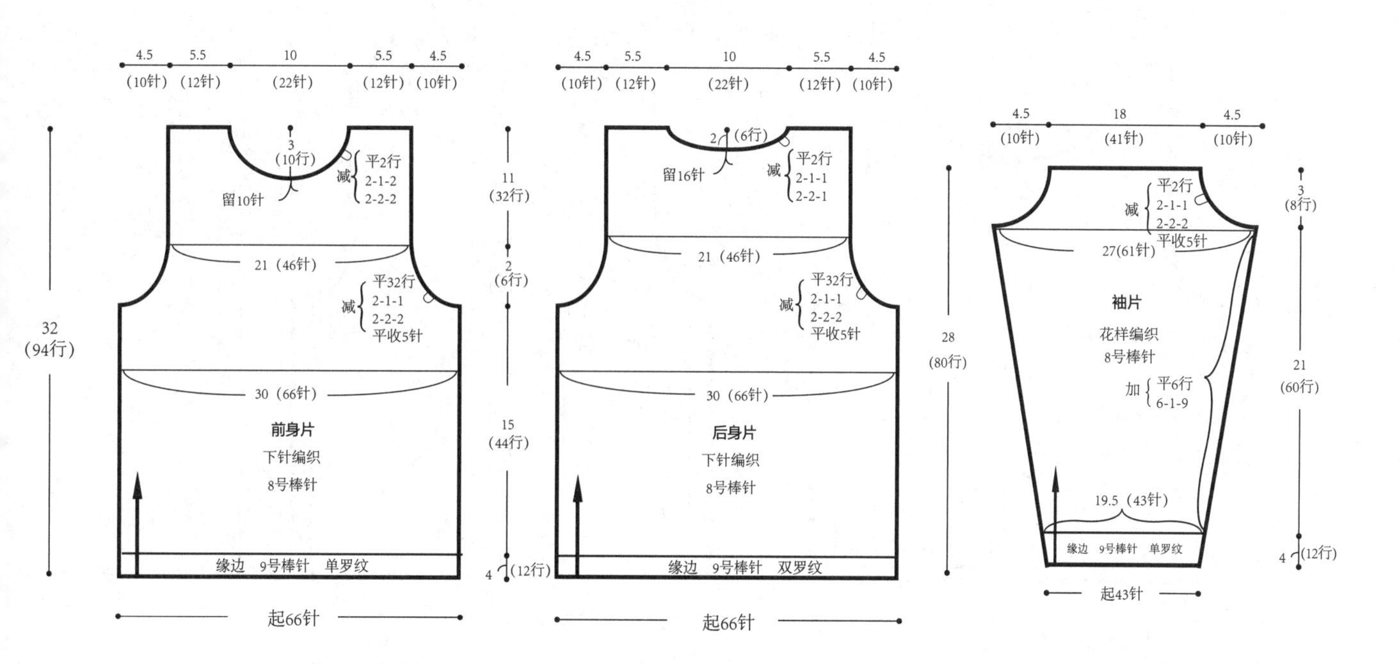

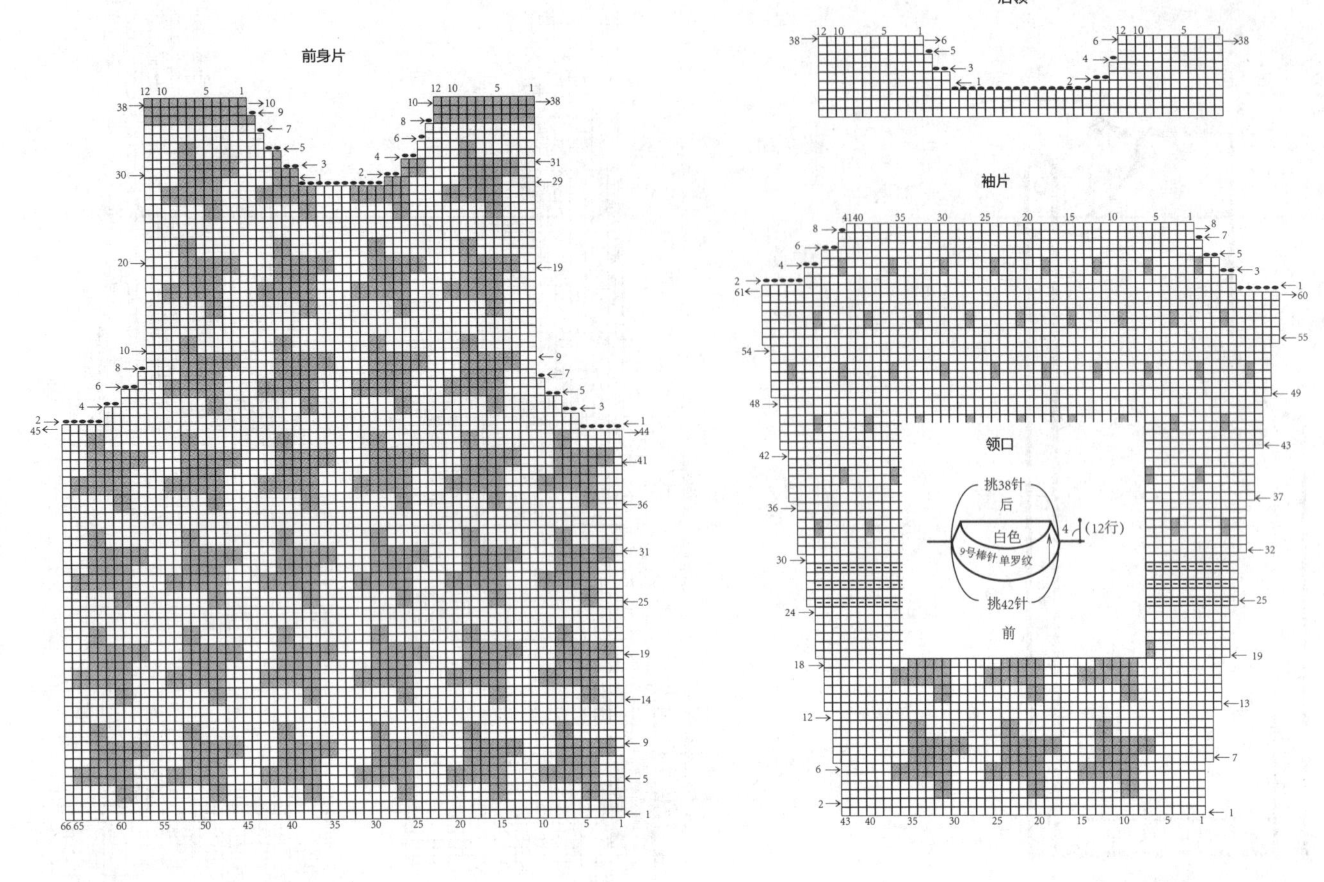

087

编织材料： 中粗羊毛线　灰色130g

编织工具： 8号棒针，6号钩针

编织密度： 22针×30行/10cm×10cm

成品尺寸： 衣长29.5cm、胸围58cm、肩宽22cm

编织方法： 此款毛衣编织的难点是花样的编织及变针，要注意变针的规律。首先分开编织前、后身片，注意花样编织松紧适当，缝合时要对整齐不起皱。然后进行缘编织。

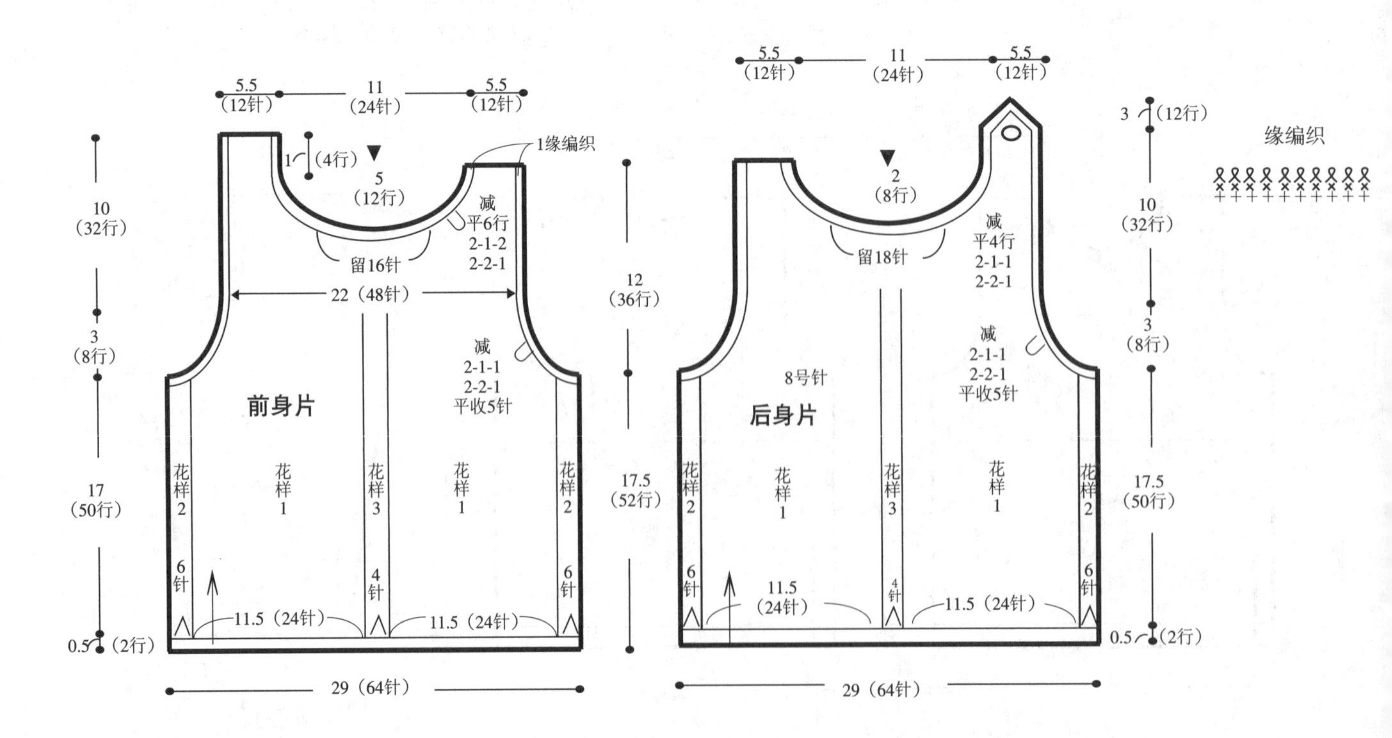

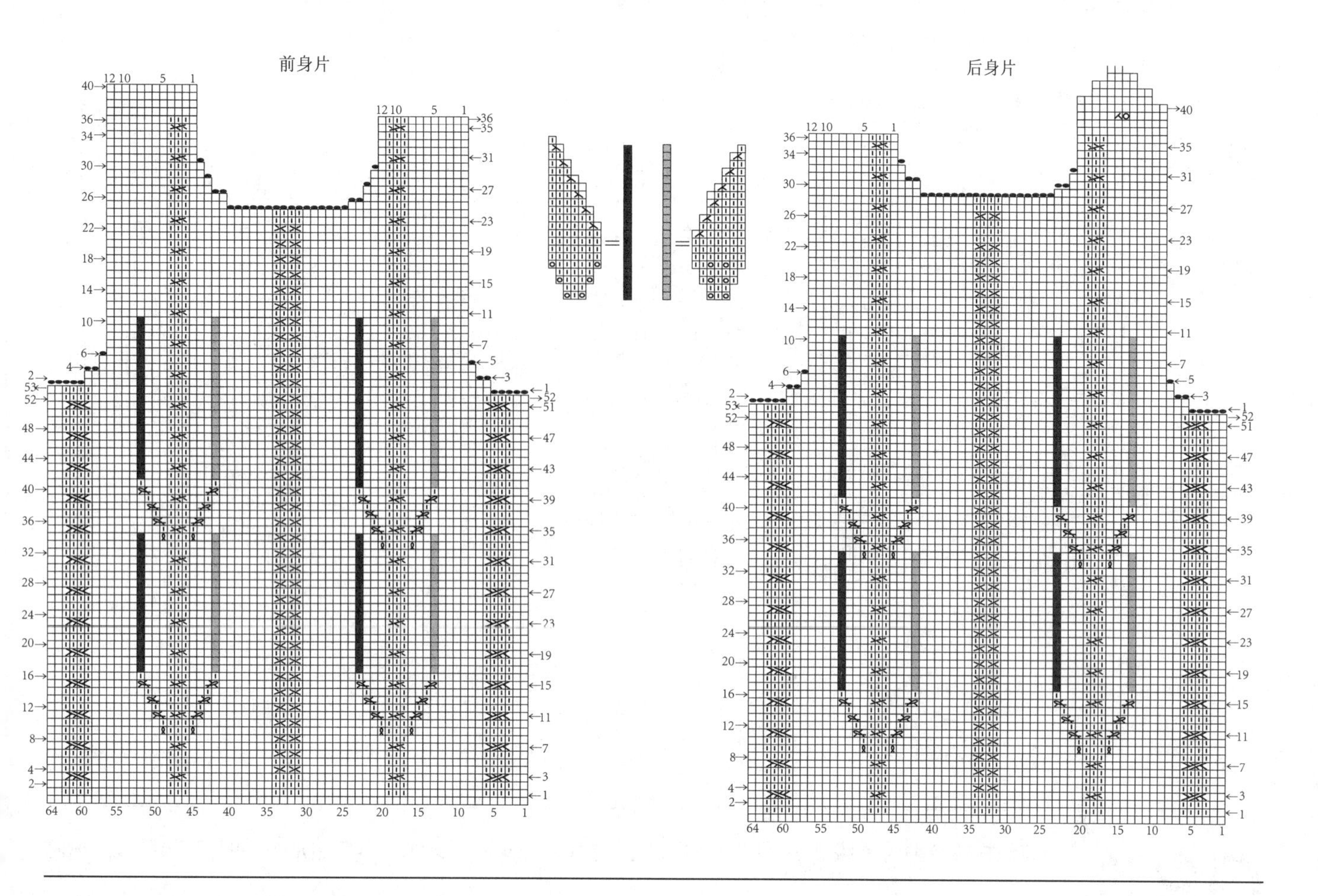

088

编织材料： 中粗羊毛线　蓝灰色250g

编织工具： 9号棒针、9/0(3.5mm)钩针

编织密度： 22针×30行/10cm×10cm

成品尺寸： 衣长32cm、下摆围宽81cm、领口围宽24cm

编织方法： 此款披肩编织的难点是花样。首先编织身片部分(建议圈编)，接着编织下摆缘边，最后编织领口缘边。

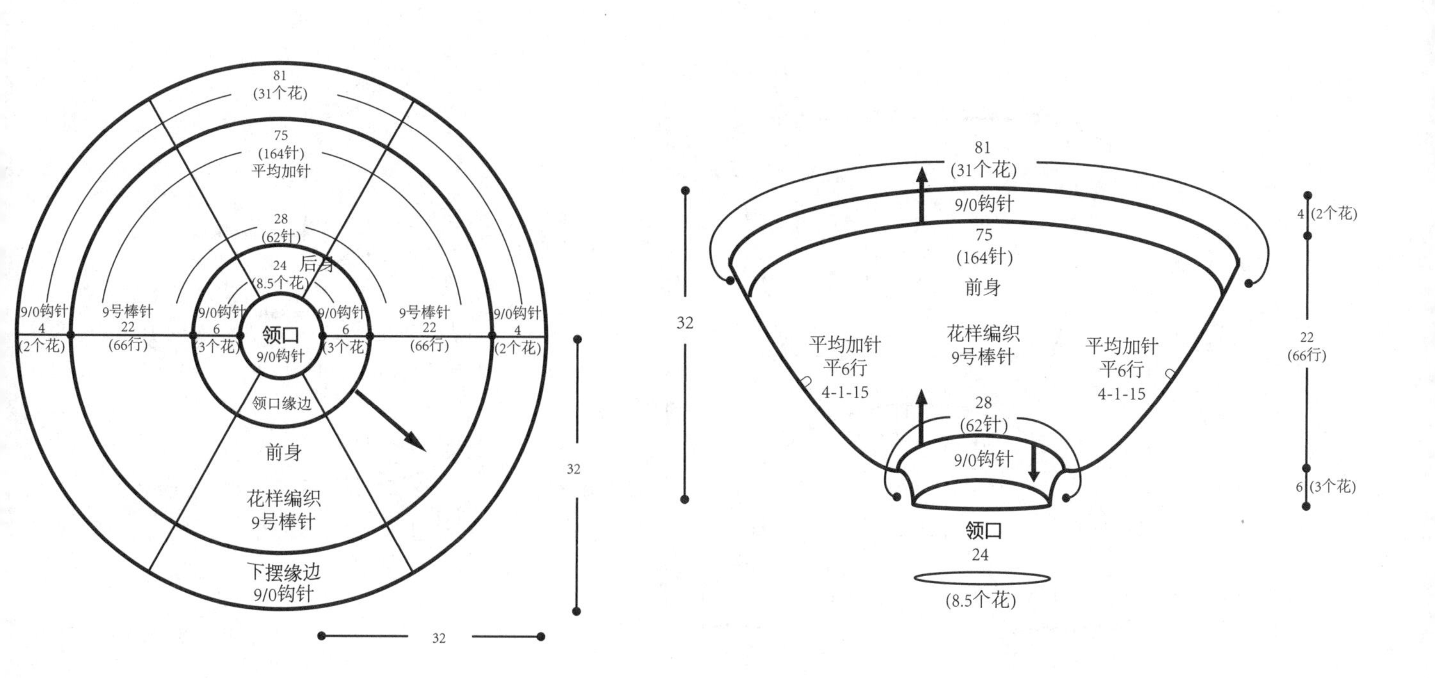

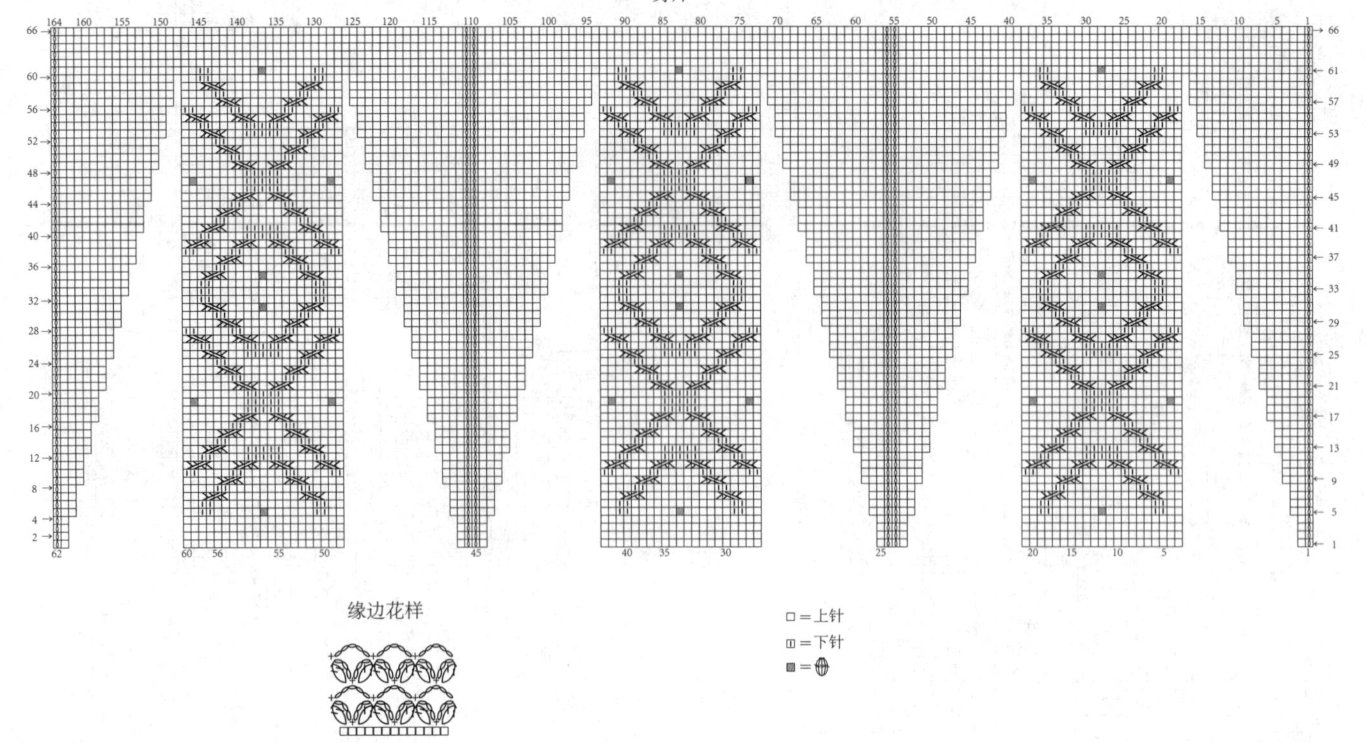

089

编织材料： 精品高级绒线　秋香绿 204g，绿色防缩珍品粗绒线　白色 100g，精品高级绒线　粉色少量

编织工具： 10号、11号棒针，6/0钩针（2.5mm）

编织密度： 26针×34行/10cm×10cm

成品尺寸： 衣长47cm、背肩宽48cm、胸围28cm

编织方法： 此款毛衣的难点是过肩的编织。因为加针和换线比较频繁所以注意相差的规律。首先编织过肩（可以分开前后片编织，也可以圈织），然后编织前、后身片并缝合好（注意肋下花样对齐、无皱）。接着编织领口及裙边缘边。

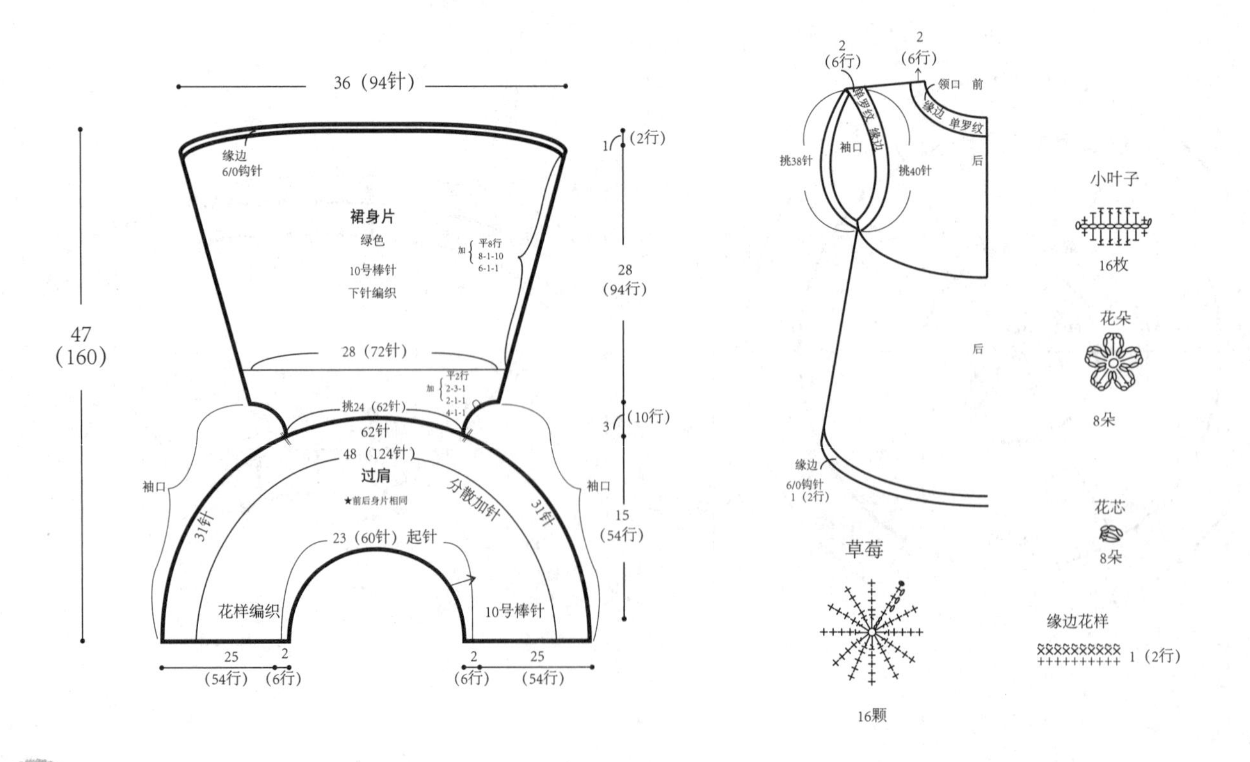

裙身片

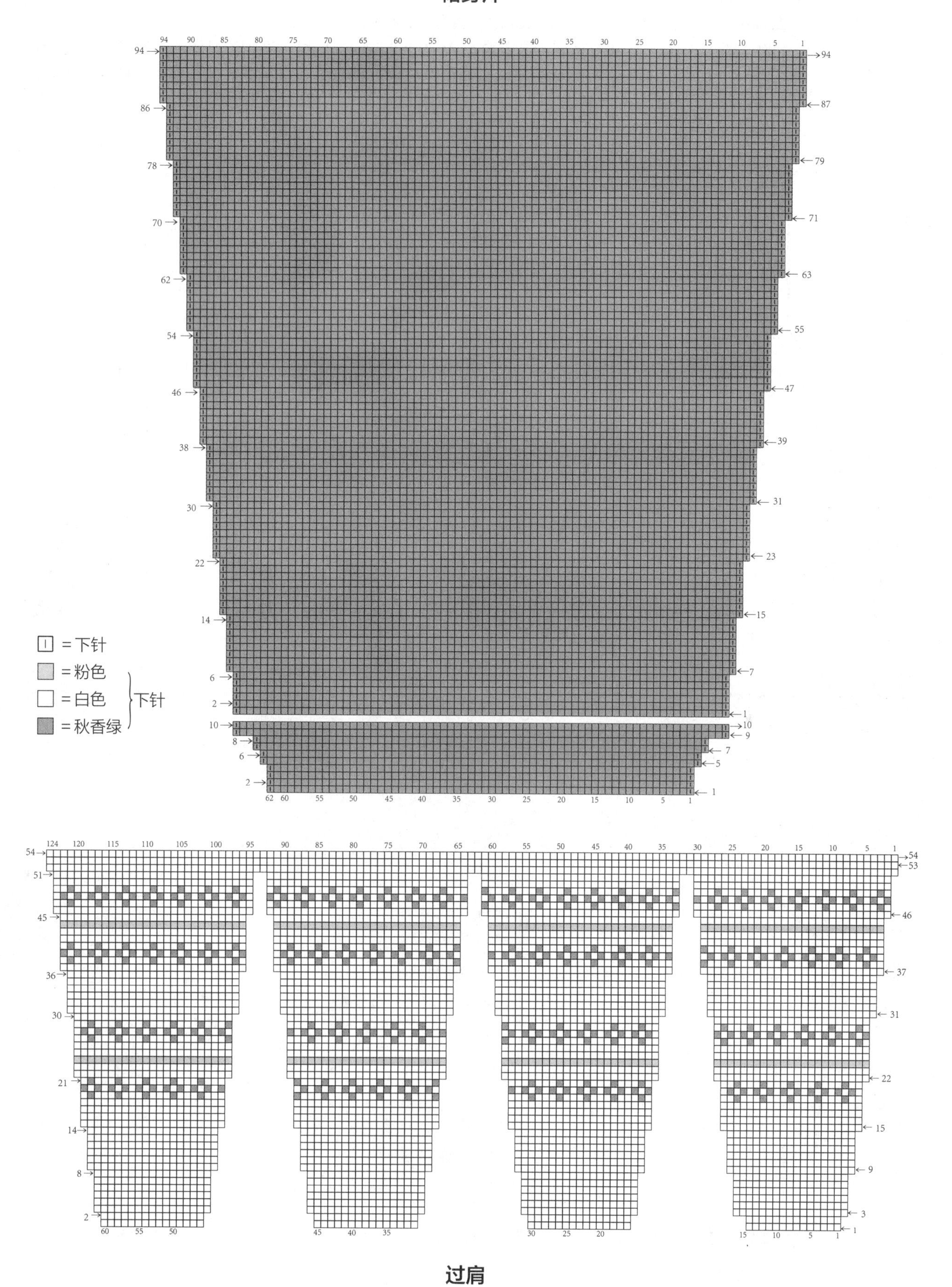

过肩

090

编织材料： 中粗羊驼毛线　灰色352g
编织工具： 7号棒针、8号棒针、10/0钩针（4mm）
编织密度： 20针×25行/10cm×10cm
成品尺寸： 衣长39.5cm、胸宽30cm、肩宽21.5cm、袖长31.5cm
编织方法： 此款毛衣编织的难点是花样。首先分别将前、后身片编织好并缝合，缝合时注意花样对齐、平整。接着编织左、右袖片并缝合，缝合时注意花样对齐、平整。最后编织领口的缘边。

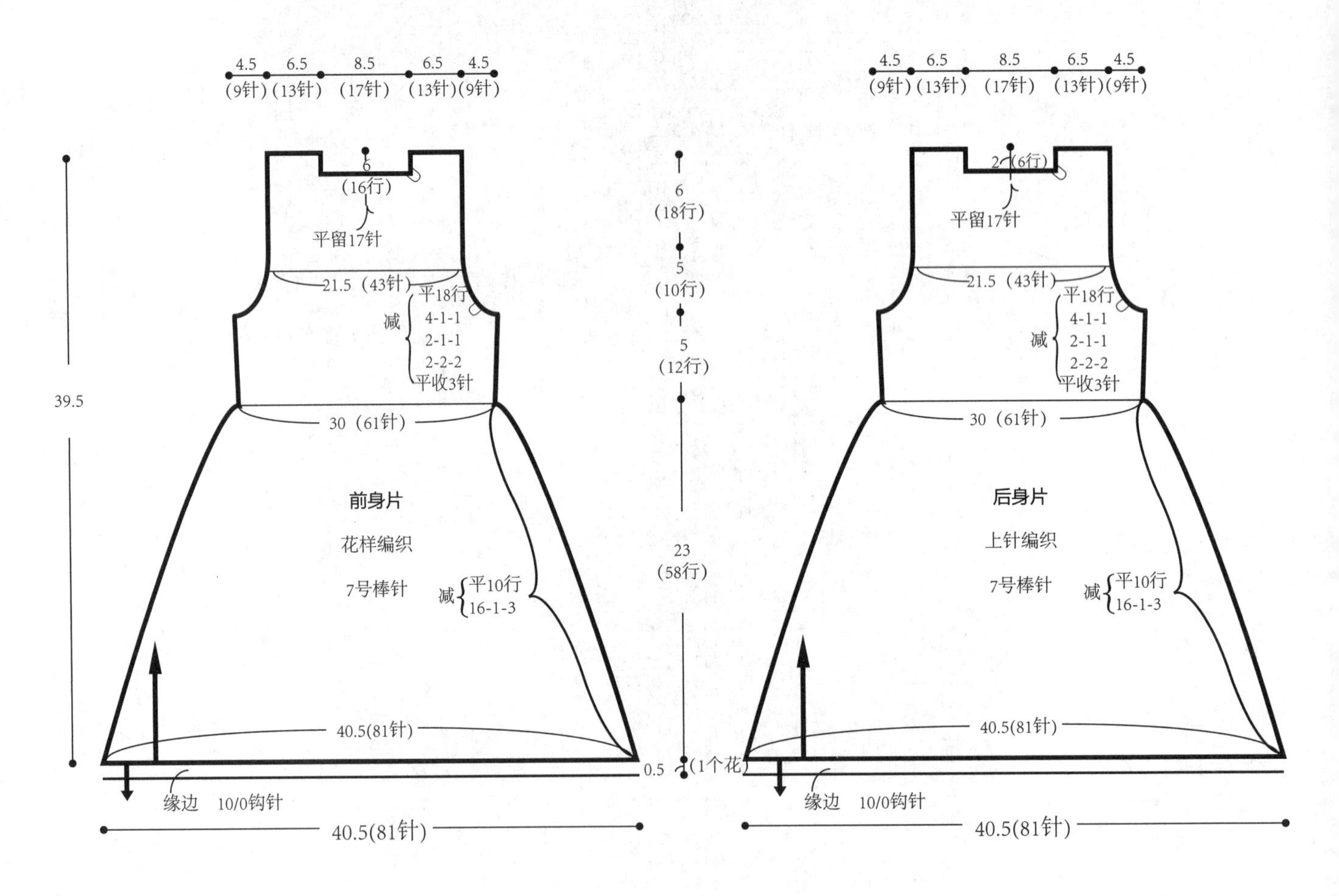

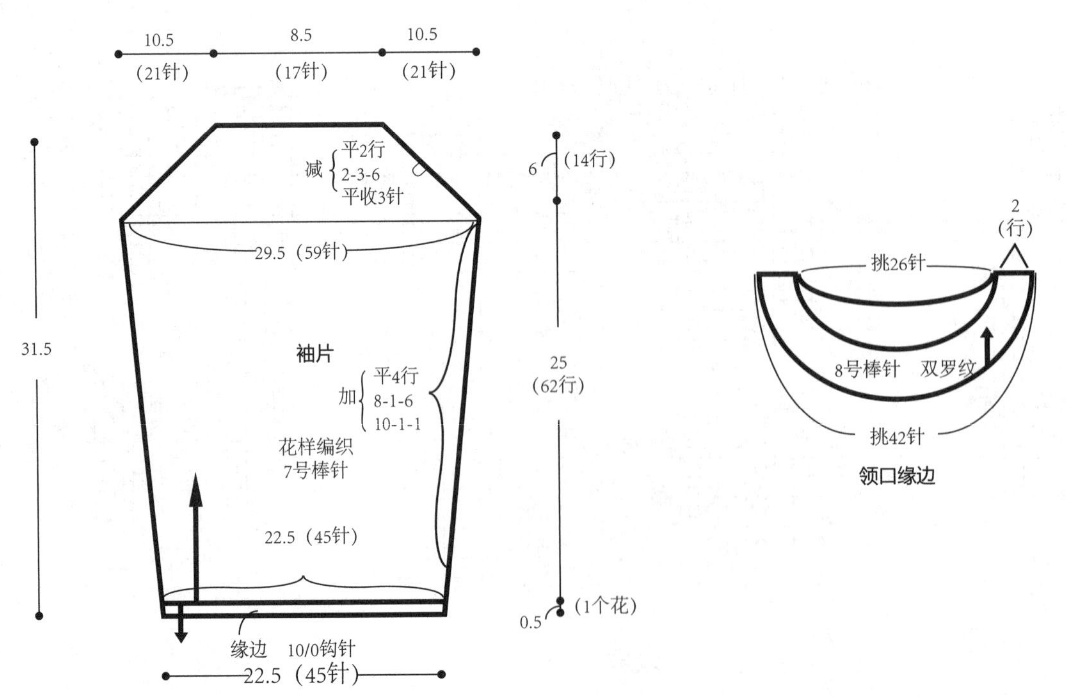

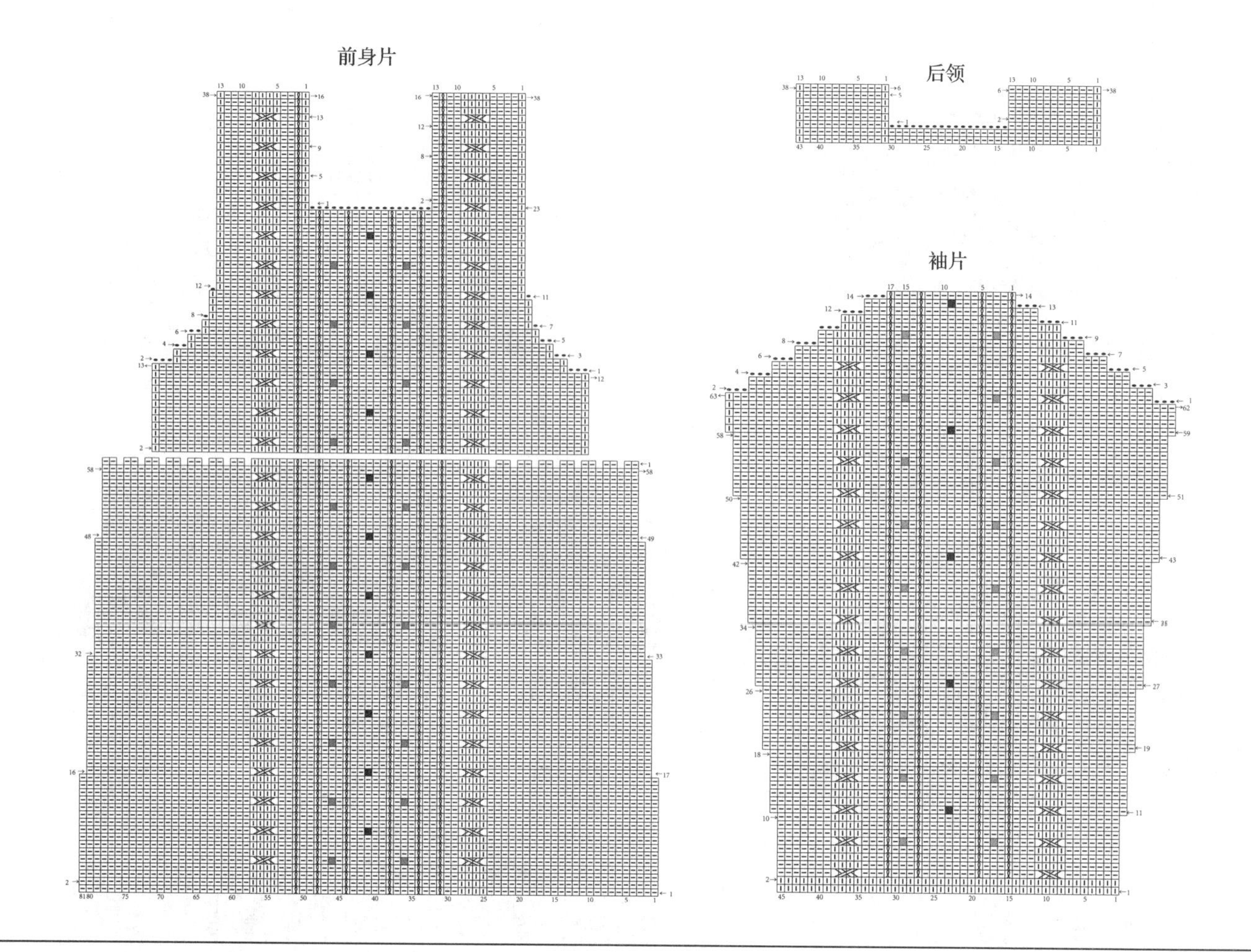

091

编织材料： 粗羊毛线　黑色520g、白色30g

编织工具： 7号棒针，10号钩针

编织密度： 18针×24行/10cm×10cm

成品尺寸： 衣长63.5cm、胸围60cm、背肩宽32cm、袖长20cm

编织方法： 此款毛衣编织的难点是花样编织。首先分开编织裙子的前、后身片，注意色线转换要松紧适当。然后编织过肩，将前后身片与过肩缝合。接着编织袖片，再缝在衣身上。最后钩编领边。

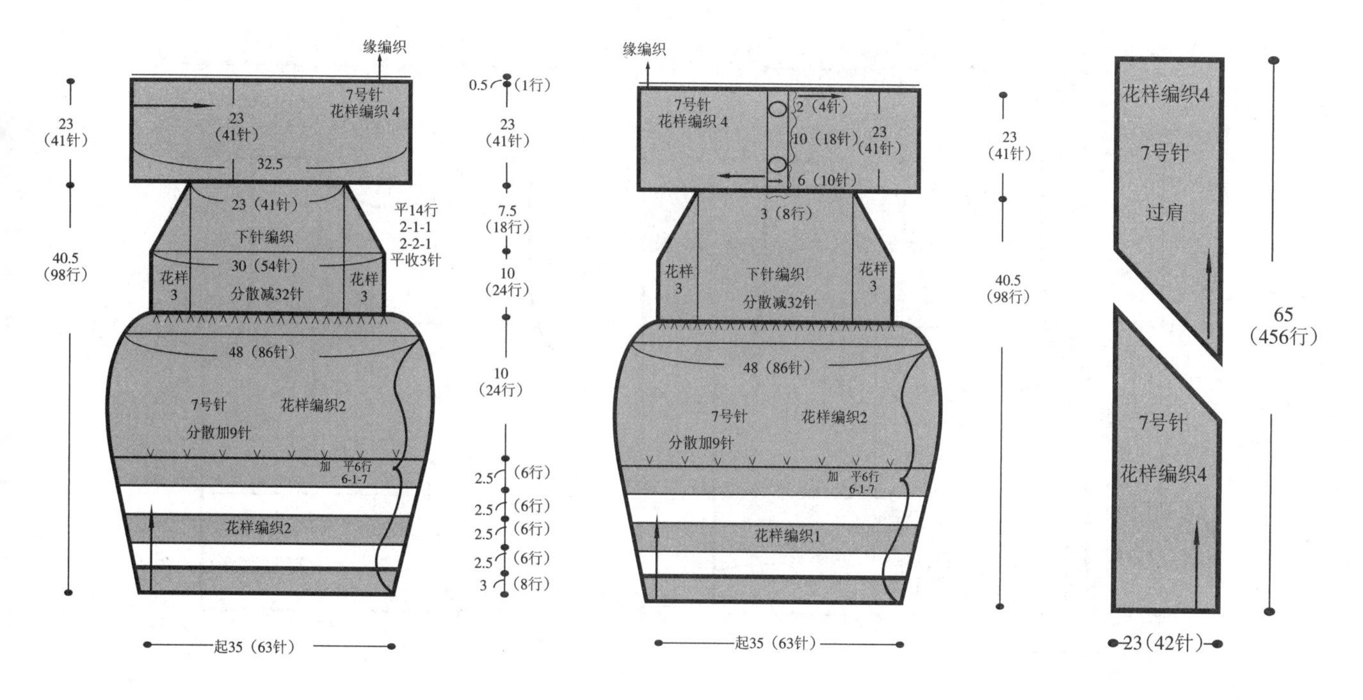

袖片

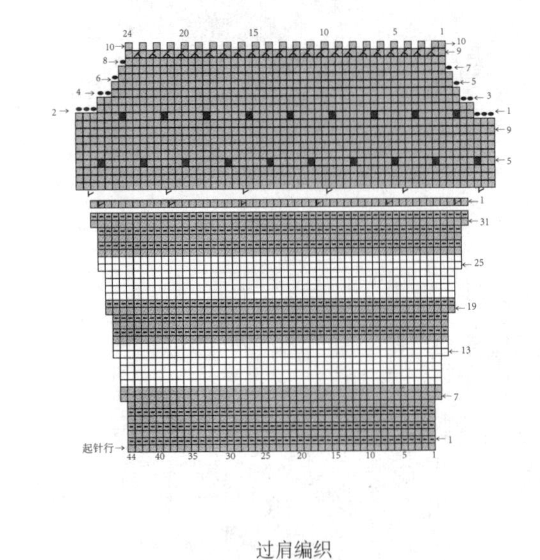

过肩编织

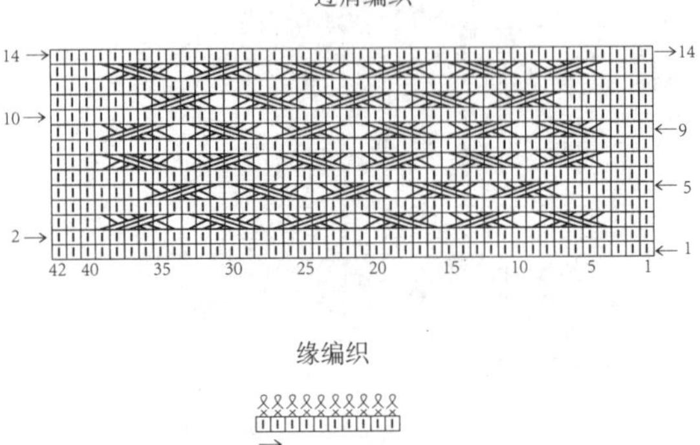

缘编织

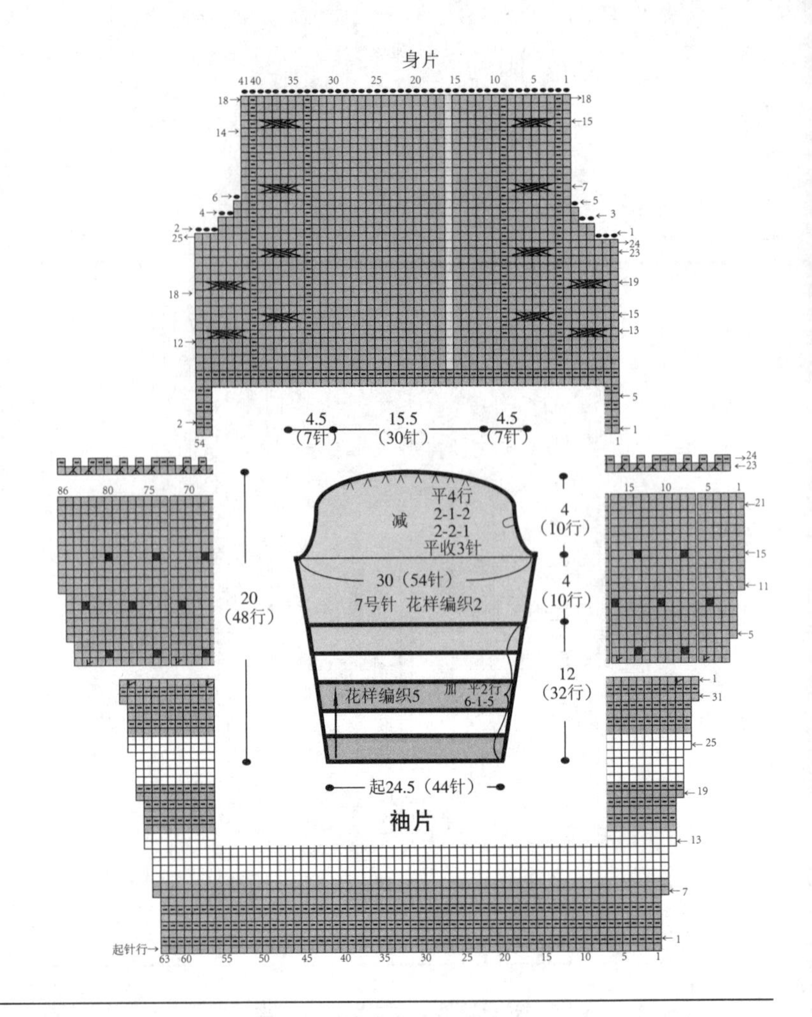

092

编织材料： 中粗羊毛线　红色275g、灰色70g、橙色少量、黄色少量

编织工具： 7号、8号棒针

编织密度： 20针×26行/10cm×10cm

成品尺寸： 衣长41.5cm、胸宽31cm、肩宽26cm、袖口16.5cm

编织方法： 此款背心编织的难点是花样，注意色线变换时手劲的松紧。首先分别编织好前、后身片并缝合，缝合时注意花样对齐、平整。接着编织领口缘边，最后编织袖口缘边。

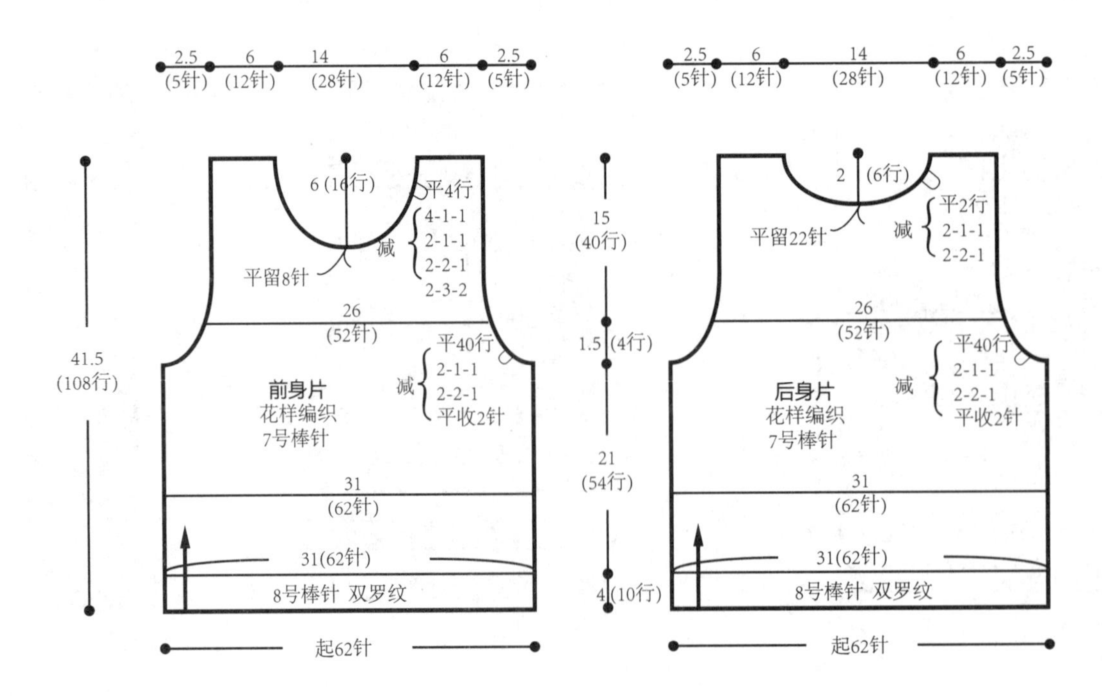

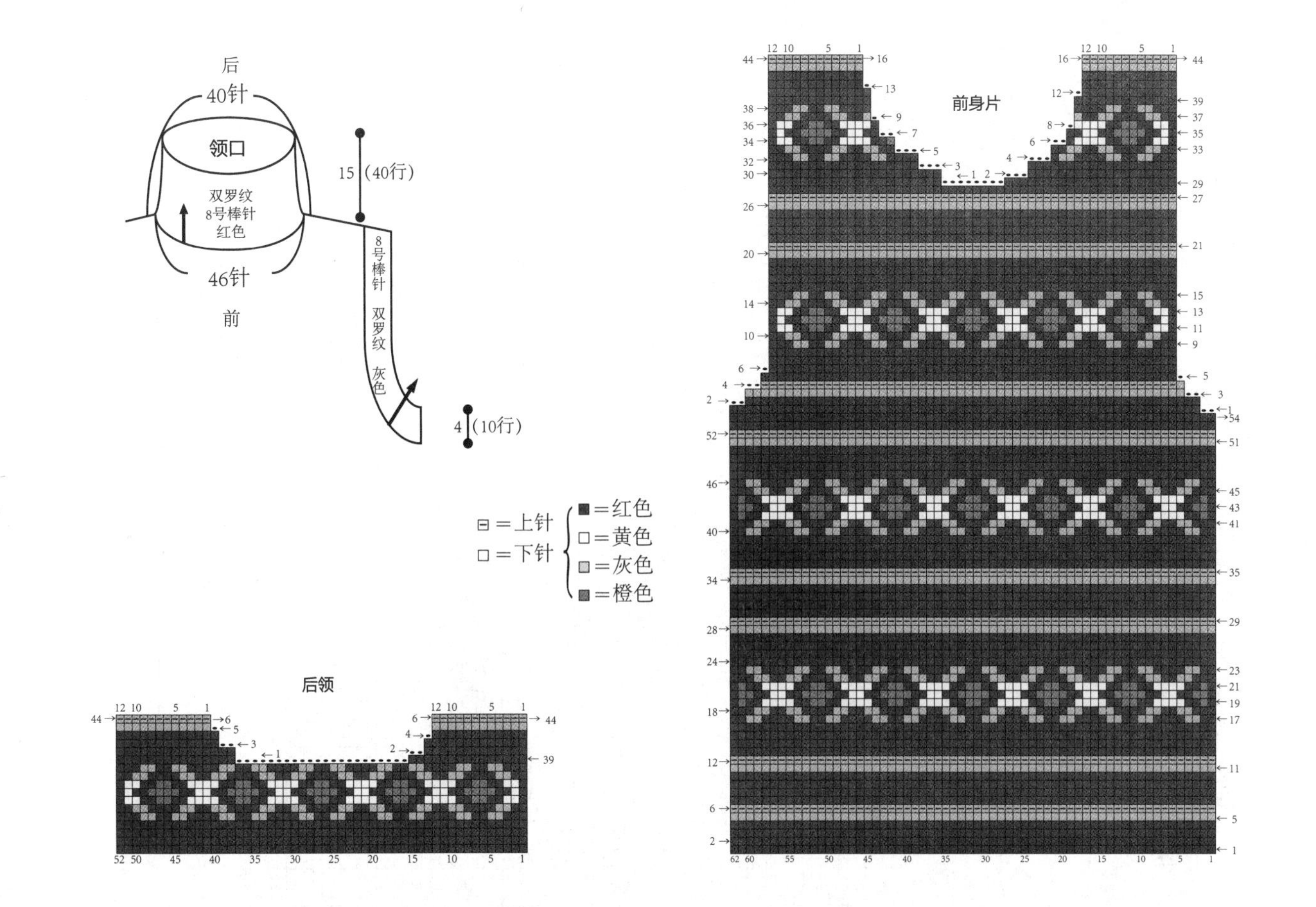

093

编织材料： 绿色生态丝毛绒　翠绿色 220g，绿色防缩珍品粗绒线　白色 50g，其他颜色配线少量

编织工具： 9号棒针，6/0钩针（2.5mm）

编织密度： 23针×30行/10cm×10cm

成品尺寸： 衣长49.5cm、胸宽31cm、肩宽22cm

编织方法： 此款毛衣编织的难点是花样编织。首先分开编织前、后身片并缝合。注意花样平整、松紧适当。接着编织领口、袖口及下摆缘边。最后缝上饰物。

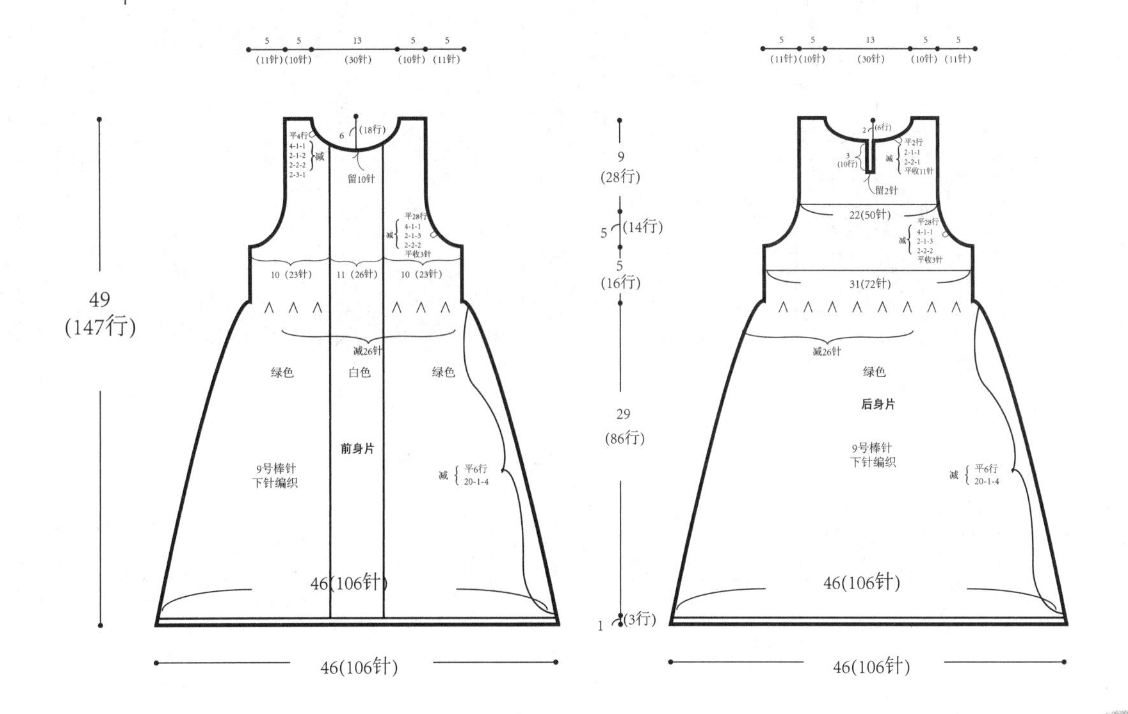

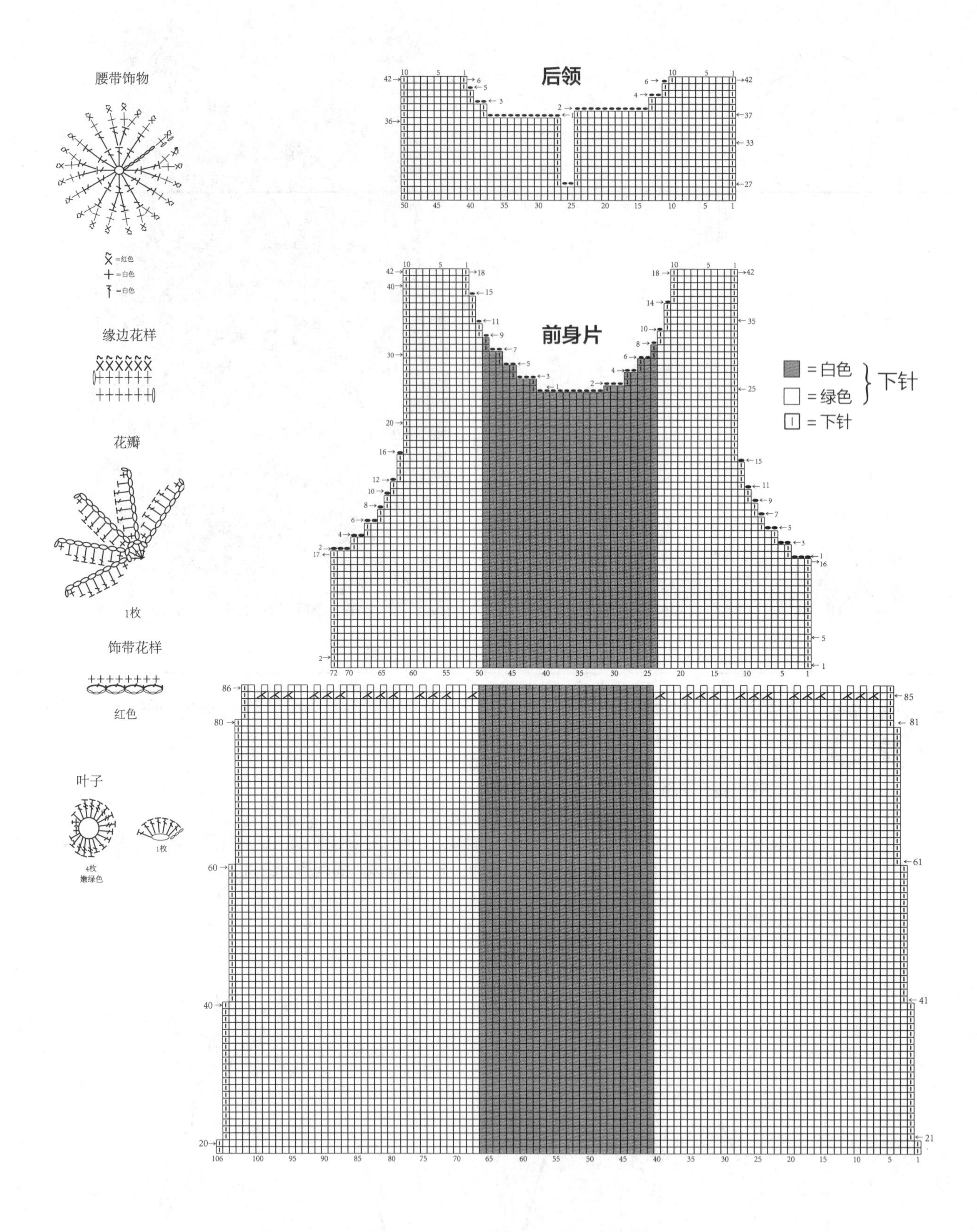

后身片腰间收针

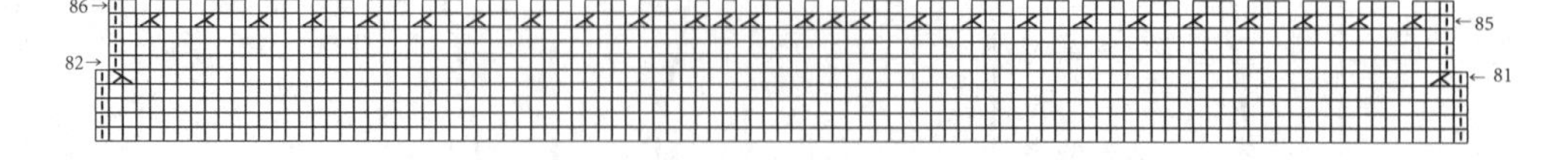

094

编织材料： 中粗羊驼毛线　粉色215g

编织工具： 7号棒针，10/0钩针（4.0mm）

编织密度： 18针×24行/10cm×10cm

成品尺寸： 衣长49.5cm、胸宽28cm、肩宽21cm

编织方法： 此款毛衣编织的难点是前领。首先分别将前、后身片编织好并缝合，缝合时注意花样对齐、平整。接着编织下摆及袖口缘边。最后编织领口缘边。

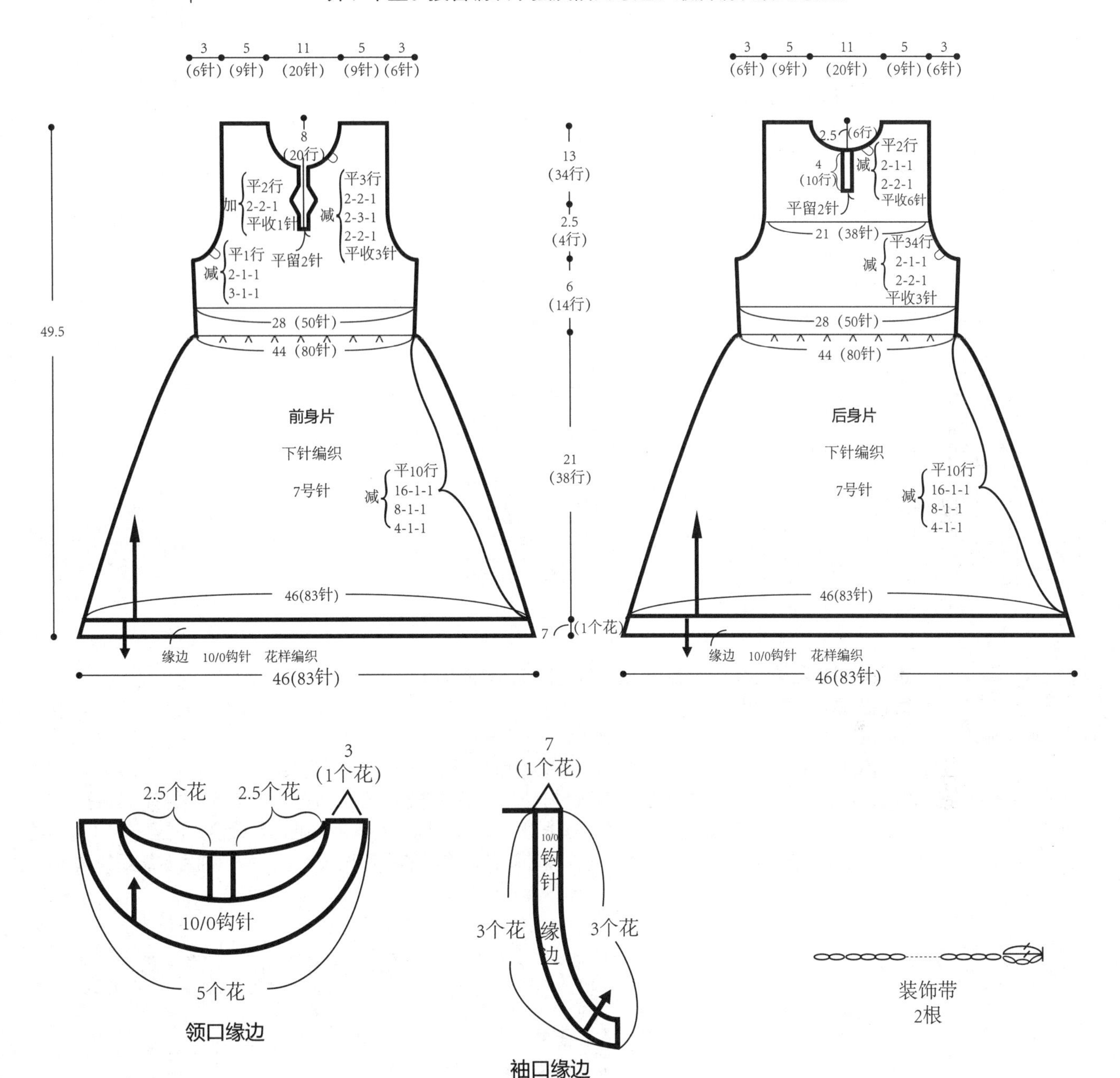

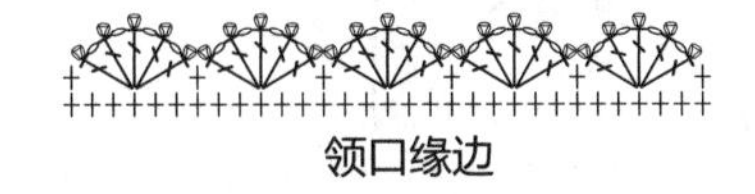

领口缘边

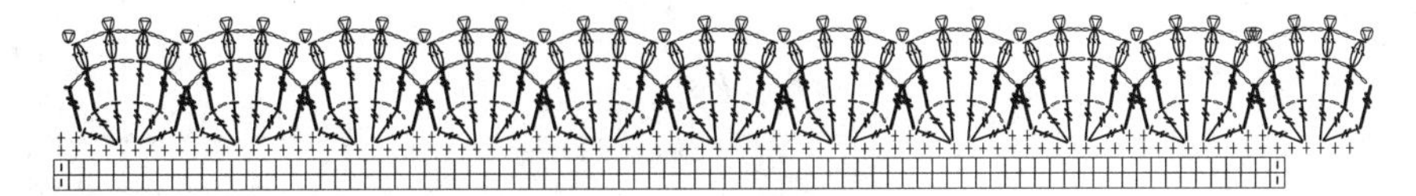

裙摆、袖口缘边

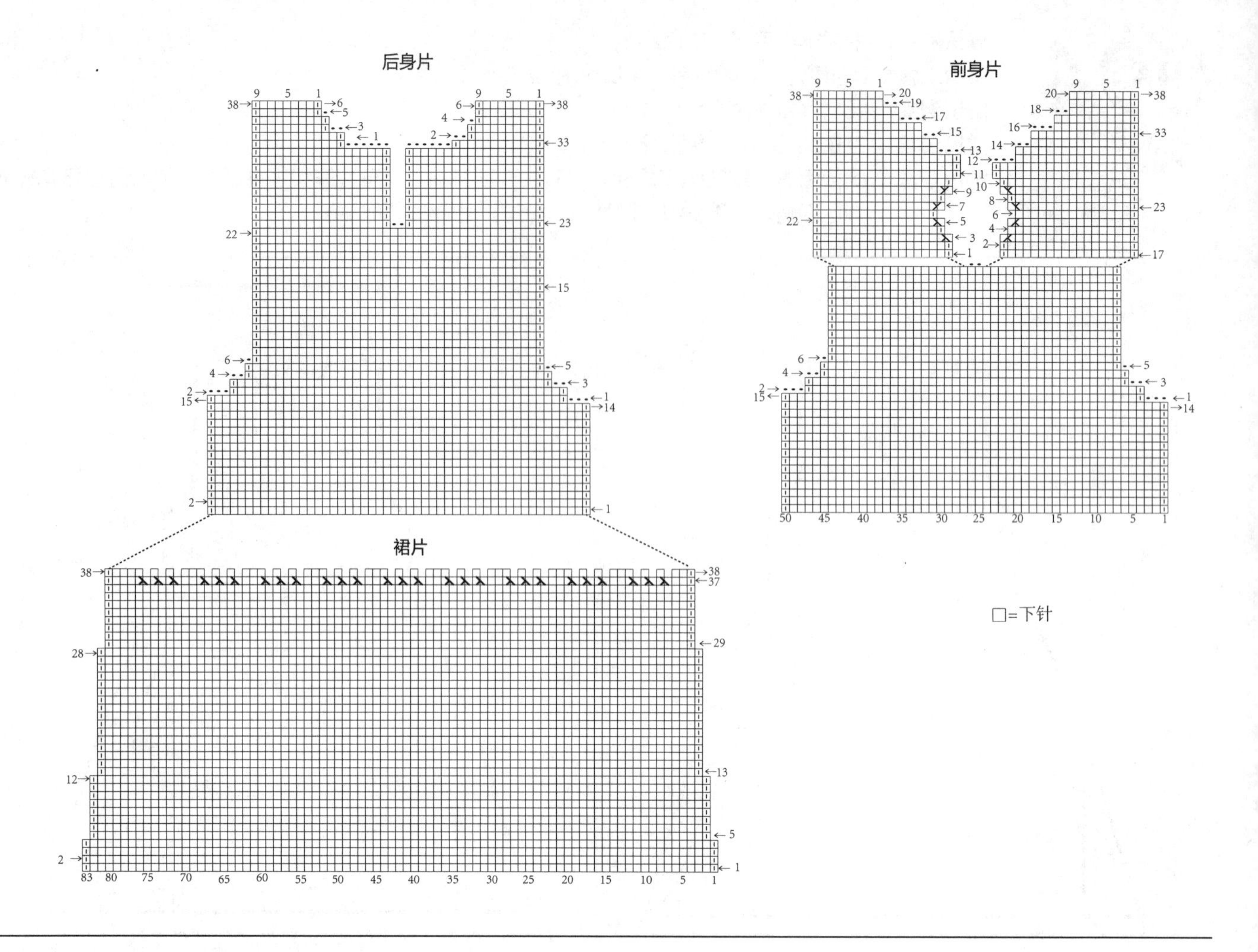

095

编织材料： 粗羊毛线　橙色650g、白色10g、黑色10g

编织工具： 7号棒针

编织密度： 17针×27行/10cm×10cm

成品尺寸： 衣长39cm、胸围76cm、背宽31cm、袖长35cm、帽高19cm

编织方法： 此款编织的难点是前襟平针与花样编织的连接。首先分开将左前片、右前片织好，注意平针与花样连接，平整、松紧适当。然后编织后身片及袖片。缝合时注意花样间的连接要平整，再挑织帽子。同样要注意花样连接的平整无皱。最后编织袖片，编织缘边。

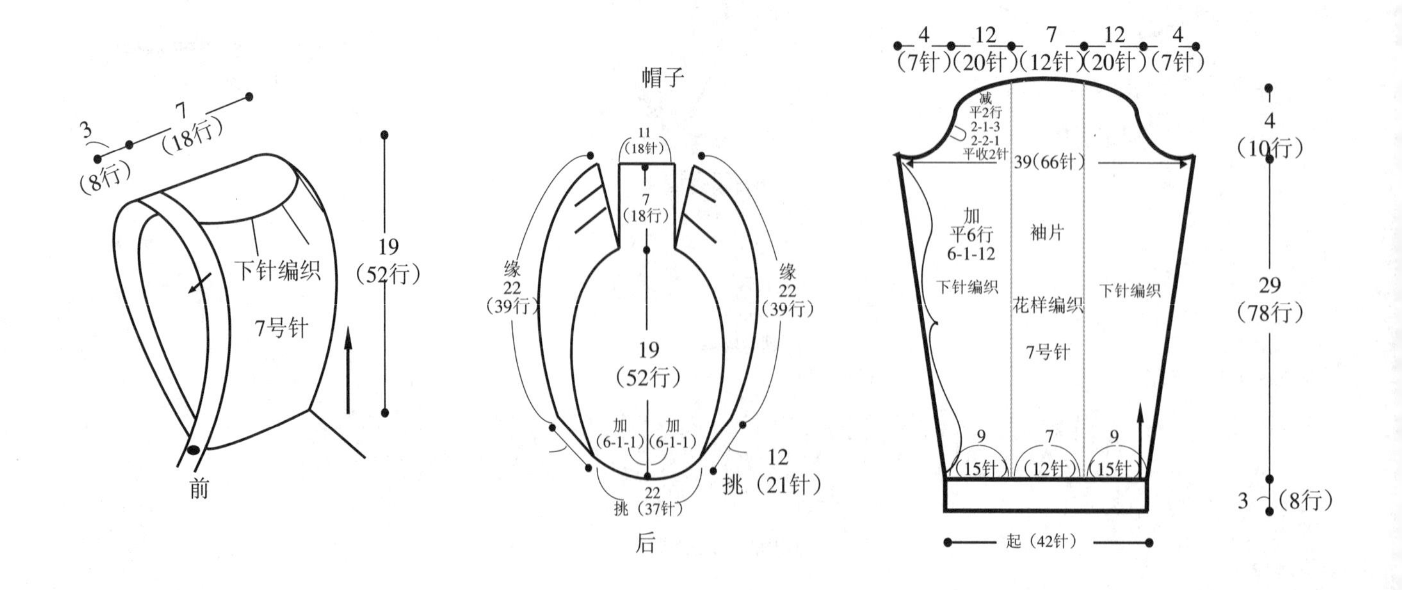

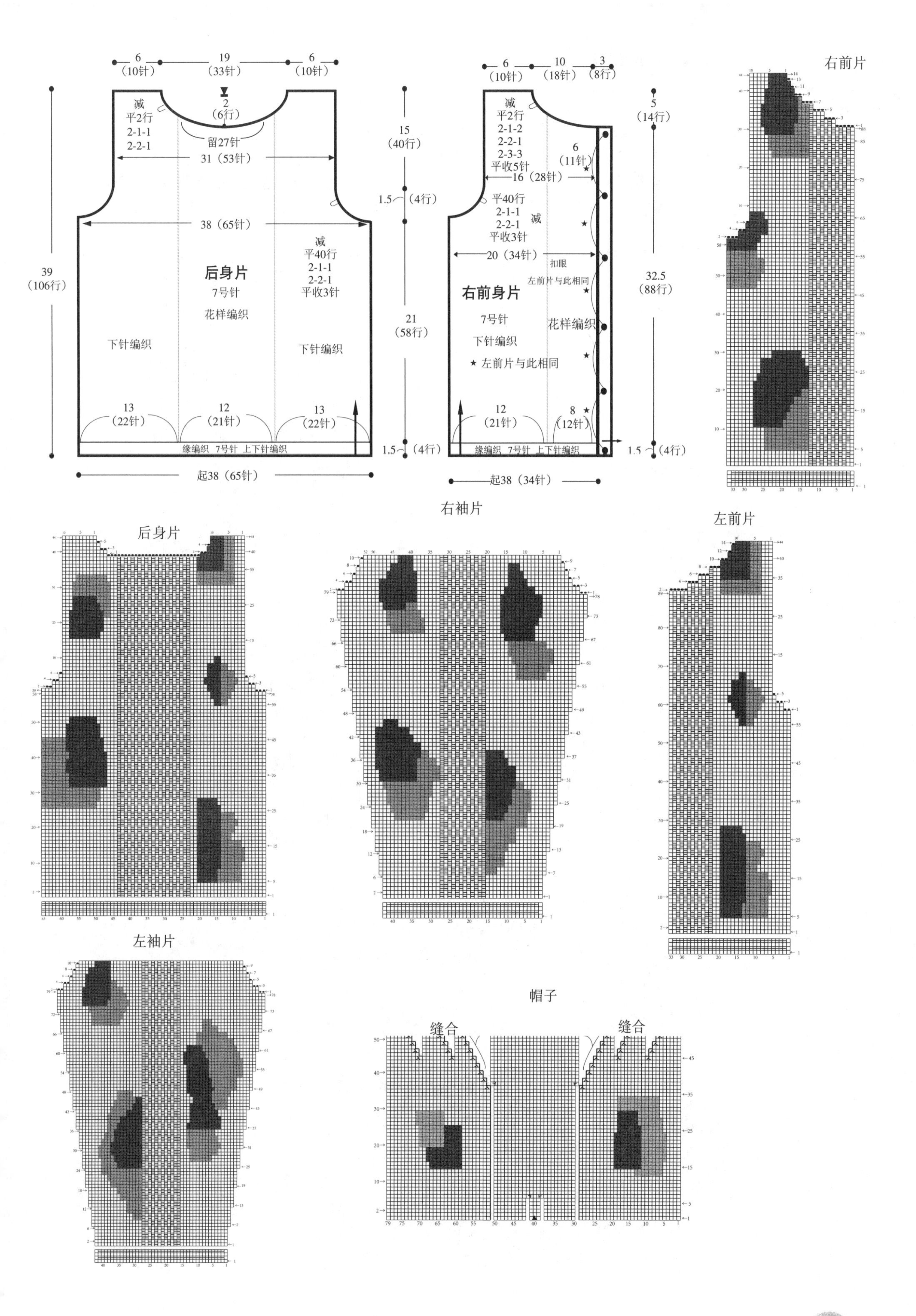

6（10针）
19（33针）
6（10针）
减
平2行
2-1-1
2-2-1
2（6行）
留27针
31（53针）
15（40行）
1.5（4行）
38（65针）
减
平40行
2-1-1
2-2-1
平收3针
39（106行）
后身片
7号针
花样编织
下针编织
下针编织
21（58行）
13（22针）
12（21针）
13（22针）
缘编织 7号针 上下针编织
1.5（4行）
起38（65针）
6（10针）
10（18针）
3（8行）
减
平2行
2-1-2
2-2-1
2-3-3
平收5针
5（14行）
6（11针）
16（28针）
平40行
2-1-1
2-2-1
平收3针
减
20（34针）
扣眼
左前片与此相同
32.5（88行）
右前身片
7号针
下针编织
花样编织
★左前片与此相同
12（21针）
8（12针）
缘编织 7号针 上下针编织
1.5（4行）
起38（34针）
右前片
右袖片
后身片
左前片
左袖片
帽子
缝合
缝合

096

编织材料： 中粗羊毛线　粉夹白 317g

编织工具： 8/0（3.25mm）钩针

编织密度： 1个单元花样/8cm×8cm

成品尺寸： 衣长47cm、胸宽36cm、肩宽36cm、袖口16cm

编织方法： 此款背心编织的难点是花样的缝合，注意花样对齐、手劲松紧。首先分别将前、后身片编织好并对应缝合，缝合时注意花样对齐、平整无皱。接着编织下摆花样，注意手劲松紧、花样平坦。再接着编织领片并与领口缝合，缝合时注意左右对齐、平整。

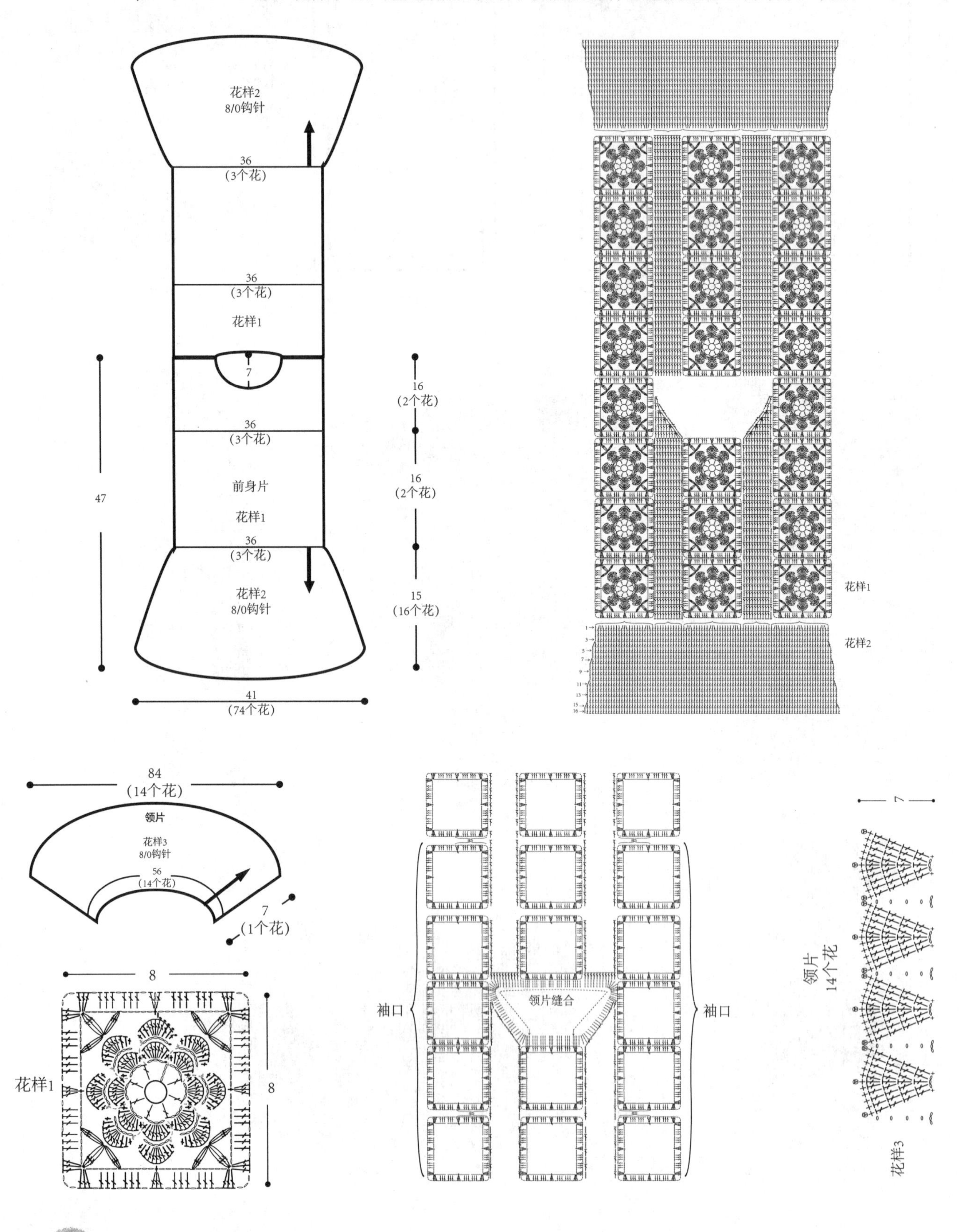

097

编织材料：绿色生态珍品毛绒　紫色 191g，其他配线　少量

编织工具：10、11号棒针，5/0钩针（2.2mm）

编织密度：24针×32行/10cm×10cm

成品尺寸：衣长39cm、胸宽32.5cm、肩宽24cm

编织方法：此款毛衣编织的难点是门襟及下摆弧度的加针，注意松紧适当。建议用挑织加针法。首先分别将前、后身片编织并缝好，注意腋下花样的对齐平整。然后挑织下摆缘及袖口、领口的缘边。最后将饰物缝上。

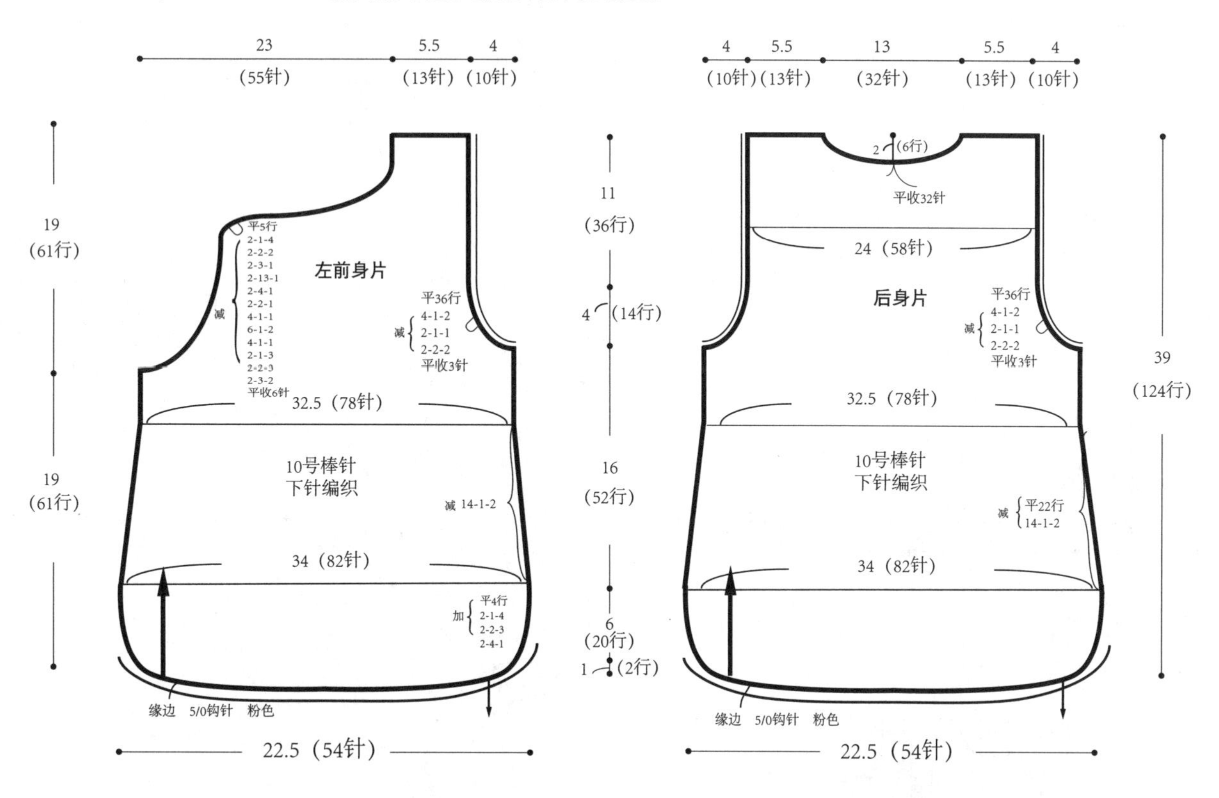

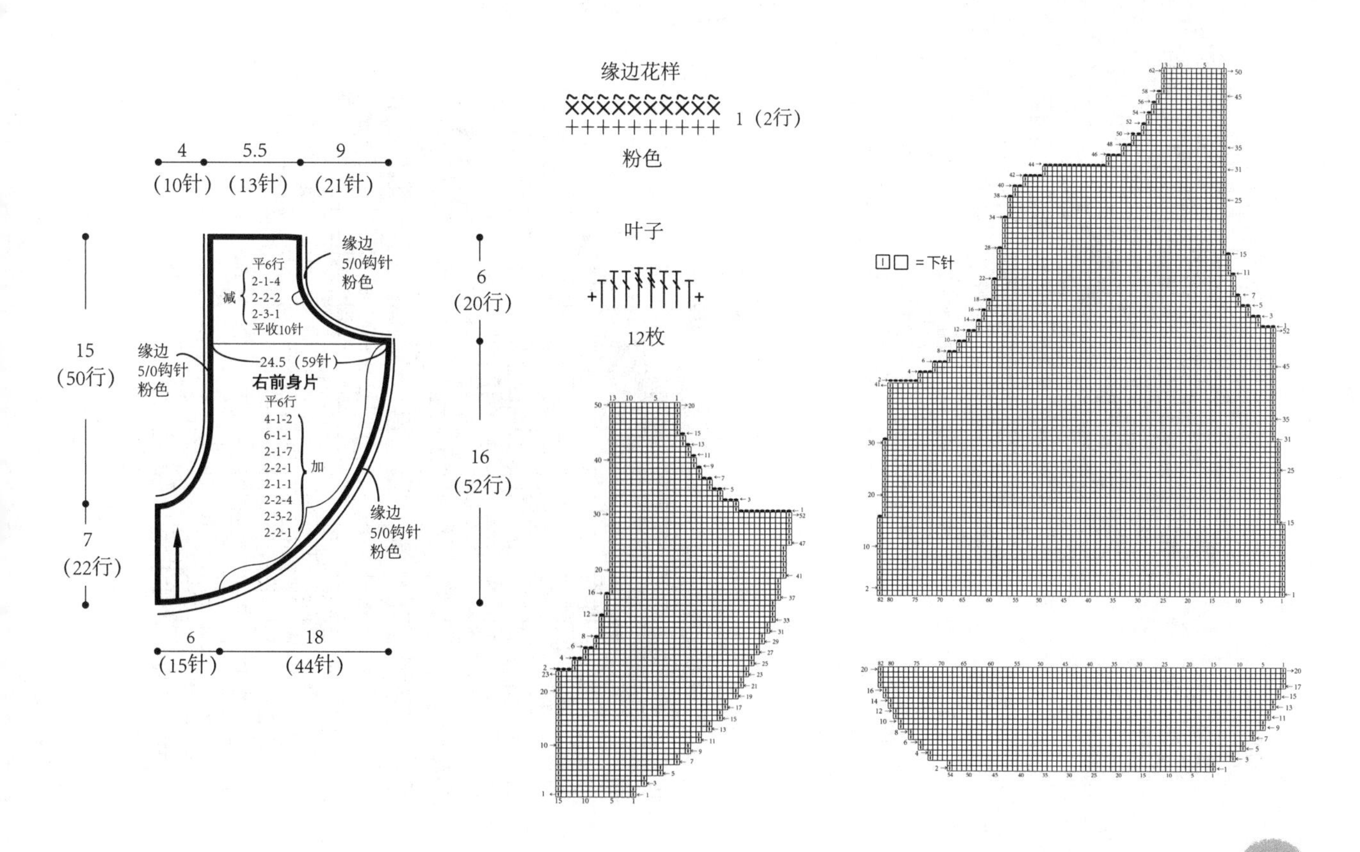

098

编织材料： 中粗羊毛线　黄色310g

编织工具： 9号、10号棒针，8/0钩针(3.25mm)

编织密度： 22针×32行/10cm×10cm

成品尺寸： 衣长33cm、胸宽34cm、袖长32.5cm

编织方法： 此款毛衣编织的难点是花样。首先分别将前、后身片编织好并缝合，缝合时注意花样对齐、平整。接着编织左、右袖片并缝合，缝合时注意花样对齐、平整。最后编织领口。

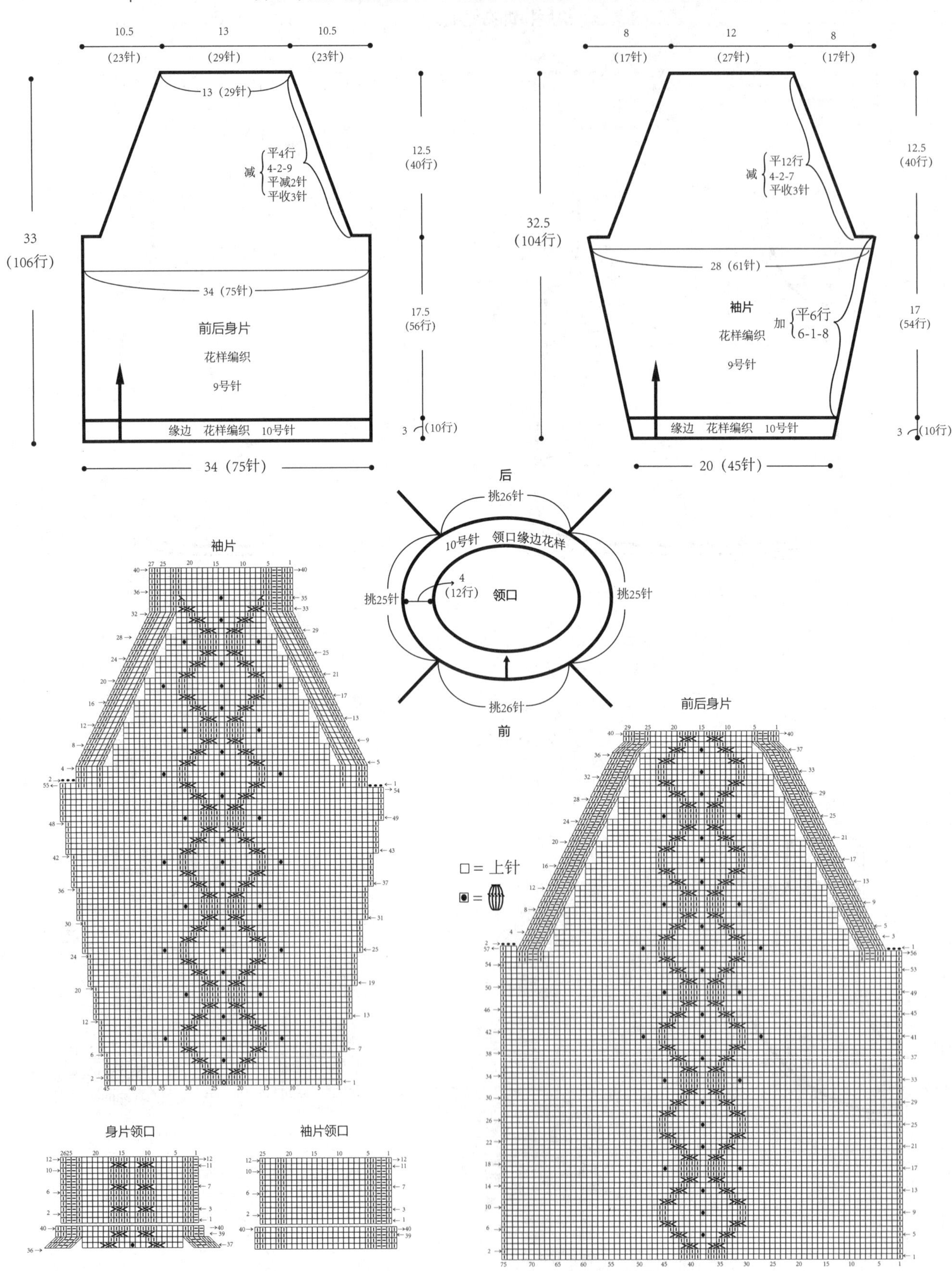

099

编织材料： 中粗羊毛线　蓝色370g

编织工具： 8号、9号棒针，8/0号钩针

编织密度： 22针×32行/10cm×10cm

成品尺寸： 衣长37cm、胸围72cm、肩宽31cm、袖长30cm

编织方法： 此款毛衣编织的难点是花样的编织。首先分别将前后身片、左右袖片编织好，注意变针的规律。然后把前后身片及袖片对应缝合，缝合时要注意花样的平整。接着编织领口，最后钩编饰物。

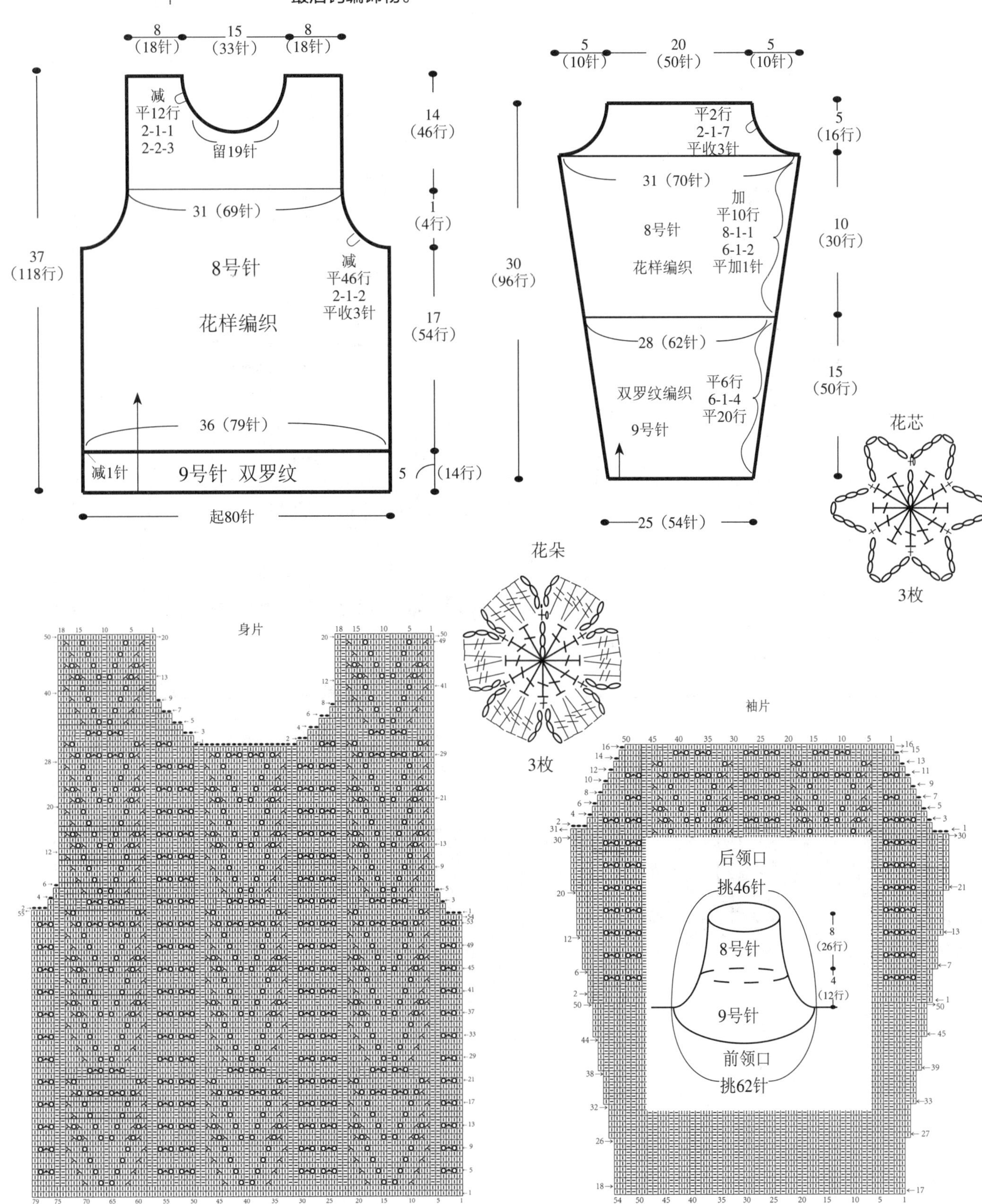

100

编织材料： 中粗羊毛线　灰色239g、米白色45g、绿色33g

编织工具： 7号棒针，8/0（3.25mm）钩针，9/0（3.50mm）钩针

编织密度： 20针×22行/10cm×10cm

成品尺寸： 裙长62.5cm、裙摆43cm、胸宽33cm、肩宽24cm

编织方法： 此款裙子编织的难点是裙摆，由于挑加针跨度比较大建议用加圈针方法挑针。首先编织好后身片，然后分别编织前身片的左裙摆及右裙摆，当两边织到一致高度时合并编织并将前身片编织好后与后身片缝合。接着编织领口及袖口缘边，最后编织下摆缘边。

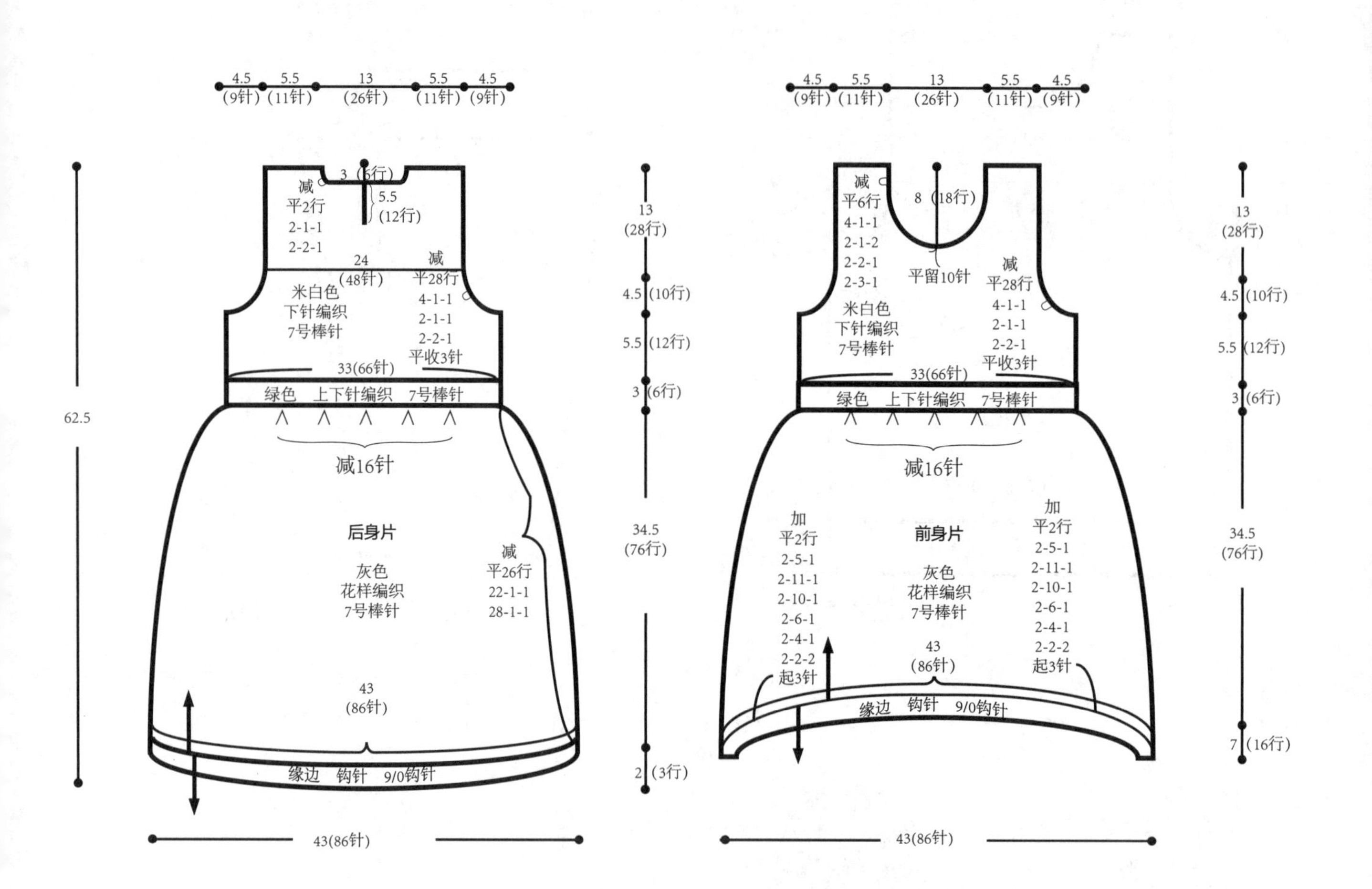

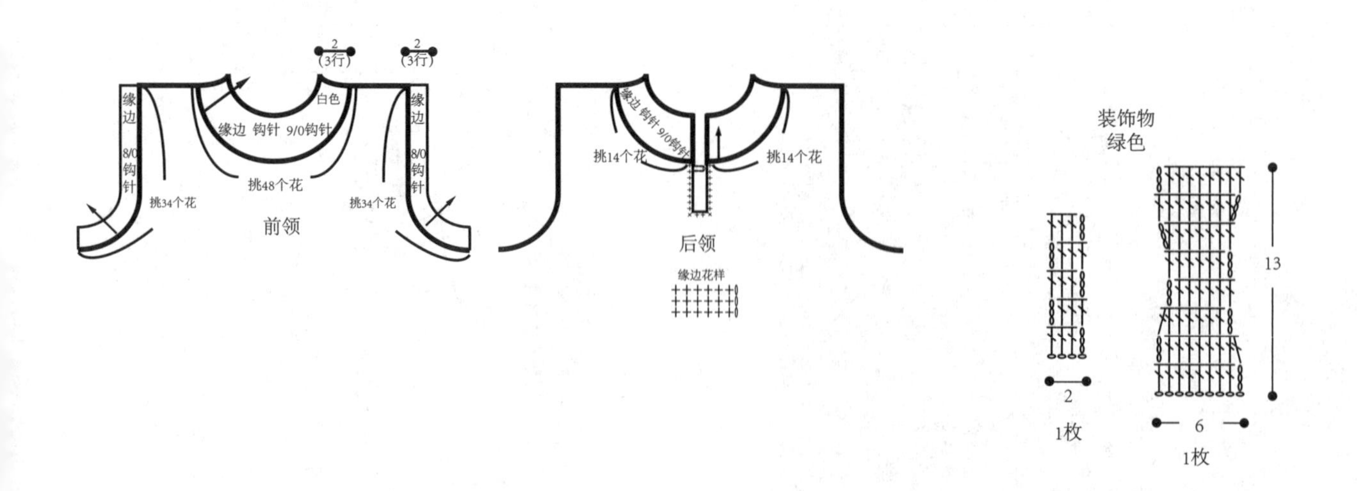

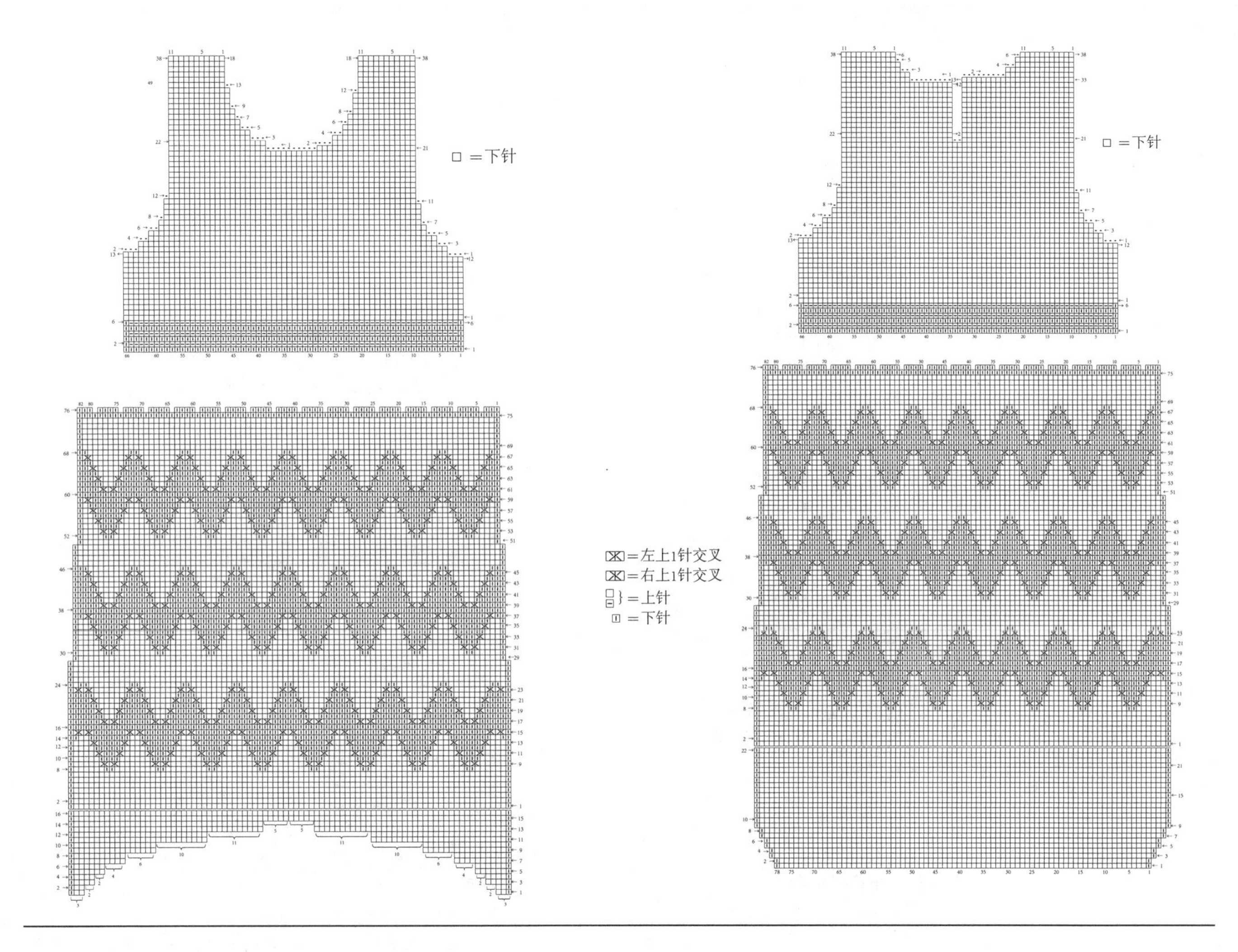

101

编织材料： 纯毛防虫蛀高级绒线　咸菜白夹花 140g
编织工具： 10号棒针，6/0钩针（2.5mm）
编织密度： 24针×33行/10cm×10cm
成品尺寸： 衣长34.5cm、胸宽28cm、肩宽21cm
编织方法： 此款毛衣编织的难点是前襟加针。建议用挑加的针法加针，使弧度圆滑。首先分别将左前、右前身片及后身片编织好并缝合。然后编织袖口及衣襟边缘。

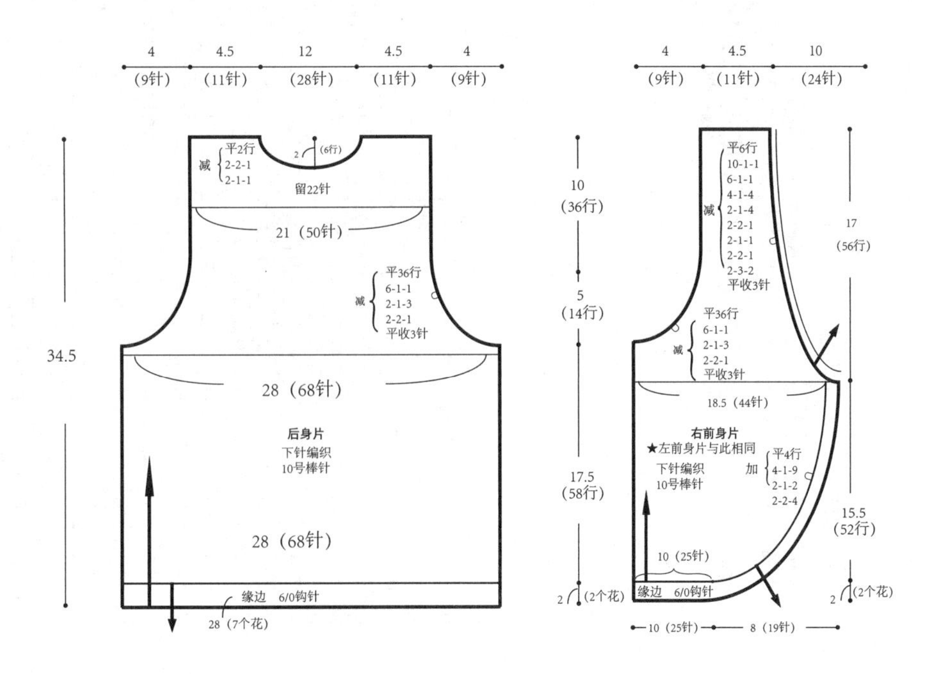

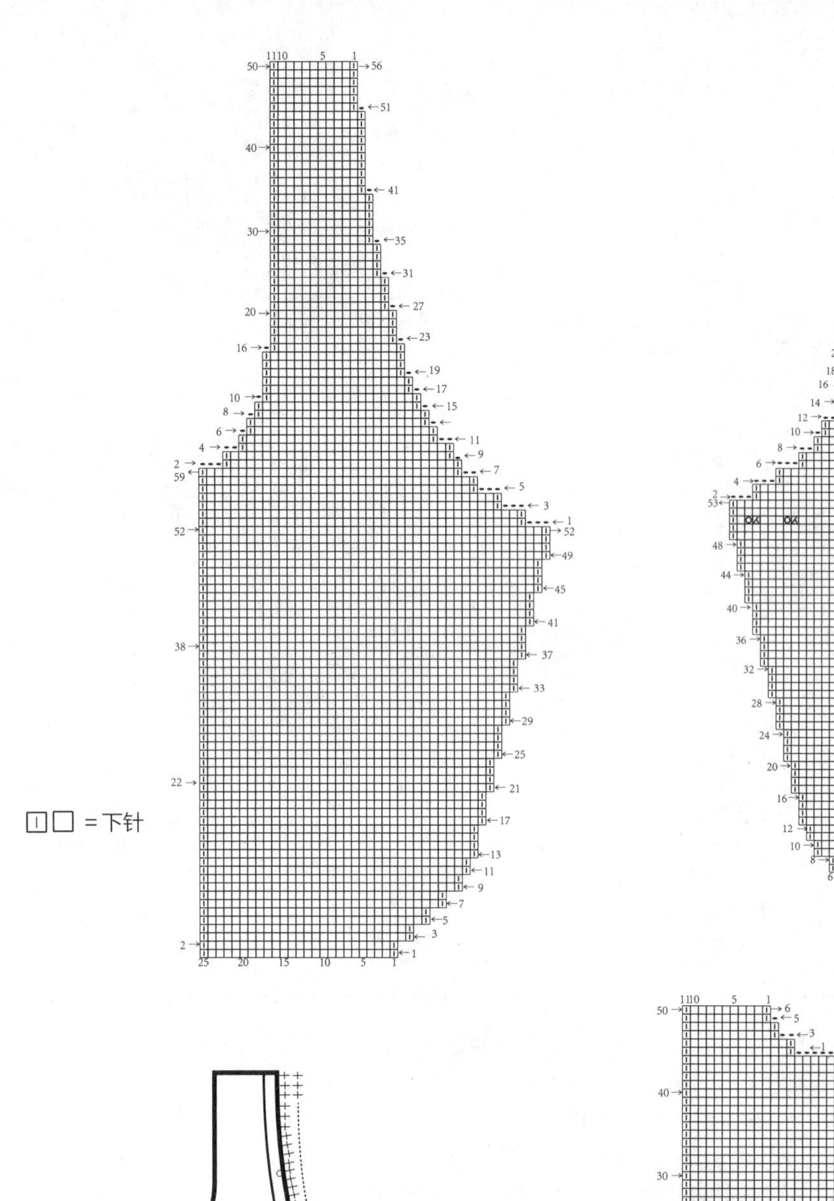

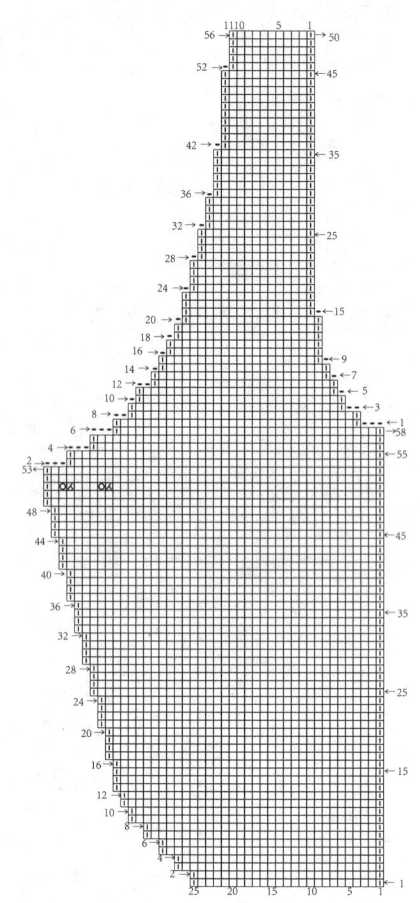

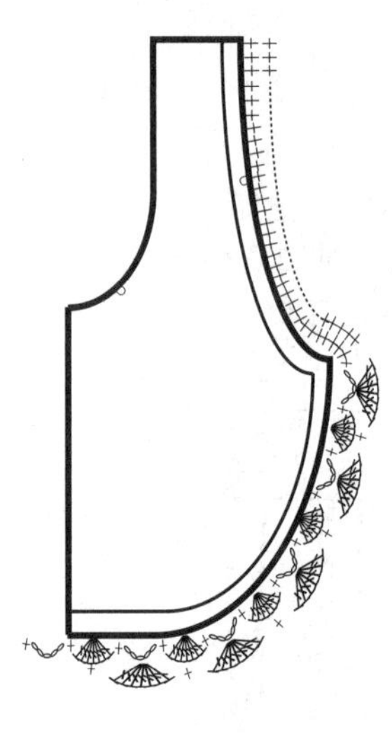

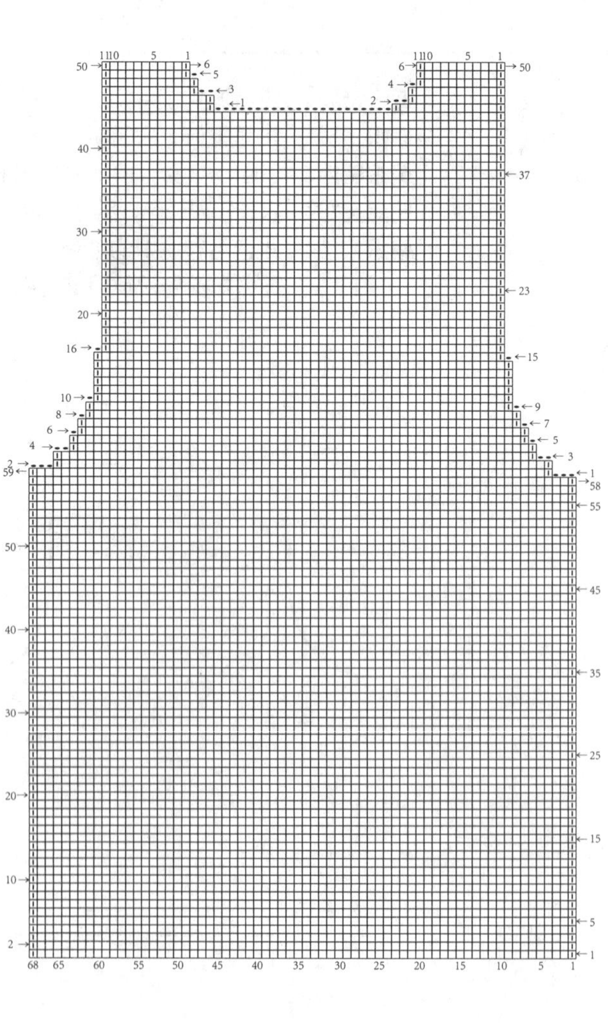

领口花样

衣缘边花样

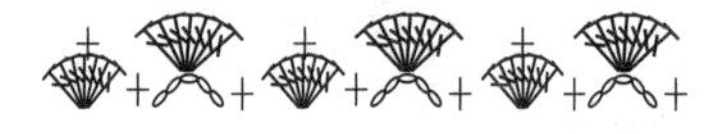

102

编织材料： 桃红夹白花线210g、白棉线34g、蓝色棉线少量

编织工具： 8号、9号棒针，5/0钩针

编织密度： 23针×30行/10cm×10cm

成品尺寸： 衣长36cm、胸宽29cm、袖长34cm

编织方法： 此款毛衣编织的难点是领口。首先分别将前、后身片编织好并缝合，缝合时注意花样对齐、平整无皱。接着编织左、右袖片并缝合，缝合时注意花样对齐、平整无皱。最后编织领口缘边。

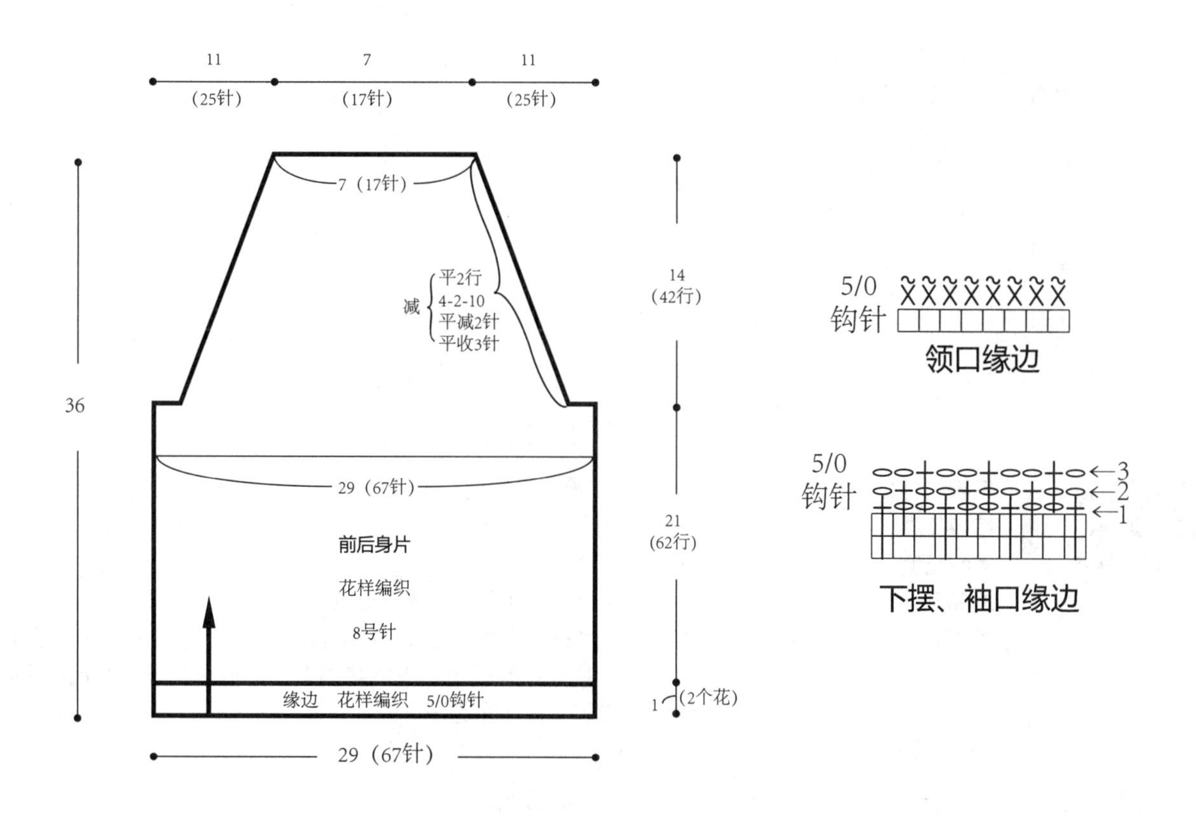

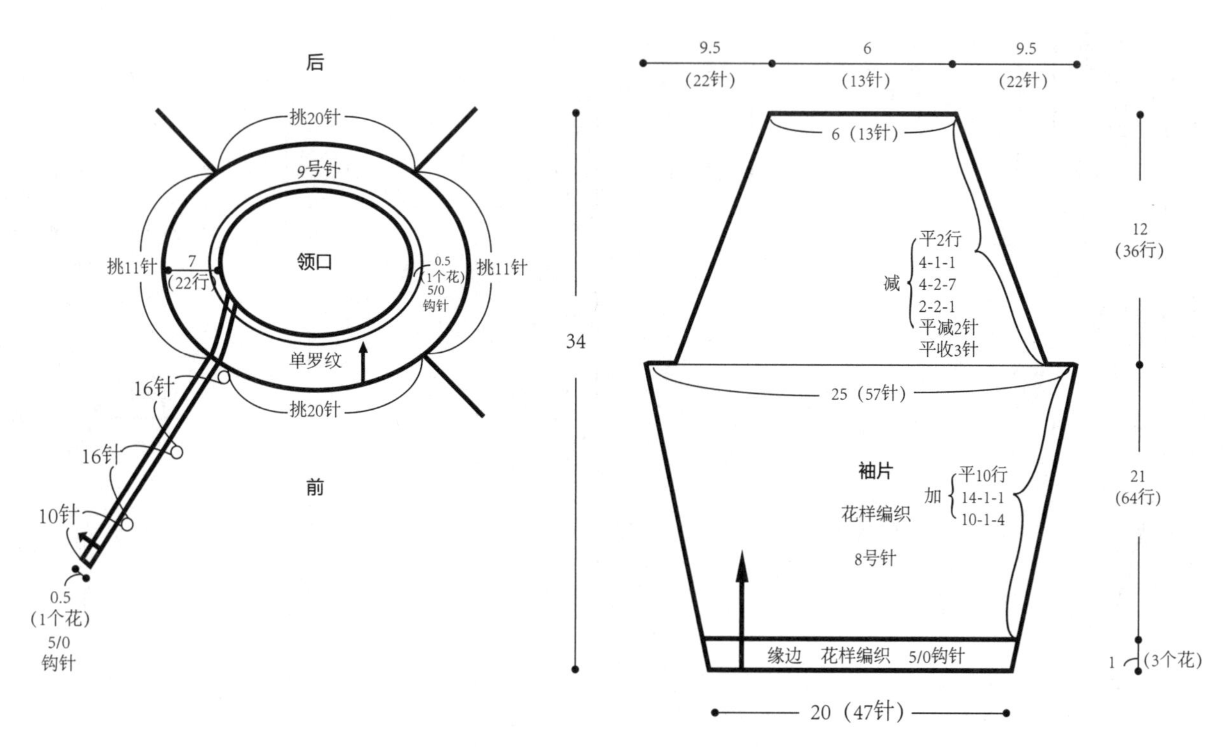

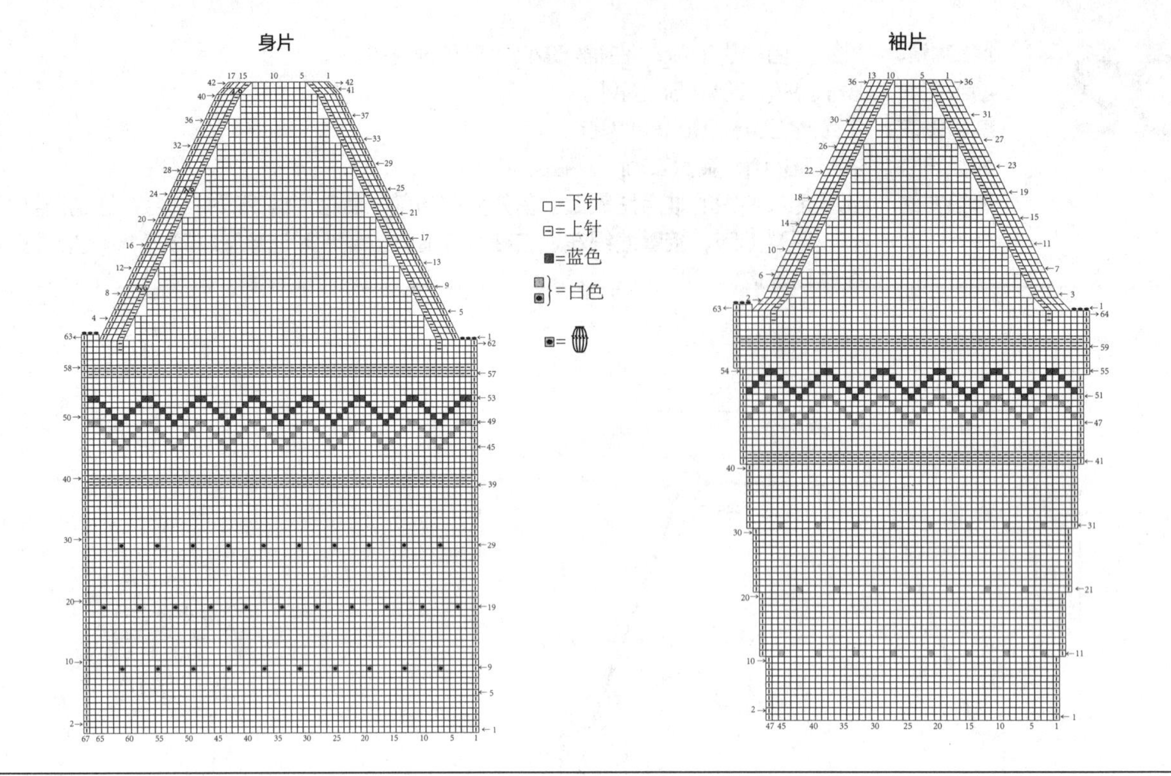

103

编织材料： 中粗羊毛线　白色320g，棉线　棕色、绿色、浅棕色、灰色各少量

编织工具： 10号、11号棒针，6号钩针，毛衣缝针

编织密度： 23针×30行 / 10cm×10cm

成品尺寸： 衣长39cm、胸围60cm、帽高21.5cm、袖长23cm

编织方法： 先将两裤片织好再连成一片往上继续编织。然后将左前身片、后身片、右前身片织好，再将装饰图案绣好然后合肩。织好帽子后再挑缘编织。把袖片织好，固定及绣好装饰物再缝合绱袖窿。将剩下的装饰物都固定好。

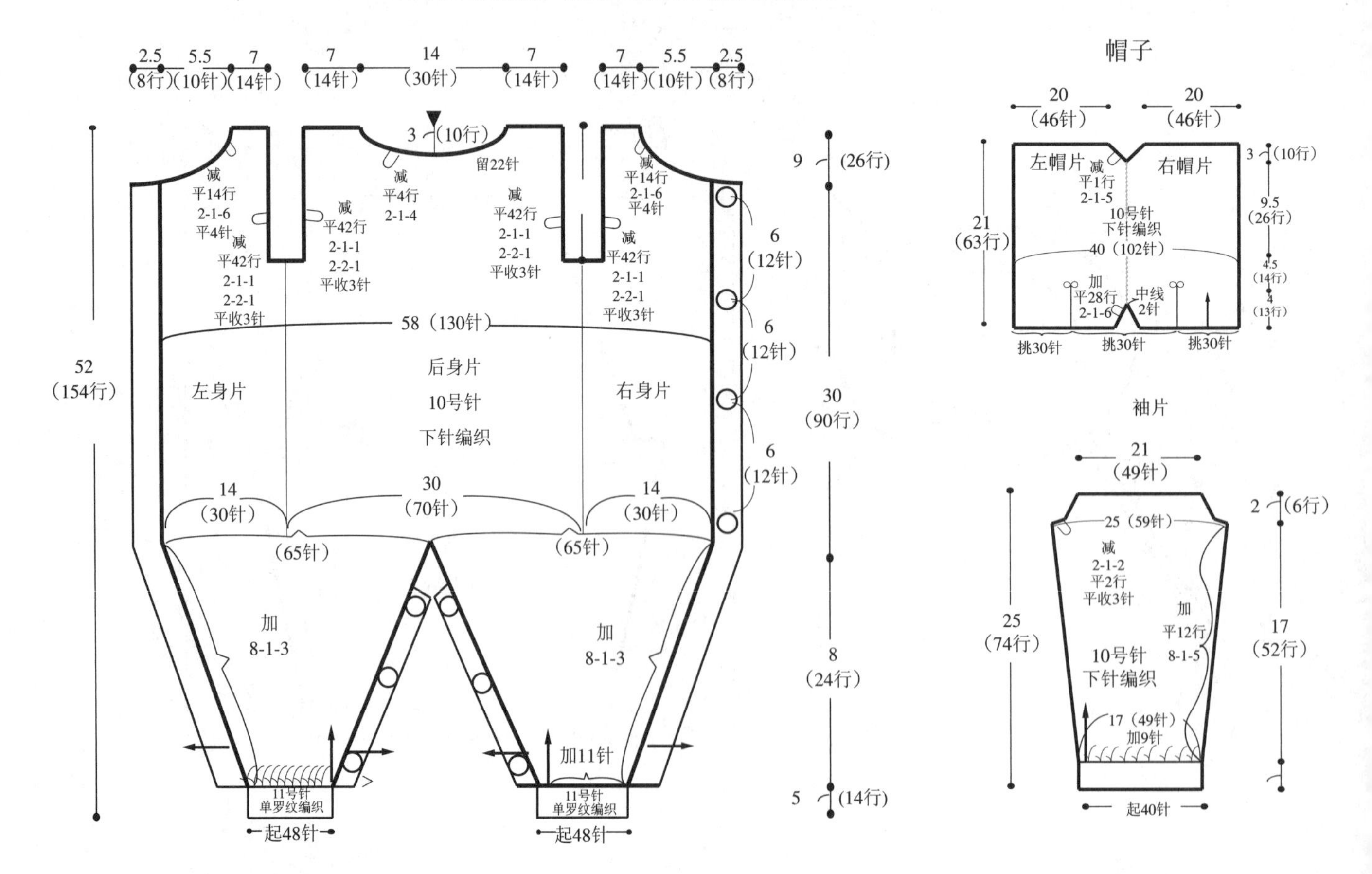

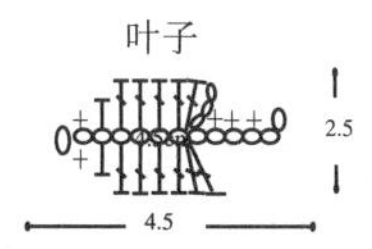
叶子
2.5
4.5

鼻子

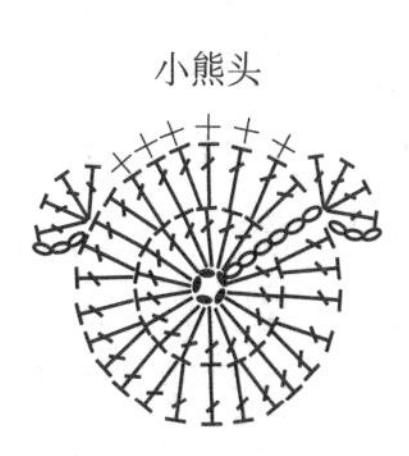
小熊头

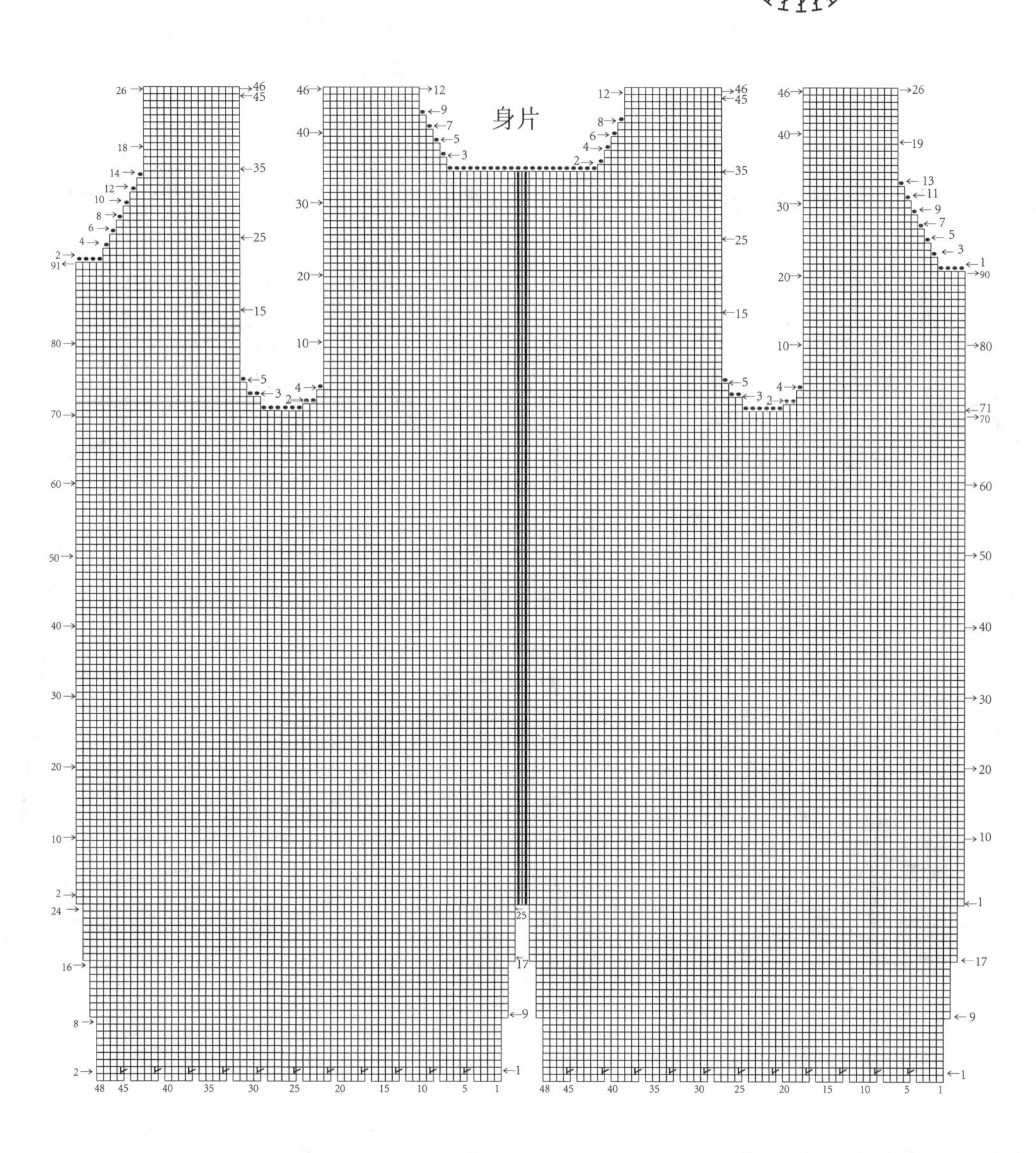
身片

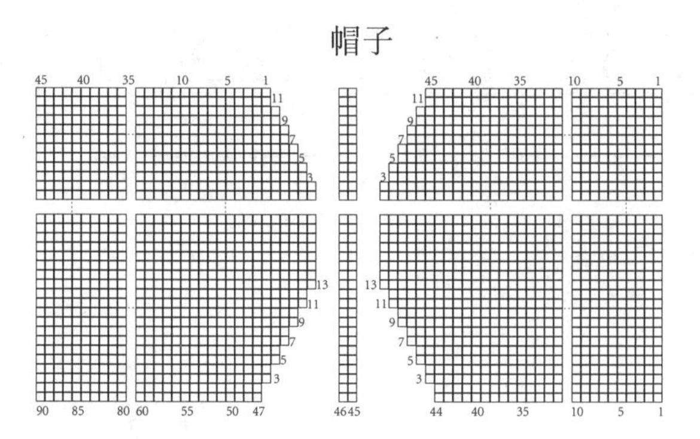
帽子

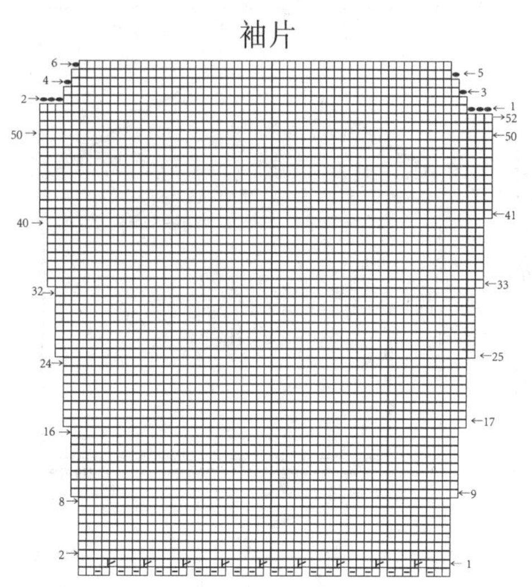
袖片

104

编织材料： 中粗羊毛线　粉红色370g、玫红色20g、黄色少量、绿色少量

编织工具： 8号棒针，9/0(3.5mm)钩针

编织密度： 22针×29行/10cm×10cm

成品尺寸： 裙长52.5cm、胸宽29cm、肩宽22cm、袖长28.5cm

编织方法： 此款裙子编织的难点是裙摆及裙摆缝合，注意弧度缝合的处理。首先分别编织好前后裙片并缝合，缝合时注意花样对齐、平整。接着编织前、后裙摆并缝合，缝合时注意均匀，有弧度的地方多放几针。再接着编织左、右袖片并缝合，缝合时注意花样对齐、平整。跟着编织领口及袖口缘边。最后将装饰物固定好。

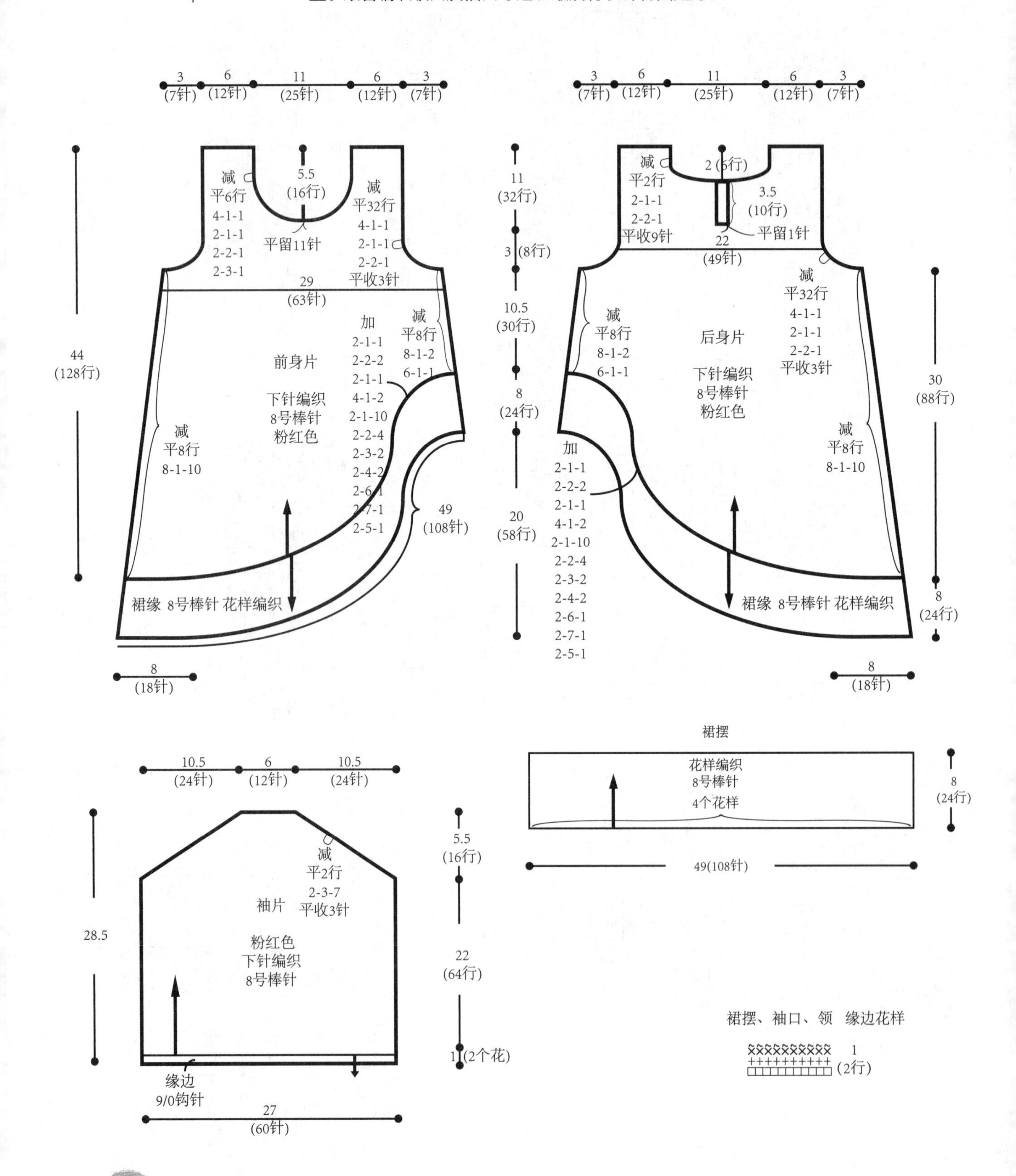

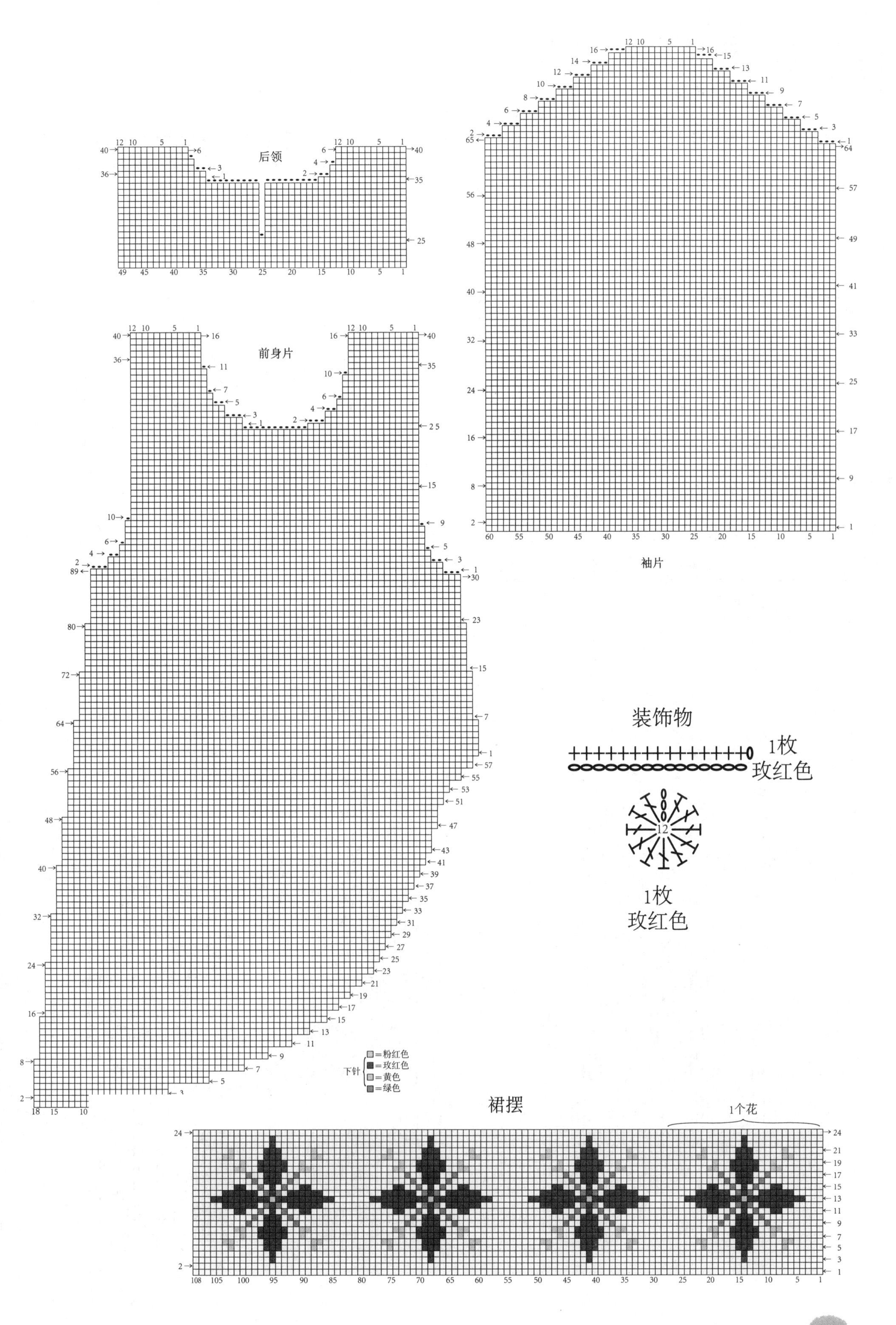
后领
前身片
袖片
装饰物
1枚
玫红色
1枚
玫红色
下针
=粉红色
=玫红色
=黄色
=绿色
裙摆
1个花

105

编织材料： 纯毛防虫蛀高级绒线　白米咸菜花色 355g、白色 37g
编织工具： 9/0钩针（3.5mm）
编织密度： 17针×10行/10cm×10cm
成品尺寸： 衣长31.5cm、胸宽31cm、肩宽24cm、袖长33cm
编织方法： 此款毛衣编织的难点是花样编织。首先分别将前、后身片编织好并缝合，注意松紧适当、平整无皱。然后编织左、右袖片并缝合，注意花样对齐、平整。最后编织衣襟缘边。

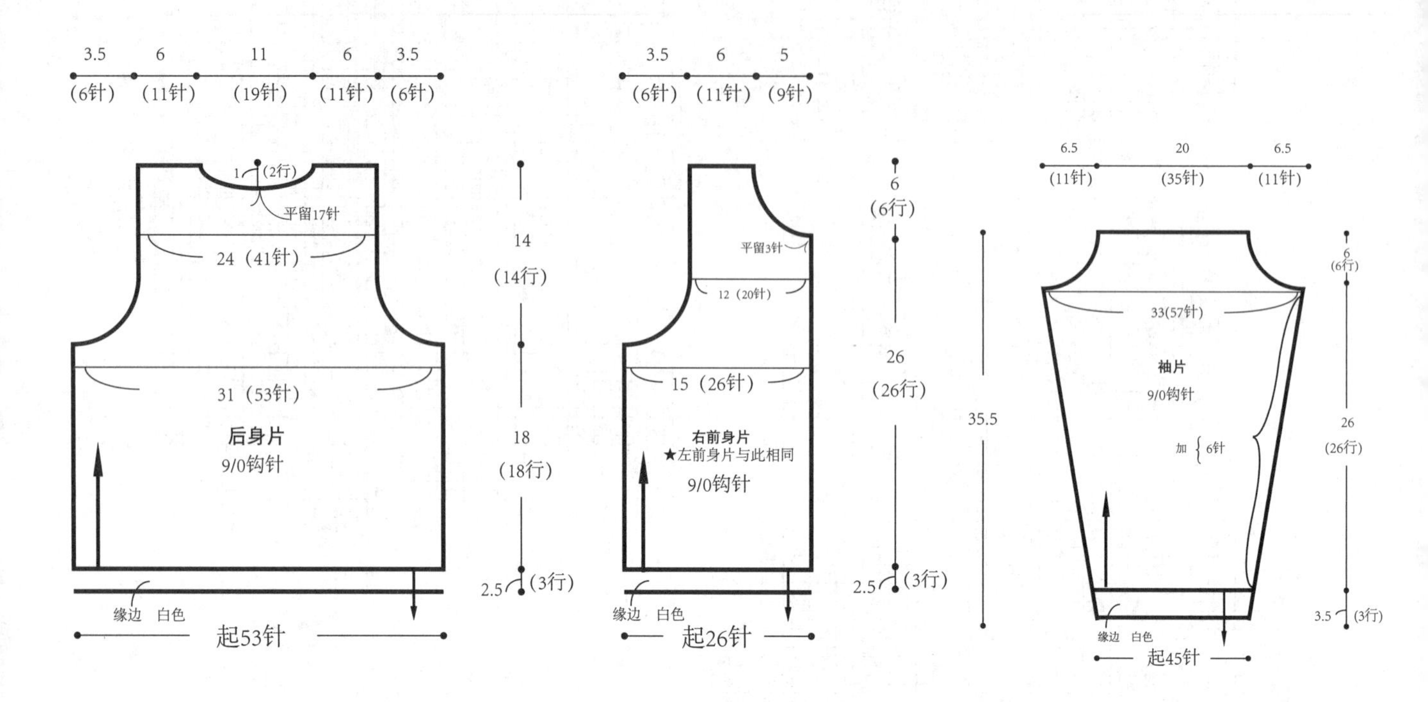

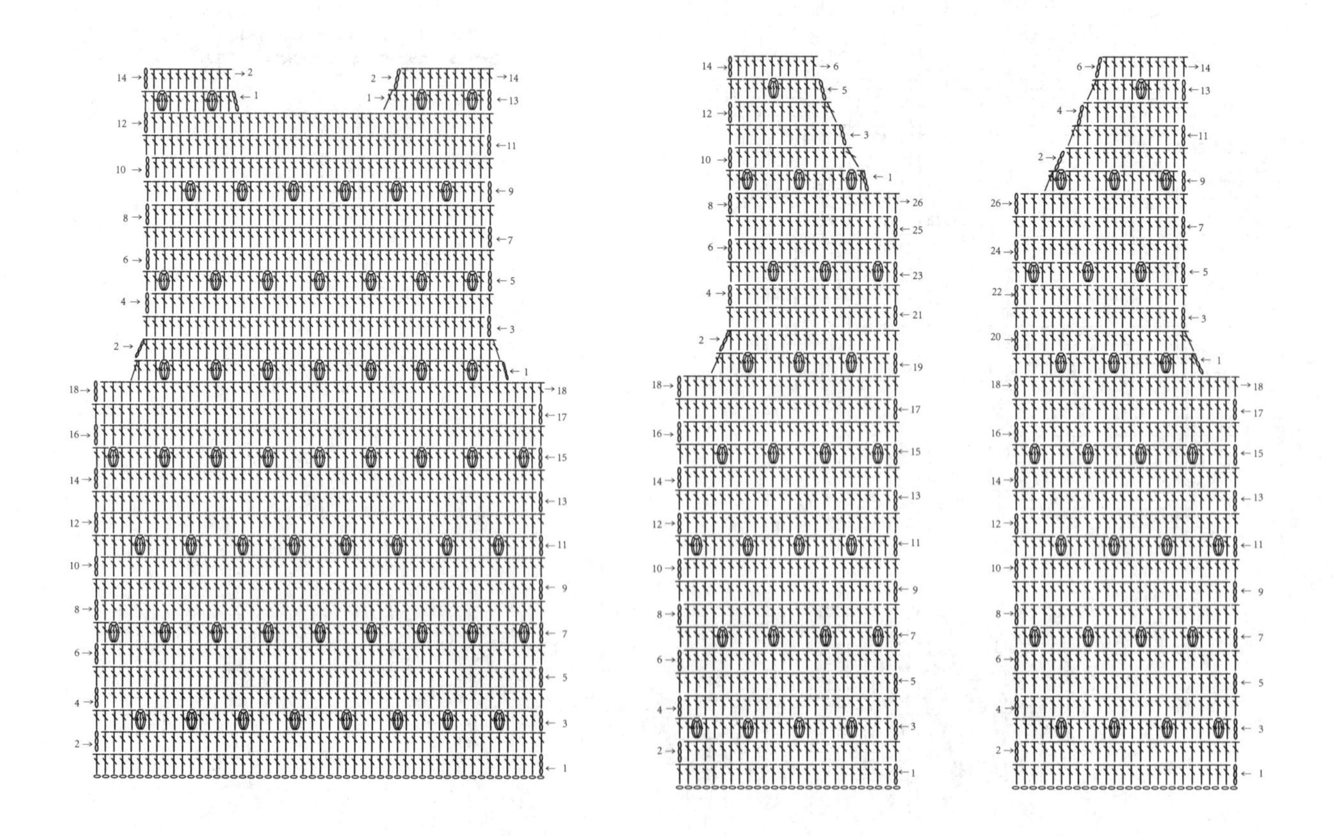

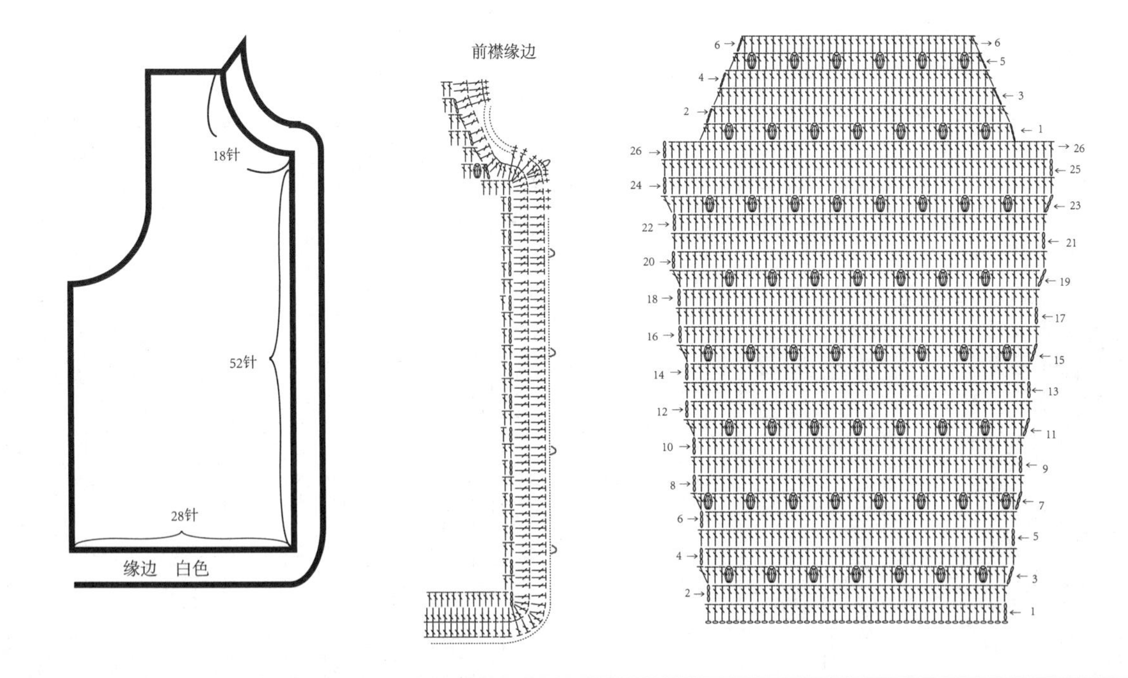

106

编织材料：中粗羊毛线　红色140g、白色50g

编织工具：8号棒针，6/0钩针（2.5mm）

编织密度：21针×26行/10cm×10cm

成品尺寸：衣长31cm、胸宽26cm、肩宽21cm

编织方法：首先分别将左、右前身片编织好，接着编织后身片并与前身片对应缝合。缝合时注意花样对齐、平坦。跟着编织左、右袖片并缝合，最后编织领口缘边。

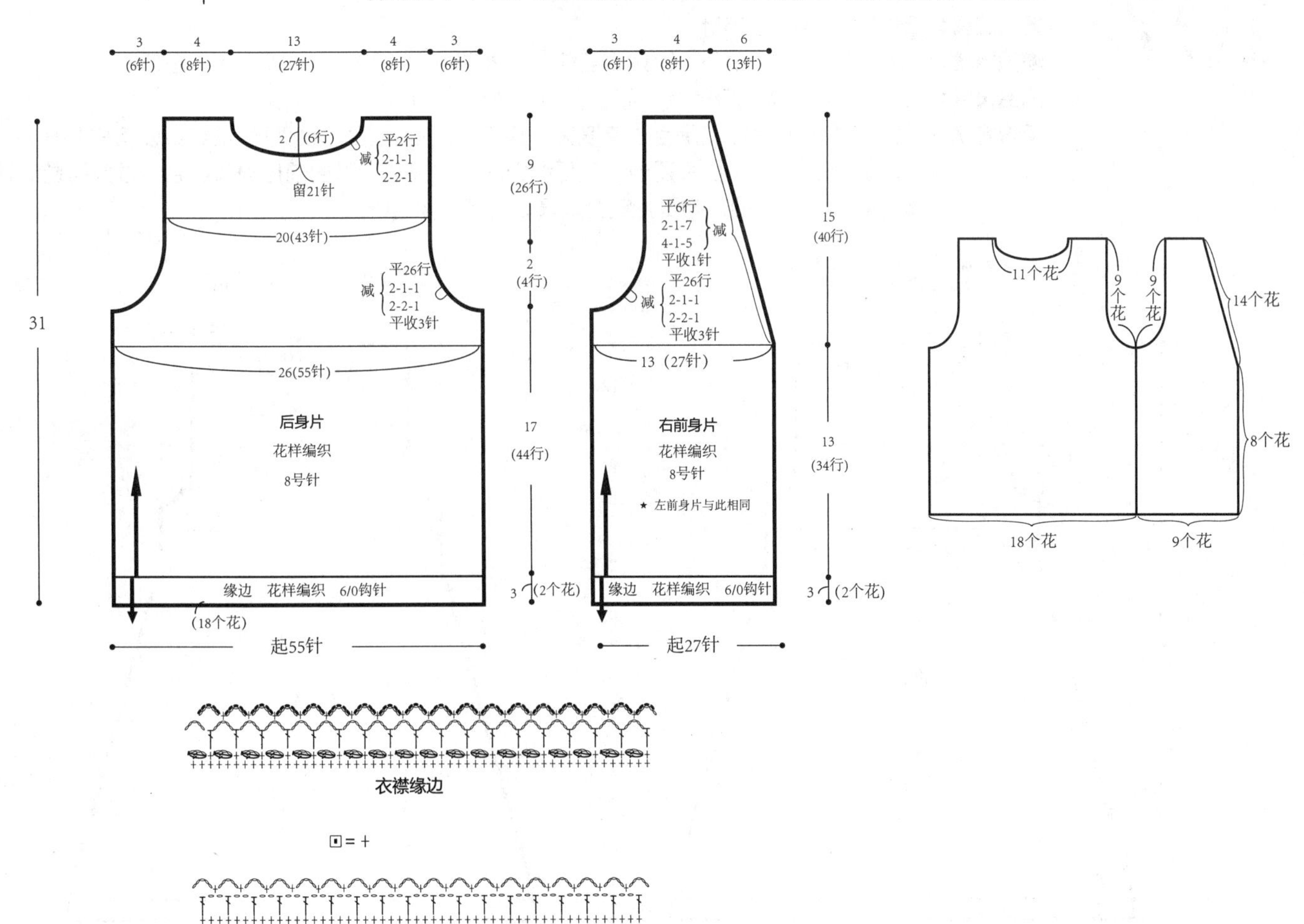

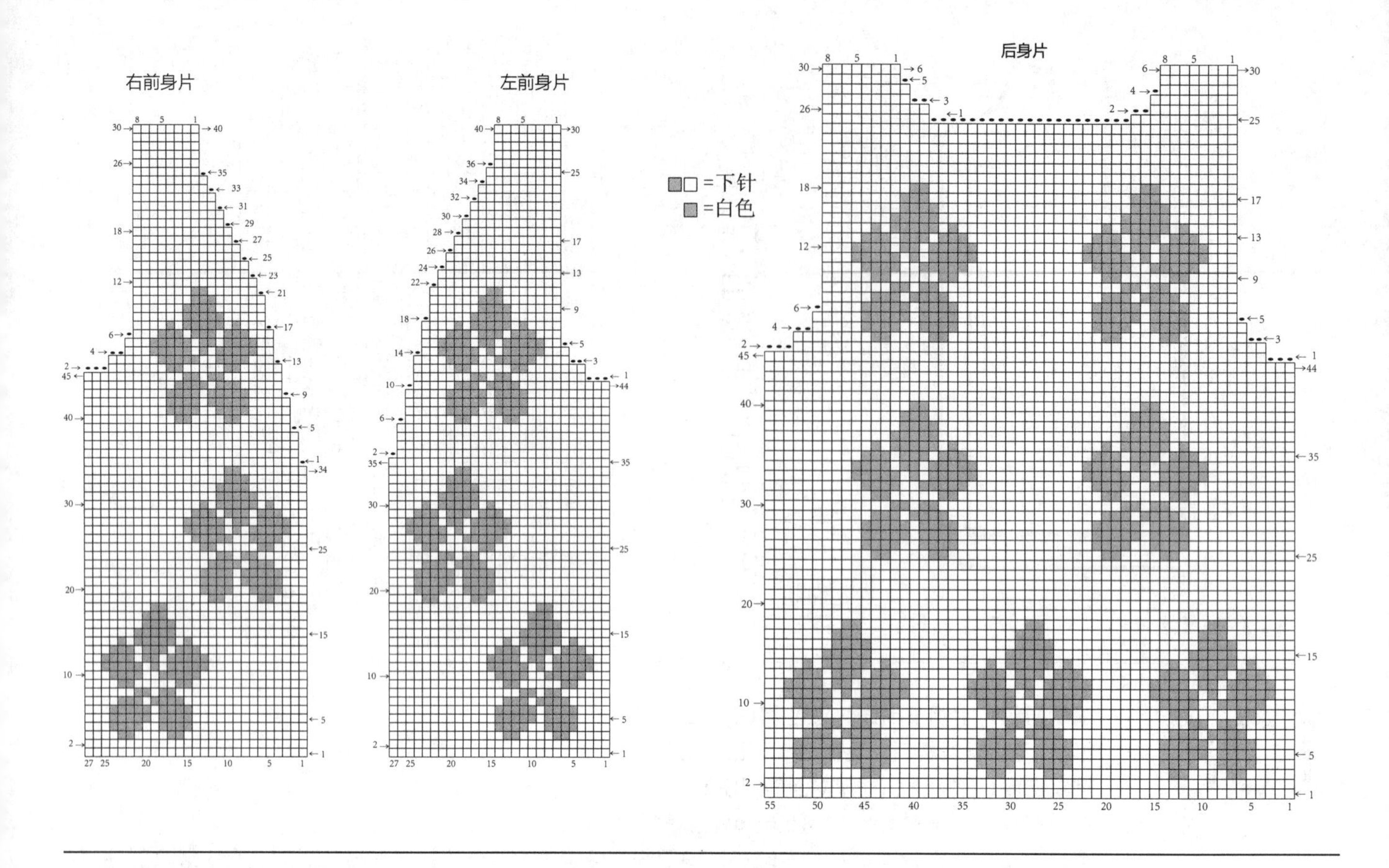

107

编织材料： 中粗羊毛线　红色210g、白色30g

编织工具： 8号棒针、6/0号钩针

编织密度： 23针×29行/10cm×10cm（红色）、20针×29行/10cm×10cm（白色）

成品尺寸： 衣长41cm、胸围54cm、肩宽19cm、袖长14cm

编织方法： 此款毛衣的编织难点是色线跨度大，建议用左右手分线法、分区法编织。首先分开编织前、后身片，注意松紧适当。然后编织左、右袖片，再把前后身片缝合，注意平整。接着编织领口，把袖片与身片缝合。最后将装饰物固定。

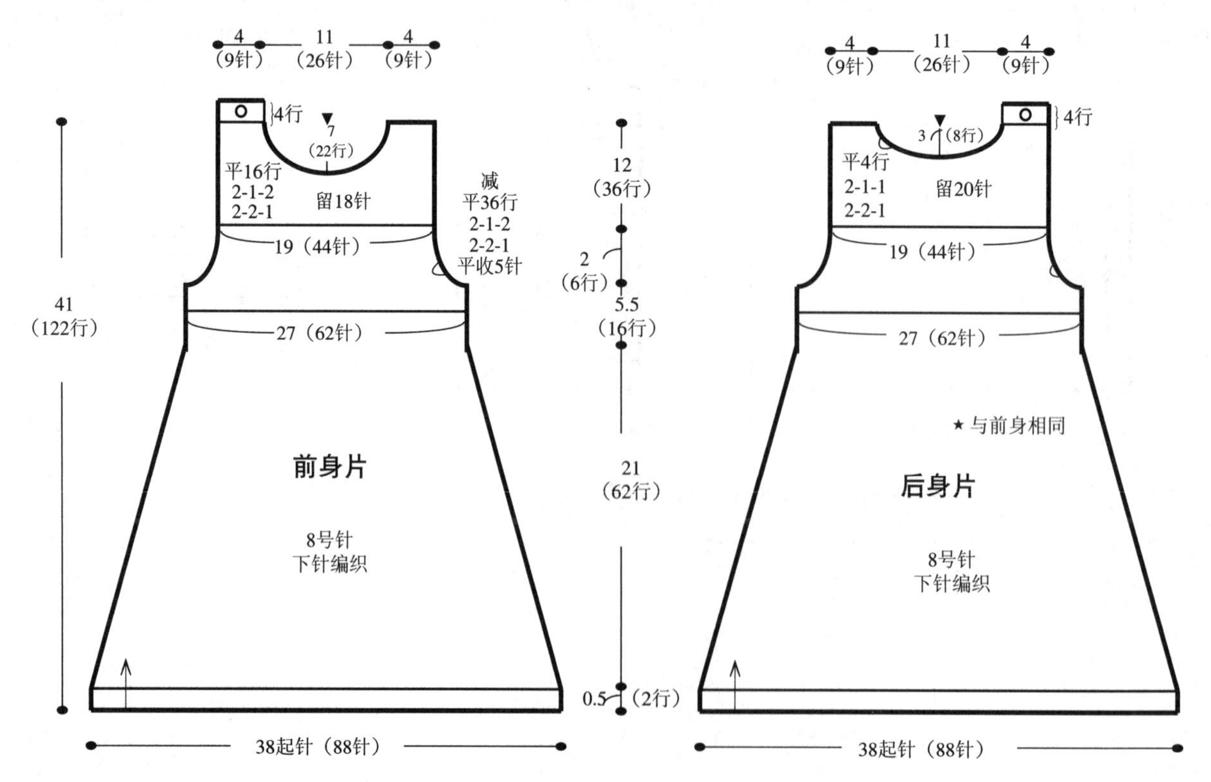

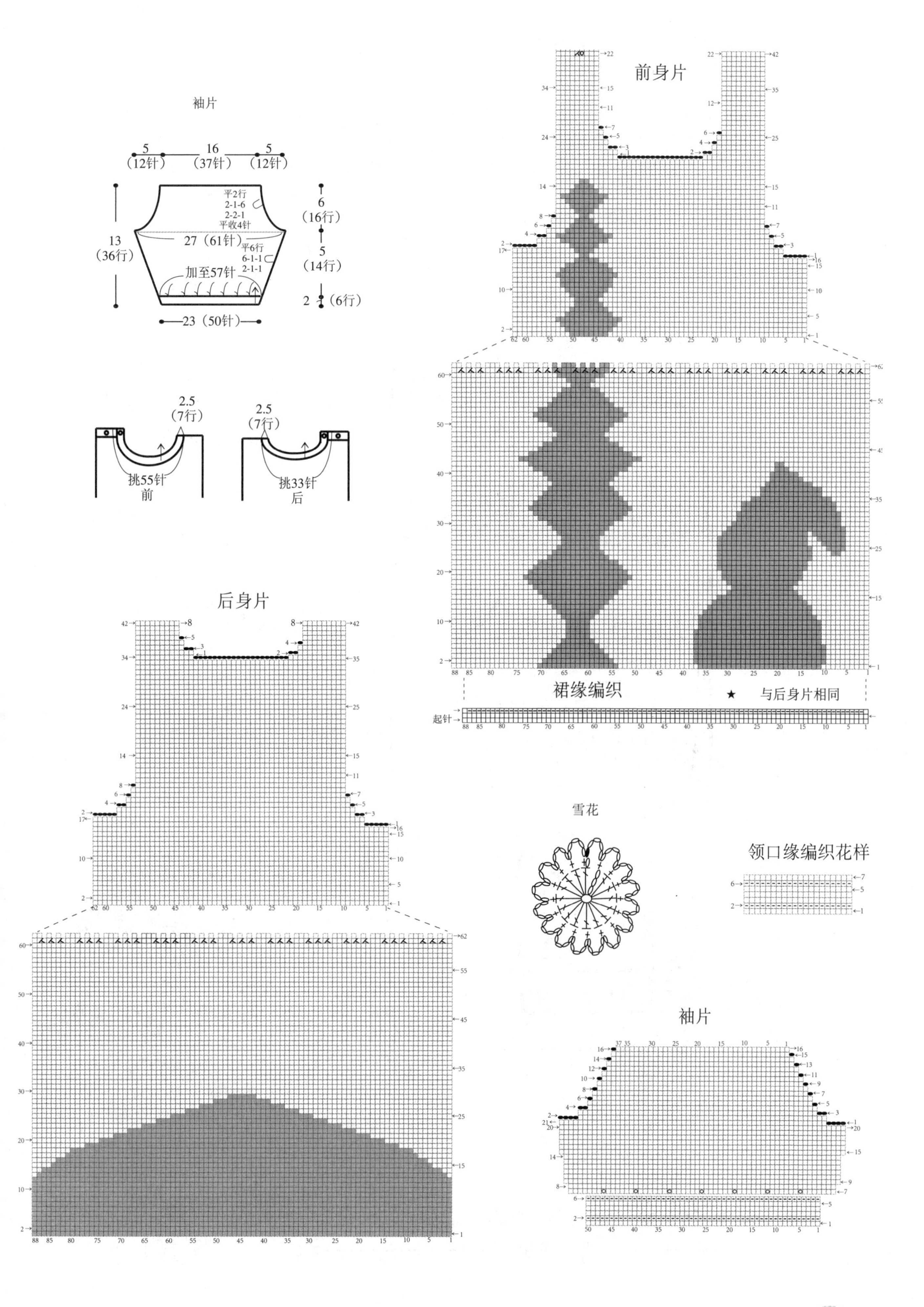
袖片
5（12针）
16（37针）
5（12针）
平2行
2-1-6
2-2-1
平收4针
6（16行）
13（36行）
27（61针）
平6行
6-1-1
2-1-1
5（14行）
加至57针
2（6行）
23（50针）
2.5（7行）
挑55针
前
2.5（7行）
挑33针
后
后身片
前身片
裙缘编织
★ 与后身片相同
起针
雪花
领口缘编织花样
袖片

108

编织材料： 中粗羊毛线　白色220g、黑色27g

编织工具： 8号、9号棒针，9/0(3.5mm)钩针

编织密度： 22针×29行/10cm×10cm

成品尺寸： 裤长46.5cm、裤宽22cm、腰宽15cm、腰至裆位长20cm

编织方法： 此款毛裤编织的难点是裆位，注意挑加时手劲的松紧。首先分别将左前、右前裤身片编织好并缝合，缝合时注意花样对齐、平整。接着编织左后、右后裤身片并缝合，缝合时注意花样对齐、平整。再接着将前、后裤身片相对应缝合，注意裆位对齐、平坦无皱。跟着编织裤腰，最后将装饰物固定好。

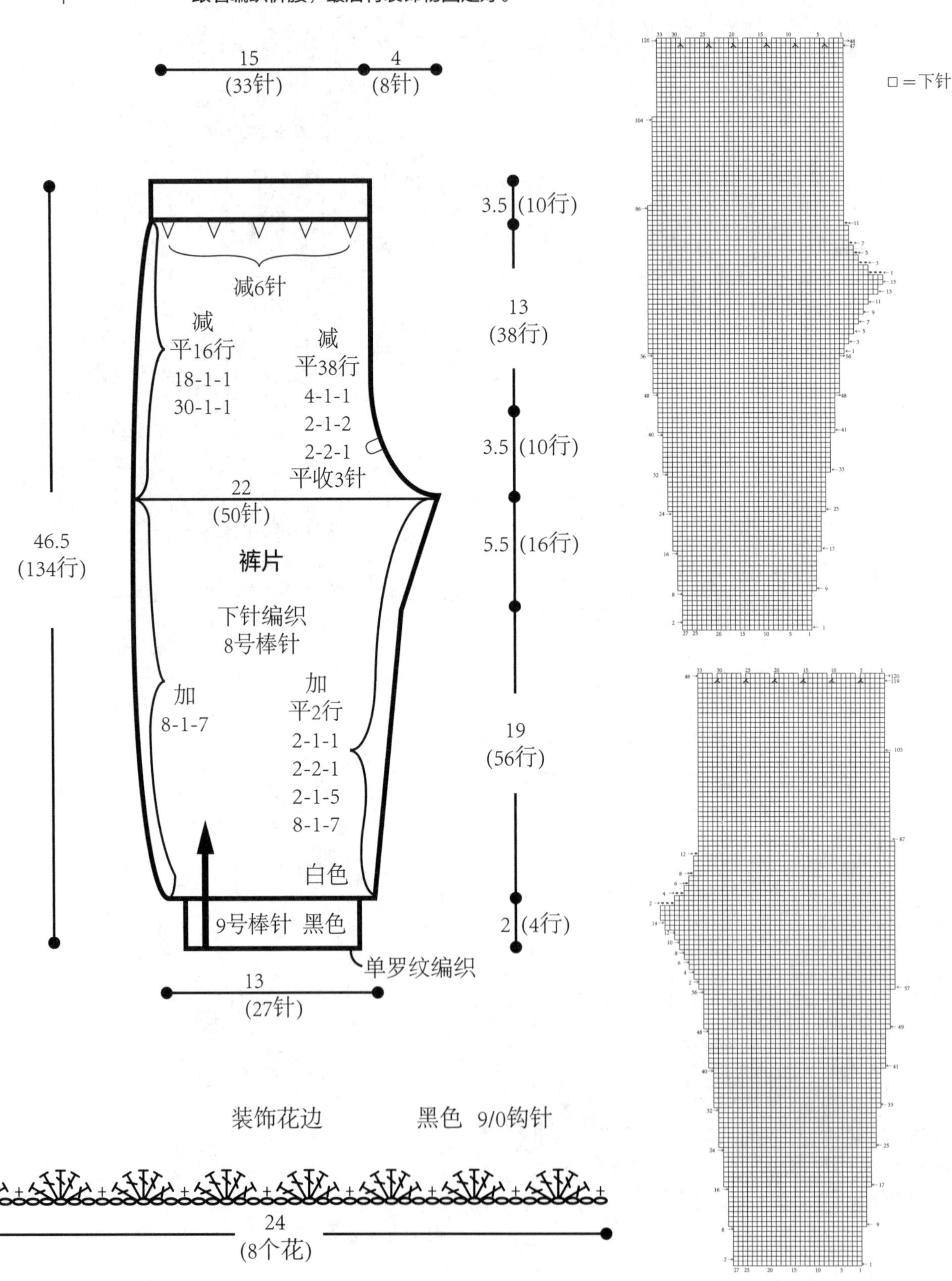

109

编织材料： 中粗羊毛线　白色250g、橙色30g

编织工具： 8号、9号棒针

编织密度： 22针×31行/10cm×10cm

成品尺寸： 衣长35cm、胸围58cm、肩宽21cm、袖长29.5cm

编织方法： 此款毛衣的编织难点是花样编织。首先分开编织前、后身片，花样编织建议用左右手换线法编织。然后编织左、右袖片，再把衣身片及袖片缝合，注意花样对齐、平整。接着编织领口，注意松紧适当，最后钩编饰物并缝在衣身上。

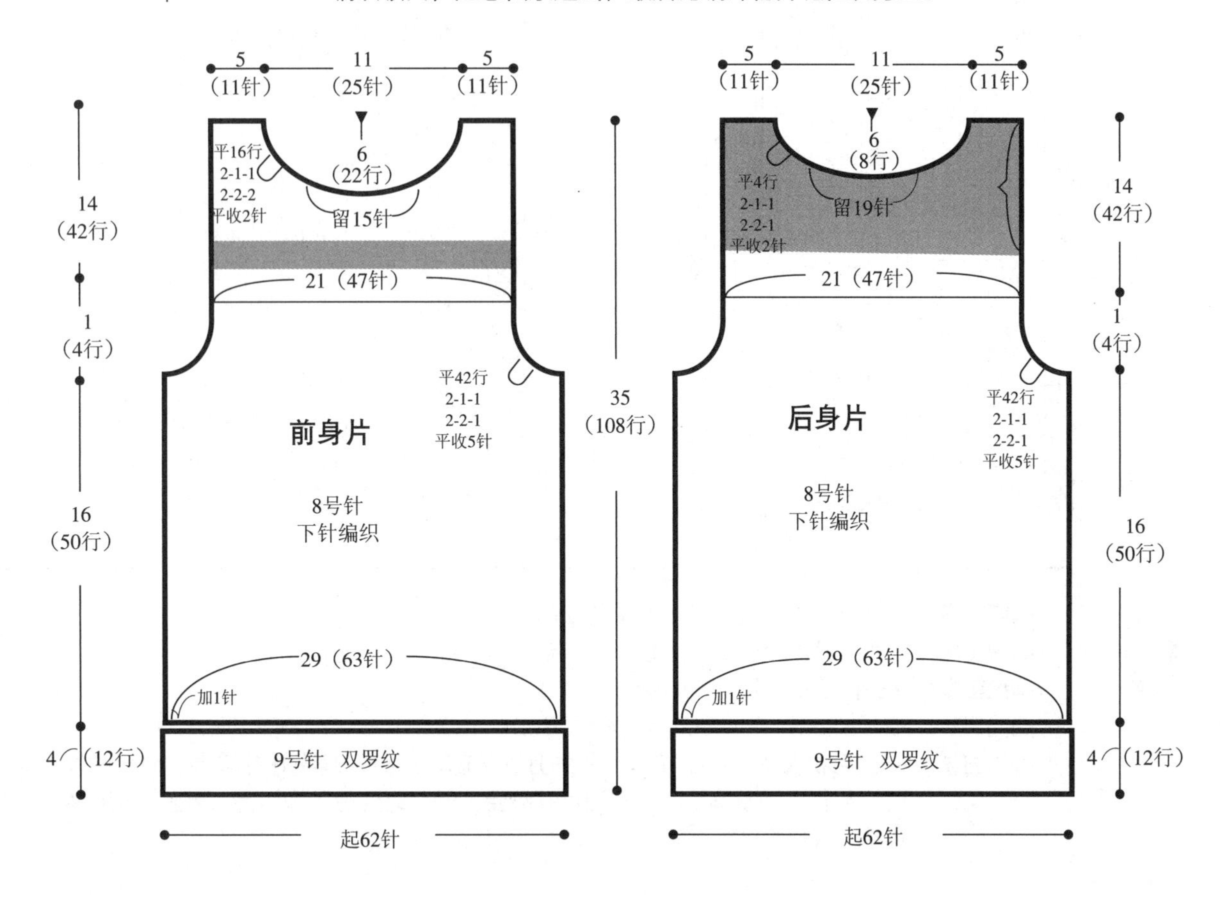

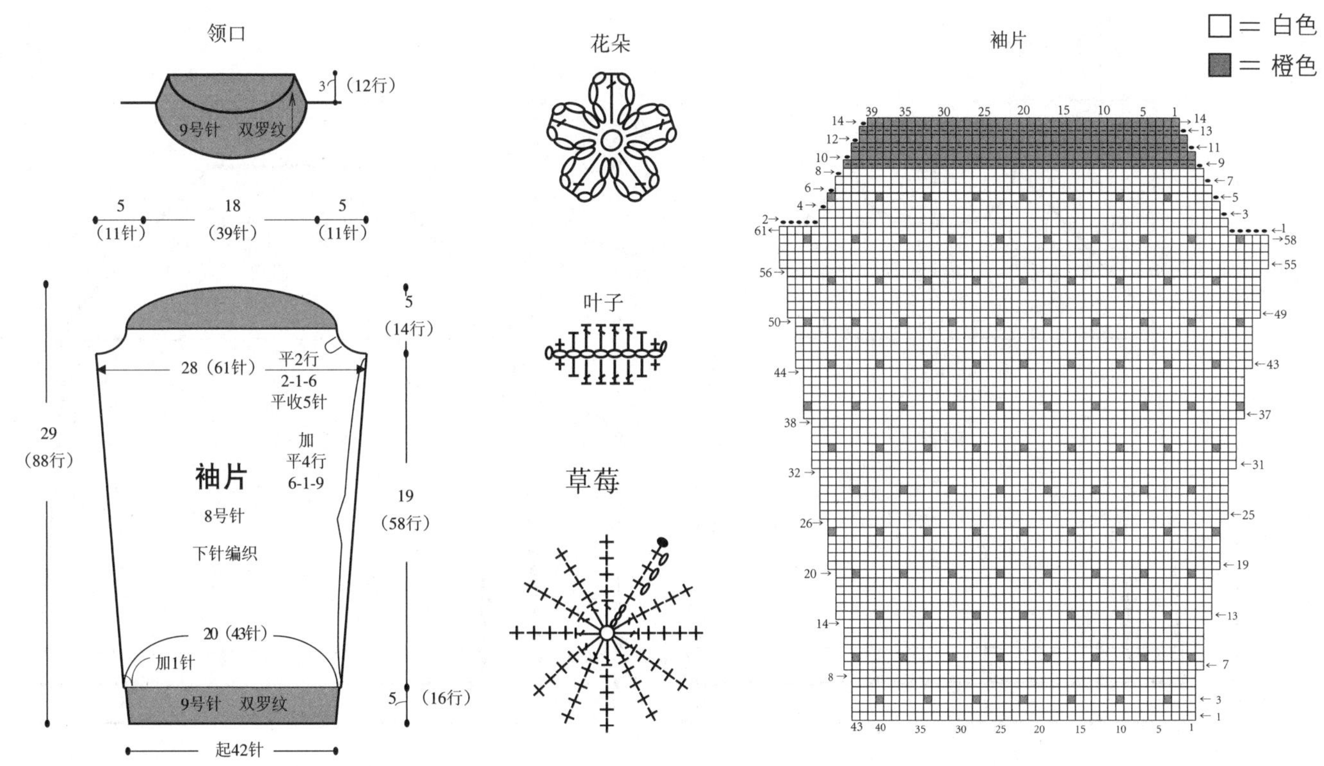

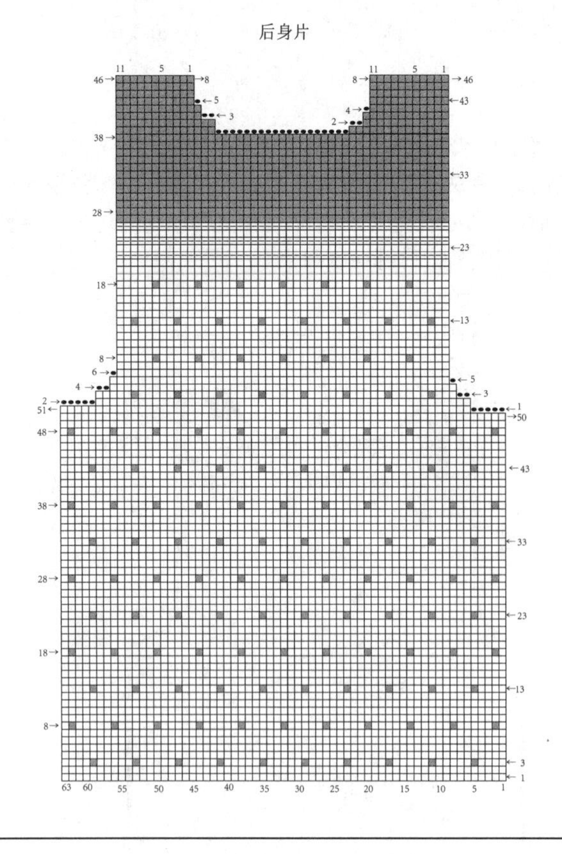

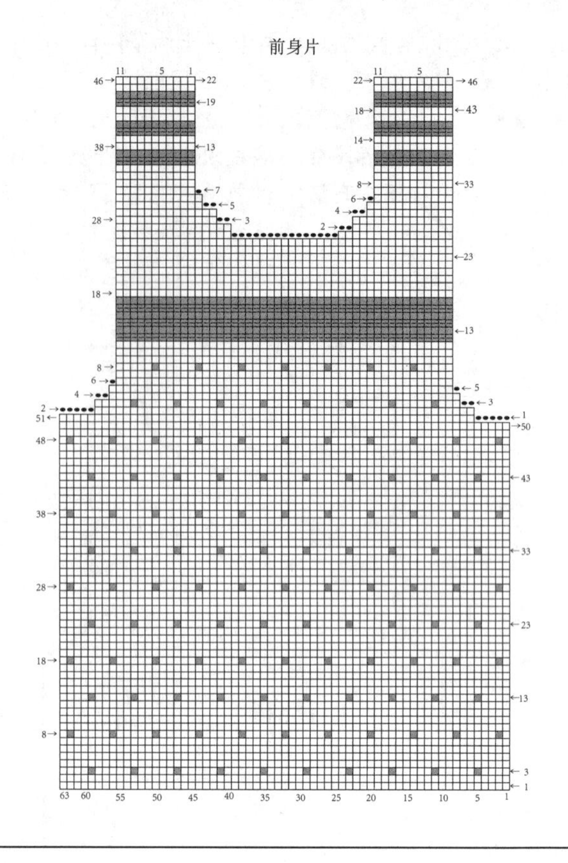

110

编织材料： 中粗羊毛线　白色388g、黑色20g

编织工具： 8号、9号棒针，9/0(3.50mm)钩针

编织密度： 22针×29行/10cm×10cm

成品尺寸： 衣长37cm、胸宽30cm、袖长36cm

编织方法： 此款毛衣编织难点是花样。首先分别将前、后身片编织好并缝合，缝合时注意花样对齐、平整。接着编织左、右袖片并缝合。缝合时注意花样对齐、平整。再接着编织领口缘边，最后将装饰物固定。

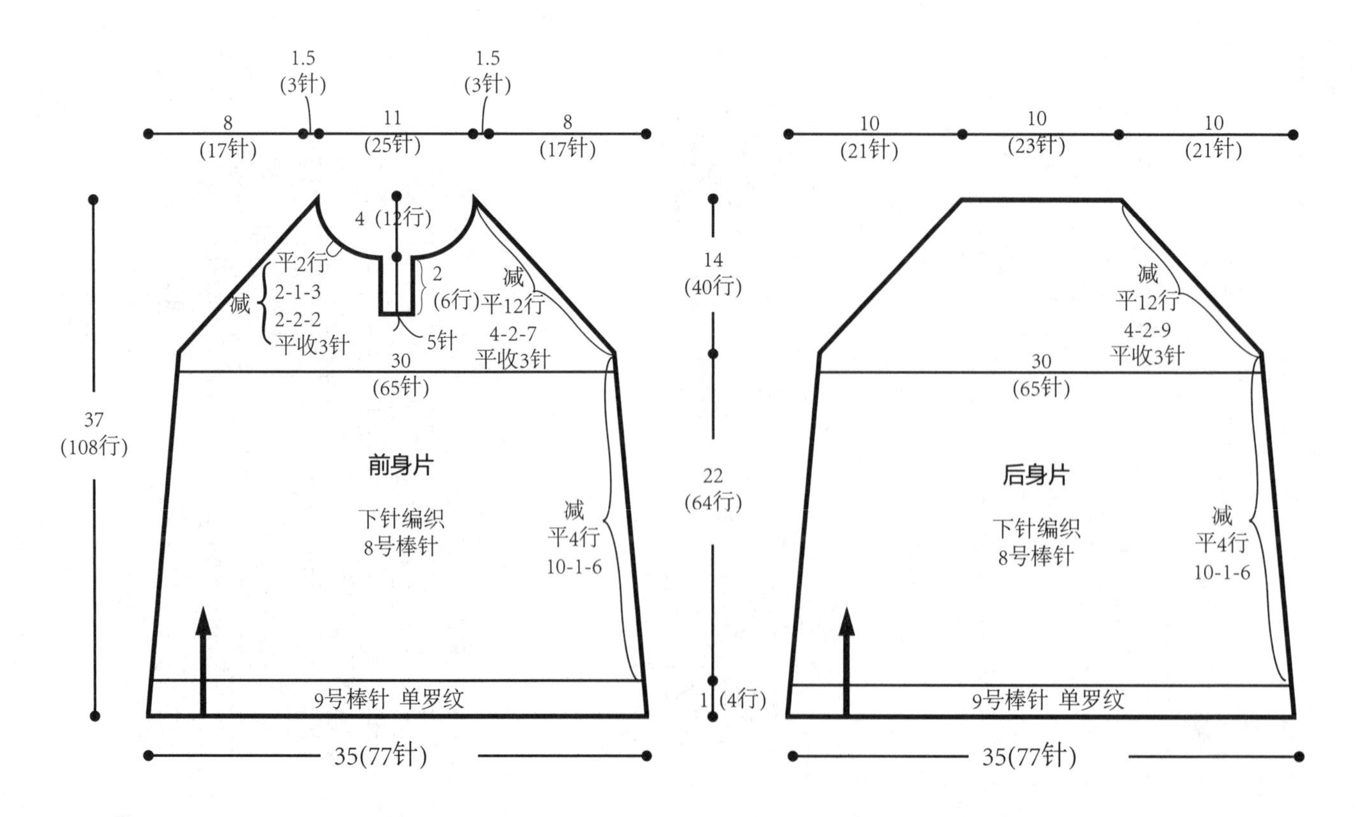

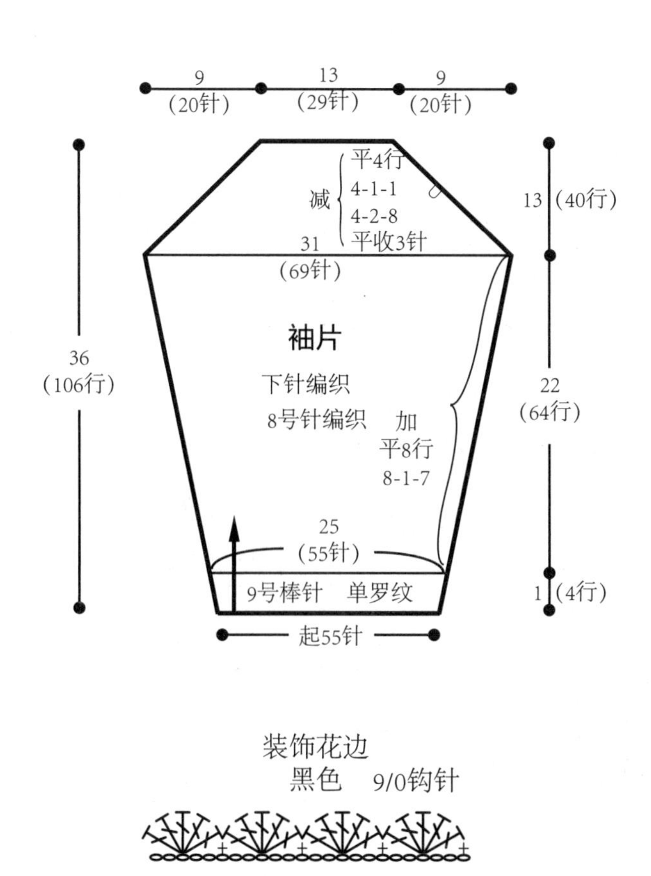
9
(20针)
13
(29针)
9
(20针)
减
平4行
4-1-1
4-2-8
平收3针
13（40行）
31
(69针)
36
(106行)
袖片
下针编织
8号针编织
加
平8行
8-1-7
22
(64行)
25
(55针)
9号棒针 单罗纹
1（4行）
起55针
装饰花边
黑色 9/0钩针

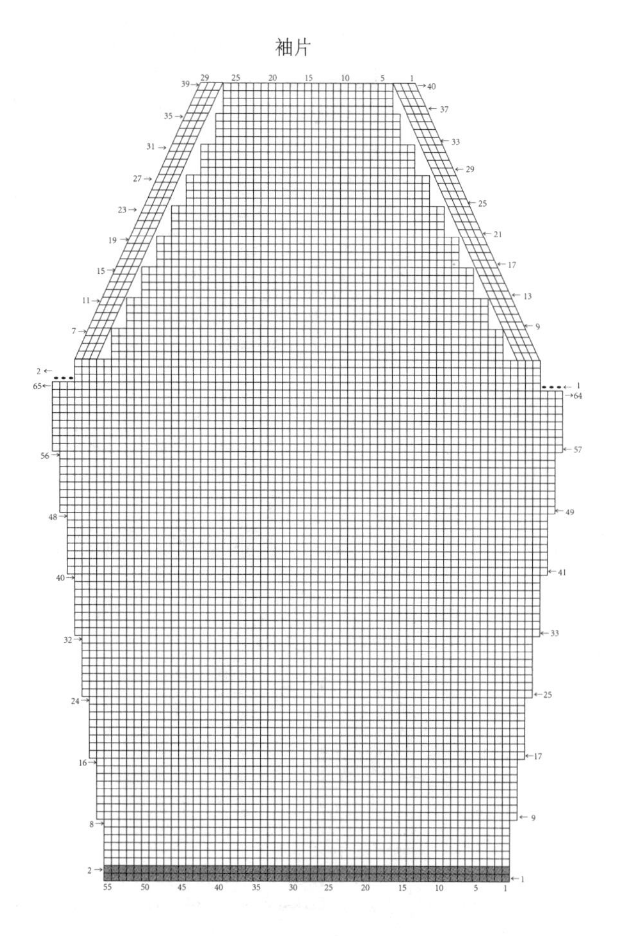
袖片

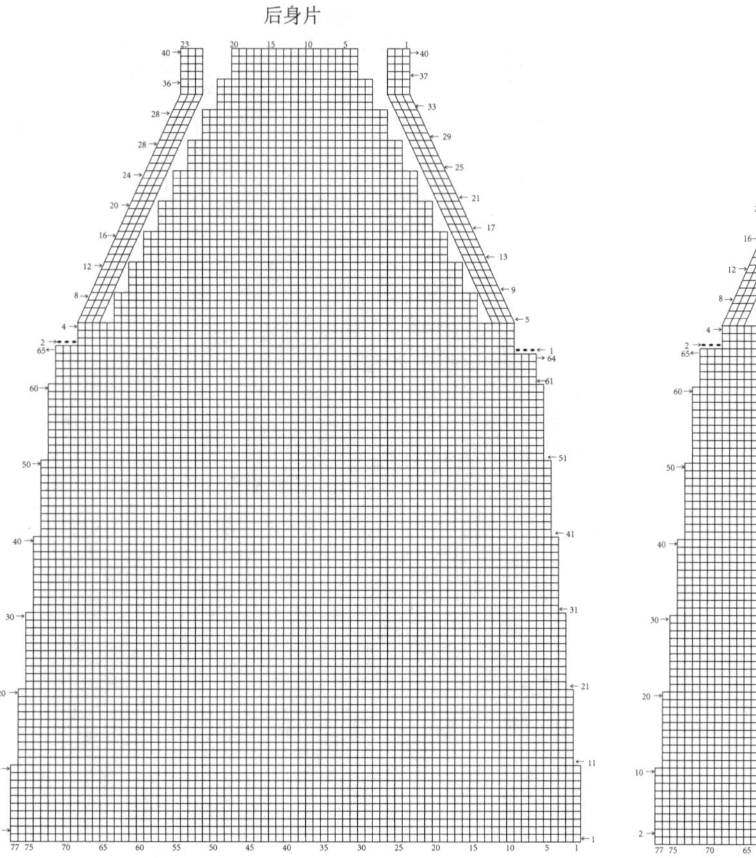
后身片

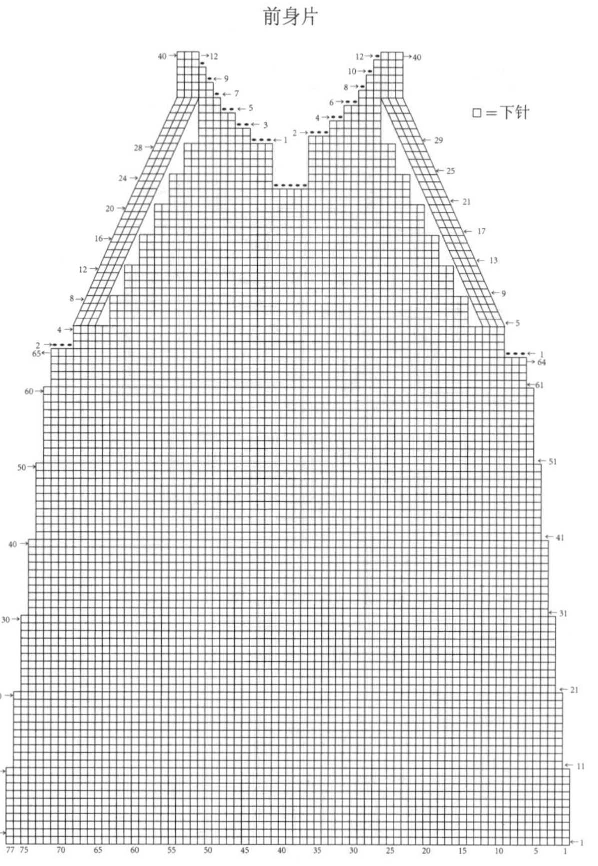
前身片
□＝下针

111

编织材料： 绿色防缩珍品粗绒线　白色 138g，绿色生态丝毛绒　中国红色 22g，绿色配线　少量

编织工具： 10号、11号棒针

编织密度： 26针×34行/10cm×10cm

成品尺寸： 衣长32cm、胸宽28cm、肩宽20cm

编织方法： 此款毛衣的难点是领口、袖口的编织。首先分别将前、后身片编织好，并缝合。注意花样平整、对齐。接着编织袖口及领口。注意松紧适当，平整无皱。最后在前身片绣上图案。

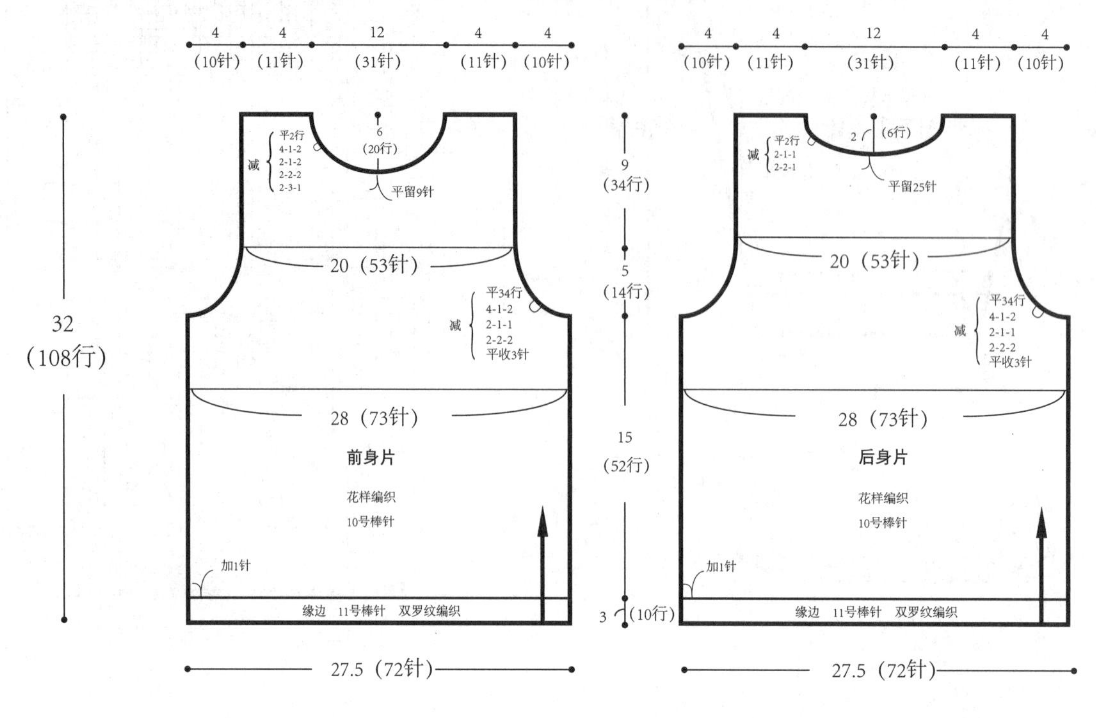

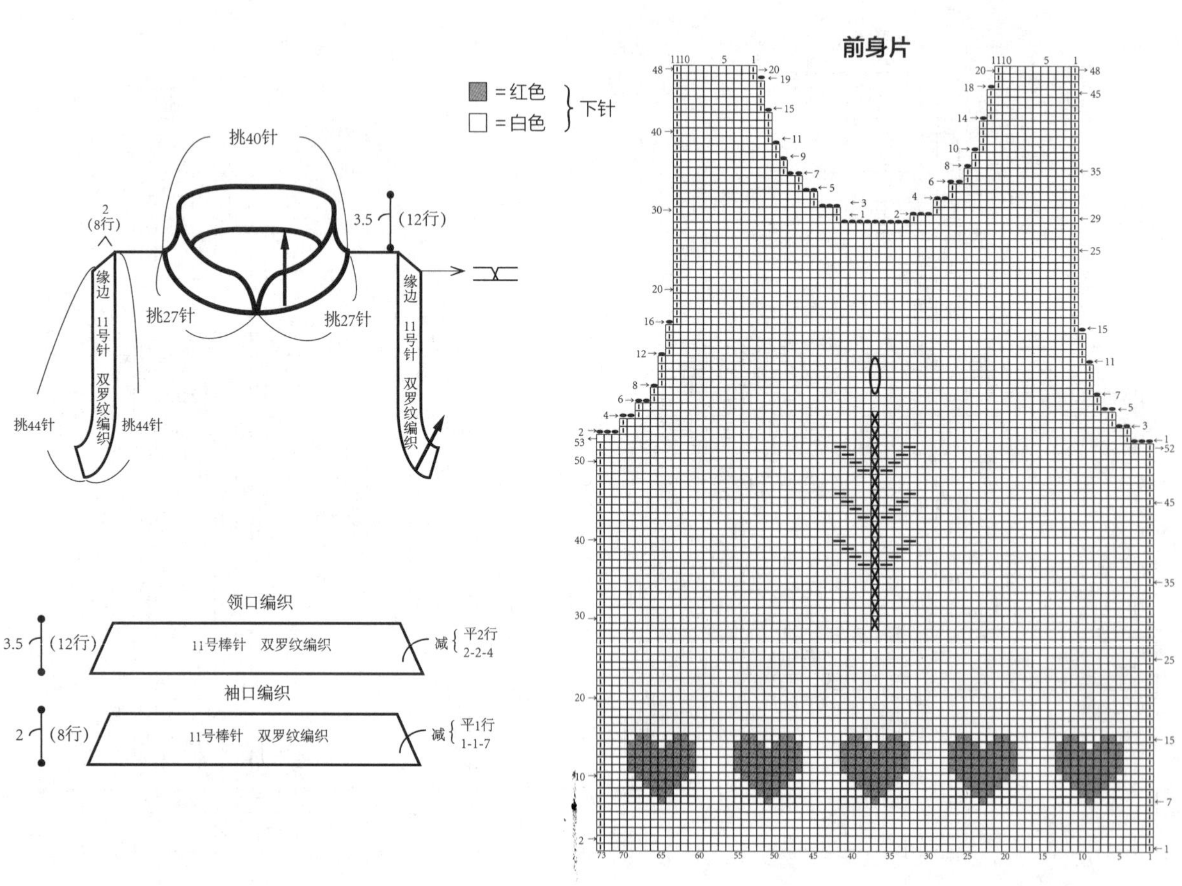

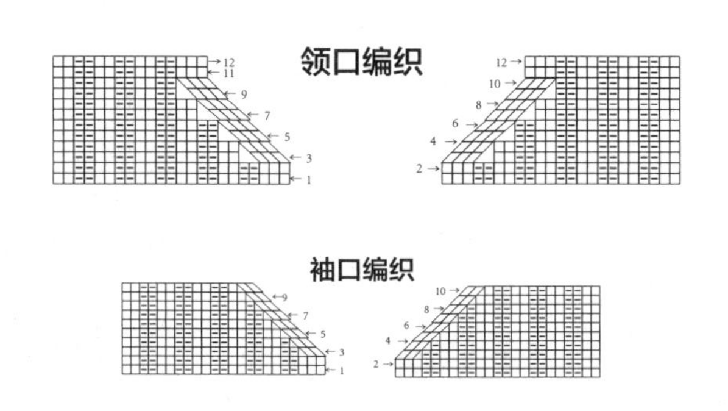

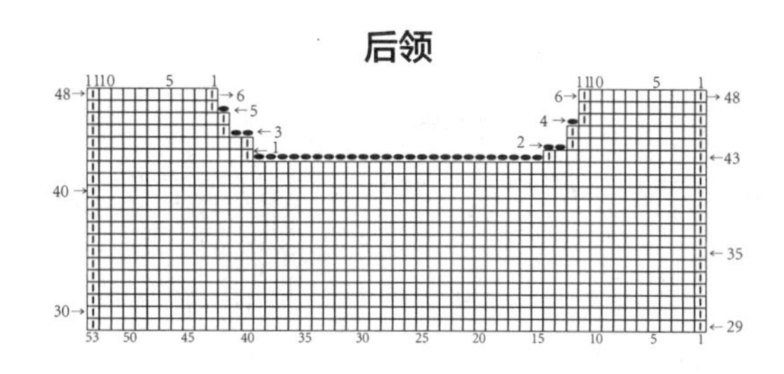

112

编织材料： 中粗羊毛线　水红色263g、天蓝色10g

编织工具： 9号、10号棒针

编织密度： 22针×32行/10cm×10cm

成品尺寸： 衣长28.5cm、胸宽30cm、肩宽24cm、袖长28cm

编织方法： 此款毛衣编织的难点领片。首先分别将前、后身片编织好并缝合，缝合时注意花样对齐、平整。接着编织左、右袖片并缝合，缝合时注意花样平整、无皱。再编织领片，编织时注意手劲松紧适当、平坦无皱。最后将领口的装饰物缝上。

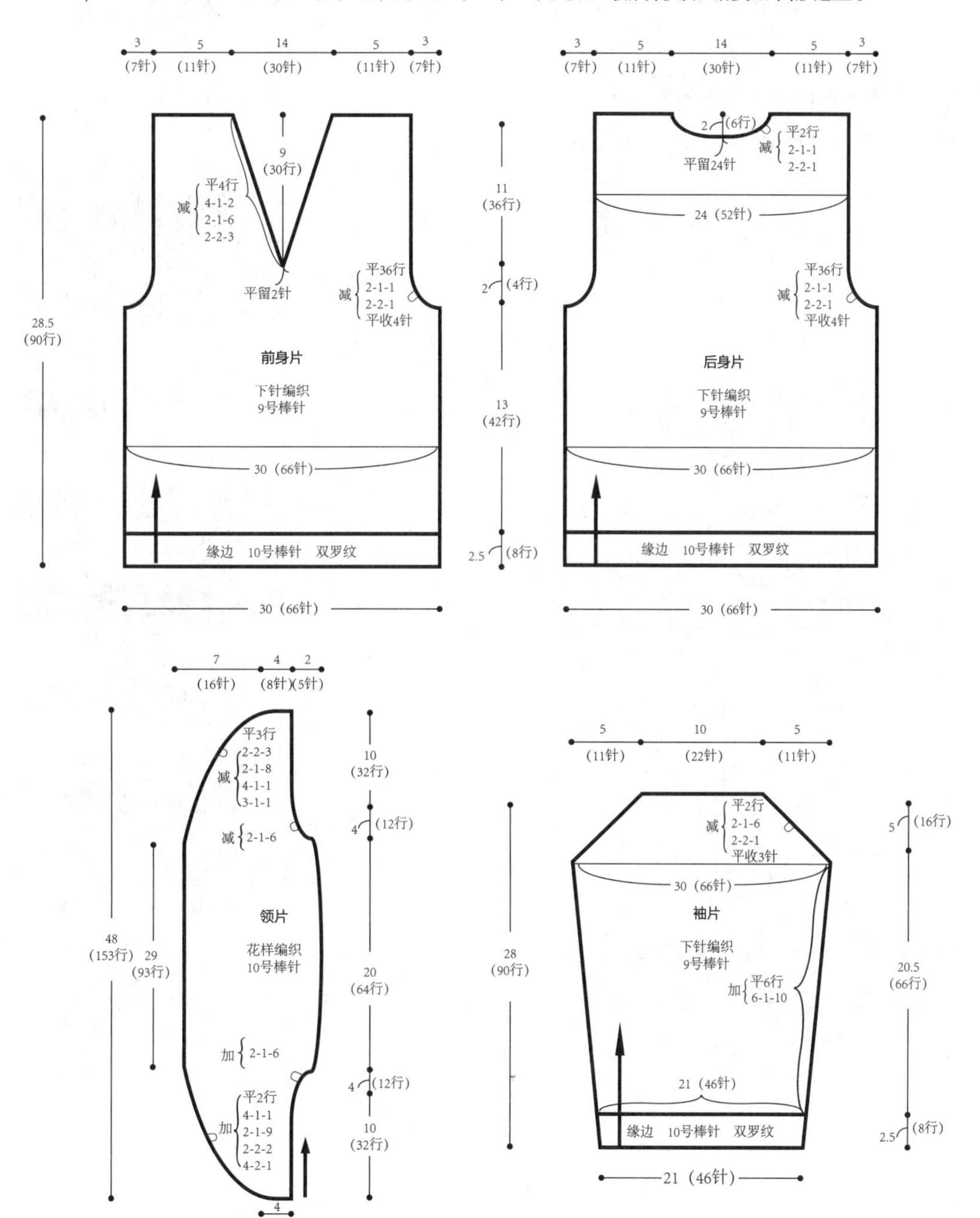

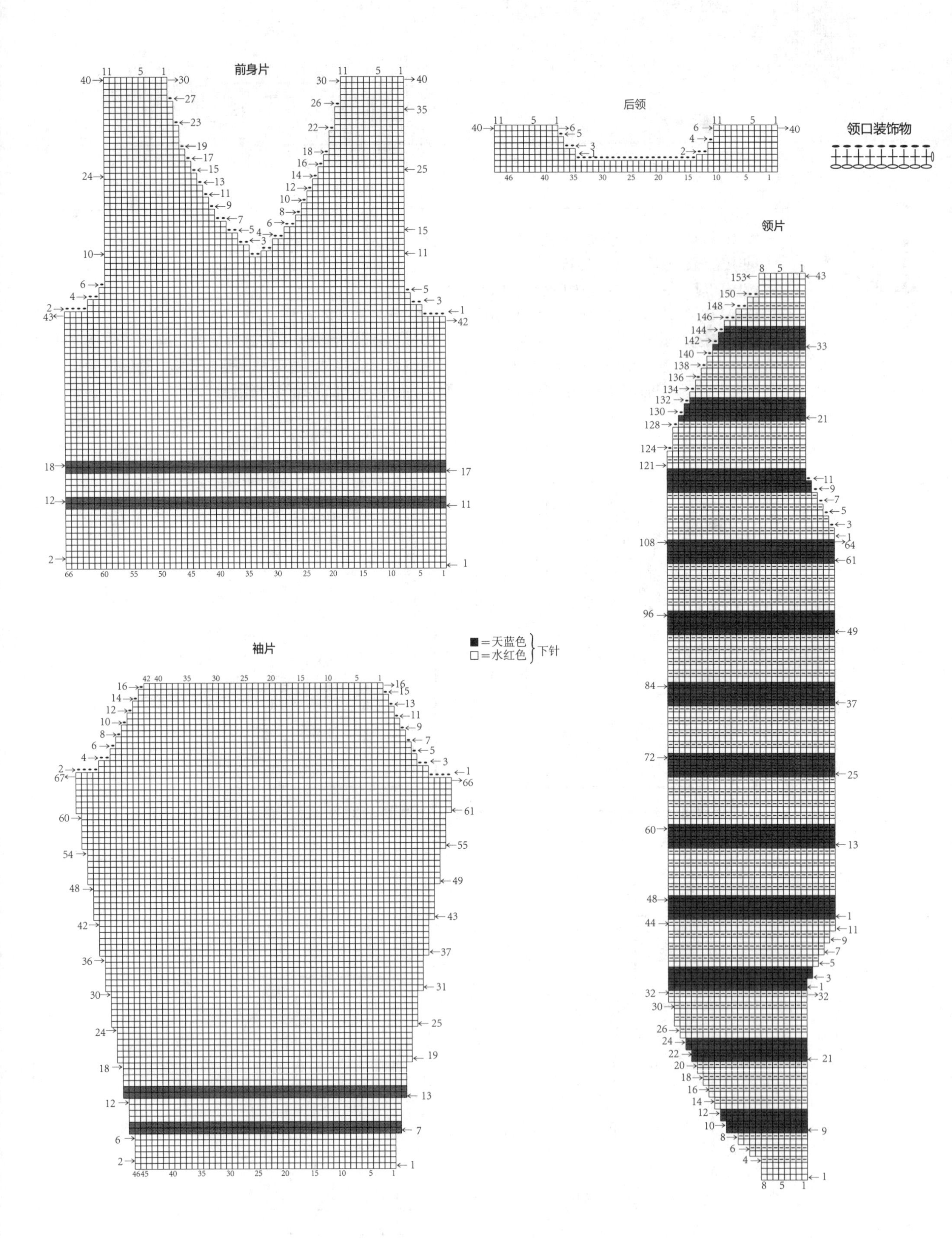

前身片
后领
领口装饰物
领片
袖片
■=天蓝色
□=水红色
下针

113

编织材料： 粗段染花线　390g

编织工具： 6号棒针，10号钩针

编织密度： 20针×28行/10cm×10cm

成品尺寸： 衣长45cm、胸围50cm、肩宽20cm、袖长20cm

编织方法： 此款毛衣编织的难点是钩编花样。首先将下摆的花样编织好并缝合，注意花样要对整齐。然后编织左前身片、右前身片，再编织后身片。接着将下摆及身片缝合。下摆花样缝合时要注意对齐、平整。再接着编织好左、右袖片，与身片袖窿缝合，注意行数的对齐。最后钩编裙摆及领边。

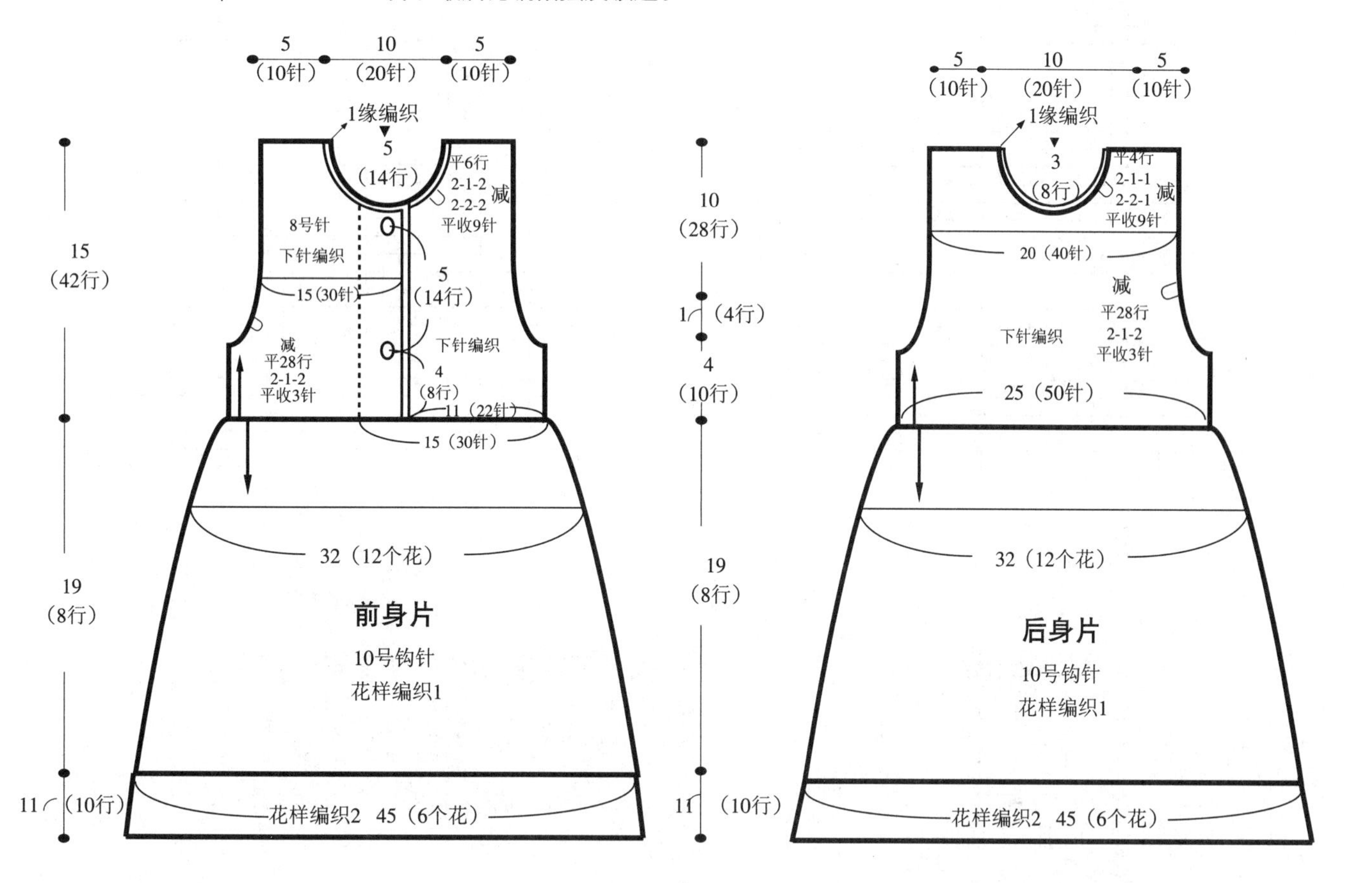

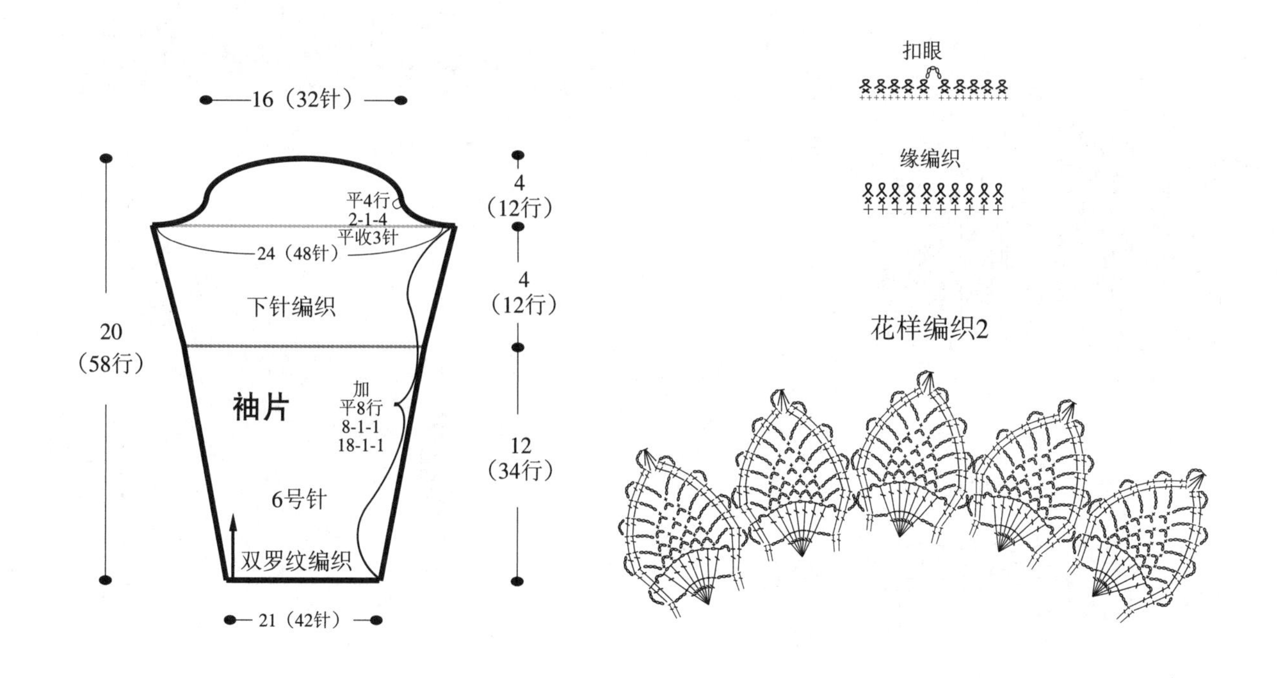

右前身片

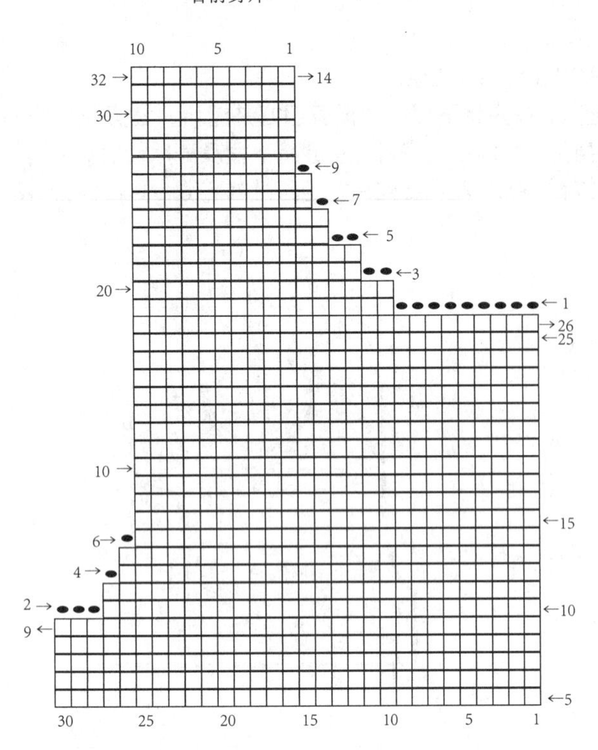

左前身片

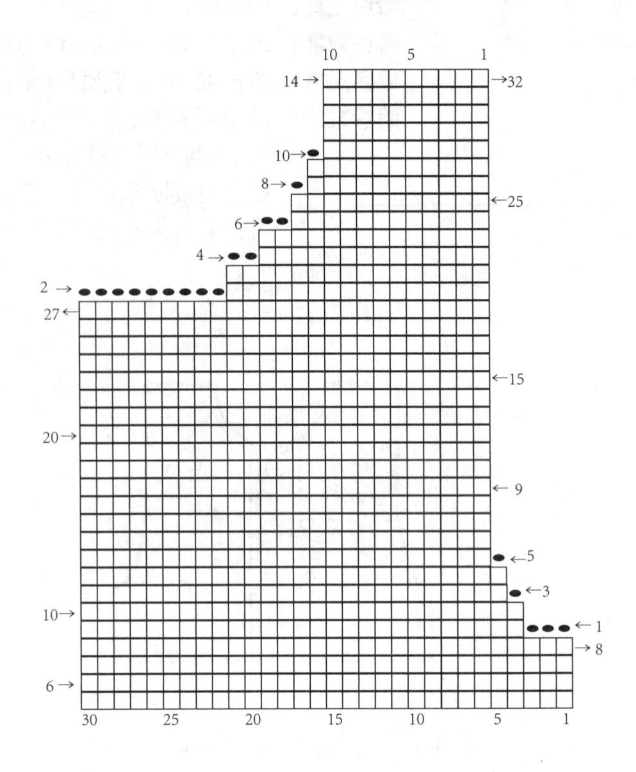

袖片

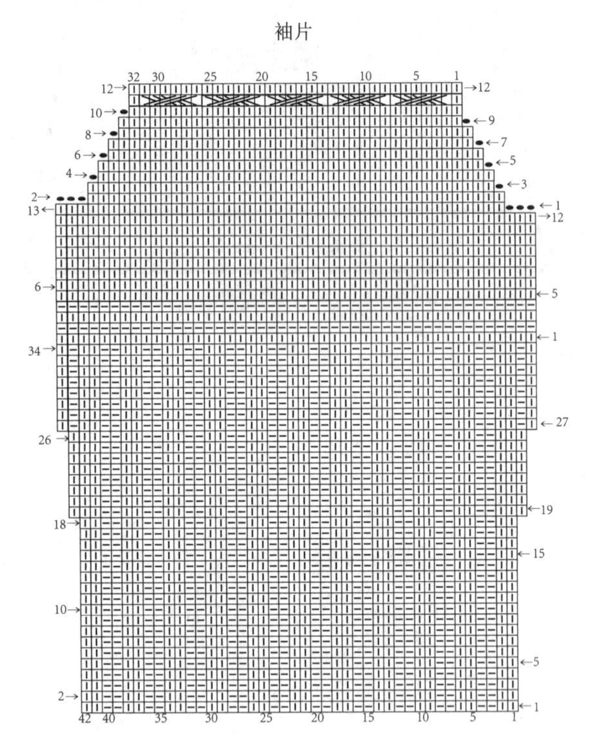

花样编织1

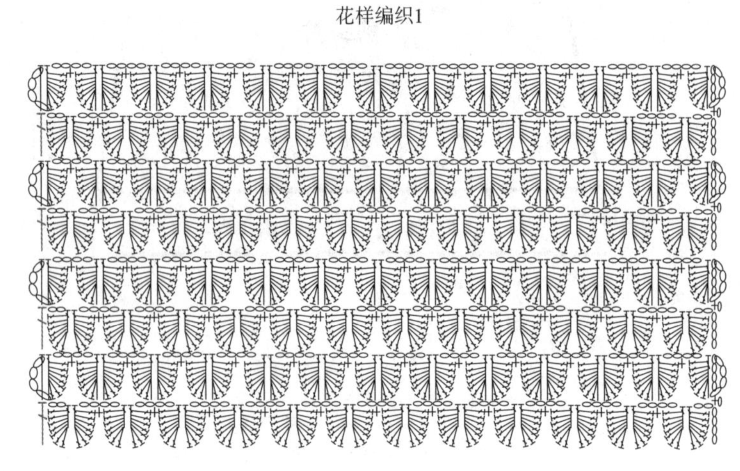

编织方向流程

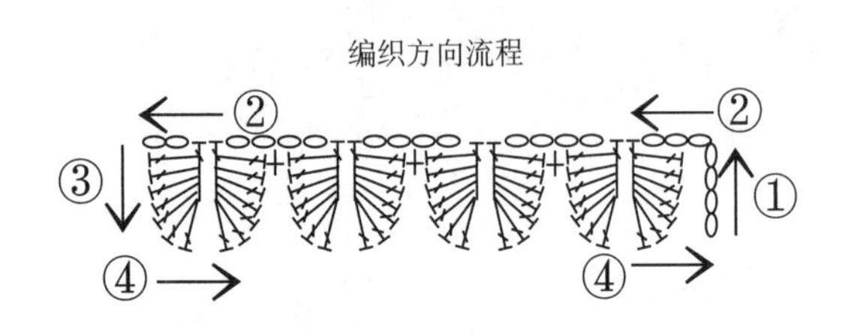

后领口

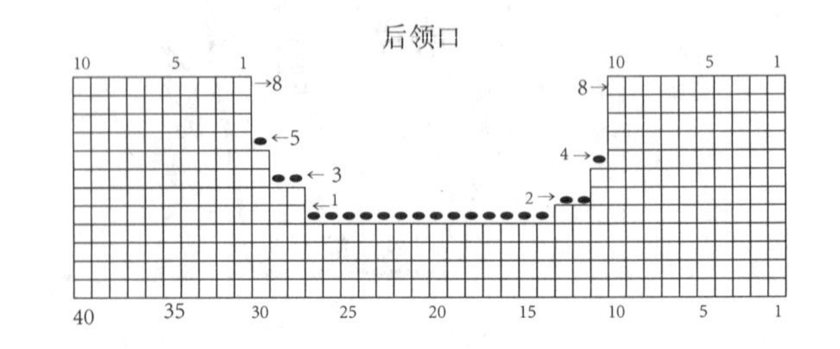

114

编织材料： 纯毛防虫蛀高级绒线　宝蓝色130g、红色30g、白色20g
编织工具： 8/0钩针（3.25mm）
编织密度： 花样2　18针×9行/10cm×10cm
成品尺寸： 衣长30.5cm、胸宽25、肩宽18cm、袖口14cm
编织方法： 首先将单元花编织好并一一缝合，注意松紧适当、花样平整无皱。然后再分别编织后身片、左前身片及右前身片。再编织领口和袖口的缘边。最后编织衣缘缘边。

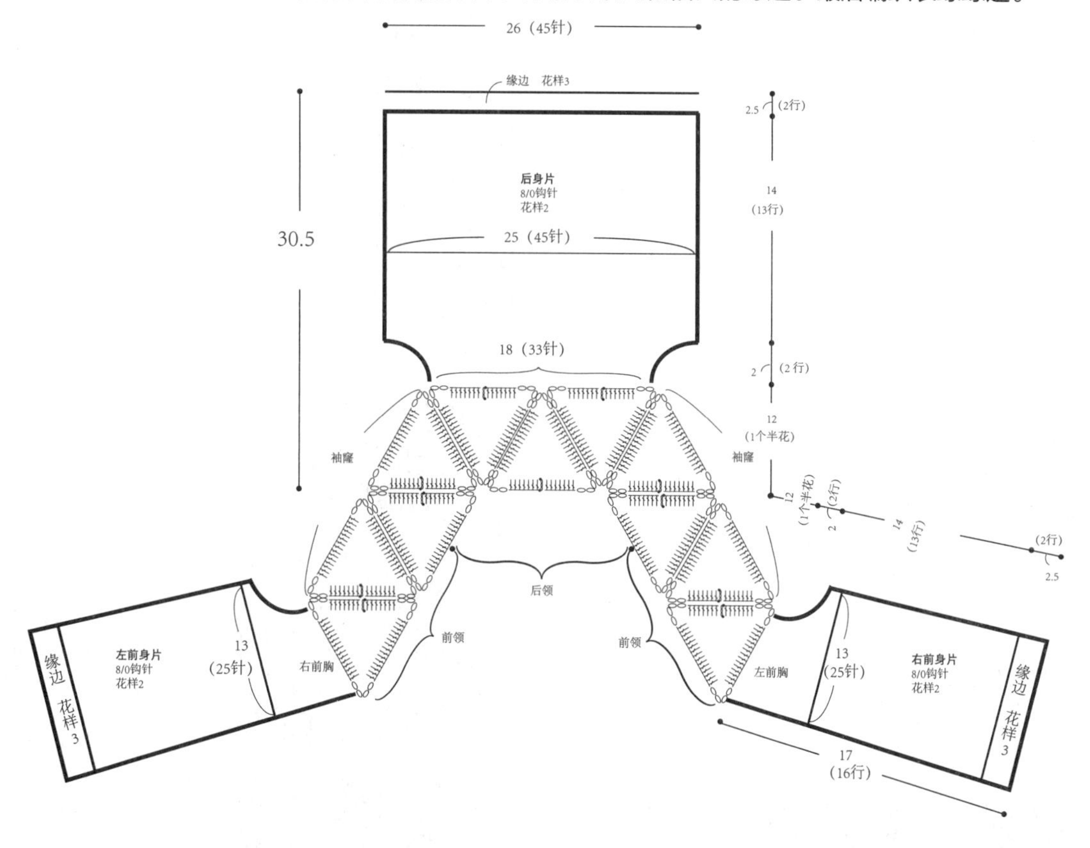

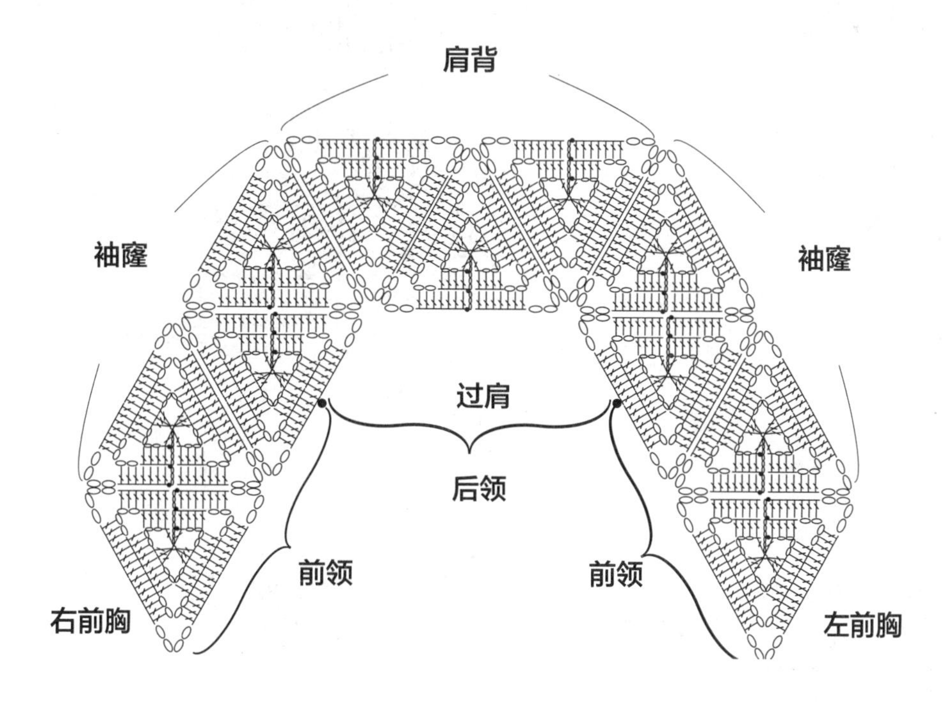

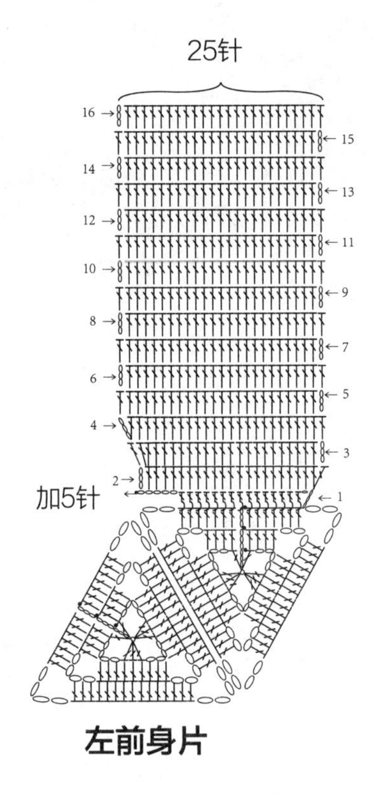

左前身片

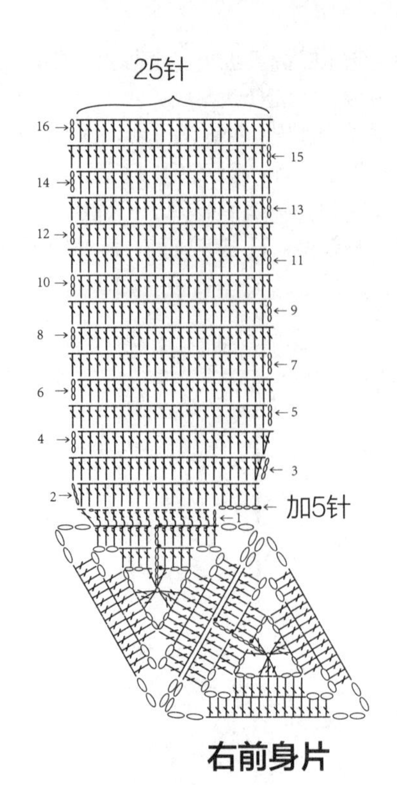

右前身片

前襟缘边

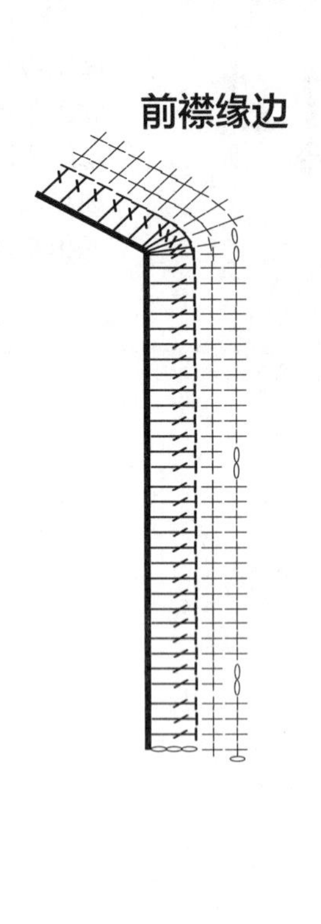

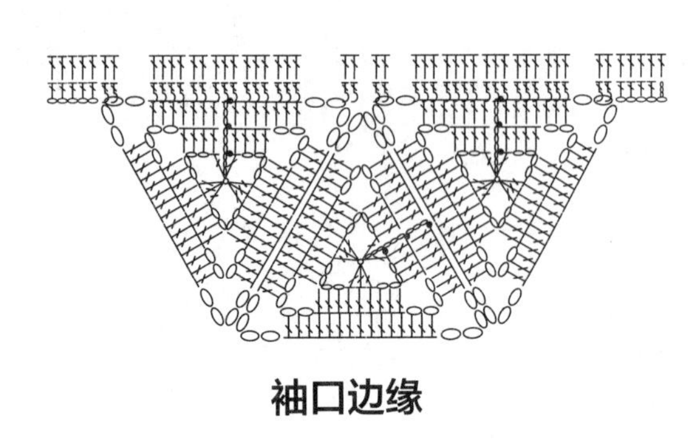

袖口边缘

45针

16
15
14
13
12
11
10
9
8
7
6
5
4
3
2
1

后身片

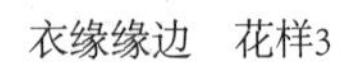

衣缘缘边　花样3

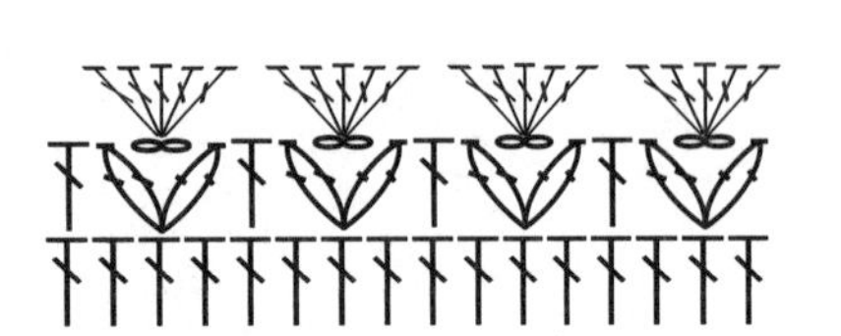

单元花

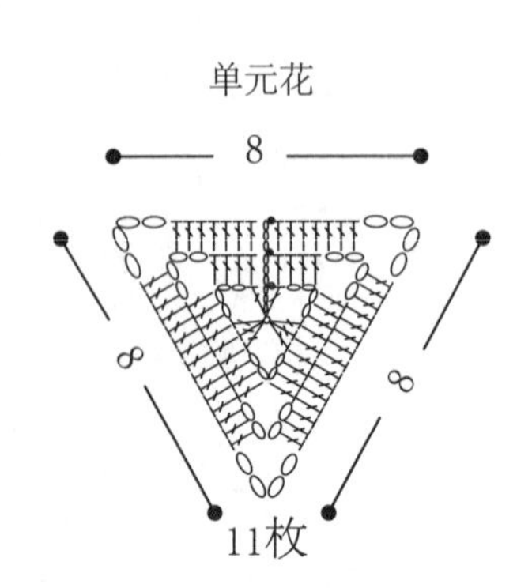

11枚

115

编织材料： 中粗羊毛线　黄色200g、橙色5g、绿色10g

编织工具： 8号棒针，6/0号钩针

编织密度： 20针×30行/10cm×10cm

成品尺寸： 衣长37.5cm、胸围72cm、肩宽22cm

编织方法： 此款毛衣编织的难点是前襟的编织。首先分开编织左前片、右前片，注意加减针的各个位置及平整无皱。然后编织后身片，注意松紧适当，再将前后身片分别对应缝合，注意花样缝合平整无皱。接着进行缘编织，最后钩编饰物。

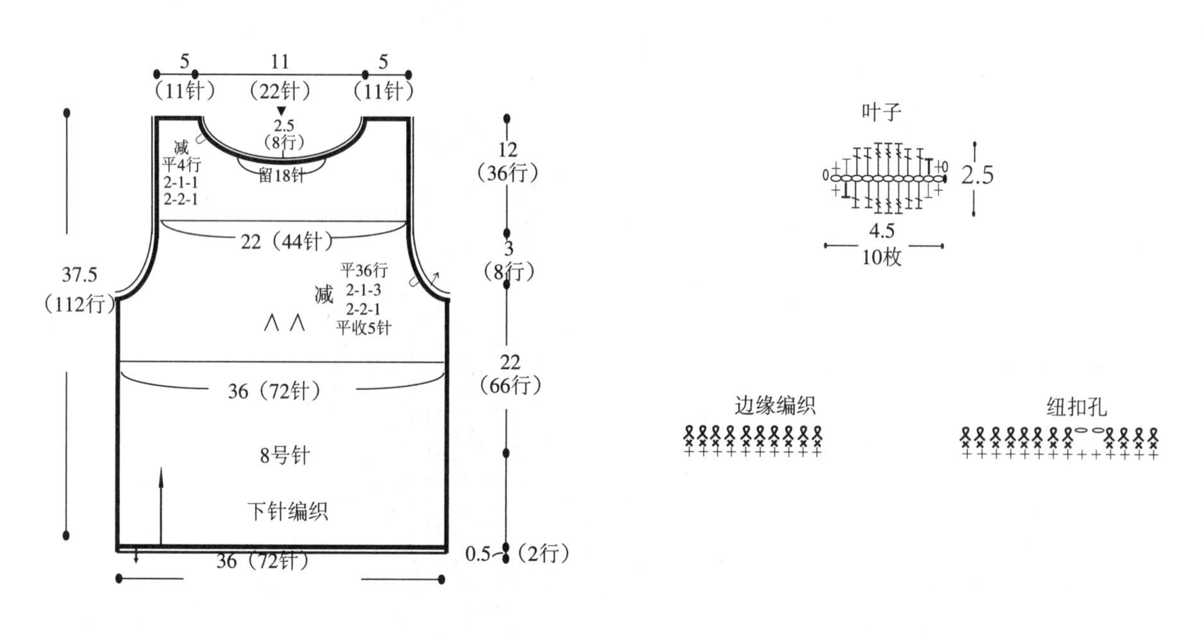

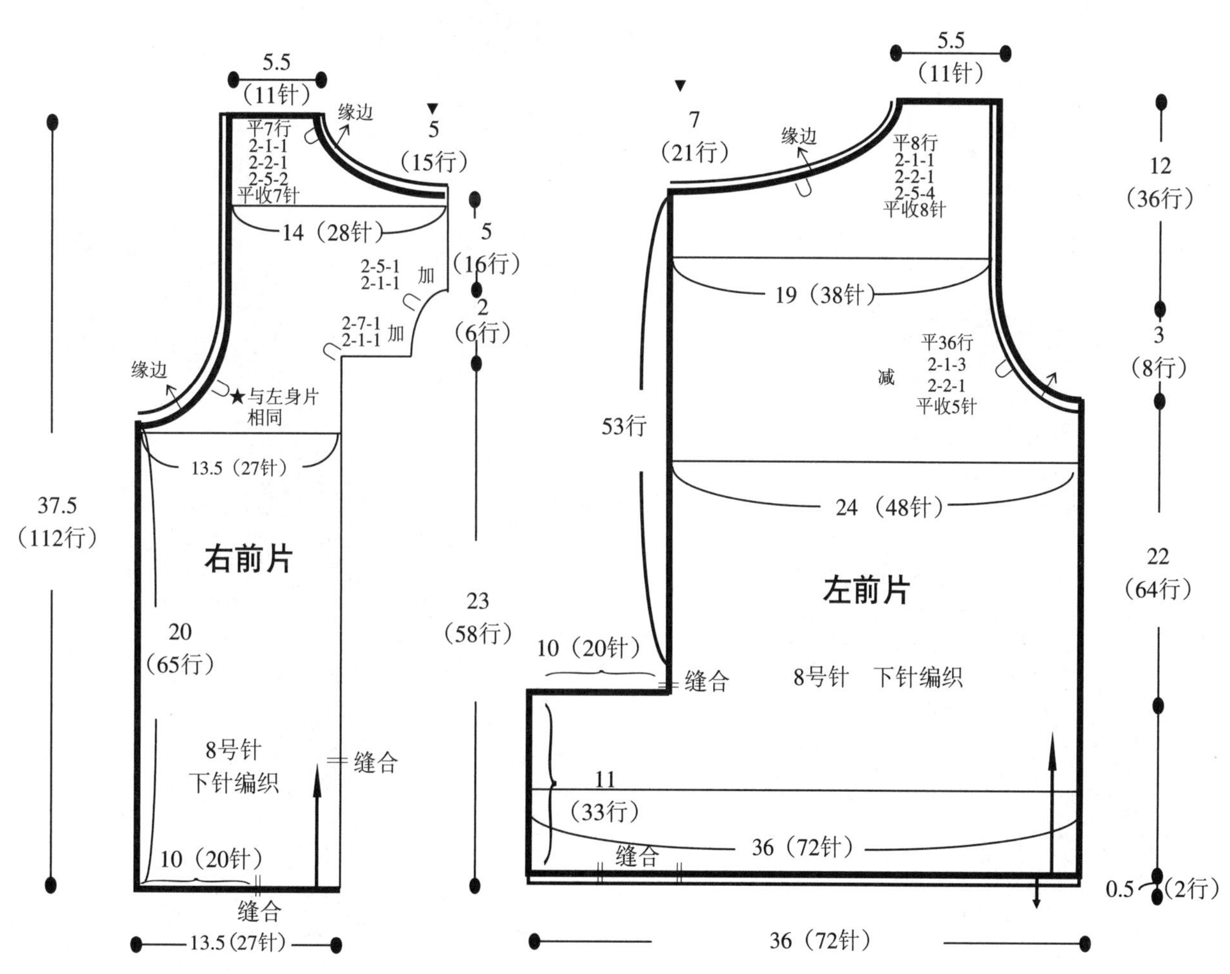

后身片

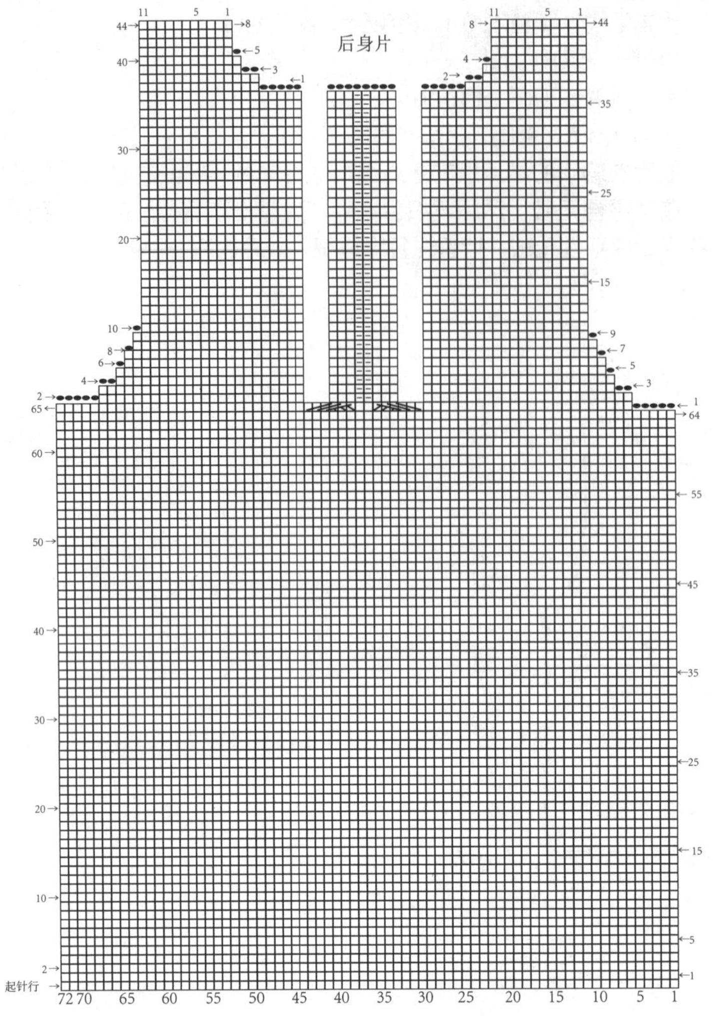

左前身片

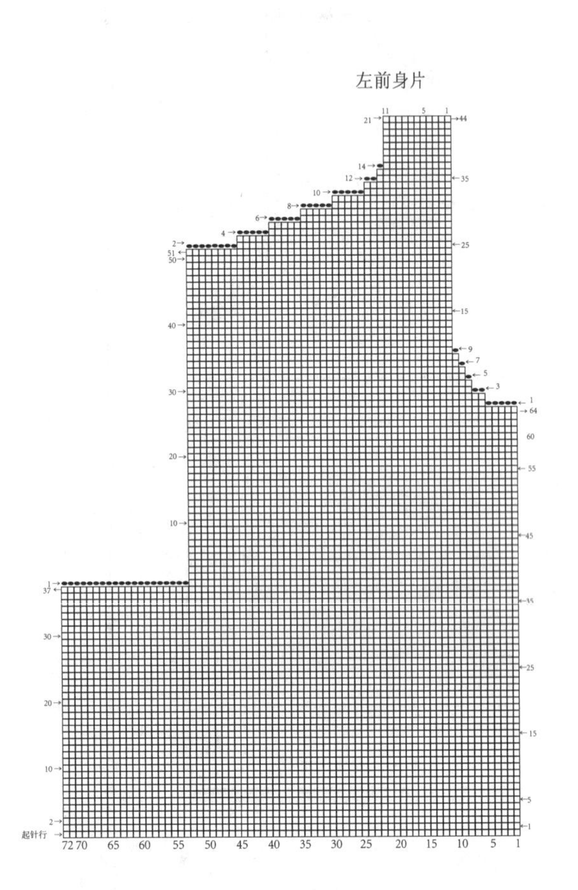

右前身片

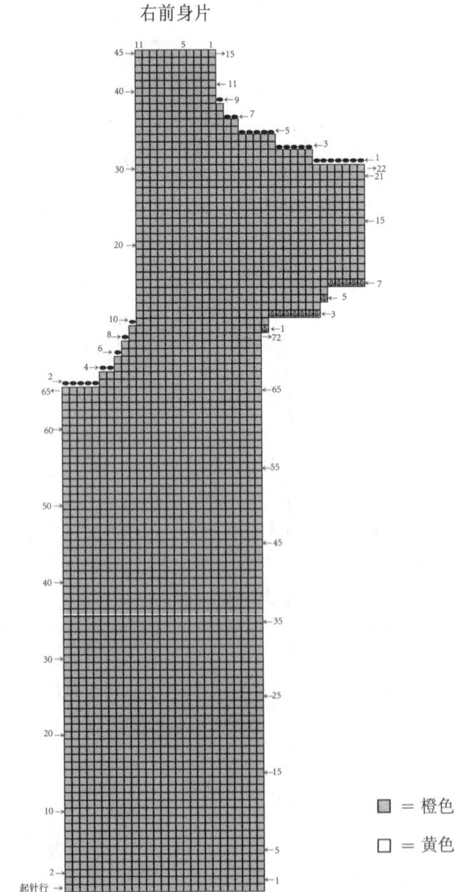

■ = 橙色

□ = 黄色

116

编织材料： 中粗羊毛线　水红色85g、天蓝色50g

编织工具： 9号、10号棒针

编织密度： 22针×32行/10cm×10cm

成品尺寸： 裙长22cm、裙摆宽55cm、裙腰宽30cm

编织方法： 此款毛衣编织的难点是裙摆。首先将前、后裙片编织好，接着换色线分别在前、后裙片上编织下摆花样（注意加针时要松紧适当、平坦无皱）。最后将前、后裙片对应缝合。缝合时注意花样对齐、平整。

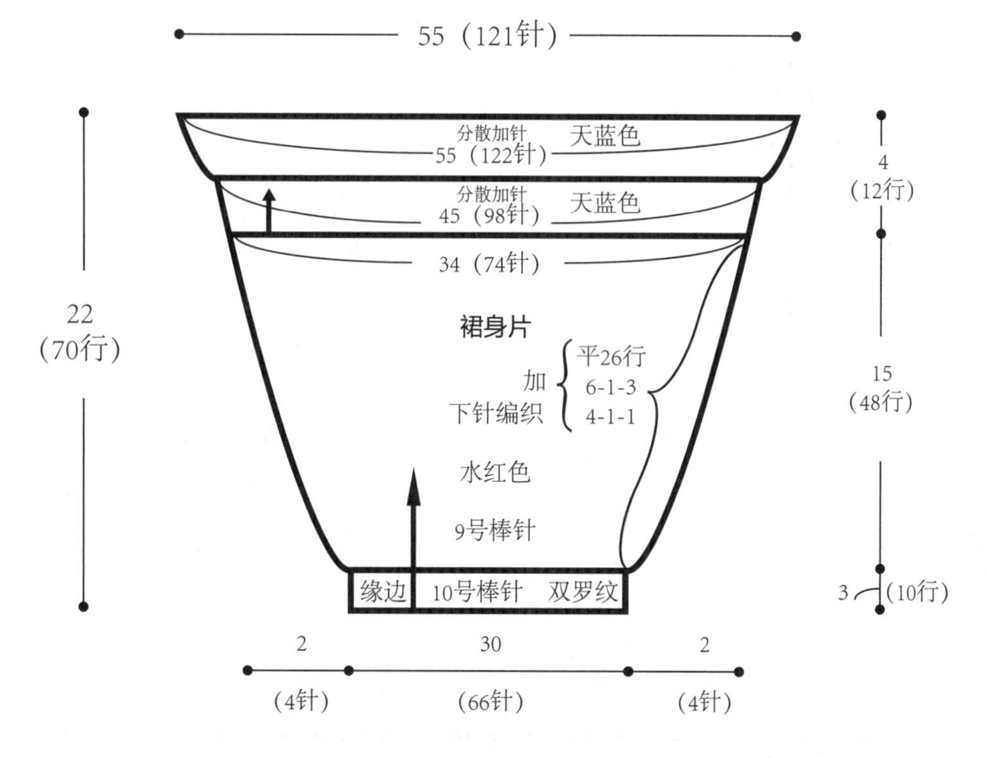

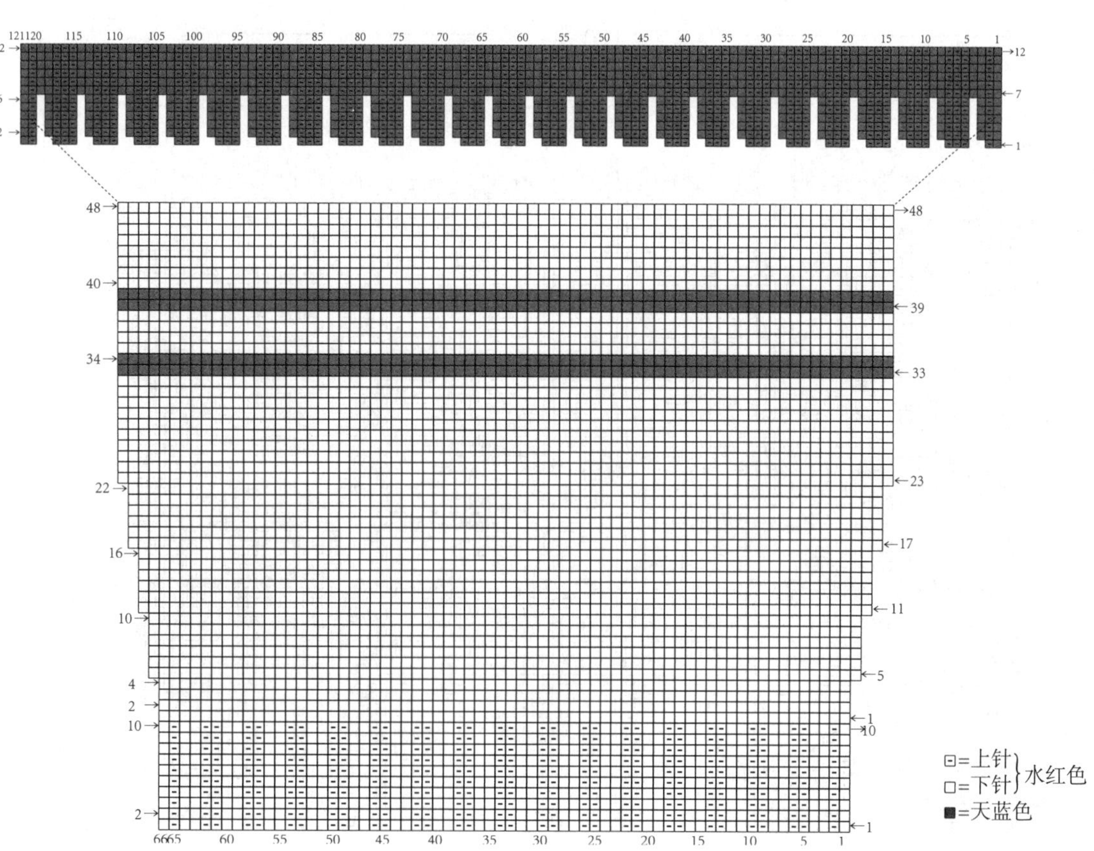

117

编织材料： 中细羊毛线　黄色夹花132g
编织工具： 10号、11号棒针
编织密度： 26针×34行/10cm×10cm
成品尺寸： 衣长26.5cm、下摆宽52cm、领口宽25cm
编织难点： 此款毛衣的难点是花样编织。由于花样间距比较大，建议用分线、分区法编织。首先分别将前、后身片编织并缝合，缝合时要注意花样平整、无皱。然后编织下摆缘边及领口的缘边。

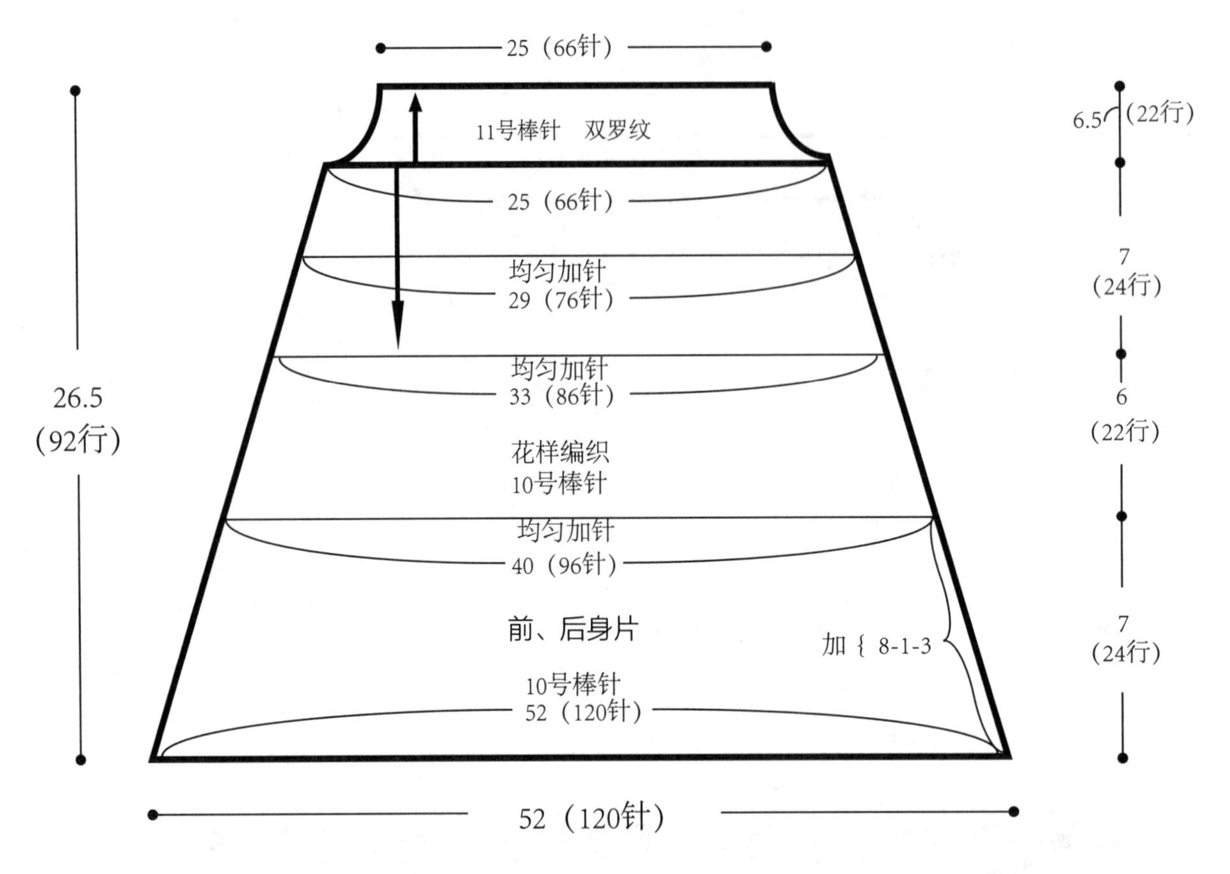

前、后身片

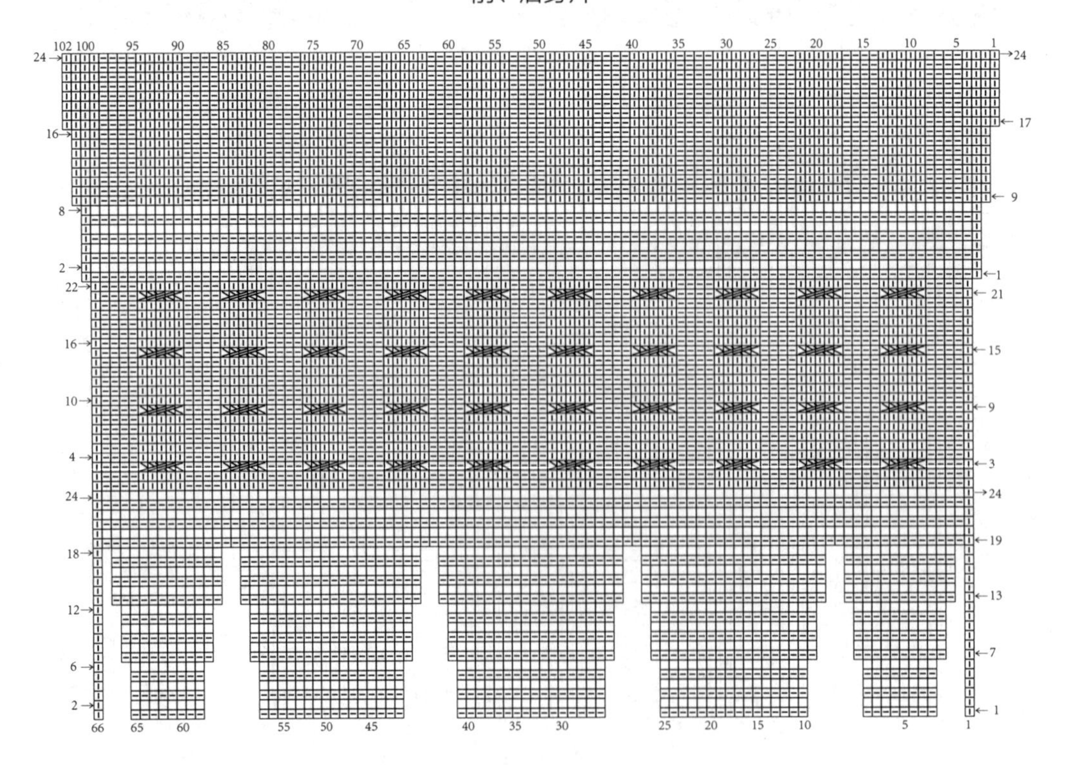

118

编织材料： 粗段染羊毛线　430g，中粗棉线　白色30g、红色20g

编织工具： 6/0号、10/0号钩针，10号棒针

编织密度： 钩针：16cm×16cm=1个花　棒针：23针×30行/10cm×10cm

成品尺寸： 衣长63cm、胸围64cm、肩宽25cm

编织方法： 此款毛衣编织的难点在于单元花之间的连接。首先编织单元花并连接好，注意花样的平整。然后编织花样3，注意松紧适当，平整无皱。接着分别编织前身片与后左身片及后右身片，再将身片对应缝合，注意肋下花样缝合平整。最后编织领口及衣襟。

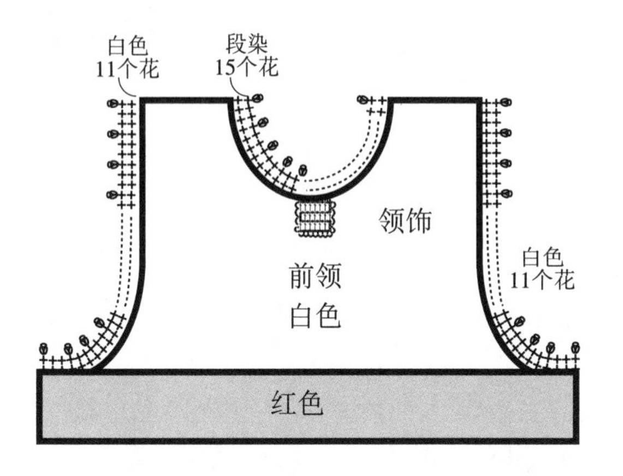

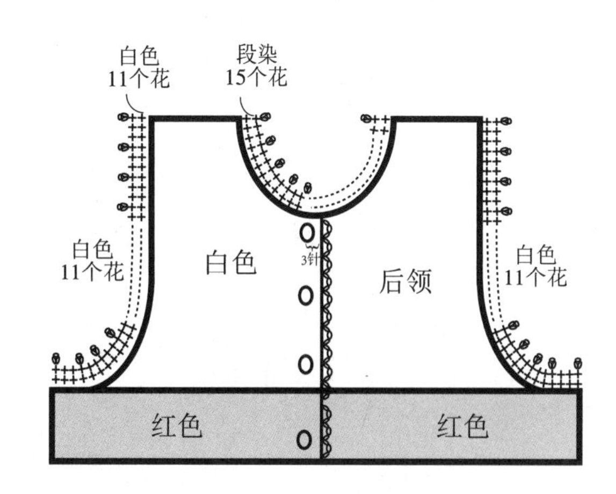

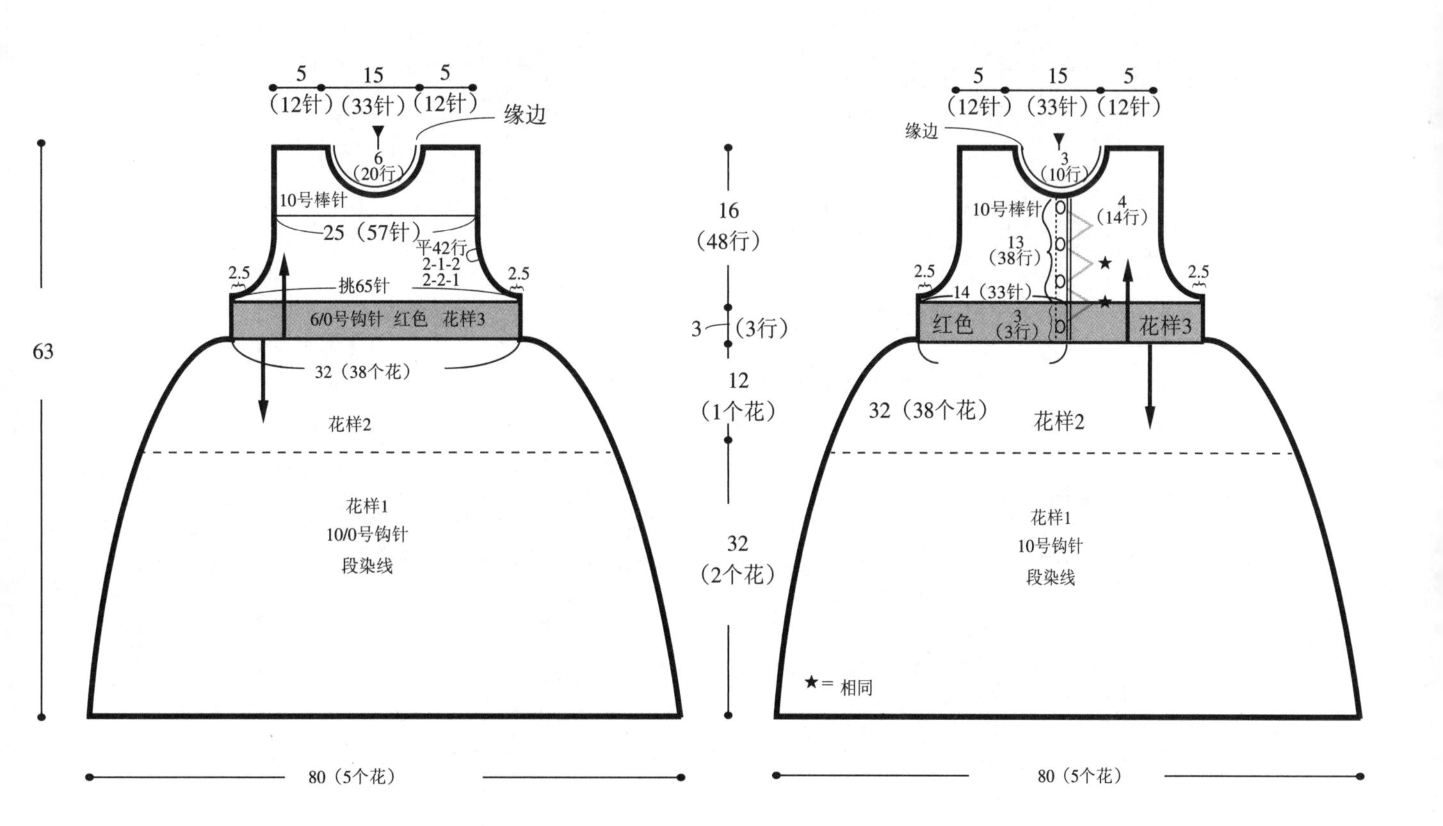

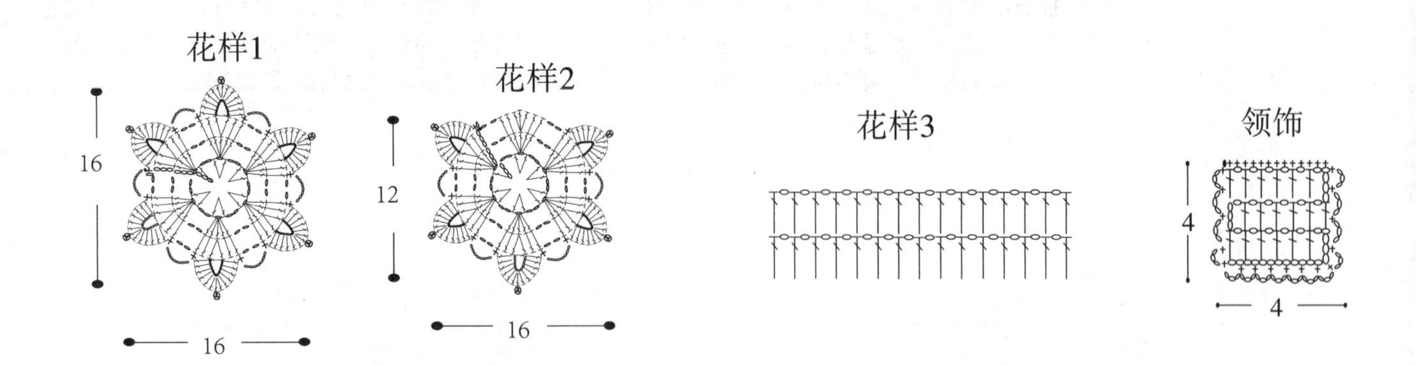
花样1
16
16
花样2
12
16
花样3
领饰
4
4

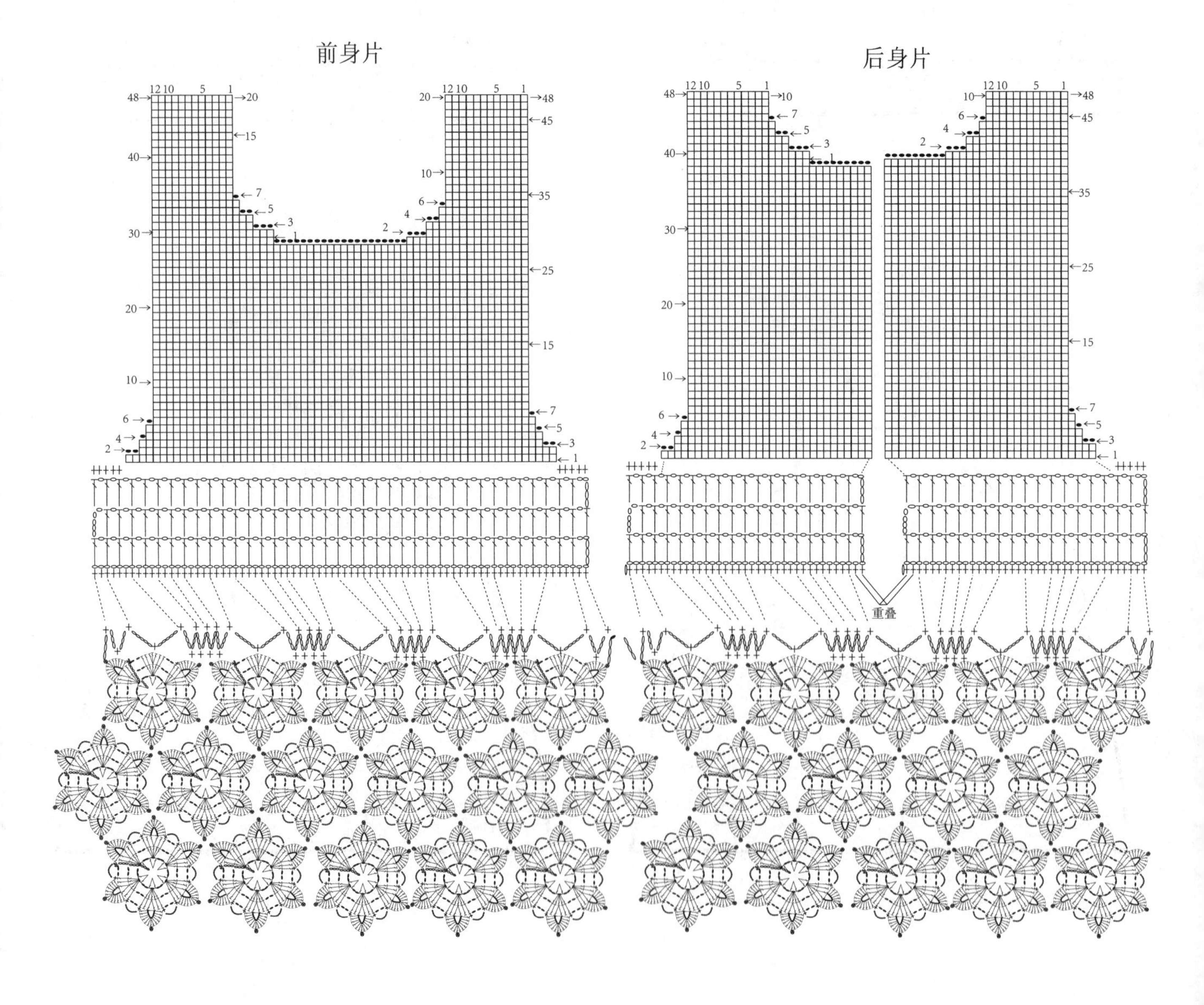
前身片
后身片
重叠

119

编织材料： 纯毛毛衣专用编织绒　鹅黄色50g、白色150g、咖啡色50g、天蓝色50g

编织工具： 8/0钩针（3.25mm）

成品尺寸： 衣长51cm、胸宽28.5cm、肩背宽28.5cm、袖长10.5cm

编织方法： 此款毛衣编织的难点是花样编织。因为换线颜色多必须要注意保持花样松紧适当。首先分别将前、后身片编织好并缝合。注意花样松紧适当、平整无皱。然后编织领口及袖口缘边。

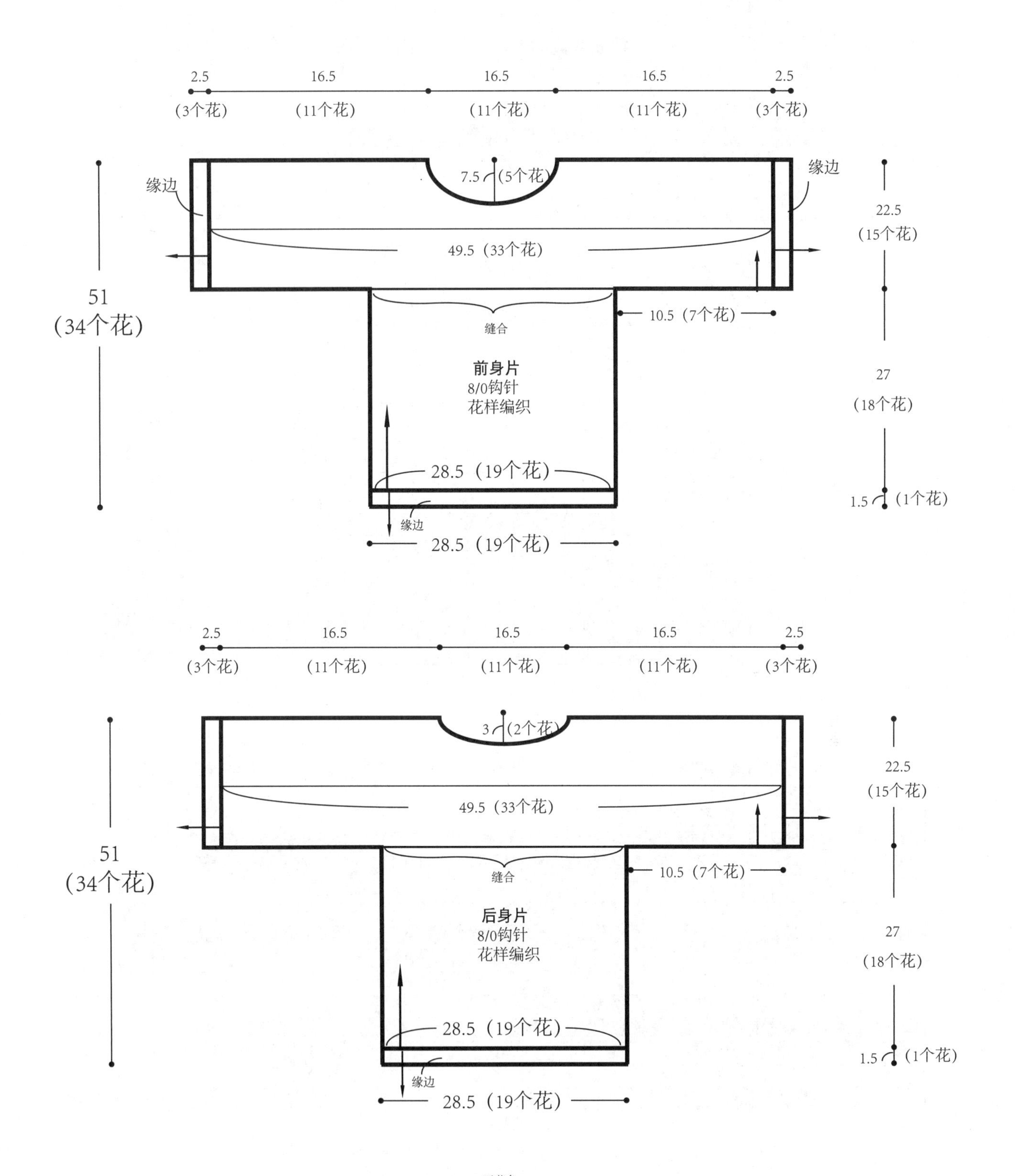

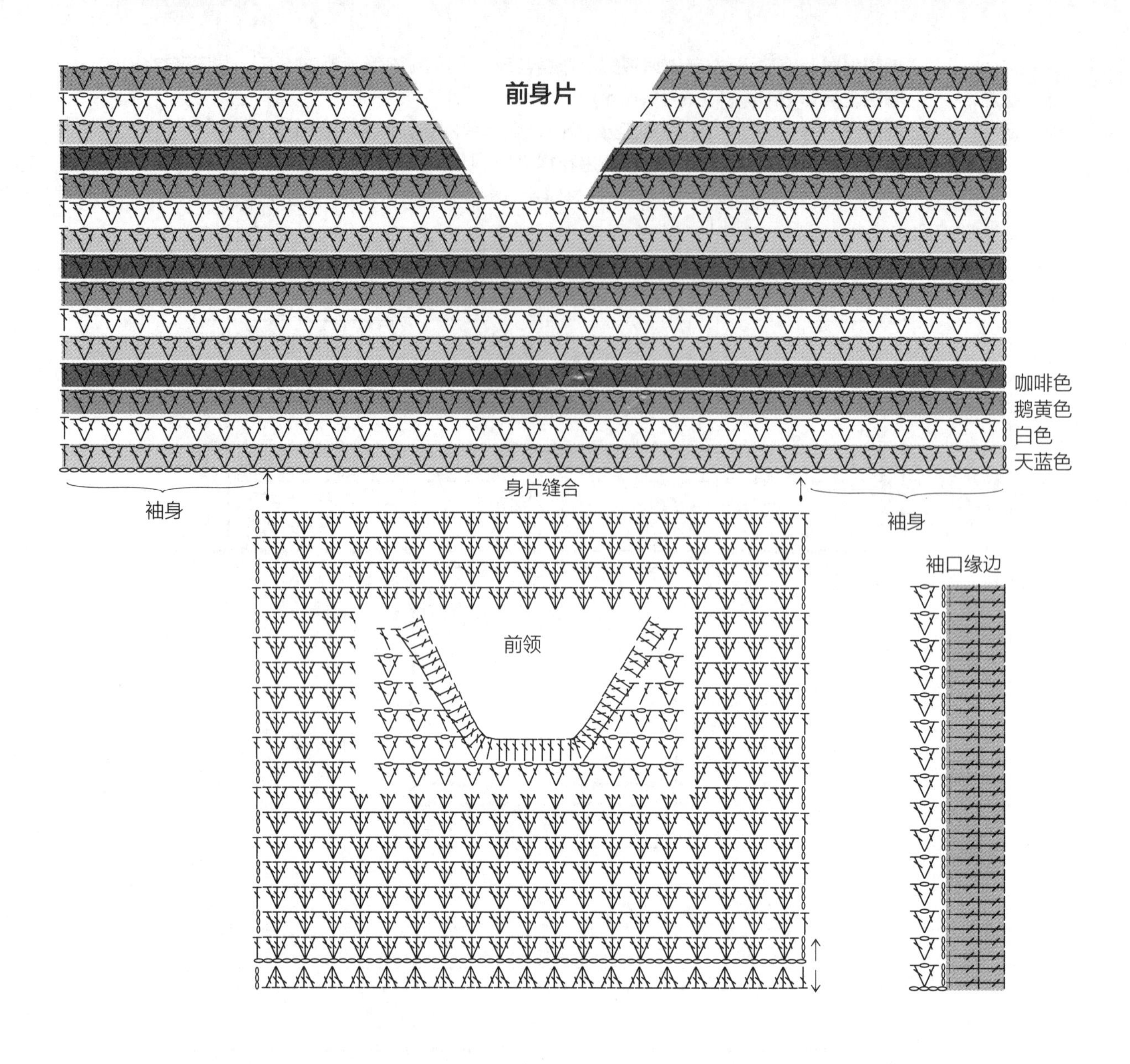

前身片
咖啡色
鹅黄色
白色
天蓝色
袖身
身片缝合
袖身
袖口缘边
前领

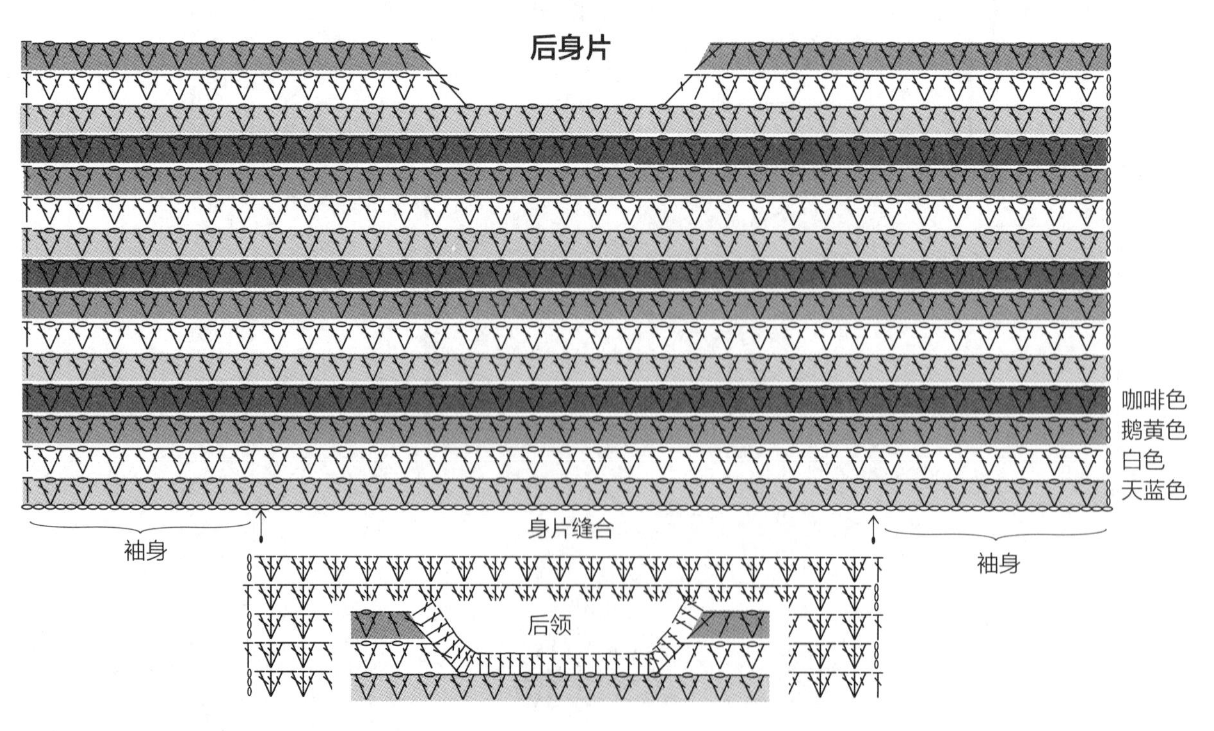

后身片
咖啡色
鹅黄色
白色
天蓝色
袖身
身片缝合
袖身
后领

120

编织材料： 中粗羊毛线　紫红色399g、洋红色37g、军绿色44g

编织工具： 8/0钩针（3.25mm）

编织密度： 7cm×7cm/1个单元花

成品尺寸： 衣长42cm、下摆宽56cm、胸宽42cm、袖长7cm

编织方法： 此款毛衣编织的难点是花样。首先编织单元花并相应连接好。由于一个单元花有三种颜色，所以注意尾线的收藏。

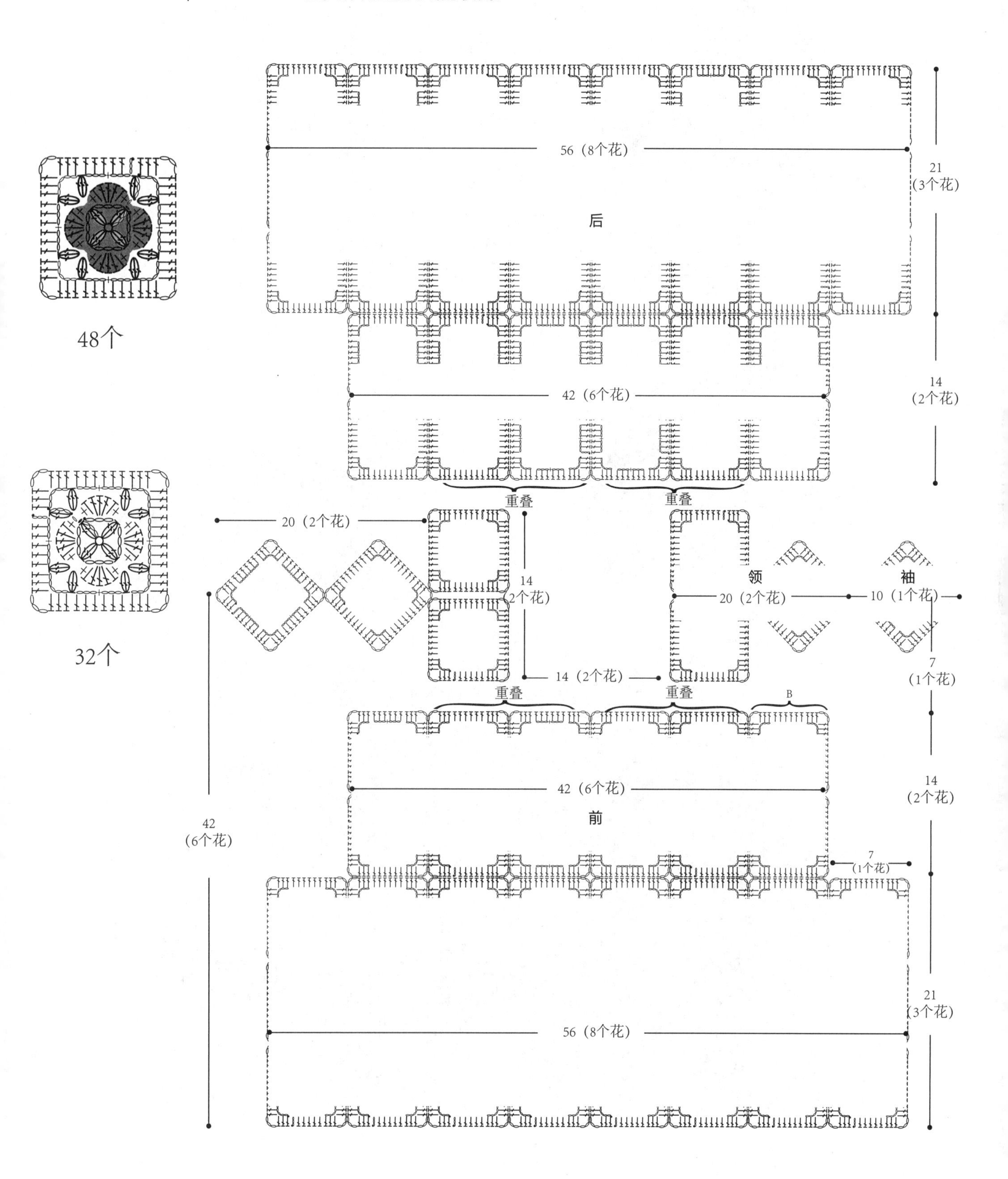

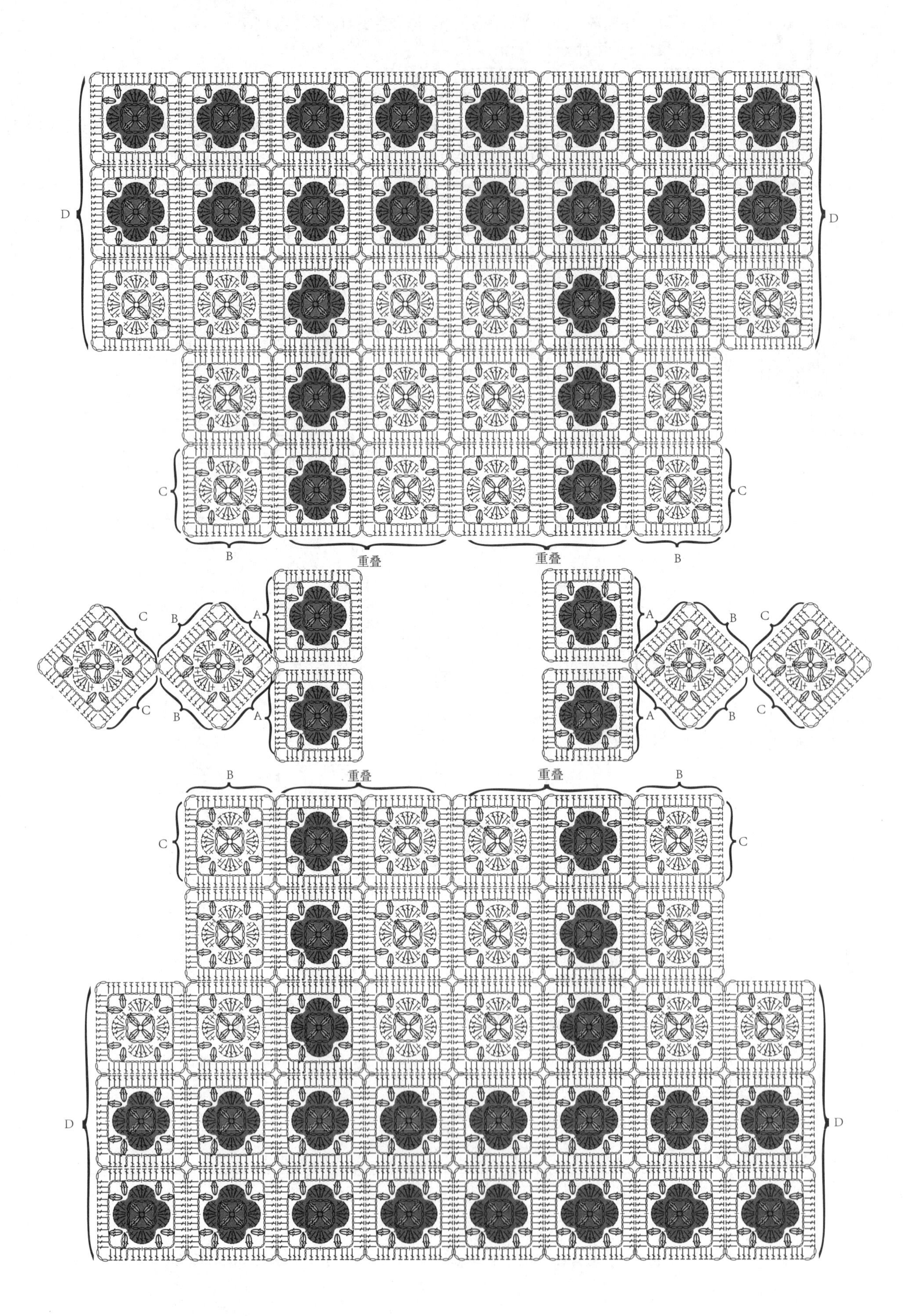
D
D
C
C
B
重叠
重叠
B
C
B
A
A
B
C
C
B
A
A
B
C
B
重叠
重叠
B
C
C
D
D

棒针钩针编织符号

棒 针

符号	名称
	下针（正针）
	上针（反针）
	镂空针（挂针）
	扭针
	左上2针并1针
	右上2针并1针
	中上3针并1针
	右上3针并1针
	左上3针并1针
3	3针3行的枣形针
	右上1针交叉
	左上1针交叉
	右上2针交叉
	左上2针交叉
	左上3针交叉

钩 针

符号	名称
	锁针（辫子针）
	短针
	中长针
	长针
	长长针
	3卷长针
	狗牙针
	长针3针并1针
	长针3针的枣形针
	1针分2针长针
	1针分3针长针
	1针分4针长针
	1针分4针长针（间夹1针锁针）
	外钩长针
	内钩长针

图书在版编目（CIP）数据

儿童毛衣精选集. 女孩篇 / 李意芳编著.--北京：
中国纺织出版社，2016.9
（小不点美衣系列）
ISBN 978-7-5180-2743-9

I. ①儿… II. ①李… III. ①童服—毛衣—编织—图
集 IV. ① TS941.763.1-64

中国版本图书馆CIP数据核字（2016）第146859号

责任编辑：阮慧宁　　　　责任印制：储志伟
装帧设计：水长流文化

中国纺织出版社出版发行
地址：北京市朝阳区百子湾东里A407号楼　邮政编码：100124
销售电话：010－67004422　传真：010－87155801
http: // www.c-textilep.com
E-mail: faxing@c-textilep. com
中国纺织出版社天猫旗舰店
官方微博http: // weibo.com/2119887771
北京华联印刷有限公司印刷　各地新华书店经销
2016年9月第1版第1次印刷
开本：889 × 1194　1/16　印张：12
字数：280千字　定价：35.00元
